Christa Maar / Ernst Pöppel / Thomas Christaller (Hg.)

Die Technik auf dem Weg zur Seele

Forschungen an der Schnittstelle Gehirn / Computer

Rowohlt

rororo science
Lektorat Jens Petersen

Übersetzungen: Zygmunt Bauman: Volker Englich; Paramananda Bharati: Hainer Kober und Kurt Friedrichs; Colin Blakemore: Anita Ehlers und Hainer Kober; Patricia Smith Churchland: Hainer Kober; Daniel C. Dennett: Hainer Kober; Peter Fromherz: Hainer Kober; Stanislaw Lem: Friedrich Griese; Olle Lindvall: Hainer Kober; Christoph von der Malsburg: Hainer Kober; Hans Moravec: Hainer Kober; Israel Rosenfield: Sebastian Vogel; Hiroshi Shimizu: Jobst-Christian Rojahn; Luc Steels und Jean-Didier Vincent: Hainer Kober

Originalausgabe
Redaktion Arnd Kösling und Andrea Kamphuis
Veröffentlicht im Rowohlt Taschenbuch Verlag GmbH,
Reinbek bei Hamburg, August 1996
Copyright © 1996 by Rowohlt Taschenbuch Verlag GmbH,
Reinbek bei Hamburg
Umschlaggestaltung Barbara Hanke (Foto: The Image Bank/Sandra Filippucci)
Satz Sabon (Linotronic 500)
Gesamtherstellung Clausen & Bosse, Leck
Printed in Germany
2290-ISBN 3 499 60133 8

Inhalt

VI Anhang

Christa Maar

Vorwort

Die Vorbereitung einer Tagung ist voll spannender Erkenntnisse. Ständig tauchen Probleme auf, mit denen man nicht gerechnet hat, dann ist das Ereignis plötzlich da, die Koryphäen, die man eingeladen hat, treten in persona auf und bringen ihre eigene Aufregung und Begeisterung mit. Neue Kontakte und Netzwerke werden geknüpft, Arbeitsergebnisse miteinander ausgetauscht, unbeantwortete Fragen führen zu leidenschaftlichen Debatten, die Tagung entwickelt ihre eigene Dynamik. Die Medien greifen das Ereignis auf, Rundfunk und Fernsehen senden Interviews, die Tageszeitungen folgen mit langen Berichten, und dann ist plötzlich alles vorbei, und es gibt wieder anderes zu tun. Warum nun noch ein Buch hinterherschicken? Wer die in diesem Band gesammelten Texte liest, wird sich die Frage schnell selbst beantworten können. Die Theorieansätze und Forschungsergebnisse, von denen hier berichtet wird, sind nicht nur faszinierend zu lesen, sie gehen auch jeden an: Was wissen wir über das menschliche Gehirn? Wie funktionieren Wahrnehmung, Gefühl, Gedächtnis, Intelligenz? Inwieweit wird es in Zukunft möglich sein, ausgefallene Gehirnfunktionen durch Transplantation von Gehirngewebe oder durch Implantation von Computerchips zu ersetzen? Sind in absehbarer Zeit intelligente künstliche Systeme denkbar, die komplexe Gehirnfunktionen übernehmen? Läßt der Mensch sich durch Roboter ersetzen? Welche ethischen und rechtlichen Fragen stellen sich, mit welchen gesellschaftspolitischen Konsequenzen ist zu rechnen?

Fragen nach Identität und Menschenwürde drängen sich bei diesem Thema gleichberechtigt neben die Fragen der Machbarkeit und fordern unsere Stellungnahme heraus. Dies vor allem hat die Tagung deutlich gemacht. Was die Veranstalter der Tagung und die Herausgeber dieses Buches im nachhinein dann zusätzlich erstaunte, ist die große Kraft und Energie, die sich, gepaart mit einem hohen Maß an fachlicher Kompetenz, auf Einladung der *Akademie zum dritten Jahrtausend* bei dieser Tagung in München versammelt hatte, um über die Schnittstelle von Gehirn und Computer zu diskutieren. Während die sorgfältig redigierten und um zahlreiche Anmerkungen erweiterten Manuskripte eintrafen, wurde immer deutlicher, daß auch im Zeitalter der globalen elektronischen Vernetzung Zeiten und Orte bereitgehalten werden müssen, wo sich reale Menschen aus Fleisch und Blut mit ihren unterschiedlichen Denkansätzen begegnen und miteinander diskutieren können. Aufklärung verdankt sich nach wie vor dem offenen, überschaubaren, konkreten akademischen Gespräch. Genau dies hat sich bei der Tagung bewährt und soll mit diesem Buch dokumentiert werden.

Die *Akademie zum dritten Jahrtausend* hat sich vorgenommen, diesem häufig ausgesprochenen Aufklärungs- und Diskussionsbedürfnis nachzukommen, indem sie brisante Themen, die unsere Zukunft betreffen, aufgreift und die entsprechende Infrastruktur schafft, damit Leute aus Wissenschaft, Technologie, Kunst, Wirtschaft und Politik sich begegnen und in einen konstruktiven Dialog miteinander eintreten können. Die Akademie möchte so aktiv den Weg mitgestalten, auf dem wir gemeinsam gehen und einigermaßen heil im nächsten Jahrtausend ankommen können. Auf diesem Weg sind die hier vorliegenden Texte Meilensteine. Wer sie liest, wird in einen Dialog hineingezogen, der so bisher nirgendwo stattgefunden hat und dessen Ausgang doch darüber entscheidet, ob und auf welche Weise wir überhaupt noch viel und lange weitersprechen werden.

Es gibt Grund zum Optimismus. Das haben die Vorträge und Diskussionen bei der Tagung ebenfalls gezeigt. Aus der internen Sicht der Akademiearbeit sind es vor allem der engagierte persönliche Einsatz und das Interesse der einzelnen Akademiemitglieder und -beiräte, die zuversichtlich stimmen. Durch ihre Kompetenz und selbstverständliche Bereitschaft, sich für das Gelingen der Tagung zu engagieren, haben sie es möglich gemacht, daß der Dialog über die Zukunft auf hohem Niveau und in freundschaftlicher Atmosphäre stattfinden kann. Dafür sei ihnen an dieser Stelle sehr herzlich gedankt.

Besonders bedanken möchte ich mich auch bei den Unternehmen BMW, Burda Medien, FerenczyMedia, Focus, Danone und Siemens sowie beim Europäischen Patentamt und dem Bayerischen Ministerium für Wirtschaft, Verkehr und Technologie, die mich im Vorfeld der Tagung sehr unterstützt und ermutigt haben und ohne deren großzügiges finanzielles Engagement die Realisierung der Tagung nicht möglich gewesen wäre.

I
Hirnforschung und Informatik wachsen zusammen: ein Paradigmenwechsel

Ernst Pöppel

Radikale Syntopie an der Schnittstelle von Gehirn und Computer

Hirnforschung ist die Wissenschaft, die am stärksten durch interdisziplinäres Arbeiten gekennzeichnet ist. Und fügen wir noch die Computerwissenschaften hinzu, dann bewegen wir uns in der Tat in einem Gelände weitester *Interdisziplinarität*. Der überall erkennbare Fortschritt in diesen beiden Gebieten, der uns faszinierende neue Einblicke in die Informationsverarbeitung lebender und technischer Systeme gegeben hat, ist gleichzeitig ein Durchbruch zu einem neuen wissenschaftlichen Paradigma, zu interdisziplinärem Forschen. Wir haben erkannt, daß traditionell geprägte Disziplinen mit ihren theoretischen Gebäuden und ihrem typischen Methodenarsenal allein nicht mehr hinreichend sind, um wesentliche Fragen anzugehen, die uns heute bewegen. Denkweisen und methodische Zugänge verschiedener Disziplinen müssen zusammenkommen – und dies nicht in additiver, sondern in kreativer Weise –, um geistiges Neuland betreten oder dieses schaffen zu können.

Dieser paradigmatische Wechsel bei der geistigen Durchdringung neuer Herausforderungen ist so bedeutsam, daß man ihn durch ein neues Wort kennzeichnen sollte, das die neue Denk- und Arbeitsweise erfaßt. (Ein neues Wort sollte schon allein deshalb gesucht werden, weil «Interdisziplinarität» ein schwieriges Wort ist, das manchem eine Sprechbarriere in den Weg legt.) Als neues Wort wird sich vielleicht *Syntopie* bewähren, das seit einiger Zeit von manchen verwendet wird und auch schon im Internet seine Fäden zieht. Aber es ist nicht nur ein neues Wort, sondern damit wird auch etwas miterfaßt, das Interdisziplinarität nicht mit anklingen läßt, nämlich wie inhaltlich, nicht nur methodisch über die Fachgrenzen hinweg gearbeitet wird.

Um Syntopie im Gegensatz zu Interdisziplinarität zu erläutern, will ich an einem Beispiel verdeutlichen, welche Forschungsrichtungen herausgefordert sind, um einen offenbar so einfachen Vorgang wie das

Lesen dieses Textes oder einer e-mail-Nachricht auf dem Bildschirm zu verstehen, eine Tätigkeit, die Grundlage jeder möglichen Informationsgesellschaft ist. Diese Betrachtung gibt mir gleichzeitig die Möglichkeit, verschiedene Themen, die in den folgenden Beiträgen behandelt werden, anzusprechen und insbesondere darauf hinzuweisen, welche engen Verflechtungen zwischen der Hirnforschung und den Computerwissenschaften bestehen, so daß man statt von einer Schnittstelle von einem Treffpunkt oder von einem Begegnungsfeld sprechen sollte; und da wir uns nicht nur begegnen, sondern in der gemeinsamen Arbeit etwas Neues bewirkt wird, sollte man von einem gemeinsamen *Wirkfeld* sprechen.

Was geschieht beim Lesen? Optische Reize in Form von Buchstaben werden auf die Netzhaut des Auges projiziert, wo sie umgewandelt werden, um dann als «Hirnsprache» in verschiedene Teile des Gehirns geschickt zu werden, so daß es schließlich zum bewußten Erkennen eines gelesenes Wortes kommt, wodurch dann neues Wissen entsteht oder bildhafte Vorstellungen in der Phantasie angeregt werden. Aus Daten, die physikalisch beschreibbar sind, werden neuronale Informationen im Gehirn, und aus diesen entfaltet sich auf einer weiteren, hierarchisch höheren Ebene semantisches oder episodisches Wissen, also etwas, das sich sehr weit von der Ausgangsbasis, den Daten, entfernt hat. Es entsteht etwas qualitativ völlig Neues.

Wer ist hier alles gefordert, um die Vorgänge, die beim Lesen im Gehirn ablaufen, verständlich zu machen? Wer wäre der ideale Leseforscher? Er müßte in der Tat viele Fähigkeiten in einer Person vereinen. Die Transduktionsprozesse in der Netzhaut, die aus physikalischen Ereignissen neuronal verwertbare Informationen machen, werden von *Molekularbiologen* und *Chemikern* untersucht. Sie interessieren jene molekularen Prozesse an den einzelnen Sinneszellen, die dem Gehirn überhaupt erst einen Zugang zur Welt um uns eröffnen. Jedes der einzelnen Sinnessysteme – unsere Antennen, die in die Welt um uns hineinragen – ist durch einen eigenen Transduktionsprozeß gekennzeichnet, und alle diese Prozesse haben sich völlig unabhängig im Laufe der Evolution entwickelt. Wir behandeln hier also die Schnittstelle «um uns / in uns», die Kontaktstelle der äußeren und inneren Welt.

Die Netzhaut ist eine hochkomplexe und inhomogene Struktur – im übrigen ein ausgestülpter Teil des Gehirns selbst –, deren Aufbau von *Anatomen* analysiert wird; diese untersuchen auch die Leitungsbahnen jener Fasern, die das Auge verlassen und in verschiedene Gebiete des Gehirns ziehen. Eine wesentliche Erkenntnis ist, daß die visuelle Informationsverarbeitung keine Einbahnstraße nutzt, sondern daß aufgenommene Informationen räumlich verteilt werden. Der sogenannte visuelle Kortex ist aus mindestens zwanzig Komponenten zusammengesetzt, die alle unterschiedliche Zuständigkeiten haben. Dies führt dann zu der zentralen Grundfrage der modernen systemorientierten Hirnforschung: Wie wird alles wieder zusammengesetzt, so daß wir *ein* Wort als *ein* Wort lesen oder *ein* Gesicht als *ein* Gesicht erkennen können?

Wie die optische Information auf den Augenhintergrund abgebildet und wie das Licht mit seinen verschiedenen Wellenlängen von den der Netzhaut voranliegenden Medien behandelt wird, ist Aufgabengebiet von *Physikern*, und die technischen Fertigkeiten eines *Optikers* werden verlangt, wenn es bei diesen Vorgängen zu Abweichungen kommt. Es ist offenbar eine unverrückbare Tatsache des Lebens: Mit zunehmendem Alter verändern sich die Brechungseigenschaften der Linse im Auge so, daß alle zunächst Normalsichtigen später eine Lesebrille tragen müssen.

Nachdem die optischen Daten zu Gchirninformation geworden sind, fragt sich der *Physiologe*, der die Funktionen lebender Systeme untersucht, in welcher Weise Nervenzellen an den verschiedenen Stationen der Informationsverarbeitung angesprochen werden, also wie die optischen Daten geometrisch strukturiert sein müssen, um sie zu interessieren, sie zur Erregung oder zum Schweigen zu bringen. Bausteine des Wortes sind die Buchstaben, und wir wollen wissen, mit welchem physiologischem Repertoire von Reaktionsmöglichkeiten das Repertoire von Buchstaben repräsentiert wird. Eine Erkenntnis der physiologischen Hirnforschung ist, daß Nervenzellen an den verschiedenen Schaltstellen unterschiedlichen Reizkriterien gehorchen, wobei hinsichtlich des Buchstaben-Dekodierens wichtig ist, daß Nervenzellen im visuellen Kortex jeweils bevorzugt auf bestimmte Orientierungen von Liniensegmenten reagieren. Nervenzellen mit unterschiedlichen Eigenschaften sind aber räumlich voneinander getrennt, so daß wiederum die Frage auftaucht, wie aus der räumlich getrennten Repräsentation der Liniensegmente die Wahrnehmung eines «A» möglich wird, also die Synthese *eines* Buchstaben, der sich aus verschiedenen Liniensegmenten zusammensetzt.

Nicht alle Schriften jedoch sind Buchstabenschriften wie die unsere; das Repräsentationsrepertoire im Chinesischen und Japanischen sieht vermutlich ganz anders aus. Da Lesen aber ein universeller Prozeß ist, sind auch *Sprachwissenschaftler* und hier speziell *Phonetiker* gefordert, die die Abbildung gesprochener Sprache auf Schriftzeichen verständlich machen. Eine Piktogrammschrift zu lernen (wie die japanischen Kanji-Zeichen) führt zu einer anderen Ausprägung der neuronalen Strukturen, die für das Sehen zuständig sind, als eine Buchstabenschrift zu lernen. *Entwicklungsbiologen* versuchen hier eine Antwort zu geben. Entdeckt wurde in diesem Zusammenhang – für die Pädagogik von größter Bedeutung –, daß das Gehirn des Kindes durch ein hohes Maß neuronaler Funktionsplastizität gekennzeichnet ist. Genetisch vorgegebene Strukturen müssen in sensiblen Phasen der individuellen Entwicklung durch Nutzung bestätigt werden, um dann für die Informationsverarbeitung bereitzustehen; entfällt die Bestätigung durch Nutzung, gehen die genetisch angelegten neuronalen Möglichkeiten verloren. Was aber bestätigt wurde, bleibt endgültig erhalten. Durch die neuronale Bestätigung wird die Mikrostruktur des Gehirns geändert. Dies bedeutet, daß unsere Gehirne, weil sie Buchstabenschriften lesen, strukturell anders geformt sind als die Gehirne jener, die Piktogrammschriften lesen, bei denen es darauf ankommt, einige tausend Schriftzeichen zu beherrschen.

Die These über unterschiedliche Hirnorganisation bei Menschen aus verschiedenen Kulturkreisen, die jeweils eigene Schriftsysteme benutzen, wird durch Untersuchungen an Patienten mit Störungen des Gehirns untermauert. Die Typen von Lesestörungen nach einem Schlaganfall sind in den verschiedenen Kulturkreisen durchaus verschieden. Selektive Ausfälle des Gehirns bei Patienten aus unserem Kulturkreis können dazu führen, daß ein Patient noch Buchstaben erkennen kann, daß ihm aber der Sinn des Wortes verschlossen bleibt. Solche Patienten werden von *Neurologen* und *Neuropsychologen* untersucht, wobei eine wesentliche Erkenntnis ist, daß es offenbar bestimmte neuronale Programme im Gehirn gibt, die aus detaillierten Informationen – den einzelnen Buchstaben – Wörter zusammenbauen, die Grundlage des begrifflichen Wissens sind. Hier sei auf die typische Arbeitsmethode in dieser Forschungsrichtung hingewiesen. Aus der Analyse des Ausfalls bei einem Patienten kann man auf den Normalfall schließen; wenn eine Leistung selektiv und mit interindividueller Konstanz verlorengehen kann, muß normalerweise ein neuronales Programm vorhanden sein, das diese Leistung bereitstellt.

Wie das Wissen, das wir über das Lesen gewinnen, strukturiert ist, untersuchen *Psychologen*; mit dem Problem, wie Wissen erworben wird, quälen sich die *Pädagogen*; und was Wissen eigentlich ist oder sein könnte, fragen sich *Philosophen*. Wenn wir lesen, vollführen unsere Augen typische Blicksprünge, wobei die Größe dieser Blicksprünge einerseits von der Struktur der Buchstaben, andererseits von dem Inhalt des Gelesenen abhängt. Manche Geisteskrankheiten, wie sie *Psychiater* untersuchen, spiegeln sich unter anderem in veränderten Mustern dieser Blicksprünge; aus diesen Veränderungen und dem Blickmuster von Gesunden können Abläufe der zentralen Informationsverarbeitung erschlossen werden. Hierbei zeichnet sich ein Problem ab, das in eindrucksvoller Weise den Unterschied zwischen der menschlichen und der maschinellen Informationsverarbeitung deutlich macht: In Computern wird Information sequentiell verarbeitet; diese Vorgehensweise geht auf Alan Turing und John von Neumann zurück und ist immer noch beherrschend, da es für die modernen Parallelrechner noch keine guten Algorithmen gibt, um Informationen effektiv parallel zu verarbeiten. Lebende Systeme wie das Gehirn verarbeiten Informationen parallel und sequentiell.

Wenn wir lesen, dann nehmen Sinneszellen gleichzeitig an verschiedenen Orten des Gesichtsfeldes Informationen auf; dies entspricht einer parallelen Informationsverarbeitung, die notwendige Bedingung dafür ist, daß überhaupt Buchstaben geformt werden können, denn verschiedene Liniensegmente müssen gleichzeitig verfügbar sein. Aus diesen Bausteinen wird aber auf der Ebene des Lesens ein sequentieller Prozeß, denn wir lesen ein Wort nach dem anderen, und unser Wissen wird sequentiell geformt durch die Analyse nacheinander gelesener Sätze. Unser Gehirn ist also durch eine Schnittstelle gekennzeichnet, bei der ein Übergang von paralleler zu sequentieller Informationsverarbeitung erfolgt. Die Prozesse, die an dieser Schnittstelle ablaufen, sind weder in der Hirnforschung noch in den Computerwissenschaften verstanden. Aber es kristallisiert sich ein interessantes Szenario heraus: Wird uns ein besseres Verständnis der Hirnprozesse, beispielsweise beim Lesen, in die Lage versetzen, bessere Algorithmen für die Programmierung von Parallelrechnern zu entwickeln? Ich bin der Meinung, daß nicht der Computer als Modell des Gehirns, sondern das Gehirn als Modell für den Computer und seine Arbeitsweise gesehen und genutzt werden sollte.

Studien über das Lesen, die Augenbewegungen aufzeichnen und die Hirntätigkeit beobachten, lassen sich aber nur durchführen, wenn die technischen Voraussetzungen gegeben sind, die von *Ingenieuren* und *Computerwissenschaftlern* bereitgestellt werden. Der entscheidende Durchbruch in diesem Bereich kam mit den modernen bildgebenden Verfahren, mit denen man gleichsam ins Gehirn hineinschauen kann, wenn wir lesen oder anderen geistigen Tätigkeiten nachgehen. Die bildgebenden Verfahren können heutzutage komplementär eingesetzt werden und erlauben einen detaillierten Blick in Struktur und Funktion des Gehirns, und dies vor allem bei definierten Aufgaben. Es handelt sich bei diesen Verfahren um MEG (Magnetenzephalographie) zur Erfassung schneller elektrischer Veränderungen im Gehirn, um MRI (Kernspintomographie, *magnetic resonance imaging*) zur strukturellen Beschreibung und neuerdings auch zur funktionellen Diagnostik und um PET (Positronenemissionstomographie) zur Erfassung chemischer Veränderungen und zur Beschreibung dynamischer Prozesse im Energieverbrauch oder in der Durchblutung des Gehirns. Eine wesentliche Erkenntnis, die mit Hilfe dieser Verfahren gewonnen wurde, ist, daß beim Lesen gleichzeitig verschiedene Areale des Gehirns aktiv sind. Solche Informationen können nur gewonnen werden, wenn modernes «High-Tech» eingesetzt wird, indem *Elektroingenieure*, *Nachrichtentechniker*, *Informatiker*, *Mathematiker* und andere mehr zusammenarbeiten. Keiner könnte allein an die Quellen der neuronalen Information gelangen.

Dies bedeutet, daß auch für die Medizin ein neues syntopisches Paradigma verpflichtend wird: *Nuklearmediziner* und *Radiopharmazeuten*, die primär für PET verantwortlich sind, müssen mit *Radiologen* zusammenwirken, in deren Hoheitsbereich die MRI-Technik angesiedelt ist, und diese wiederum sind auf die *Neurologen* angewiesen, die für die MEG-Technik zuständig sind; aber alle sind allein und auch gemeinsam von der Datenverarbeitung abhängig – ohne die Zusammenarbeit mit *Informatikern* und *Computerwissenschaftlern* ist moderne Forschung über das Gehirn nicht möglich. Die Zusammenarbeit mit den Computerwissenschaftlern, um beispielsweise das Lesen zu verstehen, verlangt sogar deren doppelten Einsatz. Einerseits arbeiten sie an der Entwicklung von Software für die Bildanalyse bei MEG, MRI und PET. Jede Technik für sich stellt eine mathematische Herausforderung dar, wenn man schnell an die dreidimensionalen Bilder heranwill, in denen die räumlichen und räumlich-zeitlichen Muster der Hirnaktivität sichtbar werden. Und es ist eine weitere Herausforderung, die Bilder der verschiedenen Verfahren zu integrieren. Andererseits ist die Mitarbeit von Computerwissenschaftlern aber auch auf theoretischer Ebene erforderlich.

Um zu verstehen, welche datengenerierenden Prozesse im Gehirn ablaufen, wenn wir lesen, sind neben Experiment und Theorie auch Computersimulationen erforderlich, die von Forschern aus dem Bereich der *Künstlichen-Intelligenz-Forschung*, der Forschung über *Neuronale Netze* und auch der *theoretischen Physik* kommen. Für die theoretische Durchdringung und die relevante Simulation neuronaler Prozesse sind einige Sachverhalte zu berücksichtigen, die teilweise schon angedeutet wurden. Wenn wir lesen, dann beobachten wir eine gleichzeitige Aktivität von Nervenzellen in räumlich getrennten Arealen. Hier stellt sich also die Frage nach der räumlichen Integration verteilter Aktivitäten. Wesentlich ist des weiteren, daß diese Aktivitäten qualitativ verschiedene Aspekte mentaler Prozesse repräsentieren. Wenn wir lesen, sind gleichzeitig Module aktiv, die die Informationsaufnahme besorgen; wir nehmen also etwas wahr. Parallel dazu gibt es Aktivitäten in jenen Bereichen, in denen Informationen gespeichert sind. Ohne Gedächtnis können wir nicht lesen, was sich in einfachster Weise im Buchstabenwissen ausdrückt. Es gilt aber auch auf der abstrakten Ebene des Wissens, denn eine Information wird immer bezogen auf schon im Gedächtnis repräsentiertes Wissen; das absolut Neue gibt es nie. Des weiteren ist neuronale Aktivität hervorgehoben in Modulen, die die gefühlsmäßige Bewertung besorgen; es gibt kein mentales Geschehen, das nicht von vornherein eingebettet ist in eine emotionale Bewertung, die sich auf der Erlebnisebene beispielsweise im Interesse oder Desinteresse am Gelesenen widerspiegelt. Schließlich gibt es noch hervorgehobene neuronale Aktivität in der vierten Domäne von Funktionen, die das Repertoire des Psychischen ausmachen, nämlich der des Handelns oder willentlichen Agierens. Beim Lesen drückt sich dies in den aktiven Blickbewegungen aus.

In gewisser Weise ist die Funktion des Gehirns, wie ich sie hier beschreibe, eine Metapher für die moderne Forschung selbst, denn die integrierte Aktivität des Gehirns ist eine Verwirklichung von Syntopie. Unterschiedliche Funktionen müssen an verschiedenen Orten verankert sein, aber sie müssen zusammenkommen, damit überhaupt etwas geschieht. Es müssen somit zwei Dinge gegeben sein, nämlich die spezielle Leistung an einem Ort, also die örtliche Funktionskompetenz, und die kreative Interaktion zwischen diesen lokalen Kompetenzen, das Zusammen von räumlich Getrenntem – Syntopie.

Während einerseits die Funktion des Gehirns als Metapher für moderne Forschung und vielleicht sogar als Vorbild für die Überwindung der *Teilkulturen* unserer Gesellschaft gesehen werden kann, die sich mit ihren undurchdringlichen geistigen Mauern entgegenstehen, ist andererseits dieses Funktionsprinzip des Gehirns eine besondere Herausforderung für Theoretiker. Welche Theorie oder welche Theorien erfassen auf adäquate Weise die experimentellen Beobachtungen? Die vielleicht wichtigsten theoretischen Ansätze sehen in der Analyse der zeitlichen Verarbeitung von Informationen einen Lösungsweg. Damit bekommt die vergessene Dimension Zeit, an die man sich in den Neurowissenschaften lange nicht herangetraut hat, eine neue Bedeutung.

Mit all diesen Analysen über das Lesen und die sich daran anschließenden Assoziationen würden wir dennoch nur einen Teilbereich dessen erfassen, was das Lesen auszeichnet. Wir haben bisher nur die naturwissenschaftliche Seite beim Prozeß des Lesens angesprochen, doch Lesen dient nicht nur dem Aufbau von Wissen, sondern führt uns auch in die Welt der Vorstellungen, der selbsterzeugten Bilder und unmittelbaren Gefühle. Die schriftstellerische Beschreibung und das dichterische Wort gehören einer anderen Kultur an als der hier geschilderten – doch wird uns die Dichtung als Erlebnis nicht verfügbar, wenn nicht jene Strukturen ausgeprägt sind, die wir mit analytischen Verfahren untersuchen. Wir gehören zu einer Gemeinschaft der Lesenden und sind überrascht, wenn jemand mit einem Wort oder Satz eine Wirklichkeit oder ein Bild erschließt, die uns bisher verborgen waren. So sollte das Zusammenwirken zwischen *Naturwissenschaftlern* und *Geisteswissenschaftlern* nach dem syntopischen Prinzip ebenfalls selbstverständlich sein, wenn sie das Lesen verstehen wollen.

Das gemeinsame Wirkfeld von *Wissenschaftlern* und *Künstlern* zeigt sich für das Lesen in der zeitlichen Struktur von Gedichten. Die meisten Gedichte sind dadurch charakterisiert, daß die Dauer einer gelesenen Verszeile etwa drei Sekunden beträgt, und dies scheint unabhängig von der jeweiligen Sprache zu sein. Ist die Verszeile länger, handelt es sich in unserem Kulturkreis meist um einen Hexameter oder Alexandriner, die durch eine Zäsur in der Verszeile gekennzeichnet sind. Dieses zunächst wohl blaß wirkende Faktum gewinnt plötzlich eine faszinierende Wirklichkeit, wenn man feststellt, daß die Verszeile einen universellen Mechanismus des Gehirns abbildet. Aufeinanderfolgende Informationen werden vom Gehirn automatisch zusammengefaßt, dies aber nur bis zu einer Grenze von etwa drei Sekunden. Dieser Integrationsmechanismus gliedert unser Wahrnehmen, Erinnern und Handeln zeitlich in solcher Weise, daß jeweils nach etwa drei Sekunden ein neues «Zeitfenster» für Informationsverarbeitung geöffnet wird. In solchen regelmäßigen Schritten fragt das Gehirn: «Und was gibt es Neues in der Welt?» Diese zeitliche Gliederung findet sich unabhängig von Traditionen oder der spezifischen Syntax einer Sprache in den meisten Gedichten wieder, so als habe der Dichter ein implizites Wissen über einen grundlegenden Hirnmechanismus, an dem er sich automatisch orientiert.

Das Wissen des Forschers und das Tun des Künstlers können wir geistigen Orten oder Handlungsräumen zuordnen, die zunächst voneinander getrennt erscheinen. Doch diese Trennung ist oberflächlich und künstlich und häufig bedingt durch die geistige Gefangenschaft in der Methodik einer Disziplin. Fragen innerhalb von Disziplinen werden oft nur zugelassen, wenn für ihre Behandlung eine Methode vorhanden ist oder wenn sie traditionell durch eine gewachsene Denkweise sanktioniert sind. Wenn man die *Methoden* verschiedener Disziplinen zusammenbringt, um *Interdisziplinarität* zu verwirklichen, hat man zwar schon einen wesentlichen Schritt zur Öffnung getan, doch wir wollen etwas mehr: Wir wollen das menschliche Wissen und Handeln neu verorten, indem wir bisher ungefragte Fragen ermöglichen, noch verborgene Denkweisen anregen und noch nicht gefundene künstlerische Prozesse in Gang setzen. Wir gehen im syntopischen Ansatz auf das Ursprüngliche zurück, wir stellen, naiv vielleicht wie ein Kind, jene uralten Fragen über Wissen, über Einheit und Verschiedenheit, über Leben und Tod, über Zahlen, über die Natur «um uns und in uns», über Bewußtsein, über Raum und Zeit. Wir weisen, indem wir dies tun, der Methodik der einzelnen Disziplinen wieder den Platz zu, der der Methodik zukommt, nämlich ein Gerüst bereitzustellen, mit dessen Hilfe man etwas erschaffen kann, das aber nach dem Aufbau eines Gebäudes wieder abgerissen wird. Diese syntopische Öffnung gibt uns die Möglichkeit, nach *neuen* methodischen Entwicklungen zu verlangen, wenn Methoden für die Beantwortung unserer Fragen noch nicht vorliegen; die Frage ist das Zentrale, nicht die Methodik.

Das Zusammengehen von Hirnforschung und Computerwissenschaften, wie wir es jetzt erleben, ist Ausdruck einer *radikalen Syntopie*, weil wohl jeder der Beteiligten sieht, daß sich hier eine neue Dimension des Denkens und Verstehens über uns selbst erschließt. Dies heißt natürlich nicht, daß die Antworten, die gefunden werden, einheitlich sind. Wie es für ein kreatives Forschungsgebiet normal ist, gehen die Meinungen manchmal weit auseinander, vor allem wenn darüber nachgedacht wird, ob der menschliche Geist notwendig gekoppelt ist an das menschliche Gehirn oder ob wir uns als denkende und fühlende Wesen in hundert Jahren in unsterblichen Artefakten und Computerprogrammen wiederfinden.

Der Beginn dieser neuen *Wissensgesellschaft* liegt etwa ein halbes Jahrhundert zurück, denken wir insbesondere an das Werk von Norbert Wiener oder an die grundlegenden Arbeiten von John von Neumann und Alan Turing. Für die Syntopie von Hirnforschung und Computerwissenschaft ist Norbert Wiener von großer Bedeutung gewesen, denn er vereinte in seiner Persönlichkeit vieles, was hier als syntopisches Denken angesprochen wurde. Als herausragender Mathematiker leistete er auch Wesentliches für die Physik und die Ingenieurwissenschaften, und er wurde der Begründer der Kybernetik, jener Wissenschaft, in der das Syntopie-Prinzip Voraussetzung erfolgreichen Handelns ist. Norbert Wiener hatte das Glück, in einer Umgebung zu arbeiten, die seinem ungewöhnlichen Denken gegenüber aufgeschlossen war, dem Massachusetts Institute of Technology in Cambridge. Wer weiß, ob er sich in einer anderen Umgebung in ähnlicher Weise hätte entfalten können. Das MIT ist noch immer eines jener Zentren in der Welt, wo die Denkweisen der Hirnforschung und der Computerwissenschaften zusammenkommen; das Medialab ist ohne diese Syntopie nicht vorstellbar.

Die geistige Umwelt, die Geographie des Denkens, wird von vielen in ihrer Bedeutung oft unterschätzt. Wissenschaftler sind keine abstrakten Automaten, die an jedem Ort in völliger Abgeschiedenheit kreativ oder produktiv sind. Um die Gedanken zu ordnen, sind für die meisten der gemeinsame Ort des Forschens und die physische Anwesenheit des anderen entscheidend. Aus der zufälligen Begegnung mit einem anderen kann sich ein evolutionärer Prozeß ergeben, der zu faszinierenden neuen Erkenntnissen führt – und das Törichte wird ausgemendelt. Syntopie meint also auch die gemeinsame physische Verortung von denkenden Menschen. Die Verwirklichung dieses Prinzips sind syntopische Kongresse, auf denen Menschen aus verschiedenen Geographien an einem Ort zusammengebracht werden, um ein gemeinsames Wirkfeld zu erkunden.

Die physische Präsenz des anderen als Voraussetzung für kreative Syntopie mag sich als ein Problem entpuppen bei virtueller Kommunikation mit Hilfe elektronischer Medien. Läßt sich die unmittelbare Kommunikation von Gesicht zu Gesicht medial simulieren? Laufen in Internet-Gesprächen die gleichen Gedanken ab wie in einem direkten Gespräch, und entsteht Neues im «Distanz-Gespräch» auf analoge Weise wie im «Gespräch-der-Nähe»? Dies ist zu bezweifeln, weil in der unmittelbaren Kommunikation in viel stärkerem Maße implizites Wissen einfließt, das in einer Nur-Wort- oder -Ikon-Kommunikation unberücksichtigt bleibt. Wenn aber etwas Neues entsteht, dann wird es qualitativ anders sein als das in der traditionellen Welt des unmittelbaren Kontaktes Entstandene.

Norbert Wiener hat auch vorausgesehen, daß wir an der Schwelle zu einer neuen Gesellschaftsform stehen, der Informationsgesellschaft. Er meint, man könne eine Gesellschaft nur durch das Studium des Nachrichtenaustausches und der technischen Bedingungen für diesen Nachrichtenaustausch verstehen und der Informationsaustausch zwischen Menschen und Maschinen und zwischen Maschinen selbst werde eine immer bedeutendere Rolle spielen. In dieser Phase einer sich entfaltenden *Informationsgesellschaft* stehen wir jetzt, wobei ich bevorzugen würde, von *Wissensgesellschaft* zu sprechen. Mit diesem Begriff wird der Anspruch erhoben, menschengemäßes Wissen zu erarbeiten auf der Grundlage von Information, wobei letztere im Verhältnis zu früheren Zeiten in unvergleichlicher Weise bereitgestellt werden kann. Wir sind schon in Gefahr, in *Informationen* zu ertrinken – was wir aber eigentlich wollen, ist *Wissen*.

Auch wenn viele jetzt ganz selbstverständlich davon sprechen, daß wir in eine Informationsgesellschaft eintreten, die die Industriegesellschaft ablöst, so möchte ich diesen naheliegenden Wechsel dennoch mit einem Fragezeichen versehen. Ganz sicher können wir nicht sein, daß zukünftige Generationen uns als «Informationsgesellschaft» oder als «Wissensgesellschaft» erinnern werden. Es gibt implizite Strömungen in unserer Zeit, die retrospektiv von noch größerer Bedeutung sein könnten. Hiermit ist ein komplementärer Wissensbereich angesprochen, der des *impliziten Wissens*, der sich aus der Psychologie und den Neurowissenschaften entfaltet hat und dessen Bedeutung, auch soziale Bedeutung, nicht unterschätzt werden sollte. Vieles, was unsere jetzige Gesellschaft kennzeichnet, ist uns nicht explizit und gehört somit zur Domäne des impliziten Wissens. Wir wissen mehr, als wir wissen.

In der Tradition des cartesischen Rationalismus geht man davon aus, daß menschliches Wissen bewußt, explizit, klar, deutlich und sprachlich verfügbar ist. In dieser Tradition hat die Künstliche-Intelligenz-Forschung in den vergangenen Jahrzehnten versucht, menschliches Wissen in Symbolen festzuhalten und durch mathematische Operationen zu charakterisieren. Die Algorithmisierung des Wissens wurde zum Programm erhoben – und ist an diesem Anspruch gescheitert. Menschliches Wissen als Ganzes ist bisher nicht mathematisierbar, nur eine Teilmenge läßt sich explizit formulieren (zum Beispiel logische Operationen). Diese negative Erkenntnis entspricht der positiven Einsicht, daß vieles am geistigen Geschehen im verborgenen bleibt und nicht explizit gemacht werden kann. Dieses heißt nicht, daß das implizite Wissen irrational oder im psychoanalytischen Sinne unbewußt ist; implizites Wissen unterliegt genauso den logischen Operationen, es wird nur nicht sprachlich verfügbar und ist nicht bewußt repräsentiert. Wir können das Argument sogar umdrehen: Mentale Prozesse im Gehirn sind zunächst alle implizit, und erst ein spezifischer Mechanismus im Gehirn sorgt dann dafür, daß eine Teilmenge dieser Prozesse bewußt und damit explizit wird. Diese Mechanismen werden als «access consciousness» bezeichnet. Wieviel die Teilmenge des expliziten Bewußtseins vom Gesamt des mentalen Geschehens ausmacht, wissen wir nicht. Aber was wir sicher auf der Grundlage zahlreicher Experimente sagen können, ist, daß implizites Wissen unser Handeln und auch unser Empfinden prägt.

Ein Teilbereich des impliziten Wissens ist durch die emotionalen Bewertungen repräsentiert, die wir rational nicht hinterfragen können. Wenn wir nun an diesen Bereich herangehen und uns fragen, ob wir es hier mit Phänomen zu tun haben, die unsere Gesellschaft auch kennzeichnen, dann fällt manches auf, das retrospektiv in Zukunft vielleicht anders gesehen wird als heute, wo wir, verführt durch einengende Denkgewohnheiten, stets nur den Wechsel zur Informationsgesellschaft im Auge haben. Wir sind auch eine Gesellschaft, die alles versucht, um Schmerz zu vermeiden. Schmerz ist das Böse an sich. Man könnte uns deshalb auch als eine Analgesie-Gesellschaft bezeichnen. Mit diesem impliziten Konzept unserer Gesellschaft verbunden ist der Versuch, Lust-Attrappen zu entwickeln. Dabei sind wir eigentlich keine hedonistische Gesellschaft (oder gar eine Glücksgesellschaft), sondern nur mit Surrogaten befaßt. Man darf vermuten, daß durch den Verzicht auf Schmerz auch das Lustvolle verlorengeht und wir uns somit auch als eine Gesellschaft der Gleichgültigkeit bezeichnen können, denn Gleichgültigkeit stellt sich ein, wenn Schmerz *und* Lust als tiefe Erlebnisdimensionen nicht mehr zugelassen sind. Dies ist im übrigen auch eine Erkenntnis aus der Hirnforschung: Ohne tiefe emotionale Bewertungen können wir die Beziehung zu uns selbst verlieren und in eine Depression versinken.

Dies bringt uns zurück zu einem Szenario, das Computerwissenschaftler und Hirnforscher in gleicher Weise bewegt, nämlich inwieweit es möglich ist, den menschlichen Geist, das menschliche Bewußtsein und unser Erleben insgesamt technisch zu simulieren. Manche sind der Meinung, daß dies ohne große Not in naher Zukunft bewerkstelligt werden kann. Die Verwirklichung dieser Aufgabe sei in erster Linie eine Frage der Leistungsfähigkeit von Computern, und wenn man deren vergangenen Fortschritt überblicke, könne man – so wird behauptet – bei gleichem Fortschritt den Ansprüchen der Informationsverarbeitung des menschlichen Hirns technisch bald gerecht werden. Wir hätten dann in vielleicht hundert Jahren auf dieser Erde zwei prinzipiell verschiedene menschliche Lebensformen, nämlich mit Hilfe der natürlichen Fortpflanzung traditionell erschaffene Menschen und künstliche Menschen, denen der mühsame Umweg der natürlichen Kreation erspart bleibt. Diese künstlichen Menschen hätten noch einen weiteren Vorteil: Sie wären unsterblich, da sie nicht mehr von der Fleischlichkeit des Seins abhängig wären. Es ist in diesem Szenario ein naheliegender Gedanke, auf die traditionell produzierten Menschen ganz zu verzichten, die aufgrund ihrer Beschränktheit in dieser neuen Welt aus dem Rahmen fielen. In einem solchen Szenario empfiehlt sich dann ein kollektiver Genozid, um der neuen Lebensform, dem «artificial life», in seiner Entfaltung nicht im Wege zu stehen.

Ganz unabhängig davon, ob wir uns eine solche Welt, gefüllt mit autonomen Robotern, wünschen sollen, stellt sich die Frage, ob ein solches Szenario überhaupt möglich ist. Ich gehöre zu jenen, die es nicht für möglich halten. Gemessen an diesen Visionen sind unsere wirklichen Erkenntnisse in Hirnforschung und Computerwissenschaften sehr bescheiden. In den Szenarien mit künstlichen Menschen drückt sich eher eine Utopie über uns selbst aus, in der die Frage nach dem Sinn unseres Lebens und der Wunsch nach Unsterblichkeit verborgen sind. Welches sind die wissenschaftlichen Gründe dafür, daß wir uns vielleicht nie simulieren können? Ich möchte zwei Beispiele anführen, wobei das eine schon angesprochen wurde. Menschliches Erleben ist auch durch implizites Wissen charakterisiert. Solange wir dieses nicht explizit machen können – solange wir also nicht «alles» über uns wissen –, können wir uns auch nicht simulieren. Wie wir emotionale Bewertungen, Stimmungen oder gefühlsmäßige Regungen explizit machen wollen, liegt noch völlig im dunkeln; hierfür müßte man auch erst eine Sprache entwickeln. Am schlagendsten ist hier vielleicht das Beispiel der Gerüche; für die meisten Gerüche gibt es keine Bezeichnungen, das heißt, sie sind der Sprache fern. Und dennoch kann ein bestimmter Geruch – man denke an Szenen, die Marcel Proust beschrieben hat – eine ganze Welt im Bewußtsein entstehen lassen. Jeder Mensch hat seine eigene implizite Welt der Gerüche, die ihm zum Beispiel das Gefühl von Heimat vermitteln, wobei die spezifischen Gerüche bedingt sind durch eine Kombination zahlreicher verschiedener chemischer Verbindungen. Diese explizit zu machen, das heißt mit hinreichender Präzision anzugeben, warum etwas so riecht, wie es riecht, und warum es zu bestimmten sprachlich nicht beschreibbaren Reaktionen führt, ist bisher nicht gelungen. Ob dieses Problem gelöst werden kann, ist völlig offen.

Der andere Grund, warum die Simulation des menschlichen Bewußtseins schwerlich zu erreichen sein dürfte, ergibt sich für mich aus der komplexen Verschaltung der Nervenzellen untereinander und aus den Interaktionen von Modulen des Gehirns. Jede Nervenzelle sendet Information zu etwa zehntausend anderen, und jede Nervenzelle erhält Informationen von zehntausend anderen. Im einfachsten Fall kann jede Nervenzelle aktiv oder inaktiv sein, so daß theoretisch eine Nervenzelle 2^{10000} Funktionszustände haben kann, was in anderer Schreibweise 10^{3000} Zuständen entspricht, einer Eins mit dreitausend Nullen. Diese kombinatorische Überlegung zeigt, daß Funktionszustände von Nervenzellen nicht berechenbar sind, da es einfach zu viele gibt und die

Dauer des Universums für eine solche Berechnung nicht ausreichen würde. Doch mag dies für jemanden, der den menschlichen Geist simulieren will, eine irrelevante Betrachtung sein; es geht ja um die Inhalte des Psychischen, und hierfür sind Nervenzellen zwar wichtig, aber möglicherweise nur im Verbund.

Gehen wir also von der wohlbekannten Tatsache aus, daß umschriebene Module des Gehirns elementare Funktionen repräsentieren, zum Beispiel Farbensehen, Bewegungen erkennen, einen bestimmten Satz sagen oder Freude empfinden. Nehmen wir der Einfachheit halber an, daß es einhundert solcher Module gibt (es sind sicher mehr) und daß die einzelnen Module sind nur durch erhöhte oder erniedrigte neuronale Aktivität gekennzeichnet sind; wir abstrahieren also von einzelnen Nervenzellen und betrachten nur die durchschnittliche Aktivität größerer Areale. Ein solches Gehirn kann im Prinzip, wenn man die kombinatorische Überlegung wie bei den einzelnen Nervenzellen anwendet, 2^{100} oder entsprechend 10^{30} mögliche Funktionszustände haben, was einer Eins mit dreißig Nullen entspricht. In welchem spezifischen Funktionszustand man sich jeweils befindet, könnte ebenfalls nur mit einem ungeheuren Rechenaufwand festgestellt werden. Damit man die Größenordnung abschätzen kann, sei ein Hinweis auf unsere Lebenszeit erlaubt: Ein sehr langes Leben dauert drei Milliarden Sekunden oder größenordnungsmäßig eine Milliarde Atemzüge, was einer Eins mit nur neun Nullen entspricht. Was man allenfalls für das menschliche Gehirn errechnen kann, ist, in welcher allgemeinen Routine es sich befindet, ob also gelesen, gerechnet oder geredet wird, aber es ist nicht vorstellbar, berechnen zu können, was inhaltlich jeweils im Bewußtsein repräsentiert ist, also *was* gelesen, gerechnet oder geredet wird. Die individuellen Erfahrungen, also die Inhalte des Psychischen, sind aufgrund der Komplexität des Gehirns nicht berechenbar. Dies bedeutet im übrigen eine Garantie für absolute Individualität; niemand kann gleichsam in den anderen hinein. Das Argument gegen die mögliche Simulation des menschlichen Erlebens ist also kein prinzipielles – ein solches Argument mag es auch geben –, sondern ein praktisches: Wir hätten nie ausreichend Zeit, uns gewissermaßen in einem technischen System zu verdoppeln. Diese Zeit würden wir auch nicht gewinnen, wenn wir an ein anderes utopisches Szenario denken, nämlich auf biologisch verträgliche Weise das menschliche Leben entscheidend zu verlängern.

Die kombinatorische Überlegung zu den vielen möglichen Funktionszuständen des Gehirns führt auch zu einer interessanten philosophischen Frage. Man muß davon ausgehen, daß das menschliche Gehirn im Laufe des Lebens nie wieder in einen Zustand kommt, in dem es vorher schon einmal war. Dies gilt mit Sicherheit, wenn wir die Aktivitäten der einzelnen Nervenzellen betrachten, aber es gilt vermutlich auch für die Funktionszustände auf der Ebene der Module. Wie ist dann personale Identität möglich, wenn die neuronalen Grundlagen sich ständig verändern?

Hier verbirgt sich das alte *Leib-Seele-Problem*, das seit Beginn des Nachdenkens über uns selbst die Denker bewegt. Erklärt sich unser Erleben aus den neuronalen Mechanismen allein, oder müssen wir zwei Seinsbereiche annehmen, das Körperliche und unabhängig davon das Geistige, wie viele Philosophen und manche Computerwissenschaftler vermuten? Die monistische Position wird gestützt durch zahlreiche Beobachtungen aus Neurologie und Psychiatrie, daß selektive Störungen des Gehirns gleichsam das Gesamtrepertoire des Psychischen zusammenbrechen lassen. Auch die eigene Identität eines Menschen kann verlorengehen, wie Beobachtungen an Schizophrenen zeigen. Wenn etwas verlorengehen kann, dann muß aber ein neuronaler Mechanismus vorhanden sein, der die Leistung im Normalfall erbringt. Wenn alles verlorengehen kann, was wir in unserem Erleben und Handeln kennzeichnen können, ist die Position eines *pragmatischen Monismus* durchaus gerechtfertigt. Dann stellt sich aber in der Tat die Frage, wie Ich-Identität möglich ist, wobei eine Antwort lautet, daß diese über die zeitliche Konstanz, also das Bestehenbleiben der persönlichen Erinnerungen, garantiert wird. Dies würde bedeuten, daß die funktionelle Integrität des Gedächtnisses Voraussetzung für personale Identität ist.

Hinsichtlich des Leib-Seele-Problems wird von vielen aber auch weiterhin die Position des *Dualismus* vertreten. Wenn wir annehmen, daß wir unseren Geist in einem Artefakt, das heißt in einem Computerprogramm, abbilden können, dann vertreten wir eine dualistische Position, denn dann meinen wir ja, daß es nur auf die Funktion, die Software, ankommt und daß die Fleischlichkeit des Gehirns für das Psychische unwesentlich ist. Im Funktionalismus, an dem sich viele Computerwissenschaftler orientieren, vertritt man die Auffassung, daß die Hardware nebensächlich sei, daß man das Psychische also in beliebigen Strukturen abbilden könne, denn entscheidend seien die Programme, die in einem Netzwerk ablaufen.

In der Diskussion zwischen Hirnforschern und Computerwissenschaftlern sind auch wesentliche philosophische Fragen verborgen, die von den Fachwissenschaftlern allein nicht zu bearbeiten sind. Die angesprochene Problematik des Leib-Seele-Problems hat natürlich auch ethische Implikationen. Inwieweit kann man in das Gehirn eingreifen und zum Beispiel neuronales Gewebe anderer Menschen implantieren oder mit neurotechnischen Verfahren Chips im Gehirn einbauen, ohne damit die Identität eines Menschen in Frage zu stellen? Je nachdem, welche philosophische Position man einnimmt, mag die Antwort auf solche Fragen unterschiedlich ausfallen.

In den syntopischen Bereichen der Forscher aus den Computer- und Neurowissenschaften kristallisieren sich aber nicht nur abstrakte Überlegungen heraus, sondern man stößt selbstverständlich auch auf zahlreiche praktische Probleme. So können wir uns ganz konkret fragen, welche neuen technologischen Möglichkeiten sich im gemeinsamen Wirkfeld der beiden Forschungsrichtungen eröffnen. In der Welt der neuen Medien, in der virtuellen Realität, sind beide Forschungsbereiche zum Beispiel mit ihrem spezifischen Know-how angesprochen, ebenso bei den Chancen für die moderne Medizin. Hinzuweisen ist hier auf die Entwicklung wissensbasierter Systeme zur Unterstützung einer objektiven Diagnostik, auf die Neuroprothetik, die versucht, Patienten mit Hör- oder Sehverlust wieder Zugang zu verlorengegangenen sensorischen Welten zu verschaffen oder ihre Bewegungsfähigkeit wiederherzustellen, und auf die minimal invasive Chirurgie, die patientenfreundliche neue Therapien erlaubt. Die moderne Technik ermöglicht vielen Patienten eine völlig neue Lebensqualität.

Selbstverständlich werden sich auch unsere Arbeitswelt und das soziale Gefüge, in dem wir leben, durch die Syntopie von Hirnforschung und Computerwissenschaft radikal verändern. Nachdem in früheren Zeiten der Werkzeuggebrauch menschliche Entfaltungsmöglichkeiten bereicherte, erleben wir heute durch den Einsatz des Computers einen qualitativen Sprung. Wir haben uns mit Hilfe von Computern selektive Intelligenzverstärkungen verschafft, indem Teilleistungen der Intelligenz externalisiert und von Computern erledigt werden. Erwähnen will ich hier nur die Schnelligkeit von Rechenoperationen und die sichere Speicherung von Informationen. Es sind aber stets nur Teilleistungen des Menschen, die wir verstärken, nicht das gesamte Wirkungsgefüge unseres intelligenten Handelns. Aber das reicht schon, um uns in eine neue Welt zu führen. An diesem Übergang zu einer neuen Gesellschaft, der *Wissensgesellschaft*, stellen sich ethische Probleme ganz neuer Art. Wird der Druck, der von der Welt der Computer und den Möglichkeiten der Informationsverarbeitung ausgeht, so stark sein, daß wir unser Erleben und Verhalten dieser Welt anpassen werden? Dies wäre gleichsam ein umgekehrter Pygmalion-Effekt – daß sich die Welt der Artefakte den Menschen formt. Um diese Diskussion zu führen, bedarf es der Hirnforscher, die über die universellen Konstanten des menschlichen Erlebens nachdenken und prüfen, ob der menschliche Geist beliebig verformt werden kann.

Wir brauchen aber auch den Blick auf andere Kulturen. Dieser Blick zeigt, daß von anderen manches ähnlich, vieles anders gesehen wird, was uns deutlich macht, daß unser so selbstverständliches Weltbild gar nicht allgemein verbindlich ist.

In anderen Kulturen wurden andere gedankliche Trajektorien verfolgt, mit denen wir uns jetzt einen Spiegel vorhalten können. Da wir durch die neuen technischen Möglichkeiten unmittelbaren Zugang zu Menschen anderer Kulturen haben, deren Wertesysteme und Weltbilder verglichen mit unseren anders verankert sind, müssen wir eine zukünftige Informationsgesellschaft, wie ich betont habe, zu einer Wissensgesellschaft gestalten, denn nur wenn wir etwas über die anderen und deren Welt wissen, können wir mit ihnen gerecht und angemessen kommunizieren. Um dieses globale Wissen zu schaffen, sind Hirnforscher und Computerwissenschaftler in gleicher Weise gefordert. Forscher sind natürliche Botschafter – «Scientists are natural embassadors».

Stanislaw Lem

Unsaubere Schnittstelle Mensch/Maschine

Einleitung

1. In zwei nichtbelletristischen Büchern – es handelt sich um die in
den frühen fünfziger Jahren verfaßten *Dialoge* und die Anfang der
sechziger Jahre entstandene *Summa technologiae* – habe ich in einer
kühnen, für die damalige Zeit sehr weit in eine mögliche Zukunft vor-
auseilenden Weise brutale Eingriffe in die normalen Funktionen des
menschlichen Gehirns beschrieben. In den *Dialogen* sah ich die Grenzen solcher Eingriffe in der vorstellbaren Möglichkeit, integrale Funktionen des Gehirns (schrittweise) in eine «Prothese» zu verlegen, die
als ein elektronisches Netz sui generis gedacht war. Es ging darum, die
gesamte funktional-morphologische Struktur des Gehirns irgendwie
in ein Artefakt zu «verpflanzen». Dadurch, schrieb ich, würde es
möglich sein, die bewußte, personale und folglich menschliche Existenz selbst noch posthum fortzusetzen (in den *Dialogen* bezeichnete
ich diese Möglichkeit als «ewiges Leben im Kasten»). Mit den technischen Fragen habe ich mich damals nicht befaßt, und die ethischen
und rechtlichen Aspekte dieses Vorhabens habe ich ganz und gar
übergangen.

Dies gilt mehr oder weniger auch für die *Summa technologiae*, wo
ich mich in dem Kapitel über die «Cerebromatik» neben anderen Dingen mit der Relativierung des Persönlichkeitsbegriffs auseinandersetze.
Die eventuell vollzogene «Verpflanzung» des Bewußtseins einer Person X in eine elektrische (oder chemoelektrische oder biochemoelektri-
sche) Prothese und die anschließende «Ersetzung» des Opfers durch
sein (vielleicht sogar vollkommenes) «Simulat» könnte man – das darf
ich hier ohne frivole Absicht anmerken – durchaus als Mord (beziehungsweise als Totschlag) bezeichnen. Wenn wir schon bei solchen
Überlegungen sind und sie in juristisch-fiktionaler Hinsicht weiter-
spinnen, könnte man sagen, daß ein Angeklagter, dem man diese Tat

zur Last legen würde, sich mit dem Beweis verteidigen könnte, daß die «prothetisierte Person» (das heißt ihr «normal funktionierender» Verstand) identisch wäre mit der Person, die nach dieser Operation (möglicherweise) ihr Leben verloren hätte oder zumindest infolge dieser Operation erhebliche Ausfallerscheinungen (der Hirnfunktion) zeigen würde. Nun habe ich im ersten Kapitel der *Dialoge* auch zu beweisen versucht, daß die «Wiederholung» eines Menschen durch ein vollkommen perfektes Kopieren (seiner molekularen Zusammensetzung aus Atomen) zu Widersprüchen führt, die den Versuch einer «Wiederauferstehung» vergeblich erscheinen lassen (der Simulierte und aus Atomen Wiederbelebte [recreatio ex atomis modo nonalgorithmico] wäre ja nicht das Original, sondern eine Kopie), der Kopierte würde also im Falle seines Todes «nichts davon haben», daß die Kopie ihn vollkommen ersetzt; da es bisher niemandem gelungen ist, die Logik dieser meiner Argumentation zu erschüttern, könnte mein Beweis umgekehrt der Anklage des Operateurs zugrunde gelegt werden. Wenn von zwei eineiigen Zwillingen, die obendrein durch ihre Erziehung nahezu identisch sind, einer getötet wird, kann man ja auch nicht behaupten, daß der andere, der noch lebt, diesen vollkommen ersetze, so daß beim Mörder des ersten Zwillings von einem Verbrechen gar nicht die Rede sein, der Mörder daher gar nicht für seine abscheuliche Tat belangt werden könne.

2. Vor vierzig Jahren, als ich die genannten Bücher schrieb, steckten die Kybernetik und die Informationstheorie noch in den Kinderschuhen, und bei derart weit in die Zukunft reichenden Extrapolationen dachte man im Grunde weder an Strafprozesse noch an ethische Vorbehalte; für den Leser handelte es sich einfach um eine Phantasie, die man ebensowenig wie einen Traum sinnvoll daraufhin untersuchen kann, ob sie mit der geltenden moralischen Ordnung und den gesetzlichen Vorschriften übereinstimmt. Weder für seine Träume noch für meine (hier kurz angedeuteten) Hypothesen kann folglich jemand strafrechtlich zur Verantwortung gezogen werden. Nach fast einem halben Jahrhundert hat sich die Situation jedoch ganz beträchtlich geändert, denn die in der Biologie führenden Biotechniken befinden sich in der «Phase der ersten Erkundung für den Angriff» auch auf den menschlichen Organismus. Die kühnen und eitlen Träume beginnen, einen vom Menschen bisher nicht betretenen Brückenkopf für Handlungen zu bilden,

die nicht mehr bloß abstrakt vorstellbar, sondern real möglich geworden sind. Die in meinen alten Texten entfaltete Situation muß daher in einem anderen Licht betrachtet und eventuell einer neuen Bewertung unterzogen werden. Deshalb möchte ich hier ein wenig auf sie eingehen.

Vorbemerkungen

1. Zwar wurde ich, als die beiden genannten Titel erschienen, ignoriert, doch stand ich insofern nicht allein, als ich den Erkenntnisoptimismus teilte, der in die Kybernetik investiert wurde, als die *computer science* noch in den Windeln steckte und die heute so fundamentale Unterscheidung zwischen Hardware und Software sich gerade erst abzeichnete. Die Hoffnungen, daß man rasch den «Königsweg» zur Künstlichen Intelligenz finden werde, erfüllten sich nicht. Nicht nur, daß die Evolution der Gehirne lebender Organismen sich eindeutig von der Evolution von «Elektronengehirnen» unterscheidet – beide schlagen auch ganz verschiedene Wege ein. Vielleicht werden sie sich aber irgendwann wieder treffen. Es geht mir darum, daß wir die letzten Relikte der Natur in einer immer mehr «verkünstelten» Umwelt sind und die von uns geschaffenen technischen Instrumente sich gegen uns kehren, nicht nur als Waffen, sondern auch als Hilfsmittel: So gibt es schon Zweige der Mathematik, die ohne Computerunterstützung gar nicht hätten entstehen können. Doch die Zusammenarbeit der in die Zivilisation eingeführten Computer und ihrer Netze einschließlich der geplanten «Datenautobahn» (über die ich mich an anderer Stelle mit erheblicher Skepsis geäußert habe) sowie das exponentielle Wachstum des «Cyberspace», über den ich unter den Rubriken «Phantomologie» und «Phantomatik» in der *Summa technologiae* geschrieben habe – das alles stellt noch NICHT die Vorstufe zum Vordringen lebloser Informationsprozessoren in unser Gehirn dar.

2. Was das Eindringen technischer Erzeugnisse in das Gehirn angeht, so sehe ich zwei unterschiedliche Wege, die sich irgendwann wie zwei konvergente Strömungen treffen mögen, doch wird sich vorläufig wohl nur der realisieren lassen, den ich als ersten erwähne:
(1) Der Weg der chemischen beziehungsweise biochemischen Ein-

wirkung. Die betreffenden Substanzen sprechen zunächst einen sehr breiten Adressenbereich an, das heißt, sie aktivieren sowohl jene Hirnzentren (und/oder verändern deren Aktivität), die wir steuern wollen, als auch jene, die durch Nebenwirkungen betroffen sind. Man beginnt gerade erst, den Adressenbereich einzuengen oder zu fokussieren, doch muß ich diesen (mittlerweile ausgedehnten) Forschungszweig übergehen, denn mein Thema sind Chips für das Gehirn, nicht aber zielgerichtet eingesetzte Amine und Hormone (einige sind angeblich in der Lage, die Persönlichkeit und den Charakter des Menschen zu verändern, und erinnern somit an Elemente der psychemischen PSYVILISATION aus meinem *Futurologischen Kongreß*). Für den chemischen Weg spricht, daß seine Effekte umkehrbar sein sollten: Die Zeit, in der sich die aktive Wirkung molekularer Verbindungen erhält, ist nicht sehr lang, da sie im Organismus durch den Stoffwechsel abgebaut werden. (In seltenen Fällen können sie jedoch Psychosen hervorrufen, zum Beispiel das LSD.)

(2) Was uns zu beschäftigen hat, ist der Weg der Verbindung zwischen Gehirn und nichtchemischem Artefakt, also einem informationsverarbeitenden Prozessor, der an die Neuronenschaltungen des Gehirns angeschlossen wird. (Möglich sind auch Biochips, über die man bereits schreibt, obwohl es sie noch gar nicht gibt.) Während chemische Verbindungen eher analog wirken, sollen Chips eher numerisch (digital) arbeiten. Dabei muß man aber, worauf schon John von Neumann hinwies, auf eine rein kombinatorische, logische, rekursive, algorithmisch untadelige Methode der Informationsverarbeitung verzichten, die ihre abstrakte Verallgemeinerung in der allgemeinen Theorie der endlichen Automaten findet, während sie ihr «Urtierchen», ihre «Keimzelle» in der einfachsten Turing-Maschine hat. Der damals schon zum Beispiel von McKay vorgeschlagene Weg der Neuronennetze (den ich ebenfalls in den *Dialogen* behandelt habe) scheint dagegen zu ernsteren Hoffnungen zu berechtigen, denn er verheddert sich nicht in der praktisch schwer handhabbaren logischen Tiefe (von iterativen Operationen, auch wenn man sie beliebig bis zu den Grenzen beschleunigt, die von den Gesetzen der Quantenphysik und von der Lichtgeschwindigkeit gezogen werden). Leider ist dieser Weg mathematisch sehr «unbequem» und damit für eventuelle Programmierer (und die Konstrukteure der Hardware) «holprig».

3. Es scheint sich als ein Glück im (oben beschriebenen) Unglück zu erweisen, daß wir einstweilen noch nicht über «Hirnchips» verfügen. Damit befinden wir uns ungefähr in der Situation von Leonardo da Vinci, der uns in seinem Werk Zeichnungen von «Helikoptern» hinterlassen hat, die sich mit Schrauben senkrecht in die Atmosphäre «hineinschrauben» – der Weg von diesem Konzept bis zu einem realen Hubschrauber stellte sich dann doch als sehr lang heraus. Gewiß ist den Konstrukteuren und Monteuren etwas von Leonardos Idee geblieben, doch selbst dieses Etwas können wir, was die «Brainchips» angeht, heute nicht sicher sein. Ich kann, um diese Vorbemerkungen abzuschließen, nur Folgendes sagen: Auf meinem Schreibtisch liegt das 1993 erschienene, allgemeinverständlich geschriebene Werk *How the Computer Works* von Ron White, dem ich entnehme, daß wir sehr gut wissen, WIE ein Computer funktioniert, weil wir ihn selbst konstruiert haben, so daß wir ihn bei entsprechender Ausbildung zusammensetzen und auseinandernehmen können, und wenn wir einen anderen Computer oder einen kompatiblen «Zwischenträger» haben, können wir die Information von Hardware und Software ganz oder teilweise ungeschmälert (gegebenenfalls sogar einschließlich der Viren des ersten Computers) auf ein zweites Exemplar übertragen. Insofern sind Computer «unsterblich», «kopierbar», besitzen sie keine «personale» Einmaligkeit; wenn man will, könnte man also sagen, daß sie bloß «alles wissen» (das heißt, daß sie brauchbare Information geladen haben), aber von dem, was sie geladen haben, «nichts verstehen», auch wenn es Programme gibt – angefangen mit Joseph Weizenbaums ELIZA –, die gar nicht so schlecht einen menschlichen Gesprächspartner vortäuschen. Wir wissen also, daß der Turing-Test von einem Computer mit entsprechender Rechenkapazität im Prinzip «geknackt» und der menschliche Gesprächspartner getäuscht werden kann (wenn er glaubt, er habe es mit einem Menschen zu tun), was allerdings von zwei Bedingungen abhängt: der Leistungsfähigkeit des Computers (des Programms) und der Intelligenz des menschlichen Gesprächspartners. Und so, wie im Wettlauf der Schachprogramme am Ende die «rohe Kraft», die «nichts kapiert», selbst einen Kasparow besiegen wird, so wird auch der Turing-Test geknackt werden. Woraus aber im Guten wie im Bösen für die Intervention von Chips in das Gehirn leider (zum Glück?) nichts folgt.

Der Weg ins Gehirn

1. Über den funktionalen Aufbau unseres Gehirns wissen wir mittlerweile einerseits sehr viel, andererseits sehr wenig. Wer einen Computer auseinandergenommen hat und dann einen funktional gleichartigen (oder ähnlichen) Computer zu bauen vermag, besitzt schon erhebliches Wissen. Hingegen kann keine Rede davon sein, daß ein noch so tüchtiges Team von Neuroexperten Konstrukteure anzuleiten vermöchte, ein Modell des Gehirns zu schaffen, etwa in der Weise, daß ein Unterteam aus Leiterelementen den Hirnstamm konstruiert, ein anderes den Hypothalamus, das nächste den Thalamus, wieder ein anderes das limbische System, bis schließlich zwei parallele Teams zwei horizontal (über ein Pseudo-Corpus callosum, einen großen Balken) kommunikationsfähige übergeordnete Aggregate zusammenbaut, entsprechend den beiden Großhirnhemisphären mit ihrer mehrschichtigen grauen Substanz (der alten und neuen Rinde, dem Paläo- und Neokortex) und der Riesenmasse kurzer und langer interneuronaler Verknüpfungen. Freilich entstünde, selbst wenn sich ein solches, heute undurchführbares Projekt realisieren ließe, sofort die Notwendigkeit, ein Modell des Körpers an diese Konstruktion anzuschließen, denn ohne ständigen Zu- und Abfluß von Impulsen – vom Sensorium des Körpers zum Gehirn und vom Gehirn zum Körper – würden wir ein verstümmeltes Gebilde erhalten. Aber das ist heue ohnehin Utopie, und insofern wissen wir im Grunde wenig über das Gehirn. Daran ändert auch die Tatsache nichts, daß wir dank vielfältiger Eingriffe zumindest seine grundlegenden Funktionen kennen, die auf verschiedenen «Ebenen» angesiedelt sind. Das ist, nebenbei gesagt, ein Resultat der Puzzlearbeit der Evolution, die imstande ist, innerhalb einer phylogenetischen Reihe die halbwegs erhaltenen Strukturen früherer Epochen zu übernehmen und halbwegs entstehende Strukturen an diese anzupassen: Für die invasive Informationstechnik der «Cerebromatiker» ist dieses Wissen noch immer unzureichend. Die Verteilung auf unterschiedliche «Ebenen» ist – nicht nur in meinen Augen – ein Resultat der typischen millionenjährigen Arbeitsweise der Evolution, die das, was sie tut, vornehmlich in kleinen Schritten tut, und wenn sie einmal, wie beim exponentiellen, vom Bewußtsein gekrönten Schub der Anthropogenese, in Schwung kommt, dann entsteht im Althirn (Paläopallium), genauer gesagt, in seinen einzelnen Schichten, ein System antagonistischer Regulatoren, ein

konfliktreiches System, dessen vertracktes Gleichgewicht wegen des
Antagonismus zwischen den einzelnen Zentren derart labil ist, daß es
keine Art gibt, die im gleichen Maße wie der Mensch von Dysfunktio-
nen des Nervensystems bedroht ist. Schon aus diesem Grund würde
man sich gleichgewichtsfördernde Interventionen wünschen, deren
Auswirkungen aber, von ethischen Einwänden einmal abgesehen, ungeheuer riskant sind. Wir haben allzu viele einander widersprechende
Hypothesen darüber, wie das Gehirn funktioniert, was Bewußtsein ist,
wozu der Schlaf dient oder warum die natürliche Auslese sich nur so
geringfügig auf die Intelligenz auswirkt (ein großer polnischer Künstler
hat einmal gesagt, daß der geistige Abstand zwischen dem Bauern und
der Kuh geringer sei als der zwischen dem Bauern und ihm selbst – eine
boshafte Übertreibung, doch die Streuung der Intelligenz bleibt, wie
alle anderen Fragen, mit denen Psychiater, Psychologen und Neurologen sich herumplagen, ein Problem: in dieser Fächeraufspaltung spiegelt sich auch unsere Unwissenheit im Hinblick auf das Gehirn wider).

2. Es ist mir bewußt, daß ich nichts anderes ausspreche als das, was für
jeden Fachmann, angefangen vom Landarzt, elementare Tatsachen
sind. Man sollte sich aber doch vor Augen halten, was ein genialer
Buschmann auszurichten vermag, wenn er darangeht, ein defektes
Auto zu reparieren oder ein durchaus funktionstüchtiges Auto zu «per-
fektionieren». Es geht darum, ein paar einfache Fragen zu beantworten, und zwar:
    (1) WOZU sollen wir das Gehirn anschneiden (es sollen ja «Schnitt-
stellen» entstehen, und dazu noch «unsaubere»)?
    (2) WIE und WO sollen wir diese Invasion in das lebende Gehirn
vornehmen? (Ich frage nicht, WER die Operateure dazu ermächtigt,
und ich klage niemanden an; die Lobotomie beziehungsweise Lobekto-
mie wird ja seit Jahr und Tag durchgeführt, und bei Epileptikern – mit
Jackson-Syndrom, aber nicht nur bei diesen – führt man die nicht minder brutale Kallosotomie [Split-brain-Operation, Durchtrennung des
großen Balkens, des Corpus callosum zwischen den beiden Hemisphä-
ren] bis heute durch.)
    (3) WAS können wir erwarten (was dürfen wir uns erhoffen) von
einem eventuellen Anschluß von «Chips», über deren Konstruktion
wir nichts wissen, an das Gehirn?
    (4) Kann so etwas wie eine REPARATUR zustande kommen, also

ein «maschineller» Ersatz für Funktionen (Syndrome), die beschädigt wurden (durch Tumoren, Verletzungen, Verluste, erblich bedingte Mängel wie das Wilson- oder das Down-Syndrom, den Kretinismus usw.)?

(5) Ist es möglich, Leitungen im Bereich des Rückenmarks (etwa post quadriplegiam, unterhalb der Vierhügelplatte) zu rekonstruieren?

(6) Wäre es – auch wenn das nicht hierher gehört – vielleicht möglich, die REGENERATIVE Potenz nachzubilden? (Falls ja, dann wird dies meines Erachtens entweder durch Gentechniken oder – bei einem bereits geborenen oder gar ausgereiften Organismus – durch biochemische Intervention erfolgen.)

(7) Kann hier auf der «maschinellen» Seite die Nanotechnologie eine Rolle spielen? (In der Hirnchirurgie spielt sie bereits in Gestalt von «Robotern» eine Rolle.)

(8) Letzten Endes: WAS WOLLEN WIR ÜBERHAUPT IM HINBLICK AUF DAS THEMA DES BUCHES? (Damit wir uns nicht in den von Dr. Mengele ausgefahrenen Gleisen wiederfinden.)

3. Wenn bei einem so labyrinthischen Thema eine Abschweifung statthaft ist:

Gödels Beweis (über die Unvollständigkeit formal reicher Systeme) ist in meinen Augen eine kosmische Konstante, vergleichbar der Ladung des Elektrons. Deshalb stützen sich alle «reichen» Übertragungen von – sprachlicher – Information auf eine «uneindeutige semantische Logik» (mit anderen Worten: Keine Sprache läßt sich kontextfrei so streng formalisieren, wie es bei jeder Programmiersprache für Computer möglich ist). Die Anfänge der Sprache waren, wie ich vermute, als eine semantische Syntax und als mehrschichtige Designationsbereiche entstanden. «Attraktoren» für die Entwicklung des Gehirns, nachdem die Evolution das zerebrale Niveau der großen Anthropoiden erreicht hatte (der Beweis dafür könnte dank der n-ten Computergeneration zustande kommen, die imstande sein wird, den Verlauf der Evolution der Gattung zu simulieren, in dem es zu ontogenetisch gebildeten neuronalen Funktionsträgern der Sprache kommt).

Der springende Punkt ist der, daß die ethnische Sprache lediglich ein «oberflächlicher» Übermittler der (in den Sinnesorganen) mehrdeutigen Information ist, da unter ihrer «Oberfläche» Prozesse der «inne-

ren» (stumm gedachten), noch «bewußtgemachten» Sprache ablaufen, während sich «darunter» Prozesse abspielen, die zwar auch der
Sprache dienen, aber bereits außerbewußt sind, zum Beispiel Komplexe der verbalen Bereitschaft, Motivationskomplexe, teleologische
Komplexe, die mittels der Sprache auf Sinngehalte oder Bedeutungen
abzielen, die als übergeordnet betrachtet werden, usw. Die Sprache, die
wir benutzen, ist, kurz gesagt, nur die Spitze des Eisbergs der ihr dienenden Prozesse, und da sie sukzessiv entstand, dank Mutationen, die
weiteren Fortschritten den Weg ebneten, diese während der postnata-
len Wachstums- und Reifungsphase ermöglichten, kam es auf diesem
Wege zum Aufblitzen des Bewußtseins. (Dieses kann nicht «rein
sprachlich» sein – es ist immer reicher als die Sprache, aber um sie
herum entwickelte es sich, zumindest beim Menschen.) Mit dem Aufbau des Gehirns verhält es sich derart, daß Fortschritte der inner- und
außersprachlichen Leistungsfähigkeit entscheidend abhängig waren
(a) von der typischen (graduellen) Taktik der Evolution und (b) von der
logischen Tiefe der Umgestaltungen des Embryos zum Endprodukt
(dem Körper mitsamt Gehirn), wobei diese Taktik noch das ganze Potential des genetischen Bauplans des Organismus zu nutzen vermag.

Dieser Weg der Anthropogenese war nicht optimal einfach, sondern
eher «slalomartig», und deshalb ist das Gehirn der Sitz von unzureichend koordinierten Antrieben und Hemmungen; nur uns Ignoranten
erscheint das Gehirn als eine vorzügliche Anlage! Den Stillstand (in der
letzten Phase des Holozäns geht die Hirnmasse sogar zurück) sehe ich
darin begründet, daß die aufeinanderfolgenden Transformationen –
von der einen Eizelle zu den zehn Billionen Zellen des Organismus – in
der unaufhaltsam anwachsenden Fehlermenge steckengeblieben sind.
Die Anzahl der den embryonalen Aufbau steuernden sukzessiven
Transformationen kann nicht beliebig hoch sein, denn nach dem Ausspruch von Neumanns («ein sicheres System aus unsicheren Elementen») ist sie lediglich eine idealisierende Approximation des realen Zustands. Das System ist nicht vollkommen sicher, die Anzahl der Schritte
kann nicht beliebig groß sein, auch deshalb nicht, weil unser Gehirn
dadurch entstanden ist, daß neuere Neurogebilde Schichten von Neu-
rogebilden uralter Gattungen überwuchert haben. Schon deshalb stellt
es weder ein konstruktives Optimum dar, noch zeugt es von konstruk-
ter Sparsamkeit; es ist ebenso redundant wie bedrohlich.

4. Das Gehirn ist so angepaßt, daß wir in den ökologischen Nischen von vor Jahrmillionen überleben können, und deshalb ist es sinnlos, sich darüber zu ärgern, daß die von solchen Gehirnen errichtete Zivilisation deren Träger inzwischen bedroht. Erstaunlich ist vielmehr, daß es die Konkurrenz mit den eigenen technischen Schöpfungen und Phantasmen (Mythen, Religionen, Vorurteile usw.) so lange ausgehalten hat, und erstaunlich ist, daß wir gerade in der Zeit zur Welt gekommen sind, in der dieser Marathon seinem ungewissen Ende entgegengeht. In der anthropogenetischen Evolution wird auch eine statistische Komponente deutlich. Teile des Organismus sind nur schwer austauschbar (siehe die Schwierigkeiten bei der Organtransplantation), und an die Schwierigkeiten bei einer eventuellen Transplantation von Teilen des Gehirns ist (abgesehen vom Parkinsonismus) vorläufig gar nicht zu denken. In den menschlichen Technologien herrscht dagegen eine nahezu vollkommene Austauschbarkeit der Teile technischer Aggregate. Die Evolution operiert einfach mit einer verschwenderischen Strategie, die durch die unvermeidliche Langsamkeit der adaptiven Veränderungen gebremst wird, was zwangsläufig zu einer der Schwierigkeiten bei der Einführung von «Brainchips» führen muß. Denn was zu dem einen Gehirn «passen» würde, kann bei allen anderen versagen (für Medizin und Pharmakologie ist es nichts Neues, daß identische Medikamente und Behandlungsprozeduren individuell verschieden anschlagen).

Das Gehirn ist also bei verschiedenen Menschen aus nichtidentischen Komponenten aufgebaut (das Funktionsschema eines Mercedes ist identisch mit dem Schema eines Fiat, aber «das ist nicht dasselbe», und aus solchen teils kooperierenden, teils miteinander kollidierenden Komponenten ergeben sich die unterschiedlichsten Effekte, von pathologischen bis hin zu «genialisierenden» [sogenannte Genies weisen übrigens oft «nebensächliche» pathologische Symptome auf, zum Beispiel Dyslexie]).

Veränderungen in der Funktionsweise des Gehirns kann der Mensch selbst wahrnehmen, es kann aber auch passieren, daß er sie nicht bemerkt (und das nicht nur in psychiatrischen Fällen oder bei Senilität). Instrumentelle Eingriffe ins Gehirn können geschehen, ohne daß der Operierte und der Operierende bewußt davon Kenntnis nehmen. Es gibt vielfältige und zahlreiche Gebiete der geistigen Diskoordination, was abgesehen von Erbschäden und Verletzungen etwa auf Genuß- und Rauschmitteln beruhen kann.

Verluste an Hirnmasse können dank der Plastizität des Gehirns teilweise durch Restitution und/oder Rehabilitation überwunden werden. Es gibt jedoch nichtlokalisierte Defekte, deren Wirkungen schwer zu diagnostizieren sind. (Die inzwischen aufgegebene Entfernung der Stirnlappen galt einmal als eine Art «Therapie».) Es kommt auch vor, daß der Ausfall bestimmter Hirnkomplexe die Effizienz anderer «befreit», steigert (siehe die Debilen, die im Rechnen genial sind, oder die mit einem phänomenalen eidetischen Gedächtnis einhergehenden pathologischen Erscheinungen oder Symptome einer Bewußtseinsspaltung, die einst als «Beweise» für spiritistische und dämonische Phänomene galten). Im Gehirn laufen gleichzeitig viele Prozesse ab, und wenn man sich zu sehr auf eine Aufgabe konzentriert, kann das die Lösung ebenso erschweren wie ein Mangel an Konzentration. Das alles deutet darauf hin, daß es eine universale Technologie für «Brainchips» eher nicht geben wird. Die entscheidende Forderung, die Hippokrates uns gelehrt hat, sollte weiterhin lauten: *primum non nocere*, vor allem nicht zu schaden.

Brainchips II

1. Der Wirkungsbereich soll das Gehirn sein. Es gilt also, zunächst diesen Bereich zu untersuchen, nicht unter dem Aspekt seiner eigenen (autonomen, von der Evolution gegebenen) Funktionen, sondern aus der Perspektive des Eindringens organfremder Elemente in das Gehirn. Vorab müssen einige Dinge präzisiert werden. Solange es keine Biochips gibt, die sich funktional mit Gruppen lebender Neuronen messen können, die also beschädigte oder zerstörte Neuronen (einschließlich ihrer Verknüpfungen) ersetzen können, wird man gewisse Areale des Gehirns nicht antasten dürfen. Zum Beispiel die Sehrinde am Sulcus calcarinus. Schon hier stoßen wir freilich auf eine Schwierigkeit, der wir in fast jeder Hirnregion begegnen. Ist die Sehrinde zerstört, so ist der Mensch in einem bestimmten Sinne vollkommen blind, das heißt, er sieht nichts, aber in einem anderen Sinne sieht er dennoch «irgendwie», denn er kann Hindernisse meiden oder einen ihm zugeworfenen Ball auffangen. Das liegt am mehrschichtigen Aufbau des Gehirns: Reize, die nicht bis zu den höchsten Projektionszentren gelangen, erreichen dennoch tiefere, die zwar am bewußten Sehen mitwirken, selbst

aber kein «sehendes Bewußtsein» entwickeln. Aus dieser Schwierigkeit geraten wir gleich in die nächste, denn das normale Sehen ist auf der höchsten kortikalen Stufe nicht bloß eine Funktion des Sulcus calcarinus: auch die stereognostische Region beider Hemisphären muß beteiligt sein, weil man sonst nur ein Chaos bunter Flecken und ununterscheidbarer Formen «sieht». Das heißt, daß es keine technogene Prothese (Chip) gibt, die beide Regionen insgesamt ersetzen kann. Denn bei dem allerperfektesten Versuch könnte eine paradoxe Situation entstehen: Nach dem Anschluß an die neuronalen Leiter, die Axone, und nach der experimentell hergestellten Nachbildung der gesamten Afferenz können die künstlichen Neuronen zwar die elektrischen Entladungen der authentischen Neuronen imitieren, aber die Versuchsperson wird dennoch nichts sehen. (Das ist jedenfalls meine Auffassung.)

2. Es gibt im Gehirn noch mehr solcher Regionen. In unserer Zeit eilen die instrumentellen Fortschritte in der Regel der Gesetzgebung voraus. Es entsteht ein *vacuum iuris*, zugleich gilt aber *nullum crimen sine lege*. Die Gesetzgebung muß gleichwohl mit dem Fortschritt zurechtkommen, und so geschah es zum Beispiel auch im Weltraumrecht. Was das Gehirn angeht, wird die Regel *noli tangere* unzweifelhaft für jene Regionen gelten, durch deren Verletzung (nicht unbedingt in der Form, daß sie an Chips angeschlossen werden) erhebliche Persönlichkeitsveränderungen entstehen. Über die Paradoxien, die in diesem Bereich leider graduell entstehen, habe ich unter anderem in der *Summa technologiae* geschrieben, wo ich zeigte, wie Persönlichkeitsveränderungen in Mord übergehen können, wenn eine Persönlichkeit «verschwindet» und (sogar innerhalb desselben Gehirns und ohne Verletzung der Hirnschale) durch eine andere, neugeschaffene ersetzt wird.

3. In Zeiten, in denen der Völkermord zu einem sowohl massenhaften als auch banalen Phänomen geworden ist, in denen «Telekratien» uns sowohl an ihn als auch an die Hilflosigkeit aller Rettungsversuche gewöhnen, ist es natürlich nicht zwingend, daß die obigen Prinzipien, Regeln und Gesetze beachtet werden. In einem totalitären Staat könnte die «Zurichtung» der Bürger zu einem standardisierten Persönlichkeitstyp sogar von der Regierung erlaubt und angeordnet werden. Ich möchte jedoch diese «makabre Soziologie» nicht fortsetzen, sondern mit dem Gesagten lediglich darauf hinweisen, was für ein vermintes

Gelände wir selbst mit den redlichsten Intentionen betreten, wenn wir instrumentell in das Gehirn eindringen. Allerdings gibt es einen unseren Aktivitätsdrang dämpfenden Nebeneingang, und er wird aller Wahrscheinlichkeit nach genutzt werden. Man wird Brainchips immerhin nutzen können, um ihre Effekte und ihre Leistungsfähigkeit an höheren Säugern zu untersuchen, zunächst an Affen. Hier ist an Rhesusaffen und Schimpansen zu denken. (Ich gehe darüber hinweg, daß Forscher von Gegnern dieser Vivisektionsmethode ermordet werden.) Ob ein «teilweise cyborgisierter» Schimpanse sieht, wird man an seinem Verhalten ablesen können, doch darüber, was er erlebt, was er empfindet, wird man nicht viel von ihm erfahren. Um den Erfolg von Versuchen mit Biochips zu sichern und zu verhindern, daß die Biotransplantate abgestoßen werden, kann man als Versuchstiere transgene Exemplare verwenden. Wahrscheinlich wird man schon bald transgene Schweine aufziehen, die sich dank der ihnen eingepflanzten menschlichen Gene nicht nur zum Verwursten eignen, sondern auch als Lieferanten von Herzen für die Menschen. Es gibt demnach für Hirnoperationen an transgenen Organismen schon einen ersten experimentellen Präzedenzfall.

4. Ich erwähne nicht all die Hirnregionen, die der Gesetzgeber in leidlich zivilisierten Ländern mit einem Eingriffsverbot belegen wird, doch sind es viele, vermutlich sogar mehr, als ich aufzählen könnte. Post factum, nach dem Eintritt von irreparablen Schäden, wird das Recht sich mit ihren Konsequenzen herumschlagen müssen; dieser Zweig der Prognostik gehört indes nicht zu meinen Aufgaben. Da von den Gesetzgebern angesichts massenhafter Tötungen und «Operationen am Gehirn» durch Kugeln, Granaten und eine Fülle sonstiger Kampfmittel im Krieg und beim «nichtkriegerischen Völkermord» praktisch keiner etwas unternimmt, um diese Dinge vor Gericht zu bringen, kann man freilich nicht wissen, ob die Menschheit nicht über eine computerokratische Tyrannei am Ende die Wege beschreiten wird, die ich mit einem Betretungsverbot versehen habe. Selbstverständlich können die Intentionen derer, die technogene Interventionen in das Gehirn betreiben, auch gediegener Redlichkeit entspringen.

5. Das oben Gesagte sollte nur von einer anderen Seite als bisher zum Thema hinleiten. Das folgende Schema soll die Gesamtheit der Aufgaben in etwa veranschaulichen.

Afferente Bahnen führen zum Gehirn hin, efferente Bahnen gehen von ihm aus. Es sind dies zum einen die Sinnesbahnen (zerebrale Nerven wie der Sehnerv, der Hörnerv usw.) und zum anderen die über das Rückenmark in den ganzen Körper ausstrahlenden Bahnen, doch gibt es keine von Natur aus offenen «Seiteneingänge», die direkt zum Gehirn führen. Wenn man ein außernatürliches Interface direkt im Gehirn schaffen will, muß man offenbar die Hirnschale trepanieren. Vielleicht wird man derart brutale chirurgische Eingriffe vermeiden können, wenn es dank der Nanotechnologie möglich sein wird, auf radikal miniaturisierte Sonden zurückzugreifen, die trotz entsprechender Biegsamkeit und Elastizität vielleicht dünner als ein Haar sein werden und die man vom Hinterhaupt her in das Foramen occipitale magnum einführt, jene große Öffnung des Schädels, durch die das Rückmark in ihn eintritt. Kurz, von Natur aus haben wir zweierlei zum Gehirn führende Wege: den über die Sinne, der das Gehirn informational mit der Umwelt verbindet, und den über das Mark, der es sowohl informational als auch motorisch (effektorisch) mit der Welt verbindet. Einen dritten, künstlichen Weg muß die informational orientierte Technologie in Gestalt von «Brainchips» bahnen.

6. Über die Prothetisierung der Sinnesperipherie werde ich nichts sagen, da das nicht zum Thema gehört, obwohl es Sinne gibt (zum Beispiel das Sehen), die anatomisch als Teile des Gehirns (Netzhaut) betrachtet werden können. Immerhin gibt es schon Gehörimplantate, die ein zerstörtes Mittelohr, ja sogar das Innenohr ersetzen können, doch das schon Bestehende soll uns hier nicht beschäftigen. Hingegen ist es höchste Zeit, sich mit dem außerzerebralen Aspekt von informationalen Prothesen zu befassen, und da lautet die erste Frage, die man stellen muß: Was wird uns besser helfen – numerische (digitale) oder analoge Chips? Was wird leistungsfähiger sein – die typischen Prozessoren der bestehenden Generation von Computern, die bereits millionenfach in die Zivilisation eingeführt sind, oder Prozessoren mit der Architektur von Neuronennetzen? Neuronennetze, wie sie schon in den fünfziger Jahren von Forschern (wie McCulloch und vielen anderen) erdacht wurden, sind aufgegeben worden, weil die Prototypen (beispielsweise Rosenblatts Perceptron) als potentielle Keimzelle vollkommenerer Netze enttäuschten, doch stellt sich jetzt heraus, was ich mir, nebenbei gesagt, schon vor vierzig Jahren gedacht und worüber ich damals ge-

schrieben habe: Ihr prospektives Potential wird sich noch durch wahrhaft unvergleichliche Leistungsfähigkeit erweisen. Die natürliche Evolution hat nicht nur wegen der für sie typischen «Beschränktheit» der Randbedingungen des Handelns diesen Weg der Netze gewählt.

7. Man sagt, die intellektuelle Tätigkeit des Gehirns spiele sich vornehmlich in der Rinde ab. Ich bin mir dessen nicht sicher, aber nehmen wir an, es sei so. Die Rinde enthält mindestens 10^{10} Nervenzellen und 10^{12} Gliazellen. Über den Zweck der Gliazellen ist, von Hypothesen abgesehen, bisher nichts Sicheres bekannt. Wahrscheinlich erfüllen sie nicht nur Stützfunktionen in der Art des Bindegewebes. Schwerlich wird man sich mit der Eventualität anfreunden, daß sie dazu da sind, die Entstehung von Tumoren im Gehirn zu ermöglichen, weil Gliazellen sich vermehren können, eine Voraussetzung für die Bildung von Tumoren, während Nervenzellen sich während der Lebensspanne des Individuums nicht vermehren (teilen). Das menschliche Gehirn enthält durchschnittlich nicht mehr als 1,4mal so viele Zellen wie ein Schimpansengehirn: nur die Zahl der weißen Fasern (also das Netz der Verknüpfungen) ist beim Menschen sehr viel höher, und das ist der Hauptgrund dafür, daß unser Gehirn erheblich größer ist als das eines Affen. Die Arbeitsgeschwindigkeit des Gehirns kann man mit 10 Operationen mal 10^{15} Synapsen annehmen, weil jedes Neuron Hunderte und Aberhunderte von Verbindungen mit anderen haben kann. 1993 führte der schnellste Computer 10^{10} Operationen in der Sekunde aus. Netzkonstruktionen haben somit trotz allem eine glänzende Zukunft vor sich, denn sie sind parallel. Es fällt schwer, die inzwischen erprobten Anwendungen von Neuronennetzen alle aufzuzählen. Das Spektrum reicht von Börsenprognosen und medizinischen Forschungen bis zu Anwendungen in der Biologie, und sie scheinen mit der Arbeitsweise des Gehirns am ehesten kompatibel zu sein.

8. Hier muß jedoch leider erneut eine Warnung ausgesprochen werden. Für das «ingenieurmäßige Denken» der Menschen ist das Gehirn des Menschen nämlich «anti-ingenieurmäßig» aufgebaut. Bei den Häusern, die wir bauen, enthält nicht jeder einzelne Ziegelstein den Plan des ganzen Gebäudes, doch gerade so ist jeder vielzellige Organismus aufgebaut. Bei Konstruktionen, die Drücken und Resonanzerscheinungen ausgesetzt sind, wird zwar die Tragfähigkeit und Festigkeit gesichert

– im ganzen Bereich des Ingenieursbaus ist Redundanz unverzichtbar –, aber nicht so wie beim Gehirn. Verblüffend ist, was über die Lateralisierung der Tätigkeit der beiden Hemisphären herausgefunden wurde. Außer acht lasse ich Hypothesen, denen zufolge die linke Hemisphäre «eher seriell», die rechte dagegen «eher parallel» arbeiten soll, denn das sind Ideen, die durch ihre nichtssagende Unbestimmtheit in die Irre führen. Ich meine die Tatsache, daß die Durchtrennung des großen Balkens (aus welchen Krankheitsgründen auch immer), also von rund zweihundert Millionen weißen neuronalen Verbindungsfasern, im Normalverhalten des Operierten verblüffend geringe Folgen hinterläßt. Entstandene Ausfallerscheinungen sind nur durch spezielle Untersuchungen feststellbar! Das scheint Neurochirurgen, die durch Operationen dieses Umfangs Heilwirkungen erzielen wollen, in ihrem Tun zu bestärken, aber andererseits muß es jenen, die Brainchips planen, sehr zu denken geben. Es kann nämlich passieren, daß ein Gehirn, an das eine digitale oder analoge Prothese angeschlossen wurde, nach einiger Zeit beginnt, die typische, normale Überwachung und die typische Steuerung der Verhaltensprozesse zu übernehmen, aber wer kann dann ausschließen, daß es auch ohne eingepflanzte Computerprothese zurechtgekommen wäre? Diese Prothese hat vielleicht genausoviel oder auch weniger ausrichten können als jener Eisenstab, der in einem im vorigen Jahrhundert in der Literatur bekannten Fall in die Augenhöhle eines Mannes eindrang, den Schädelknochen durchstieß und die sub- sowie die supraorbitalen Windungen zerstörte, und doch erwies sich dieser Mensch, obwohl er eine so schreckliche Verletzung erlitten hatte, mit einer freilich etwas veränderten Gemütsverfassung als im Grunde ziemlich normal. Wenn das Gehirn einen in es hineingestoßenen Eisenstab «aushalten» kann, was können wir uns dann von mikroskopischen Artefakten erwarten, die angeblich an die Neuronennetze des Gehirns angeschlossen sind? In den Projektionszonen des Gesichtssinnes und gewiß auch des Gehörs, des Geruchssinnes usw. darf man, wie schon gesagt, nichts unternehmen. Wo also könnte man um Gottes willen Chips einführen, um irgend etwas zu gewinnen, ohne jedoch etwas zu verlieren und ohne Scheineffekte zu erhalten? Dem EEG läßt sich schließlich nicht viel entnehmen. Gewiß kann man aus dem Elektroenzephalogramm eines Epileptikers allerhand ablesen, doch bei der Diagnose eines Schizophrenen oder eines Paranoikers hilft es uns nicht weiter. Was noch schlimmer ist: Das normale EEG von «physiologisch schwerfälligen» Menschen, also solchen mit einem IQ von 80 bis 90, unterscheidet sich prinzipiell nicht vom EEG des allerbesten Mathematikers. Die berufliche und schöpferische Leistungsfähigkeit eines Menschen läßt sich weder aus dem EEG noch aus dem PET noch aus dem Kernspintomogramm ablesen. Unterschiede gibt es natürlich, doch für uns sind sie nach wie vor unerkennbar! Die Hoffnung, der Chip für das Gehirn werde mehr sein als ein Placebo, kann sich angesichts dessen als eine Fata Morgana entpuppen.

9. Hier komme ich nun dazu, meine Haltung zu rechtfertigen. Als Bacon der Ältere [Roger Bacon, der «doctor mirabilis» des 13. Jahrhunderts – Anm. d. Ü.] schrieb, daß es eines Tages, vielleicht in vierhundert Jahren, Maschinen geben werde, die sich auf dem Meeresboden, zu Lande und durch die Lüfte bewegen, da sagte er nichts darüber, wie sie technisch konstruiert sein würden, und er tat recht daran, es bei Allgemeinheiten bewenden zu lassen – für uns hat sich seine Vorhersage erfüllt. *Si parva comparare magnis licet*, so habe ich, als ich in den fünfziger und sechziger Jahren über die Paradoxien einer Verdopplung des Menschen, über die Relativierung des Persönlichkeitsbegriffes und dergleichen schrieb, die technischen und medizinischen Aspekte gleichfalls außer acht gelassen, denn was mich faszinierte, waren eher die Konsequenzen ontologischer Natur – nicht Prognosen rein technischer Art, sondern so etwas wie eine angewandte Philosophie der Zukunft. Ich sehe daher keinen erkennbaren Widerspruch zwischen meinen früheren Äußerungen und der gegenwärtigen Situation, denn über einen Flug zum Mond konnte man auch schon im Zeitalter des Ballons sprechen, obwohl man mit dem Ballon niemals zum Mond gelangen wird – und doch haben wir es geschafft.

Eine weitere Alternative sehe ich also darin, auf einem dritten Weg in das Gehirn einzudringen. Es ist nämlich durchaus möglich, teilweise und sogar umfassend ein Gehirn zu formen, ohne daß man mit irgendeinem Paragraphen des geltenden Rechts kollidiert, wenngleich dies in einzelnen Fällen mit einem kolossalen Risiko verbunden ist:

(1) Es geschieht, ohne jedes Risiko, durch Kopulation und Zeugung eines Kindes. Der bei jeder Empfängnis betätigte Genmixer ergibt im Endeffekt einen Fötus und anschließend ein Neugeborenes, das relativ stark determiniert ist durch die Resultate des «Spiels der sich zu einer

Einheit zusammenfügenden Gene». Diese «Würfe» ergeben als nahezu unvorhersehbare Resultate Menschen, bei denen sich herausstellt, daß die Gene eines Verwandten einer Seitenlinie, eines Urgroßvaters, einer Großmutter usw. unvermutet einen Beethoven oder einen Einstein auf die Welt «werfen». Wir haben es mit einem Monte-Carlo-Spiel zu tun, einem Gen-Roulette, und während es heute ein leichtes ist, schädliche oder gar letale Gene zu identifizieren, findet man keine «Gene der Genialität», weil die entsprechende prospektive Potenz vermutlich über das ganze Genom verteilt ist, zumindest aber über eine Unzahl der insgesamt hundert Milliarden Nukleotide, die in der Embryogenese und anschließend unter dem Einfluß der Umwelt wirksam werden (denn von einem im Paläolithikum geborenen Einstein hätte die Menschheit nicht viel gehabt). Heute wird jedoch im Rahmen des Human Genome Project nach und nach eine Karte unseres Genoms erstellt, so daß wir vor der gefährlichen Schwelle stehen, Gene zu selektieren, wodurch wir – ich fasse die nachfolgenden Schritte hier ganz bündig zusammen – die Chance erhalten, ein Gehirn zu projektieren, ohne daß es nötig wäre, irgendwelche Chips operativ einzuführen. Persönlich optiere ich für diesen Weg, der trotz allem weniger gefährlich ist als «Einbrüche in das Gehirn», denn als unerläßliche Voraussetzung invasiver Schritte erscheint mir der Bau eines Modells des Gehirns.

(2) So unmöglich es heute ist, aus prinzipiell toten Elementen, also aus Pseudoneuronen, pseudologischen Zellen, ein System zu bauen, das ein Modell des Gehirns ergibt, so unmöglich ist es heute auch, den Geburtendruck der Bevölkerungsmassen durch inhalierbare chemische Verbindungen zurückzudrängen. Beides wird nach meiner Ansicht in Zukunft möglich werden, und diese gewaltigen Erfolge werden uns, wie es in der Geschichte immer wieder der Fall war, unerhörte Vorteile bringen, andererseits aber auch ebenso viele ungemein schwierige und sogar bedrohliche Probleme, von denen wir heute noch nichts wissen. Darüber muß ich ein paar Worte verlieren, denn das «Testen» der Effektivität von Brainchips an einem Modell des Gehirns ist nicht so unproblematisch wie das Testen einer Rettungsvorrichtung am Auto – dazu muß man nur ein Fahrzeug mit großer Beschleunigung an einem festen Hindernis zerschellen lassen. Warum beides nicht dasselbe ist und warum die Sache bei dem angenommenen technogenen Charakter des «Pseudogehirns» nicht einen außerethischen und außerrechtlichen Beigeschmack hat, läßt sich anhand einer kurzen Überlegung zeigen.

(3) Die Technologie der Brainchips wird unweigerlich Anhänger und Gegner haben. Die Mittel, deren sich die letzteren bedienen werden, um diese Technologie im Keim zu ersticken, werden nicht so sehr von der «kämpferischen» beziehungsweise «persuasiven» Leistungsfähigkeit (von Angriff und Verteidigung) abhängen, sondern vielmehr von den Schäden und Erfolgen, die im Zuge von Experimenten auftreten. Die (auf eine erhoffte Homologie) gestützte Übertragung von Effekten, die an Tieren gewonnen wurden, auf den Menschen ist mit einem erheblichen Risiko behaftet, und wenn erste Schäden auftreten, kann das die Einführung von Programmen zum Stillstand bringen. Da aber die nichtbiologischen Modelle des Gehirns, deren Konstruktion vermutlich in den nächsten Jahrzehnten möglich werden wird, sich durch erhebliche (oder gar sehr erhebliche) Vereinfachungen des Aufbaus realer Gehirne herausbilden werden, tut sich für nicht bloß verbale Auseinandersetzungen und Geplänkel ein weites Feld auf. Die Umstände, auf die man sich zugunsten von Brainchips berufen könnte, etwa jene, die mit den ersten Transplantationen von Herzen beim Menschen einhergingen und diese ermöglichten, waren außergewöhnlich, denn es geschah fast immer *in articulo mortis*, daß einem Menschen ein anderes Herz eingepflanzt wurde, die Prognose war *quoad vitam* praktisch hoffnungslos – einzig die Transplantation versprach Rettung, und man wußte im übrigen, wie alle Versuche, das biologische Herz durch ein mechanisches Artefakt zu ersetzen, geendet waren. Das sind die Tatsachen, auf die sich die Gegner eines Eingriffs berufen werden; sie werden in diesem Sinne Lobbys in Regierungen und Parlamenten gründen, und deren Wirkung darf man nicht unterschätzen. Wenn man die entsprechenden Versuche fortführt, schwebt ständig das Damoklesschwert des strafrechtlichen Verbots über ihnen – eine nicht gerade erfolgverheißende Bedingung. Bloß auf dem Papier mögliche Brainchips, mögliche Interfaces, mögliche Approximationen der Kompatibilität von künstlichen Prozessoren und bestimmten Teilkomplexen des Gehirns zu entwerfen, hielte ich für wenig seriös, solange es nicht gelungen ist, zumindest einen Teil der Öffentlichkeit, der Politiker und der Gesetzgeber für diesen in der Geschichte des Homo sapiens beispiellosen Durchbruch zu gewinnen. Hier geht es ja nicht um Phantasie oder Phantastik. Dem könnte entgegengehalten werden, daß bei medizinisch gebotenen Operationen am offenen Gehirn ja schon Experimente (zum Beispiel Reizungen) gemacht wurden; geht man jedoch über diese relativ be-

scheidenen Versuche in Richtung Brainchips hinaus, so geht man von Operationen, deren Ziel die Rettung des Patienten ist, zu Operationen über, für die es keine stichhaltige Rechtfertigung gibt. Sollte man versuchen, prothesenartige Brainchips bei Geschädigten anzuwenden, deren ausgefallene Funktionen nicht durch klinisch angewandte Rehabilitationsmaßnahmen wiederhergestellt werden können (hier ist an neurologische Untersuchungen wie die von Alexander R. Lurija zu denken), so kann der Erfolg nicht von vornherein garantiert, ja nicht einmal als wahrscheinlich bezeichnet werden. Nicht ihre technische Funktionstüchtigkeit, sondern die Situation im Umfeld solcher Eingriffe entscheidet über ihre praktische Einführung und den Umfang ihrer Funktionen.

Brainchips III

1. Die Sache mit den Brainchips ist nach meiner Ansicht nur ein und zudem ein untergeordneter Zweig von Aktivitäten, die das Schema auf Seite 50 zusammenfaßt. Die nach diesem Schema möglichen Einwirkungen auf das menschliche Gehirn bestehen entweder in seiner «Täuschung», seiner partiellen Steuerung oder seiner realen Umgestaltung. Brainchips können nach dieser Klassifikation unterschiedlichen Anwendungsbereichen zugeordnet werden, je nach dem Ort ihres Einsatzes und ihren Funktionsmerkmalen. Das Gehirn selbst läßt sich in seiner Struktur umgestalten durch Operationen

(1) am Genom post conceptionem,
(2) am Embryo während der Embryogenese (intrauterin),
(3) am Gehirn des Neugeborenen und/oder reifenden Organismus.

Einwirkungen im Sinne der peripheren Phantomatik sind grundsätzlich umkehrbar. (Der «Phantomisator» braucht nur von den Sinnen gelöst zu werden.)

Einwirkungen im Sinne der zentralen Phantomatik (instrumentelle oder chemische Einwirkung auf das Gehirn) können unumkehrbare Folgen haben.

Cyborgisierende Einwirkungen (Cerebromatik) sind prinzipiell unumkehrbar, denn sie können ebensowenig wie die natürliche Evolution rückgängig gemacht werden. Veränderungen erfährt in wachsendem Umfang nicht nur das Gehirn, sondern auch das Genom, das ebenfalls

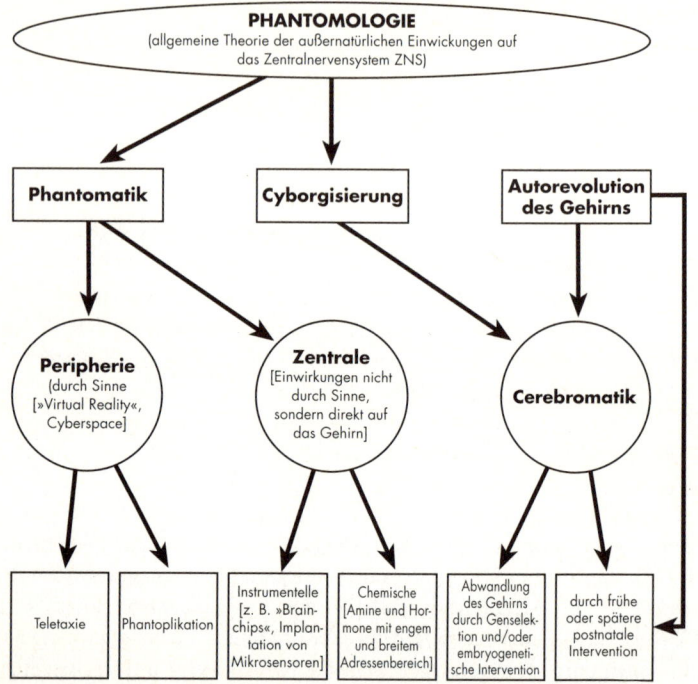

dessen Ausformung steuert. Je früher in der Ontogenese die Intervention erfolgt, desto größer ist die Möglichkeit einer grundlegenden Reorganisation des Gehirns. Ein Kind kann nach Zerstörung der linken Hemisphäre einen hohen Grad der Rehabilitation erreichen: Die Sprache wird dann von der verbliebenen rechten Hemisphäre gesteuert. Daß beim Erwachsenen selbst unter Einsatz von Brainchips eine analoge Kompensation erreicht wird, ist sehr unwahrscheinlich. Aus theoretischer Sicht ist kein «funtionelles Verbot» erkennbar, das der Implantation von mehr als einem Chip entgegenstünde. Wenn man diesen Weg beschreitet, so heißt das, daß man schrittweise das natürliche Gehirn durch eine elektronische (beziehungsweise biotechnische) Prothese ersetzt. Zwar sind wir noch Jahrhunderte von dieser Möglichkeit entfernt, doch ist sie kaum gleichzusetzen mit der hypothetischen Möglichkeit, mit beliebiger Überlichtgeschwindigkeit zu reisen oder einen

Ausflug in die Vergangenheit zu machen, um einen Verwandten aufsteigender Linie zu töten (Lieblingsthemen der Science-fiction). Es bleiben noch einige interessante Probleme, auf die ich im folgenden eingehen möchte.

2. Im Jahre 1990 erschien bei Rowman and Littlefield Publishers eine Arbeit von Nicholas Rescher mit dem Titel *A Useful Inheritance: Evolutionary Aspects of the Theory of Knowledge*. Mehr vom Inhalt verrät der Titel der [1994 bei Hirzel in Stuttgart erschienenen] deutschen Ausgabe: *Warum sind wir nicht klüger?*, womit gemeint ist: Warum hat die Evolution uns nicht klüger gemacht, als wir es sind?

«Eine Beimischung von Dummheit ist», wie Rescher behauptet, «evolutionär von Vorteil», weil «allzu große Klugheit» nicht im gleichen Maße auf soziale Rücksichtnahmen und Bindungen angewiesen ist wie eine «beschränkte Klugheit». Das ist aus meiner Sicht richtig und unrichtig zugleich, denn schon der Begriff «Klugheit» oder, wie es im Originaltext heißt, unseres «kognitiven Potentials» ist sehr verschwommen und kann ganz unterschiedlich gedeutet werden. (Intelligenz ist nicht dasselbe wie Verstand, Schläue nicht gleich Vernunft, Klugheit mehr als Tüchtigkeit im Überleben und in der aktiven Einwirkung auf die Umwelt.) Für die Entstehung der artikulierten Sprache mit ihrer Semantik, Syntax und Idiomatik war die soziale Bindung notwendig. Doch zugleich fördert eine breite Streuung der Intelligenzquotienten bei «positiver sozialer Resonanz» den Fortschritt der zivilisatorischen Leistungen (bis hin zur kollektiven Selbstgefährdung, gemäß der französischen Sentenz *les extrêmes se touchent*). Eine eigentümliche Deutung für das Stehenbleiben der Evolution des menschlichen Gehirns auf der (im Holozän erreichten) Stufe des Homo sapiens sapiens liefert möglicherweise der Umstand, daß sich eine in Korrelation mit dem Zuwachs des Gehirnvolumens statistisch wachsende Gefahr des Zerfalls ergibt (ein «Übermaß an Komplikationen» kann zu bestimmten Abweichungen von der durchschnittlichen Norm führen, die teils positiv – bis hin zu Genialität und Erfindungsgabe – und teils negativ – im Sinne der Psychiatrie und Psychopathologie – sind). Ein selektives Optimum wird also dann erreicht, wenn der Intelligenzquotient (IQ) insgesamt maßvoll hoch ist, die Individuen auf dem rechten absteigenden Ast der Gaußschen Glockenkurve des IQ jedenfalls gleichermaßen auf das Kollektiv angewiesen sind. (Es scheint, als seien die Individuen auf dem linken, zur Subnormalität absteigenden Ast der Kurve die Kosten der statistischen Genomverteilung, und nach den sich kollektiv herausbildenden über- und außerbiologischen Normen können sie einen Ballast darstellen, der evolutionär «tragbar» ist; entweder wird also der «Tarpejische Felsen» benutzt oder entsprechend den örtlichen Sittenvorstellungen auch nicht.) [Eine Poisson-Verteilung kommt nicht vor.] Diese ganze Angelegenheit, die ich hier natürlich nicht ausführlicher referieren und diskutieren kann, gehört insofern zur Sache, als man sich die Frage stellen sollte, ob auf dem instrumentellen Weg der operativen Implantation von Brainchips in das Gehirn eine Erhöhung des IQ, vielleicht sogar individuelle «Klugheit» zu erwarten ist. (Unter Intelligenz versteht man generell ein Bündel von Transferleistungen solcher Befähigungen, die ohne moralisch-ethische Aufsicht erworben oder erlernt wurden, während «Klugheit» die Intelligenz mit einem Altruismus verknüpft, der sich nicht nur auf die eigene Gattung bezieht, sondern alles Lebendige über den Menschen hinaus fördert.)

3. Ich neige dazu, die gestellte Frage negativ zu beantworten, mit einer gewissen Einschränkung. Im Rahmen der außerordentlichen Vielfalt individueller (menschlicher) geistiger Differenzierungen trifft man nämlich auf eine Fraktion von Individuen, die sowohl bestimmte überdurchschnittliche Fähigkeiten als auch angstneurotische Hemmungen aufweisen oder/und typische Syndrome einer gewissen «Anzahl von gleichzeitig vorhandenen, aber nicht simultan anwendbaren Fähigkeiten» zeigen (was in den USA durch den Multiple Aptitude Test festgestellt worden sein soll; ich bin mir freilich nicht sicher, ob er das geeignete Verfahren darstellt, um solche Menschen richtig auszusieben). Hemmend kann sich hier auch eine neurologisch in den Stirnlappen angesiedelte Antriebsschwäche auswirken. Das ist natürlich eine Vereinfachung, denn «Antrieb» besitzen auch betriebsame Dummköpfe. (Man trifft sie im allgemeinen dort, wo Klugheit sich nicht einstellen will, beispielsweise in der Politik.) Allerdings kann ich mir kaum vorstellen, daß es einfach sein wird, das Gehirn eines begabten neurotischen «Antriebsarmen» oder das eines allzu Schüchternen oder depressiv Gehemmten selbst mit Hilfe einer ganzen Reihe von Brainchips zu prothetisieren, um diese hemmenden Faktoren auszuschalten; die These, wonach die Antriebe ausschließlich in den Frontallappen lokalisiert sind, ist nämlich nicht nur höchst zweifelhaft, sondern vollkom-

men falsch: Die Antriebe haben, ähnlich wie die Triebe, den Charakter von Parametern, die aus der Aktivität nicht nur von kortikalen Zentren resultieren. (Banal und obendrein boshaft wäre es natürlich, dem Autor der genannten Arbeit selber mangelnde Klugheit zuzuschreiben.)

4. Die phylogenetische Herausbildung des Menschen, mit anderen Worten: die Anthropogenese, überrascht durch eine ungewöhnlich lange «Inkubationszeit» der Vernünftigkeit. Die anthropogenetische Kurve ähnelt in ihrem ganzen Verlauf der logistischen Kurve von Verhulst-Pearl: Auf eine sehr lange Anfangsphase folgt ein gewaltiger exponentieller Zuwachs in der Zeit, der im Holozän mit einer «Sättigung» endet, die als eine bei allen Spezies der Erde nahezu gleichartige Stabilisierung der mittleren zerebralen Leistungsfähigkeit inzwischen empirisch bestätigt wurde (geringfügige Abweichungen der Intelligenzverteilung sind insbesondere bei Gruppen möglich, die außergewöhnlich lange in Isolation gelebt haben, aber von einer nennenswerten Minderung der durchschnittlichen IQs kann keine Rede sein).

5. Der Anfang der Menschenähnlichen (Hominoiden) wird unterschiedlich datiert, zum Beispiel von einem Protopongiden an, der der gemeinsame Vorfahr der Menschenaffen (Pongiden) und des Menschen war (von dem es zwei Unterarten gab, den Hopo sapiens neanderthalensis und den Homo sapiens sapiens); als diesen gemeinsamen Vorfahren betrachtet man zum Beispiel Proconsul (es gibt auch andere Hypothesen, doch hat sich die Vorstellung von der monophyletischen Abstammung wohl inzwischen durchgesetzt – aber die reale Wahrheit siegt, wie man sagt, dann, wenn ihre Gegner aussterben). Es fällt auf, daß Homo erectus und besonders Homo habilis sich in einer typisch evolutionären Weise entwickelten, also in einem Zeitraum, der für eine mäßig schnelle Evolution typisch ist, eine Etappe nach der anderen durchliefen, während der mit uns bereits biologisch identische Mensch anschließend ungewöhnlich lange auf einer protokulturellen Stufe, dem Aurignacien beziehungsweise dem Acheuléen, verharrte; ein «Sprung» zum biologisch ganz und gar modernen Menschen vollzog sich dann erst vor vierzigtausend Jahren. Beweise für diesen «Sprung» sollen die frühesten entdeckten Artefakte sein, die als Anfänge der darstellenden und dekorativen Kunst gelten. Dem läßt sich aber entgegenhalten, daß nicht alle Urmenschengruppen sich, soweit sie in Höhlen

lebten, dem Malen von Jagd- und anderen Szenen auf den felsigen Höhlenwänden widmeten; es hat wohl auch protokulturelle Schöpfungen gegeben, die nicht in Stein gehauen oder in dauerhafte knöcherne Elemente geritzt waren.

Hier zeigt sich überhaupt eine für uns typische Neigung zum Monokausalismus, der, reduktionistisch vorgehend, «alles» auf einen Schlag erklären soll. Das Gegenteil des Monokausalismus ist die Streuung der Ursachen in empirisch festgestellte beziehungsweise außerhalb der Empirie erschlossene «Ursachenbündel». In der Religionsgeschichte geht die Entwicklung zum Beispiel vom Animismus, der ein «geerdeter» Polytheismus ist, zum Monotheismus, der dann wiederum, wie einige behaupten, zum Beispiel im Katholizismus eine quasi-polytheistische Tendenz zeigt, aber in hierarchischen Strukturen mit Engeln, Erzengeln, Teufeln, Heiligen usw. In der Wissenschaftsgeschichte entstanden als Gemische aus Empirie und hypothesenbildender Erfindung diverse «Phlogistons, biogenetische Felder, vis vitalis, mythogenetische Strahlungen» (Gurwitsch) und dergleichen, die im großen und ganzen durch multifaktorielle Phänomene abgelöst wurden. Die in der Physik heute modische Suche nach der Grand Unified Theory (GUT), der Großen Vereinheitlichten Theorie «von Allem», kann man im Grunde kaum als völlig rational betrachten.

Jedenfalls scheint der Mensch, rein biologisch betrachtet, schon vor einigen hunderttausend Jahren ein Gehirn besessen zu haben, das «bereit» war, eine Sprache zu erlernen, und vermutlich ist denn auch der über viertausend Zweige aufweisende «Baum der Linguogenese» ungefähr in jener Zeit entstanden. Warum jedoch die kulturbedingte Geräteherstellung nicht zusammen mit der biologischen Entwicklung einen Sprung gemacht hat, wissen wir nicht. Dahinter verbergen sich vermutlich die Ursachen, deretwegen die fortschreitende Neuralisierung zum Stillstand kam. Es ist nämlich nicht möglich, daß die Artenbildung und damit die genotypischen Radiationen dem typischen Tempo der Evolution erheblich vorauseilen. Die Entstehung einer neuen Artenvariante – neu in dem Sinne, daß sie mit der vorhergehenden nicht mehr fortpflanzungsfähig ist – erfordert selbst bei höchstem evolutionärem Veränderungstempo einen Zeitraum von mehr als sechzig-, achtzig-, ja vermutlich hunderttausend Jahren, besonders wenn es um Veränderungen in einem Ausmaß geht, wie sie zwischen den extremen Vertretern der Herrentiere (Primates), also auch den Hominiden und dem Homo sapiens sapiens entstanden sind. Der Anschein, daß meine Überlegungen von dem Hauptthema dieses Buches abweichen, rührt daher, daß die Frage nach den Chancen, Prozessoren an das Gehirn anzuschließen, ungefähr der Frage gleicht, welches das beste Pflaster für eine Fleischwunde ist. Sie läßt sich, da es ganz unterschiedliche Verletzungen gibt, nicht lapidar damit beantworten, daß ein Pflästerchen das Allheilmittel sei. Das Gehirn des Menschen ist ein in sich geschlossenes und zugleich hierarchisch geschichtetes System, in dem evolutionäre Entscheidungen zusammenfließen, die Hunderte von Jahrmillionen zurückreichen (vielleicht muß man sogar noch weiter zurückgehen, bis zu den Therapoda); dieses System hat man sowohl mit schwachem elektrischem Strom lokal gereizt als auch tiefgreifend verstümmelt, etwa bei Tumoroperationen oder bei dem wohl schwersten Eingriff, der Kallosotomie von Epileptikern, und es hat – sieht man einmal von Läsionen stark fokussierter Zentren ab (Brocasche Region, Wernickesche Region, die Rinde im Bereich des Sulcus calcarinus) – eine ungemein große Plastizität bewiesen, die *nota bene* eines der prägnanten Merkmale selbst relativ primitiver Neuronennetze (wie des Perceptrons) ist! Gleichwohl muß man aus den Gründen, auf die ich ausführlich eingegangen bin, in seinem Vorgehen die nachfolgende chronologische Reihenfolge beachten: Nach Experimenten an höheren Säugern (Menschenaffen, besonders transgenen) wird man versuchen, an bestimmten Stellen Impulsfolgen in das Gehirn einzuführen, die man zuvor bei anderen zerebralen Zuständen an ebendiesen Stellen abgenommen und zumindest in elektrischer Form aufgezeichnet hat; dann wird man Neuronennetze entwickeln, die schon einen gewissen Vergleich mit bestimmten Funktionen des Gehirns ermöglichen, und schließlich wird man erstmals versuchsweise Prozessoren anschließen, wobei man das Gehirn auf irgendeine Weise (durch Rückkopplungen?) vor irreversiblen Schädigungen bewahren wird. Solche Schädigungen können übrigens ganz unterschiedlicher Natur sein; sie können beispielsweise eine «falsche Erinnerung an nicht stattgefunde Ereignisse» erzeugen, ja sie können sogar zu (auch ohne Eingriffe auftretenden) Syndromen der Persönlichkeitsspaltung beitragen (ihnen verdankten die Spiritisten eine Reihe von «rätselhaften» Phänomenen, etwa das sogenannte «Zungenreden», das Wilson-Syndrom oder die Tatsache, daß ein und dieselbe Person – das «Medium» – ein Gespräch führt und gleichzeitig einen Text schreibt, der damit nichts zu tun hat). Das sind keine unwesentlichen Verletzungen, und bei der Arbeit mit Brainchips muß man daher um so mehr Zurückhaltung üben, als die Frage, welche digitalen Prozessoren oder Bündel von Prozessoren für einen Brainchip geeignet sind, mit «keiner von den vorhandenen» zu beantworten ist. Nicht anders lautet die Antwort auf die Frage, ob mehrschichtige, autoassoziative, lernfähige Neuronennetze sich für Brainchips eignen. Derzeit ist keines geeignet. Zu nennenswerten Versuchen ist es noch ein weiter Weg. Dieser Weg steht jedoch offen.

Zum Schluß einige Bemerkungen, die für Fachleute eher trivial sein werden.

I. Das Gedächtnis ist holographisch über das Gehirn «verteilt», und Versuche, es genauer zu lokalisieren, sind, sieht man einmal vom Riechhirn ab, gescheitert, ebenso wie die seinerzeit ungemein modischen Hoffnungen, durch das Verzehren bestimmter Substanzen «das Gehirn mit Wissen zu beschicken» («Iß einen Professor, und du wirst Professor»).

II. Die prospektive Potenz des Gehirns im Hinblick auf die Intelligenz ist in einem begrenzten, aber recht weiten Bereich erblich determiniert; von der Geburt an wird sie erweitert durch Kontakte mit anderen Menschen, deren Fehlen die bloß potentiellen Funktionen (zum Beispiel die sprachliche) verkümmern läßt. So wie man durch züchterische Auslese aus einer gegebenen Art abgeleitete Homozygoten erhalten kann, so kann man auch aus den Gehirnen einer gegebenen Gruppe von Individuen mit sehr ähnlich gebautem Gehirn optimal geformte und intelligente Gehirne ableiten; ich denke jedoch, daß es eine Grenzfraktion gibt, der man durch keinerlei Brainchips weiterhelfen kann.

III. Für einzelne Spielarten des Gedächtnisses, auch und vielleicht gerade für das assoziative Gedächtnis, kann sich erweisen, daß Brainchips als «Speichersysteme» oder als stimulierende Systeme geeignet sind. Ob sie imstande wären, als Selektoren und Verstärker des «information retrieval» die «verblaßten Spuren» der Erinnerung durchlässig zu machen, kann ich nicht sagen.

IV. In der Neurologie können Brainchips eine wichtige Rolle spielen, während ihre Bedeutung in der Psychiatrie eher gering sein wird; auch wird man wohl kaum Menschen aus der Gruppe mit normalen Intelligenzquotienten finden, die sich bereitwillig Prozessoren implantieren lassen.

V. Was nun die Prozessoren selbst als Brainchips angeht, so werden sie, denke ich, in vielfältigen Spielarten entstehen, die sich in zwei grundverschiedene Mengen einteilen lassen: solche, die von dem Gehirn, dem sie «dienen», und solche, die von einer äußeren Quelle gespeist werden. Möglich ist auch die Entstehung von Interfaces als Leitungs- und Verarbeitungselemente, welche die mehr oder weniger nichtlokal aus dem Gehirn entnommene prozessuale Information an besondere maschinelle Komplexe (auch Computer) weitergeben. Von dort führt der Weg unter Umgehung des Körpers als eines Komplexes von Effektoren direkt zu Apparaturen, die Maschinen, andere Computer, andere Gehirne, schließlich andere Körper und «Pseudokörper» steuern: Dank dieser revolutionären Evolution werden wir uns am Ende dort befinden, wo Dummheit und Laster herrschen können – in der Science-fiction.

Addendum

Ein Randproblem könnte die Anwendung von Sensoren und/oder Prozessoren beziehungsweise Neurolesegeräten sein, um mit ihrer Hilfe Funktionen nur des Gehirns selbst oder auch des gesamten Organismus (aber auf dem Weg über das Gehirn) zu überwachen. Die Überwachung der Grundfunktionen des Organismus kann gesetzlich so beschränkt werden, daß der über den Monitor gewonnene Einblick die persönliche Intimsphäre des Überwachten nicht verletzt. Das heißt, nicht von der Rinde, sondern aus dem Hirnstamm, dem Mittelhirn, dem limbischen System, dem Thalamus und dem Hypothalamus werden Sensoren entweder durch Nadeln oder mittels der (einstweilen noch nicht existierenden) Methode des Anschlusses an Gliagewebe Informationen über die Ströme von Neuroimpulsen entnehmen, die dann übersetzt werden in die afferenten und efferenten Reize, mit denen das Gehirn den Organismus entweder direkt oder indirekt über das autonome System steuert; die Informationen können natürlich auch direkt aus dem Solarplexus, aus bestimmten Abschnitten des Marks usw. entnommen werden. Die Codes, mit denen das Gehirn arbeitet, stecken jedoch nicht nur in den elektrischen Trägern der Ionen, sondern wirken zugleich analog über hormonale Einflüsse. Wegen der beträchtlichen Anzahl von Parametern und Variablen, die von den Zuständen von Teilsystemen des Körpers (Organen) abhängen – man denke nur an die

Überwachung des pH-Werts des Blutes –, wird man die Überwachung wahrscheinlich kontinuierlich durchführen (wie in der Klinik), wobei auch Sender eingesetzt werden, damit der Überwachte nicht durch Kabel an den Monitor gefesselt ist, der die Resultate bereits übersetzt in den Code darbietet, den die Expertenprogramme benötigen, um den Zustand des Organismus oder auch nur des Gehirns zu überwachen. (So ließe sich zum Beispiel ein heraufziehender epileptischer Anfall prognostizieren.) Das alles erwähne ich nur, weil bei einer breiteren Anwendung die derzeitige Strategie der Medizin, die man als Zufallsintervention bezeichnen kann, einer neuen Strategie der kontinuierlichen Fernintervention weichen würde. Das wäre dann nicht mehr ein Umbruch, der die Brainchips betrifft, sondern eine computergestützte medizinische Methode der ärztlichen Fernversorgung der Bevölkerung (beziehungsweise, was wahrscheinlicher ist, jenes Teils der Bevölkerung, der nicht hospitalisiert ist). Notfalls könnte man, wenn diagnostisch bedeutsame Signale eingehen, den Betreffenden hospitalisieren. Damit gehe ich freilich über das Thema hinaus. Was ich ebenfalls nicht anschneiden möchte, ist die Frage, wie sich unser Thema, die Brainchips, zu der Vision verhält, die von Aldous Huxley in *Brave New World* und von anderen Schriftstellern geschildert wurde.

II
Gehirn und Bewußtsein: Stand der Forschung und Fragen an die Zukunft

Daniel C. Dennett

Bewußtsein hat mehr mit Ruhm als mit Fernsehen zu tun

In den vier Jahren, seit die englische Ausgabe meines Buches Philosophie des Bewußtseins *erschienen ist, habe ich vor sehr verschiedenen Hörerschaften eine Vielzahl von Vorträgen gehalten und allmählich eine Reihe verbesserter Beispiele und Erklärungen für die schwer faßliche Theorie entwickelt, die ich in dem Buch dargelegt habe. Mit diesem Aufsatz möchte ich das Resultat all dieser informativen Begegnungen präsentieren.*

Das beste mir bekannte Bild des menschlichen Bewußtseins hat Saul Steinberg mit seinem wunderbaren Titelbild des *New Yorker* vom 18. Oktober 1969 geschaffen (Bild 1). Nicht nur Wörter, sondern auch Farben und Formen lösen einander im Assoziationsstrom ab. Zwar gelingt es selbst dem Talent eines Steinberg nicht ganz, Aromen, Tasterlebnisse und Laute auf der Titelseite einer Zeitschrift wiederzugeben, doch zumindest deutet er an, daß sie wahrscheinlich an dem Prozeß beteiligt sind. Und das Ganze leistet er, indem er sich eine vertraute Konvention von Comic-Zeichnern zunutze macht: die Gedankenblase. Hier von einer Konvention zu sprechen heißt fast, ihre Natürlichkeit zu verkennen. Ich bezweifle, daß man Kindern diese Konvention erklären muß – zu selbstverständlich ist, was sie metaphorisch darstellt: den Strom von Bewußtseinsinhalten im Geist eines Menschen, der im Museum ein Gemälde betrachtet. Diese aussagekräftige und natürliche Metapher steckt das Problem des Bewußtseins ab: Wenn der Cartoon uns die metaphorische Wahrheit liefert, wie sieht dann die «wahre» Wahrheit aus? Wie kann eine Erklärung dessen, was im Gehirn des Menschen geschieht, den vertrauten – ja, ganz persönlichen – Umständen Gerechtigkeit widerfahren lassen, die wir in dieser metaphorischen Wiedergabe erkennen?

Wir haben den Eindruck, daß Bewußtsein aus einer Reihe inhaltsträchtiger Objekte besteht, zu einer Sequenz angeordnet, dem soge-

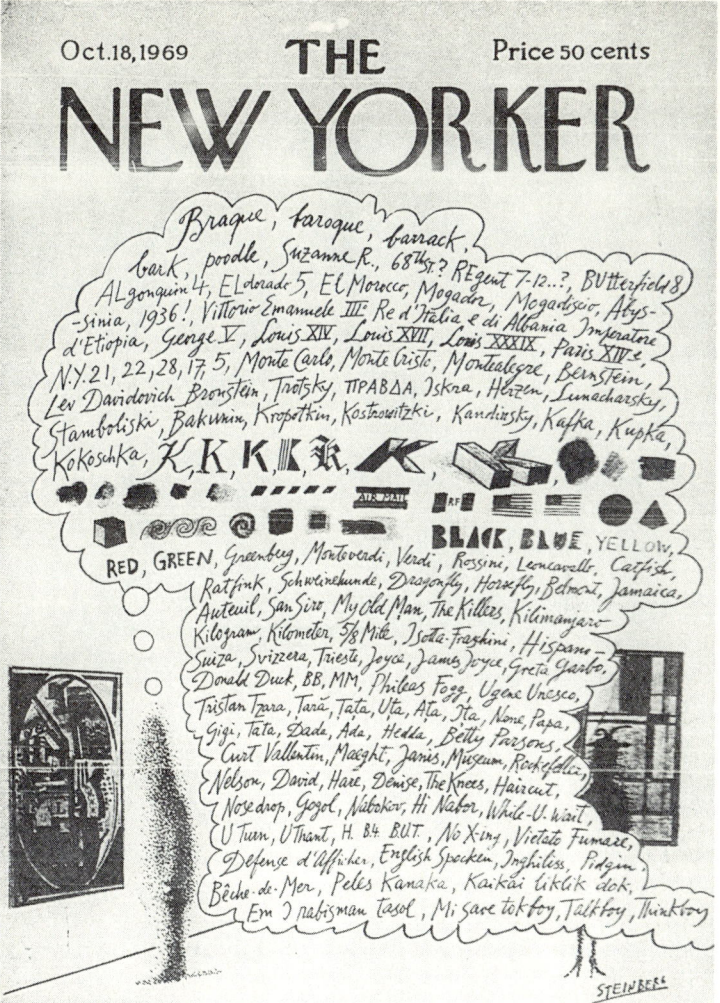

Bild 1

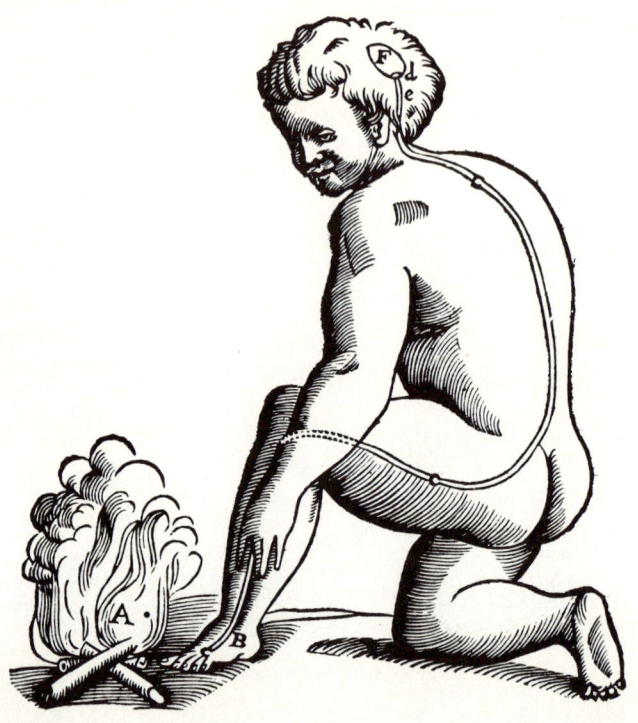

Bild 2

nannten «Bewußtseinsstrom», in dem jedes Objekt ganz unvermittelt ins Bewußtsein dringt und damit Eingang ins Gedächtnis findet, um vielleicht nur kurz erinnert und dann vergessen zu werden. Ich glaube, in diesem bequemen und ziemlich naiven Bild vom Bewußtsein verbirgt sich ein folgenreicher und verführerischer Fehler. Lassen Sie mich näher auf diesen Fehler eingehen und eine alternative Sicht beschreiben.

Die größte Verantwortung für den Fehler, mit dem ich mich hier auseinandersetzen möchte, trägt Descartes. Er hat als erster jenen Vorgang beschrieben, den wir heute «Reflexbogen» nennen – ein letztlich mechanischer Prozeß, bei dem eine angemessene Reaktion auf einen Input erfolgt, ohne daß dazu irgendein Bewußtsein erforderlich wäre

(Bild 2). Wenn hier das Bein des Jungen «automatisch» vor der Hitze der Flamme zurückweicht, dann ist dies nach Descartes das Ergebnis einer relativ einfachen und direkten Ursachenverkettung, die vom Ziehen der Nerven im Fuß über die Freisetzung von «animalischen Geistern» – Gehirn-Rückenmark-Flüssigkeit – und das Anschwellen der Fußmuskulatur bis zum Rückzug aus der Gefahrenzone reicht. Natürlich waren die Einzelheiten alle falsch, auch wenn die Reflexidee an sich richtig ist. Ein weniger harmloses Nebenprodukt der kartesianischen Reflextheorie ist jedoch die scharfe Trennung zwischen rein unbewußten (und mechanischen) Input-Output-Bögen und jenen etwas ausgefalleneren Kausalbögen, die durch das besondere Medium des Bewußtseins tiefer ins Gehirn gelangen. Für Descartes führte diese Spielart des Bogens zur Zirbeldrüse, einer Art Faxgerät für Nachrichten an die und von der Seele.

Heute haben wir die Details und die Metaphysik der dualistischen Sicht von Descartes fast gänzlich aufgegeben, sie aber, möchte ich behaupten, noch nicht gründlich genug verworfen. Immer noch fasziniert uns der Gedanke, daß es ein *besonderes Medium* geben könnte, nicht aus Ektoplasma oder irgendeinem anderen mysteriösen dualistischen Stoff, sondern aus Hirnsubstanz, und daß dies einen grundlegenden Unterschied bedeutet: Ereignisse, die dort hineingelangen, sind bewußt, alle anderen unbewußt. Man könnte dieses Medium das Ich-Medium nennen, denn alles, was in mein Ich-Medium gelangt, ist etwas, das *zu mir* gehört, das beiträgt zu dem Empfinden, «wie es ist, ich zu sein», und zwar in einer Weise, wie es, sagen wir, meine Niere oder mein Magen (oder auch mein Rückenmark) nicht kann. Um diese allzu eingängige Vorstellung geht es mir, und damit sie etwas von ihrer Überzeugungskraft verliert, muß ich eine andere Metapher vorschlagen. Doch zunächst wollen wir uns überlegen, warum sie so attraktiv, ja fast unwiderstehlich ist.

Deshalb möchte ich Sie zu Anfang bitten, sich an Ihr frühestes bewußt erlebtes Gewitter zu erinnern. Vielleicht waren Sie als Kind verblüfft, als Sie feststellten, daß ein ferner Lichtblitz und ein etwas später ertönender Knall von derselben Entladung am Himmel hervorgerufen sein sollten. (Wir wollen das den Gewitter-Effekt nennen.) Sicherlich hat Ihnen ein Erwachsener erklärt, der Grund für Ihr bewußtes Erlebnis liege darin, daß das Licht sich sehr viel rascher als der Schall ausbreite und deshalb *bei Ihnen* vor dem Schall eintreffe. Sie, der Beobachter, befinden sich an einem bestimmten Punkt im Raum, und wenn Licht und Schall (und Aromen, Wärme und so fort) diesen Punkt erreichen, werden Sie sich ihrer bewußt. Dadurch wird der Gedanke nahegelegt, es gebe eine Art Ziellinie irgendwo in Ihrem Gehirn und mit dem Überqueren dieser Linie beginne jedes Objekt und jeder Inhalt in Ihrem Bewußtsein zu existieren.

Bei Biologen und Technikern heißt dieses Überqueren *Transduktion*, ein Vorgang, den man unterscheidet von Ereignissen wie *Reflexion* oder *Brechung*, wo ein Signal «um die Ecke biegt», *ohne* das Medium zu wechseln (Bild 3). Bei dem Phänomen, daß eine Versuchsperson «Rotes Licht» sagt, wenn man ihr kurz ein helles rotes Licht zeigt, scheinen wir es mit einem Fall jenes speziellen Um-die-Ecke-Biegens zu tun zu haben, das man *bewußte Beobachtung* nennt. Doch obwohl eine solche verbale Meldung als sicherer Hinweis auf eine bewußte Wahrnehmung gilt, ist sie nicht unproblematisch, besonders wenn wir versuchen, sie zu verallgemeinern. So wird vielfach eingewandt, eine derartige verbale Meldung sei weder eine *hinreichende* Bedingung (was ist, wenn die Versuchsperson schon seit einigen Minuten «Rotes Licht, rotes Licht, rotes Licht» sagt?) noch eine *notwendige* Bedingung (die Versuchsperson kann schweigen und sich des Ereignisses trotzdem bewußt sein) dafür, daß sich das Ereignis durch das vermutete Bewußtseinsmedium bewegt habe. Nehmen wir beispielsweise an, beim plötzlichen Aufleuchten eines roten Lichts bestünde die Reaktion der Person darin, daß sie heftig auf das Bremspedal ihres Autos tritt. Könnte diese Bewegung nicht mehr oder weniger eine kartesianische Reflexreaktion sein – wobei das rote Licht unabhängig davon und erst später (wenn überhaupt) ins Bewußtsein gelangt? Welchen Beweiswert haben eine galvanische Hautreaktion oder ein Augenzwinkern als Reaktionen auf rotes Licht? Es gibt in der Forschung weder eine Theorie noch einen informellen Konsens über den Beweiswert solcher Reaktionen.

Jedenfalls ist die Augenlinse nicht die Ziellinie – denn dort findet eine bloße Brechung, keine Transduktion statt. Auch die Netzhaut ist es ganz offensichtlich nicht – ist sie doch auch an jeder «unbewußten» oder «reflexhaften» Reaktion auf einen visuellen Reiz beteiligt. Was geschieht, wenn wir uns auf der Suche nach der echten Ziellinie weiter ins Innere des Gehirns aufmachen? Betrachten wir das Schema von Frisby (1983) in Bild 4, das zeigt, welches Schicksal die verschiedenen Teile des Netzhautbildes auf dem Weg von der Netzhaut zu ihrer merk-

Verschiedene Möglichkeiten des "Um-die-Ecke-Biegens"

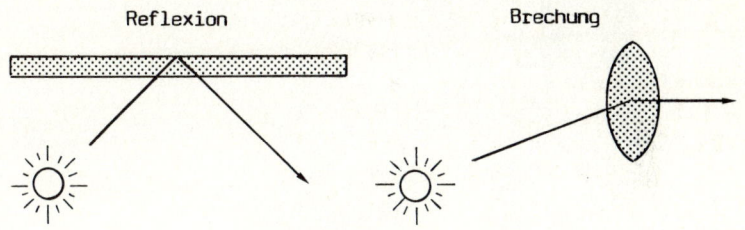

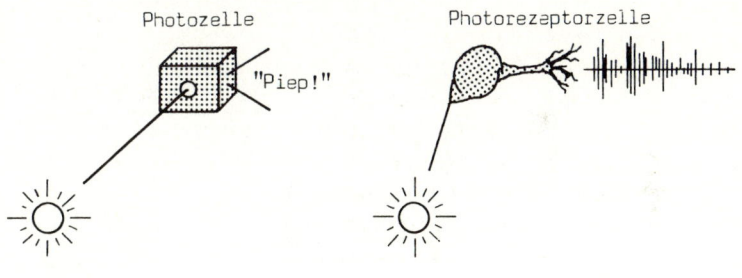

Bild 3

würdig verzerrten Registrierung im primären visuellen Kortex (V1) im hinteren Teil des Gehirns erleiden. Obwohl eine Schädigung von V1 Phänomene wie Blindsehen (*blindsight*) verursachen kann, bedeutet das Eintreffen eines Reizes in V1 noch nicht, daß er damit auch ins Bewußtsein gelangt, denn selbst wenn dies notwendig für die bewußte visuelle Erfahrung sein sollte – eine strittige Behauptung, die noch einer genaueren Untersuchung bedarf –, ist es wohl kaum hinreichend. Allerdings müssen wir einen überzeugend wirkenden, aber trügerischen Grund, V1 als Sitz des Bewußtseins abzulehnen, zurückweisen: dem in Frisbys Abbildung so deutlich zutage tretenden Umstand, daß das in V1 registrierte Bild grotesk verzerrt, auf den Kopf gestellt und zerstükkelt ist. Was unseren Augen fremd und unvertraut erscheint, ist schlicht

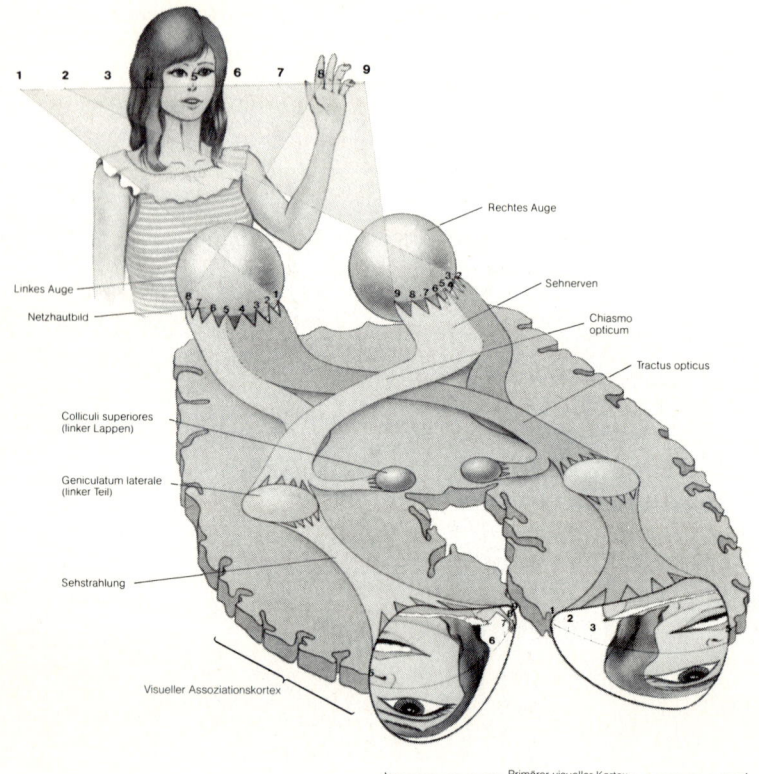

Bild 4

und einfach irrelevant, weil keine ähnlich strukturierten «geistigen Augen» auf V1 blicken.

Bild 5 zeigt ein bekanntes Diagramm von David Van Essen (Felleman und Van Essen 1991), das die verschiedenen visuellen Felder – «retinotopischen Karten» – im Gehirn des Makaken darstellt. Jede dieser Regionen ist spezialisiert – einige sind für Farbe zuständig, andere für Form, wieder andere für Bewegung oder Lage und so fort. V1, die erste dieser Regionen im Kortex, die Signale vom Auge empfängt, ist nicht der Sitz des Bewußtseins, ebensowenig wie eine der anderen, spezialisierteren Regionen ein aussichtsreicher Kandidat dafür ist,

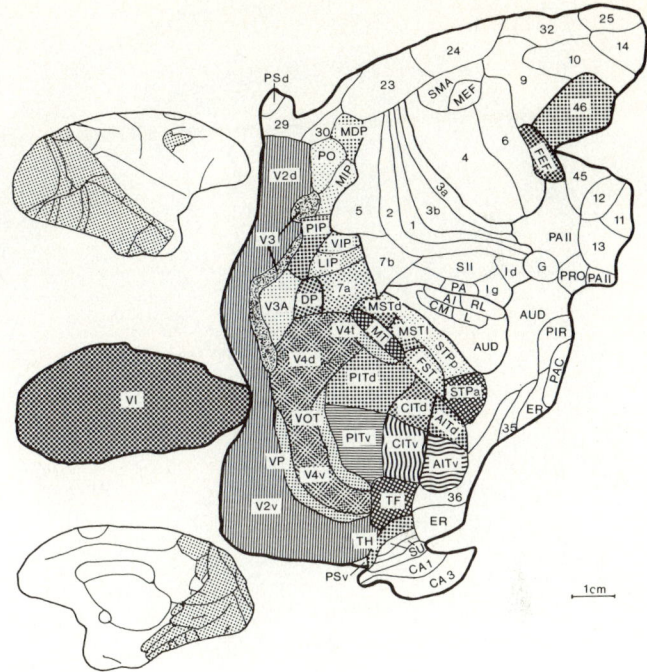

Bild 5

gerade wegen dieser Spezialisierung – jedem einzelnen *fehlt* es an Informationen über die vielen anderen Bereiche, mit denen unsere bewußte Erfahrung befaßt ist. So ist die Versuchung groß, den Blick noch weiter nach innen zu richten, näher zum «Zentrum» hin, um den Ort im Gehirn ausfindig zu machen, an dem die bewußte Erfahrung stattfindet. Doch in Wirklichkeit haben «innen» und «außen» in diesem Zusammenhang ihre Bedeutung längst verloren. Die Gewohnheit zu fragen: «Hat das Signal bereits den bewußten Beobachter erreicht?» – eine Gewohnheit, die reibungslos funktioniert, wenn wir es mit makroskopischen Phänomenen wie Blitz und Donner zu tun haben, die ins Auge und Ohr eines Zeugen dringen – muß an diesem Punkt aufgegeben und – unbedingt! – durch andere Denkkonzepte ersetzt werden.

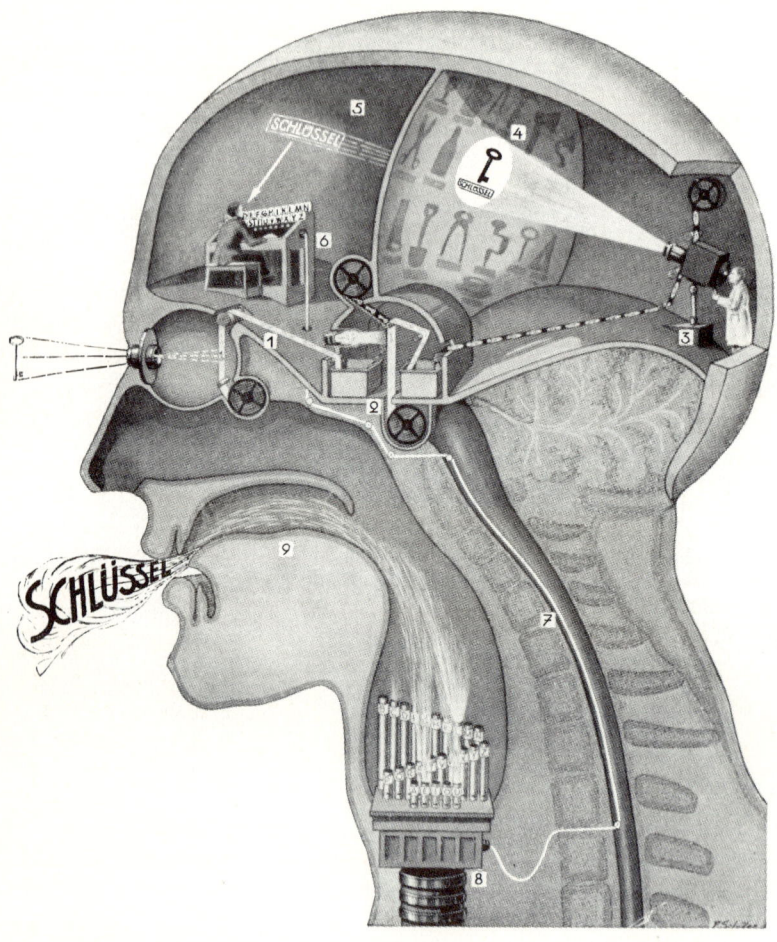

Der Sehakt

Das Bild des Schlüssels gelangt durch das Linsensystem des Auges auf die lichtempfindliche Netzhaut des Augenhintergrundes und belichtet diese. Das Lichtbild wird durch den Sehnerven (1) ins Gehirn zum Sehhügel (2) geleitet. Hier wird das Bild entwickelt, wahrgenommen, und auf eine zweite Nervenleitung übertragen, die Sehstrahlung, die das Lichtbild ins Hinterhirn zum optischen Bewußtseinszentrum (3) leitet. Dieses projiziert das Bild auf das Erinnerungszentrum (4), in dem unsere Erinnerungsbilder als dunkle Erinnerungen eingetragen sind. Das Bewußtseinszentrum sucht hier das kongruente Erinnerungsbild und findet es als Schlüssel, worauf die Bewußtseinszelle den Schlüssel als bekannt wiedererkennt. Mit dem Aufleuchten des Erinnerungsbildes (4) taucht automatisch auch das Wortbild „Schlüssel" im optischen Sprachzentrum (5) in uns auf. Wollen wir den Gegenstand mit Namen nennen, so setzen wir von hier aus über das motorische Sprechzentrum (6) hinweg das Wortbild Schlüssel durch die Nervenleitung (7) um in die entsprechenden Bewegungen des Kehlapparates (8) und formen die hier entstehenden Töne mit Hilfe des Mundes (9) zum Klang: Schlüssel

Bild 6: Das kartesianische Kino

Wir müssen schon einige Anstrengungen unternehmen, um unsere Gewohnheiten zu ändern, weil sie uns, wie viele schlechte Angewohnheiten, vertraut und lieb geworden sind. Betrachten wir Bild 6. Es ist parodistisch übertrieben, unterscheidet sich aber nur graduell von Modellen, die man in Lehrbüchern nachschlagen kann und die klammheimlich unsere Vorstellungen besetzen und fast jeden in seinem Denken beeinflussen. Dieses Modell – den Ort im Gehirn, wo das Denken stattfindet – nenne ich das kartesianische Kino.* Immer wenn es explizit dargestellt wird, wie in dieser Abbildung, bringt es uns zum Lachen, weil wir wissen, daß diese Auffassung von der Arbeitsweise des Geistes hoffnungslos falsch ist. Die schwierige Frage lautet: Durch was können wir sie ersetzen? Um diese Frage zu beantworten, müssen wir zunächst einmal feststellen, ob wir *genau* angeben können, was an diesem Modell falsch ist. Falsch ist nicht, daß der Homunkulus, der das Bild auf die Leinwand projiziert, einen weißen Kittel trägt oder daß die Bilder durch einen Filmprojektor und nicht durch ein Videogerät übertragen werden. Die Abbildung ist in einem viel tieferen und abstrakteren Sinne falsch. Ihr entscheidender Fehler liegt in der Annahme, die Bewußtseinsarbeit sei von besonderer Art, anders als die Arbeit, die von den rein unbewußten informationsverarbeitenden Modulen im Gehirn geleistet wird; es handle sich um eine Arbeit, die von einem besonderen Vermögen, einer hinzukommenden Fähigkeit geleistet wird, die im Prinzip genauso wieder wegfallen kann, woraufhin man einen kognitiv kompetenten, aber völlig unbewußten Zombie erhält. Der erste Schritt zu einer befriedigenden Alternative zum Modell des kartesianischen Kinos liegt in folgender Erkenntnis:

Die Arbeit, die der Homunkulus im kartesianischen Kino leistet, muß sowohl räumlich als auch zeitlich über das Gehirn *verteilt* sein.

---

* C. S. Sherrington, einer der großen Neurowissenschaftler der ersten Hälfte unseres Jahrhunderts, hat 1934 die kartesianische Anschauung auf einen Nenner gebracht, der an Deutlichkeit kaum zu überbieten ist: «Die geistige Tätigkeit findet tief verborgen im Gehirn statt, in jenem Teil, der von der Außenwelt am weitesten entfernt und aller Ein- und Ausgabe am stärksten entzogen ist.»

Und um deutlich zu machen, welche Bedeutung diese Verteilung hat, brauchen wir eine Gegenmetapher, ein Bild, an dem wir uns festhalten können, um der starken Anziehungskraft des kartesianischen Kinos zu widerstehen. Andy Warhol bietet uns genau das, was wir brauchen:

In Zukunft wird jeder fünfzehn Minuten lang berühmt sein.

Was Warhol so trefflich mit seiner Äußerung gelang, war die *reductio ad absurdum* einer bestimmten (idealisierten) Auffassung von Ruhm. Wäre das wirklich Ruhm? Hat Warhol eine logisch mögliche Welt beschrieben? Wenn wir einen Augenblick innehalten, um über diese Äußerung etwas eingehender nachzudenken, als wir es gewöhnlich tun, erkennen wir, daß hier ein Gedanke einer übermächtigen Zerreißprobe ausgesetzt wurde. Richtig ist sicherlich, daß heute dank der Massenmedien jeder anonyme Bürger fast augenblicklich berühmt werden (denken wir an Rodney King, jenen farbigen Autofahrer, den weiße Polizisten, von einer Videokamera festgehalten, brutal mißhandelten und dessen Fall zu schweren Rassenunruhen in Los Angeles führte) und dank der Unbeständigkeit der öffentlichen Aufmerksamkeit fast ebenso schnell wieder in Vergessenheit geraten kann. Doch Warhols rhetorische Übertreibung dieses Umstands befördert uns in die Absurdität von Alices Wunderland. Auf den Fall, wo jemand wirklich nur fünfzehn Minuten berühmt wäre, warten wir noch – und er wird nie eintreten. Nehmen wir an, ein Bürger wird fünfzehn Minuten lang oder kürzer von vielen hundert Millionen Menschen gesehen und dann – anders als Rodney King – wieder vollständig vergessen. Wer dies Ruhm nennt, verwendet das Wort falsch (umgangssprachlich erfüllt der Begriff natürlich seinen Zweck, wenn man ihn nicht überstrapaziert). Wenn Ihnen das nicht einleuchtet, lassen Sie mich einen Schritt weitergehen: Könnte jemand *fünf Sekunden lang* berühmt sein – nicht nur von Millionen Augen betrachtet werden, sondern *berühmt* sein? Tatsächlich gibt es jeden Tag Hunderte, wenn nicht Tausende von Menschen, die ein paar Sekunden lang von Millionen Menschen gesehen werden. Denken Sie an eine Nachrichtensendung, an einen Bericht über ein neu zugelassenes Medikament: Millionen sehen, wie ein völlig anonymer Arzt eine Injektionsnadel in den Arm eines völlig anonymen Patienten sticht – sie sind im Fernsehen, aber nicht berühmt.*

Um dem Modell des kartesianischen Kinos etwas Wirksames entgegenzusetzen, behaupte ich, Bewußtsein sei eine Art geistigen Ruhms. Das ist fast wörtlich zu verstehen. Bewußt sind die Inhalte, die überdauern, die die Ressourcen lange genug für sich in Anspruch nehmen, damit sie eine bestimmte typische und «symptomatische» Wirkung erzielen – auf das Gedächtnis, die Verhaltenssteuerung und so fort. Nicht jeder Inhalt kann berühmt werden, denn in diesem Wettstreit muß es mehr Verlierer als Gewinner geben. Und augenblicklicher Ruhm ist ein Widerspruch in sich.**

«Im Bewußtsein sein» ist eher wie berühmt sein als wie im Fernsehen sein – zumindest was die folgenden Punkte betrifft: Fernsehen ist ein spezifisches Medium, der Ruhm nicht. Die «Transduktionszeit» läßt

---

* Einige Philosophen haben auf meine rhetorische Frage angebissen und Gegenbeispiele zu der von mir behaupteten Dauer des Ruhms geliefert. Jemand könnte fünfzehn Sekunden lang berühmt sein, wenn er sich Zutritt bei einem internationalen Fernsehsender verschafft und sich selbst als die Person vorstellt, die unseren Planeten zerstören wird, woraufhin er genau das tut: Okay, ich gebe mich geschlagen! Aber man bedenke, daß das Beispiel eigentlich doch *für* meine These spricht. Es lenkt die Aufmerksamkeit auf die Bedeutung des normalen Geschehens: Die einzige Möglichkeit, für kürzere Zeit berühmt zu sein, liegt darin, die ganze Welt zu zerstören, in der sich der Ruhm dieser Person sonst länger als fünfzehn Sekunden verbreiten würde. Und wenn jemand bezweifeln wollte, daß es sich hier um *echten* Ruhm handelt, dann können wir die Frage durch eine Erweiterung des Gedankenexperiments lösen. Nehmen wir an, unser Antiheld drückt auf den Knopf und nichts geschieht. Die Welt überlebt, und in ihr nimmt der Ruhm entweder seinen üblichen Lauf – oder nicht. Im letzteren Fall würden wir rückblickend zu dem Schluß gelangen, der Versuch unseres Kandidaten, berühmt zu werden, sei trotz seiner weltweiten Fernsehpräsenz gescheitert.
** Die Philosophen, die meinen, ich unterschätze die Möglichkeiten der künftigen Hirnforschung, wenn ich behaupte, keine in diesem Bereich noch ausstehenden Entdeckungen könnten beweisen, daß es tatsächlich eine bislang ungeahnte Form eines unendlich flüchtigen – aber doch genuinen – Bewußtseins gebe, mögen sich fragen, ob ich in ähnlicher Weise das Forschungspotential der Soziologie unterschätze, wenn ich verkünde, es sei unvorstellbar, daß soziologische Entdeckungen die Wahrheit der Warholschen Vorhersage beweisen könnten. Sinnvoll kann dies nur jemandem erscheinen, möchte ich meinen, der insgeheim noch der Vorstellung verhaftet ist, Bewußtsein (oder Ruhm) sei eine geheimnisumwitterte Eigenschaft, deren Vorkommen sich durch das verräterische Ticken des Phänomenometers oder Ruhmmeters (Patent angemeldet!) entdecken läßt.

sich fürs Fernsehen sehr genau angeben, für den Ruhm nicht. Ruhm ist ein Konkurrenzphänomen, Fernsehpräsenz nicht. (Berühmt können immer nur einige wenige auf Kosten anderer sein, die den Wettbewerb verlieren und anonym bleiben.) Und dann betrachte man die merkwürdige amerikanische Institution der *Hall of Fame*, der Ruhmeshalle. Es gibt eine Hall of Fame des Baseball, des Football und, soweit ich weiß, sogar fürs Kegeln. Wie wohl viele Menschen, die der Ehre teilhaftig wurden, in solche Gebäude aufgenommen zu werden, bemerkt haben dürften: Wenn man bereits berühmt ist, ist es eine bloße Formalität, die Besiegelung einer unleugbaren Tatsache, in die Hall of Fame Eingang zu finden. Und wenn man nicht berühmt ist, ändert auch die Aufnahme in die Hall of Fame nicht viel. Es gibt keinen «Quantensprung», keinen plötzlichen Übergang im Phasenraum, kein «katastrophenartiges» Ereignis, wenn Sie die Ziellinie überqueren und zur Stätte des Ruhms vordringen – es sei denn, das Ereignis an sich ist berichtenswert, aufgrund Ihres eigenen Ruhms oder desjenigen der Institution.

Doch der Gedanke einer solchen Ziellinie, einer solchen Bewußtseinsschwelle übt noch immer eine fast unwiderstehliche Anziehungskraft aus. So zum Beispiel in Gestalt der Eingangstür des Gedächtnisses. Michael Lockwood schrieb 1993:

> «Bewußtsein ist die vorderste Schwelle des Wahrnehmungsgedächtnisses.»

Diese Idee erscheint vielen Menschen – nicht zuletzt Lockwood selbst – so selbstverständlich, daß sie keiner ernsthaften Prüfung bedarf. Doch wenn ich recht habe, ist sie nur eine weitere Spielart genau dessen, was wir entschieden in Abrede stellen müssen. Natürlich ist die Idee verlockend. Stellen Sie sich vor, Sie beobachten «in Zeitlupe», wie ein kleines Mädchen den Gewitter-Effekt erlebt. Sie sehen, wie sich das Licht vom Entladungsort aus ausbreitet (natürlich mit Lichtgeschwindigkeit), und bald darauf, wenn es auf die Netzhaut trifft, sagen Sie: «Noch ist sie sich seiner nicht bewußt – noch nicht ganz!» Schließlich reicht das bloße Eintreffen auf der Netzhaut noch nicht. Weiter beobachten Sie, wie das Nervensignal von der Netzhaut aus langsam den Sehnerv hinaufwandert zu einer Umschaltstation im sogenannten seitlichen Kniehöcker und dann zum Feld V1 im Kortex, und Sie sagen: «Immer noch nicht bewußt.» So ist die Annahme verlockend, daß etwas tiefer und

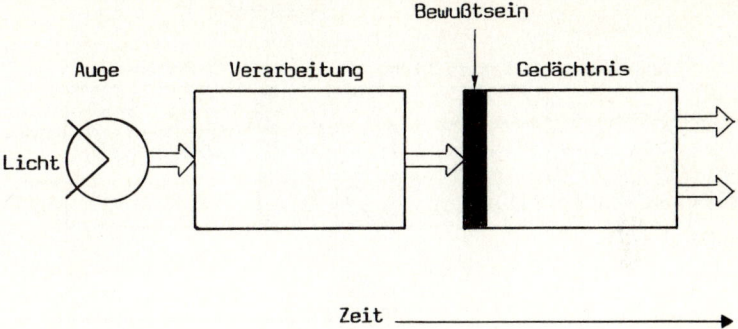

Bild 7 a : Die bewußte Erfahrung externer Ereignisse nach Lockwood

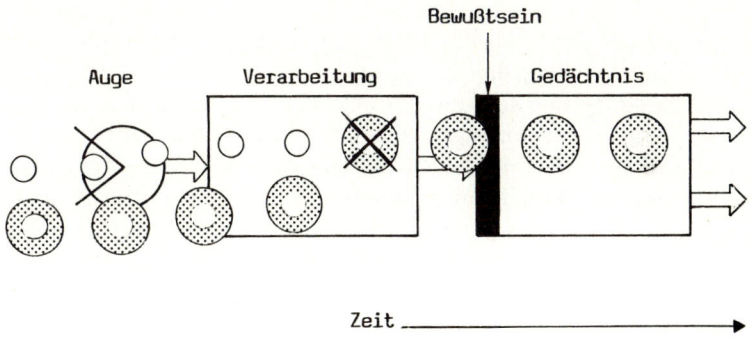

Bild 7 b : Die «Stalin-Theorie» des Metakontrasts

etwas später irgend etwas Besonderes passiert. Und erst in diesem Augenblick – nicht vorher – wird sich das kleine Mädchen des Lichts bewußt. Erheblich später dringt der Schall an sein Ohr und arbeitet sich langsam vom Trommelfell hinauf ins Gehirn, bis er, zu einem noch späteren Zeitpunkt, die erdachte Ziellinie überquert.

Betrachten wir das Diagramm (Bild 7 a), das nach Lockwoods Äußerung über die vorderste Schwelle entstanden ist. Wir können es von links nach rechts lesen, indem wir der zeitlichen Sequenz der Ereignisse

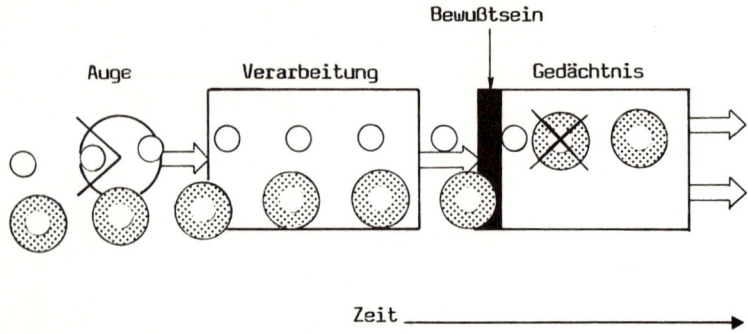

Bild 7 c: Die «Orwell-Theorie» des Metakontrasts

folgen, die an der bewußten Erfahrung externer Ereignisse beteiligt sind. (Es ist unwichtig, daß das Erlebte hier ein Wahrnehmungsereignis ist und nicht ein Innenereignis. Aus Gründen der Einfachheit möchte ich mich auf Wahrnehmungsfälle beschränken, genauer, auf die visuelle Wahrnehmung.) Das Licht eines Ereignisses erreicht das Auge, und darauf folgt die Verarbeitung in verschiedenen Teilen des Gehirns. Dies, so ist anzunehmen, ist ein ganz und gar unbewußter Prozeß; vielleicht sollten wir ihn vorbewußte Verarbeitung nennen. Er spielt sich im Medium der neuronalen Aktivität verschiedener Bahnen ab – für unseren allgemeinen Zweck brauchen wir nicht näher auf die Einzelheiten einzugehen. Während eines kurzen Zeitraums findet die Verarbeitung statt und dann… und dann, und dann… und dann gelangt die Nachricht *endlich* in den Vorführraum des Bewußtseinskinos. An diesem Punkt wandelt Ihr Gehirn das, was bislang nur unbewußte Hirnaktivität war, in irgendeine besondere Art bewußter Hirnaktivität um, die, wie aus der Abbildung ersichtlich, an der vordersten Schwelle des Gedächtnisses stattfindet. Mit anderen Worten, ein Ereignis in Ihrem Leben findet Eingang in Ihr Gedächtnis, nachdem es verarbeitet worden ist – und es verschafft sich Zugang durch die Tür vorn im Gedächtnis. Das ist der Moment, in dem sich Bewußtsein einstellt.

Einer der Vorzüge von Abbildung 7 a liegt offenkundig darin, daß sie einigen Binsenweisheiten Gerechtigkeit widerfahren läßt:

1. Das Licht muß auf die Netzhaut treffen, bevor die Verarbeitung beginnen kann.

2. Der Reiz muß verarbeitet werden, bevor sich Bewußtsein einstellen kann. (Wir sind uns des Lichts, das auf unsere Netzhaut fällt, nicht direkt bewußt.)

3. Bevor wir uns an ein Erlebnis erinnern können, muß es uns bewußt geworden sein. (Das ist, möchte ich annehmen, eine Tautologie.)

4. Eine Erinnerung muß registriert sein, bevor wir von ihr berichten können.

Dieses Modell scheint zunächst einfach einige unstrittige Wahrheiten über das Wesen des Bewußtseins zu belegen. Doch betrachten wir nun ein einfaches Phänomen, das die Schwierigkeiten dieses Modells erkennbar macht: den *Metakontrast*, eine optische Täuschung, die von Experimentalpsychologen eingehend untersucht worden ist. Wären Sie eine Versuchsperson in einem Metakontrast-Experiment, so säßen Sie vor einem Bildschirm, auf dem verschiedene Formen kurz aufblitzen würden. Nehmen wir beispielsweise an, eine farbige Scheibe erschiene kurzzeitig in der Mitte des Schirms. Sie hätten überhaupt keine Schwierigkeit, die Scheibe zu sehen – denn es handelt sich nicht um ein Experiment zur «unterschwelligen Wahrnehmung». Sie könnten «Eine blaue/eine rote/eine grüne Scheibe» sagen, ohne einen Fehler zu machen. Die Lichterscheinung wird lange genug gezeigt und ist hell genug, um für jedermann sichtbar zu sein. Doch ließe man dann auf den Scheibenreiz rasch das Bild eines etwas größeren Rings folgen, der den Ort «umgibt», wo die Scheibe eben noch war, würde das, was Sie sehen – oder melden –, davon abhängen, mit welcher Verzögerung der zweite Reiz, der Ring, gezeigt wird.

Wenn man den Zeitraum zwischen den beiden Reizen sehr kurz hält – ein paar Millisekunden –, kommt es zu einem bemerkenswerten Phänomen. Alles, was Sie sehen (oder besser, alles, von dem Sie *sagen*, daß Sie es sehen), ist lediglich der zweite Reiz. Die Scheibe sehen Sie überhaupt nicht mehr, sondern nur noch den Ring. Das ist ein verblüffender Effekt. Bei ihren ersten Erklärungsversuchen waren die Forscher zunächst versucht, so vorzugehen, wie es Bild 7 b zeigt: Natürlich gelangt die Scheibe zuerst zum Augapfel und wird auf ihrem Weg nach oben, in das Nervensystem hinein, verarbeitet. Etwas später kommt der Ring beim Augapfel an. Irgendwie gelingt es dem Ring dann, die Scheibe zu überholen! Er fängt sie ab und eliminiert sie auf ihrem Weg zum Bewußtseinsfilmstudio, so daß nur der zweite Reiz in den Film hineinkommt. Allerdings fragten sich die Wissenschaftler, die diese Erklärung fanden, wie es zur Beschleunigung der Ring-Nachricht innerhalb des Systems kommt. Wie kann sie die Scheiben-Nachricht «überholen» oder «eliminieren»?

Bevor wir versuchen, diese Frage zu beantworten, wollen wir eine andere Möglichkeit erwägen, die Geschehnisse des Metakontrasts zu erklären: Die Scheibe gelangt direkt ins Filmstudio; während des kurzen Augenblicks, den sie braucht, um die Bühne zu überqueren, darf sie im Rampenlicht verweilen; die böse Tat passiert erst *hinterher* in der Erinnerung. Die Vertuschung findet erst statt, nachdem die Scheibe durch die Eingangstür des Gedächtnisses getreten ist. Die Erinnerung an den zweiten Reiz, den Ring, löscht, wie in Bild 7 c gezeigt, die Erinnerung an das bewußte Erlebnis der Scheibe aus.

Offenkundig handelt es sich um zwei verschiedene Theorien für dasselbe Phänomen. Da der Unterschied zwischen ihnen im folgenden immer wieder auftaucht, möchte ich den Theorien einfache, leicht erinnerliche Namen geben. Abbildung 7 c, in der die böse Tat nach der Filmvorführung im Bewußtsein stattfindet, zeigt eine Gedächtniskontamination, deshalb möchte ich dieses Erklärungsmuster Orwell-Theorie nennen, denn es erinnert an George Orwells Roman *1984*. Darin schreiben bekanntlich üble Historiker im Wahrheitsministerium die im Staatsarchiv gesammelten Zeitzeugnisse im nachhinein um, damit das, was wirklich geschehen ist, dem Blick aller künftigen Forscher entzogen bleibt. So zeigt Bild 7 c also die Orwell-Theorie des Metakontrasts, der zufolge es sich um eine *Gedächtnishalluzination* handelt: Es gelingt Ihnen einfach nicht, sich an etwas zu erinnern, was Sie wirklich erlebt haben; statt dessen erinnern Sie sich an etwas anderes.

Die vorhergende, in Abbildung 7 b dargestellte Theorie, nach der die böse Tat vor dem Eintritt ins Bewußtsein geschieht, woraufhin die Ereignisse exakt aufgezeichnet werden, möchte ich «Stalin-Theorie» nennen, weil sie mich an die Sowjetunion in den dreißiger Jahren erinnert, wo sorgfältig verfälschte Ereignisse in inszenierten Schauprozessen präsentiert und anschließend akribisch archiviert wurden. Dort wurden nicht die Archive gefälscht, dort hat man vor Beginn der großen Show gefälscht.

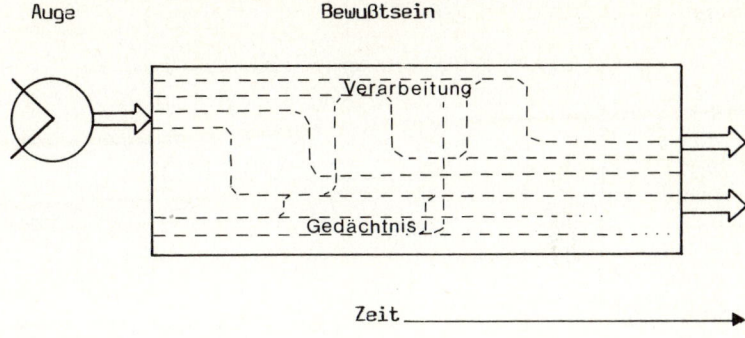

Bild 8 a

Offenbar stehen wir jetzt vor einer Frage, die uns die Wissenschaft beantworten muß: Ist die Wahrheit über den Metakontrast «stalinsch» oder «orwellsch»? Doch vergessen wir dabei nicht, daß der *einzige Unterschied* zwischen den beiden Hypothesen der Ort der bösen Tat ist: Findet sie vor oder nach der postulierten «vordersten Schwelle» statt? Beide Theorien stimmen darin überein, daß die Verarbeitung des zweiten Reizes einer normalen Verarbeitung des ersten im Weg steht. Doch handelt es sich um eine «vor-» oder eine «nachbewußte» Verfälschung? Vielleicht haben Sie den Eindruck, diese Frage *müsse* eine Antwort haben, selbst wenn wir sie jetzt noch nicht – oder nie – beantworten können. Wenn das so ist, dann erliegen Sie selbst einer Täuschung, denn diese Überzeugung ist lediglich ein Effekt des Modells, das den Abbildungen 7 a–c zugrunde liegt. An diesem besonderen Bewußtseinsmodell ist aber nichts zwingend notwendig.

Betrachten wir ein anderes Modell (Bild 8 a). Ich denke, Sie können erkennen, daß ich einfach den größten Teil des ersten Modells auf die Seite gedreht habe. In diesem Modell laufen «Verarbeitung» und «Gedächtnis» gleichzeitig nebeneinander her, und die «vorderste Schwelle» ist einfach verschwunden. Betrachten wir, was geschieht, wenn wir unsere Frage bezüglich des Metakontrasts auf der Grundlage des neuen Diagramms zu beantworten versuchen. Es gibt vielleicht ein gewisses Maß an Ungewißheit oder Unwissenheit in bezug auf die Frage, wann und wo genau es im Gehirn zur Interferenz zwischen den

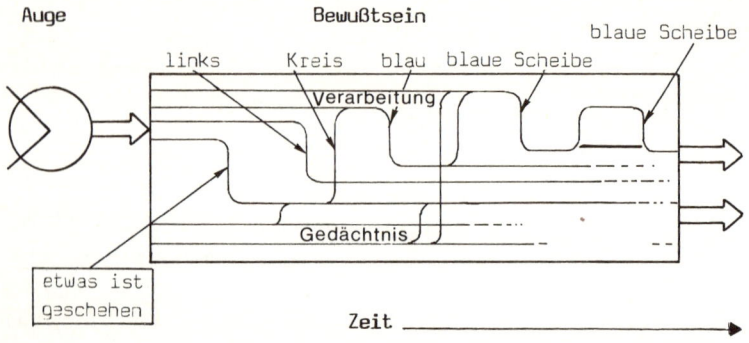

Auge   Bewußtsein
                                                          blaue Scheibe
        links   Kreis   blau   blaue Scheibe
                              Verarbeitung

                              Gedächtnis

etwas ist
geschehen   Zeit

Bild 8 b

Auswirkungen des ersten Reizes und denen des zweiten Reizes kommt. Irgendwann werden wir diese Unsicherheit durch weitere Forschungsergebnisse überwinden, und in der Zwischenzeit können wir alle möglichen Alternativen darstellen, indem wir die Interferenz von links nach rechts durchs Diagramm wandern lassen. Wir können uns einen beliebigen Punkt in der Zeit vorstellen, an dem künftige Entdeckungen der neurowissenschaftlichen Forschung die Interferenz lokalisieren werden. Aber das wird nicht die Frage «Orwell oder Stalin?» beantworten, weil das Kriterium zur Unterscheidung der beiden Möglichkeiten nicht mehr im Modell enthalten ist. Es gibt keine Ziellinie – die Schwelle der Eingangstür fehlt!

Lassen Sie mich näher auf das alternative Modell eingehen. Nach Abbildung 8 b zerlegt Ihr Sehsystem seine Aufgabe in separate Transduktionen – separate Vorgänge des Um-die-Ecke-Biegens –, die verschiedene Eigenschaften des Gesehenen an verschiedenen Stellen in Ihrem Gehirn bestimmen. Form, Farbe, Bewegung und Ort des Objekts werden selbst bei einem einzigen Ereignis, wie dem Aufblitzen einer farbigen Scheibe, in verschiedenen Bereichen und zu verschiedenen Zeitpunkten ermittelt. Nach ihrer Transduktion stehen diese Eigenschaften dann zur Beeinflussung späterer Transduktionen zur Verfügung – späterer Verknüpfungen, Revisionen, Löschungen. Ihre Wahrnehmungsurteile entwickeln sich allmählich, aber da sie ihre Vorläufer ständig ersetzen, führt Ihr Gehirn normalerweise kein Buch über das

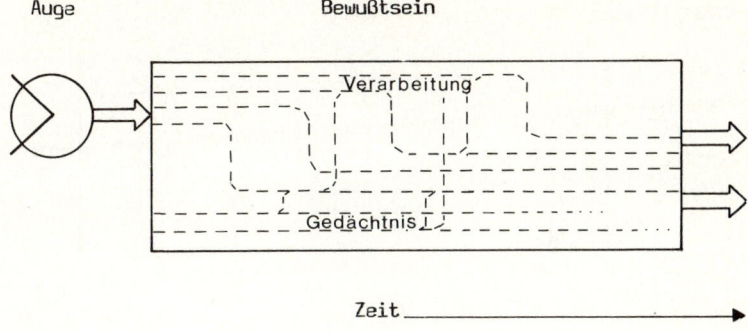

Bild 9 a

Vorher und Nachher, deshalb sind Sie nicht in der Lage, diese Revisionsprozesse zu entdecken – obwohl sich ihre Spuren durch einfühlsame Experimente nachweisen lassen. Wenn man Ihnen beim Experiment mit dem Metakontrast manchmal einen einzelnen Reiz zeigt – den Ring – und manchmal beide Reize, werden Sie in allen Fällen behaupten, sie hätten nur einen einzigen Reiz gesehen, den Ring, doch wenn man Sie auffordert, jedesmal zu *raten*, ob ihm eine Scheibe vorausgegangen ist, werden Ihre Vermutungen eine deutlich höhere Trefferquote zeigen, als statistisch zu erwarten wäre, woraus folgt, daß noch irgendwelche Nachwirkungen durch Ihr Gehirn geistern.

Sicherlich fragen Sie sich, was die horizontale Linie bedeutet, die in Abbildung 8 b die Verarbeitung vom Gedächtnis trennt. Die Antwort lautet: Sie hat gar keine Aufgabe, sondern ist nur ein Rudiment des schlechten Modells aus Abbildung 7 a. Im alternativen Modell, Abbildung 9 a, sind Verarbeitung und Gedächtnis weder zeitlich noch räumlich wirklich voneinander getrennt. Selbst flüchtige Einwirkungen auf die Netzhaut hinterlassen durchaus eine Art Gedächtniseffekt, eine Spur, die nachfolgende kognitive Aktivitäten prägen und auch fehlprägen kann. Das sollte wahrlich keine Überraschung sein, wird doch in Diskussionen über Gedächtnis und Wahrnehmung immer wieder darauf hingewiesen, daß beide Funktionen auf Prozessen beruhen, die sich unter ständiger Revision, Ausschmückung, Auflösung und Veränderung entwickeln. Der Fehler liegt in der Annahme, es gebe *zusätzlich* zu

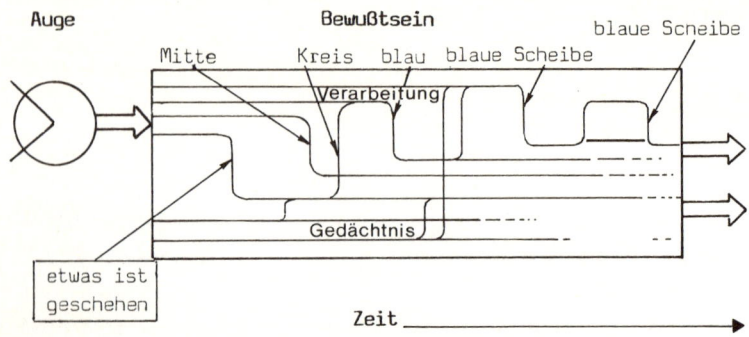

Bild 9 b

diesen Aufbereitungsprozessen einen privilegierten Prozeß, der in der «offiziellen» Präsentation einer *gültigen* Version gipfelt (gewissermaßen der Vorführung eines fertig geschnittenen Films, der von einem kartesianischen Filmprojektor durchleuchtet wird).

Das Modell aus Abbildung 9 a, ich möchte es das Modell des Mehrfachentwurfs nennen, entspricht den neurowissenschaftlichen Fakten besser, weit besser als das Modell in Abbildung 7 a, das kartesianische Kino. So ist aus Abbildung 9 b für den Fall des Metakontrasts beispielsweise zu ersehen, was geschieht, wenn Ihnen nur ein einziger Reiz gezeigt wird, die Scheibe oder einfach der «erste» Reiz: Zunächst registriert Ihr Gehirn lediglich, daß etwas geschehen ist, aber Sie wissen noch nicht, was. Wenn Sie dem Gehirn genügend Zeit lassen, wird es im weiteren Verlauf bestimmen, daß das, was geschehen ist, sagen wir, links stattgefunden hat, daß es kreisförmig war und daß es blau war; schließlich werden diese Inhalte miteinander zu einem klar umrissenen Inhalt «Da war eine blaue Scheibe» verbunden. Welches Schicksal blüht diesem zusammengesetzten Blaue-Scheibe-Inhalt? Vielleicht zerfällt er augenblicklich und hat überhaupt keine Auswirkungen. Wenn der grüne Ring nicht erscheint, dann wirkt er vielleicht nicht nur einfach nach, sondern wird rekapituliert. Jedesmal, wenn das geschieht, festigt sich sein «Ruhm», so daß Sie sich noch Jahre später an diese blaue Scheibe erinnern. Doch wenn der grüne Ring erscheint (Bild 9 c), beendet er die Karriere der blauen Scheibe, da er ebenfalls die Form

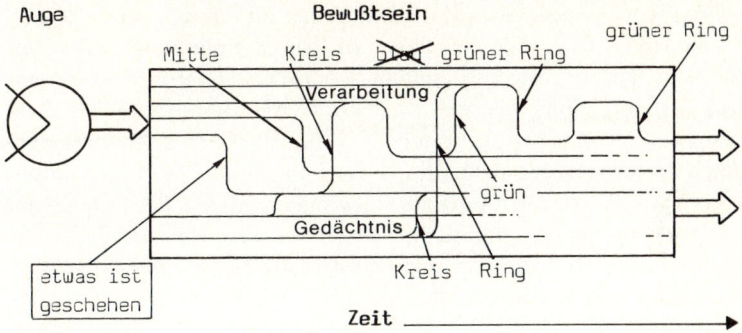

Bild 9 c

beansprucht, die das Blau braucht – und auch eben noch besaß –, um die blaue Scheibe zu erzeugen. Nun nimmt der grüne Ring die Kreisform in Beschlag, um seinen inneren Rand zu definieren, und überantwortet damit das Blau und dessen Form raschem Vergessen.

Vielleicht sollte ich mein höchst abstraktes und wenig detailliertes Modell mit einigen spezifischeren Thesen, die in letzter Zeit in der neurowissenschaftlichen Literatur aufgestellt wurden, präzisieren. Nach dem Modell von Larry Squire und Stuart Zola-Morgan (1991) muß die lang- (oder länger-)fristige Erinnerung eines Wahrnehmungsereignisses, um über den Kortex verteilt zu werden, nachdem dieser sie verarbeitet hat, zum Hippocampus springen und von dort wieder zurück zum Kortex (zu einer kurzen Beschreibung vgl. Flanagan 1992, S. 18 f). Wir können davon ausgehen, daß der Hippocampus wesentlichen Anteil daran hat, den «Ruhm» jener Ereignisse zu sichern, die wir rückblickend als bewußt klassifizieren. Damit nimmt meine Orwell-Stalin-These folgende Gestalt an: Es gibt keinen vernünftigen Grund anzunehmen, daß Ruhm (im Gegensatz zu «bloßem Einfluß») zu einem bestimmten Zeitpunkt, entweder vor oder nach der Hippocampus-Intervention, einsetzt. Was dem einen Theoretiker (zum Beispiel Benjamin Libet) «die Zeit des erwachenden Bewußtseins» ist (Libet 1993), ist dem anderen «die Zeit der Erinnerungkonsolidierung». Viele der Effekte, an denen sich, wie ich meine, mein vortheoretisches Bewußtseinskonzept festmachen läßt, sind ohne Hilfe des Hippocampus vorstellbar, viele andere nicht. So könnte man für einen frühen «Beginn des Bewußtseins» plädieren, etwa zu dem Zeitpunkt, da die «Bindung» der Farbe an die Form erfolgt (wodurch beispielsweise die Reaktion auf eine blaue Scheibe eingeleitet werden kann), obwohl diese Erinnerung an eine wahrgenommene blaue Scheibe möglicherweise sogleich wieder verblaßt, da ihr die Verstärkung durch den Hippocampus fehlt. Man könnte aber auch argumentieren, daß alle Reaktionen auf die «verknüpften» Merkmale solcher Reize – egal, wie kompliziert die Reaktionen sein mögen – lediglich durch flüchtige, unbewußte Prozesse vermittelt werden, so daß die Ehre des Bewußtseins nur jenen Inhalten zuteil wird, die sich dank der Intervention des Hippocampus lange genug halten, um gemeldet zu werden. Oder noch besser: Man könnte erkennen, daß sich der Zwist, den wir hier vom Zaun gebrochen haben, um nichts Greifbares dreht – daß er nichts erbringt, worüber sich die beiden Theorien nicht schon einig wären.

Die zeitliche Indifferenz des Mehrfachentwurfmodells macht die Erklärung anderer, auf den ersten Blick verwirrender, ja, paradox erscheinender Phänomene möglich. Lassen Sie mich ein Beispiel nennen. Seit fast hundert Jahren untersuchen Psychologen das Phänomen der Scheinbewegung, das sogenannte Phi-Phänomen. Phi-Phänomene sind uns allen vertraut; sie bilden die Grundlage für Film und Fernsehen. Die rasche Abfolge ruhender Formen, deren Lage sich von Mal zu Mal leicht verändert, ruft die Illusion von Bewegung hervor. In den einfachsten Fällen (die für die psychologische Forschung immer die besten sind) dienen einzelne Flecken farbigen Lichts als Reize. Wenn man einen kurzen Moment lang auf eine Leinwand vor Ihren Augen einen kleinen roten Lichtfleck projiziert und gleich darauf einen weiteren kleinen roten Fleck leicht zur einen oder zur anderen Seite verschoben, dann haben Sie den Eindruck, Sie sähen einen einzigen roten Fleck, der sich bewegt.

Vor einigen Jahren hat der Philosoph Nelson Goodman den Psychologen Paul Kolers gefragt, was denn geschähe, wenn die Lichter von verschiedener Farbe wären (Goodman 1978). Was wäre beispielsweise, wenn man erst ein rotes Licht A und dann ein grünes Licht B aufleuchten ließe? Kolers und von Grunau (1976) führten entsprechende Experimente durch, und ihre Antwort lautete: Ja, da wird Bewegung wahrgenommen. Nun fragen Sie sich vielleicht: Und was ist mit der Farbe des «einen» Lichts, das man sieht? Es ist zunächst rot und wird auf halbem Weg (C) plötzlich grün. Natürlich haben wir es mit einem illusorischen Weg zu tun, keinem wirklichen, und das führt uns zu einem Rätsel: Ihr Gehirn kann den Inhalt eines auf halbem Weg erfolgenden Farbwechsels C nicht erschaffen, bevor es nicht den zweiten Reiz B empfangen und analysiert hat. Folglich muß es «wissen», daß es ein zweites Licht gibt, und es muß wissen, wo sich dieses befindet und welche Farbe es hat, *bevor* es mit der Erzeugung der Täuschung beginnen kann, die wir in diesem Fall beobachten. Eine «Stalin-Theorie» zur «Lösung» dieses Problems ginge davon aus, daß es im Gehirn so etwas wie eine «Verzögerungsschleife» gibt: daß A und B nacheinander irgendwo zwischen Augapfel und Bewußtseinskino in einer Art Schnittstudio eintreffen. Und in diesem Studio, während der kurzen Verzögerung, nachdem B eingetroffen und erkannt worden ist, wird der Farbwechsel C rasch hergestellt und in den Film eingefügt, der dann ins Kino geschickt wird, wo er im Rahmen eines stalinistischen Schauprozesses vorgeführt wird.

Doch auch die andere, die «Orwell-Theorie», könnte die Täuschung erklären. Danach gelangen zunächst A und dann B in Ihr Bewußtsein, und erst *anschließend* spielt Ihnen Ihr *Gedächtnis* einen Streich. Erst im nachhinein (nach dem Aufenthalt im Bewußtsein) werden die gefälschten Bilder von den Orwellschen Historikern eingefügt. Fast augenblicklich scheinen Sie sich zu erinnern, eine Bewegung zwischen A und B wahrgenommen zu haben, doch diese Täuschung, hervorgerufen durch das Zwischenbild C, ist einfach eine Gedächtniskontamination.

Welche Theorie ist nun die richtige? Abermals folgt aus dem Modell des Mehrfachentwurfs, daß keine von beiden richtig ist. Richtig ist vielmehr, daß das Gehirn durchaus in der Lage ist, retrospektive Inhaltselemente in seinen narrativen Strom einzubauen. Es kann entscheiden, daß es einen Kreis links gibt und daß er rot ist und daß es einen Kreis rechts gibt und daß er grün ist und daß es wohl derselbe Kreis ist, der sich bewegt und verändert hat (Bild 9 d). Daraufhin wird diese naheliegende, aber eigentlich irrige Schlußfolgerung «vordatiert»: Sie erhält einen «Eingangsstempel», der sie an einer früheren Stelle in der Abfolge Ihres Bewußtseinsstroms einordnet. Offenbar haben viele Menschen große Schwierigkeiten mit diesem Gedanken, weil sie aus ihm schließen, es müsse ein in der Zeit rückwirkendes Kausalprinzip geben oder die in der Zeit rückwärts gerichtete Projektion eines späteren Ereignisses. So hat der Oxforder Physiker Roger Penrose in seinem Buch

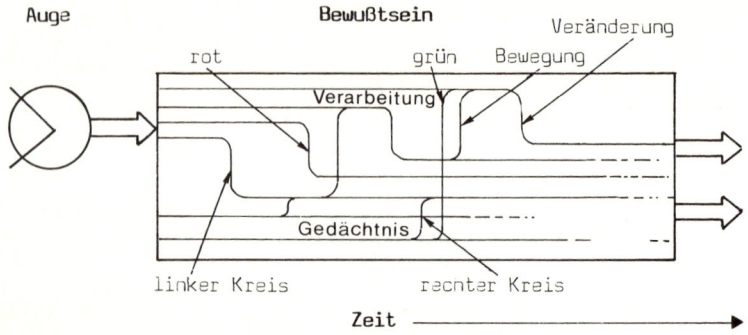

Bild 9 d

Computerdenken (1991) gemeint, um diese Effekte zu erklären, müßte die Physik revolutioniert werden.

In Wirklichkeit zeigen solche Phänomene jedoch, daß die subjektive Abfolge bewußter Erfahrungen sich nicht immer mit der objektiven Abfolge der für die subjektive Erfahrung verantwortlichen Ereignisse in Ihrem Gehirn deckt. Graphisch betrachtet, kann die erlebte Zeit, wie Bild 10 zeigt, rückwärtsgerichtete Schlaufen aufweisen, wenn wir sie auf der objektiven Zeit abbilden. Die Reihenfolge, in der die Ereignisse Ihnen im Bewußtseinsstrom zuzustoßen scheinen, entspricht nicht unbedingt der Reihenfolge der Ereignisse in Ihrem Gehirn, die die Vehikel ihrer Erfahrungsinhalte sind.

Ich möchte Ihnen zeigen, daß diese Idee gar nicht so merkwürdig und revolutionär ist, wie sie auf den ersten Blick erscheinen mag. Man könnte sagen, daß sie sich aus zwei vertrauten Tatsachen zusammensetzt, die an sich nicht dazu angetan sind, uns das metaphysische Gruseln zu lehren. Die erste ist die einfache Unterscheidung zwischen den zeitlichen Eigenschaften eines Satzes, den wir hören, und den zeitlichen Eigenschaften der Ereignisse, über die uns der Satz informiert. Wir nehmen sie gewöhnlich hin, ohne sie überhaupt zu bemerken. Nehmen Sie an, Sie hören den folgenden Satz:

Tom kam auf die Party, nachdem Bill eingetroffen war.

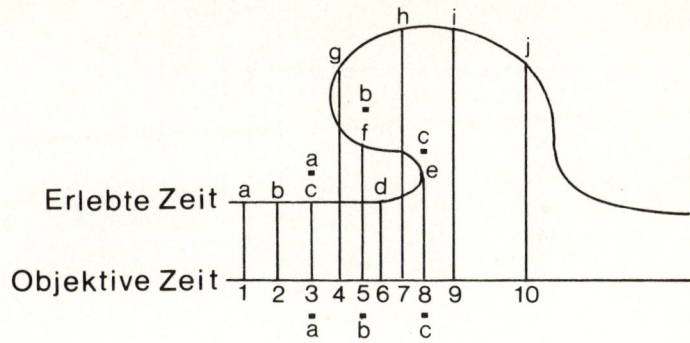

Bild 10

Wenn Sie das hören (oder es von links nach rechts lesen), so erfahren Sie von Toms Ankunft, bevor Sie von Bills Ankunft erfahren; *tatsächlich* aber erfahren Sie, daß Bill vor Tom eingetroffen ist. Unsere Sprache ermöglicht uns dies, ohne daß deshalb das Universum angehalten oder eine Zeitreise mit all ihren Konsequenzen erwogen werden müßte. Doch müssen wir uns nicht wenigstens im Geist eine kleine Szene vorstellen, in der zunächst Tom und dann Bill auftaucht? Nein, das Verständnis ist auf solche Szenen nicht angewiesen, und unser Gehirn braucht solche Zwischenschritte auch nicht, um eine subjektive Wahrnehmungssequenz zu verstehen. Andernfalls müßte nämlich das Diagramm in Abbildung 10 vervollständigt werden: Der Erzählstrang müßte als Schleife eingezeichnet und mittels eines irgendwo im Gehirn befindlichen Projektors abgespielt werden. Und genau von diesem zusätzlichen Vorführprozeß befreit das Modell des Mehrfachentwurfs unser Denken.

Sollte der Verlust dieser Vorführeinrichtung nur schwer zu verschmerzen sein, finden wir vielleicht Trost in dem Gedanken an das zweite vertraute Faktum. Mit der Umstellung, die unserem Denken in bezug auf die Zeitvorstellung abverlangt wird, sind wir schon weitgehend vertraut, wenn es um den Raum geht. Blicken Sie durch ein Periskop (Bild 11), so erleben Sie einen ziemlich verblüffenden Effekt: Das Licht wird von Spiegeln in Ihr Auge geworfen, und das hat zur Folge, daß sich Ihr Blick fast wie durch ein Wunder auf die Höhe des obersten

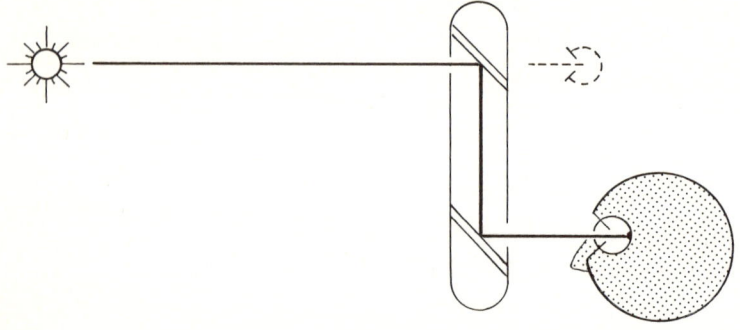

Bild 11

Spiegels verlagert. Dort *scheinen* Sie zu sein, das heißt dort scheinen *Sie* zu sein, wenn Sie ein Periskop benutzen. Die tatsächlichen Ereignisse in Ihrem Gehirn, die für den Sehprozeß verantwortlich sind, finden unten statt, dort, wo sich Ihr Gehirn befindet, doch der Ort, wo Sie zu sein scheinen, wird durch eine Reihe von Spiegeln, die das Gesehene einfangen, wie es sich vom höheren Standort aus darbieten würde, nach oben verschoben. Dazu ist kein geisterhaftes «drittes» Auge erforderlich, es handelt sich um eine rein *logische* Verlagerung. (Sicherlich wären Sie nicht so töricht, hinter dem obersten Spiegel nach Turbulenzen, «Feldkräften» oder anderen geheimnisvollen Vorgängen zu suchen.) Ganz analog zeigen Erscheinungen wie das Phi-Phänomen (und andere, kompliziertere Phänomene, die in Dennett 1994 und Dennett und Kinsbourne 1992 erörtert wurden), daß das Gehirn etwas zu erzeugen vermag, was wir *zeitliche Periskope* nennen könnten, merkwürdige Anlässe, bei denen die Zeit selbst durch die Art und Weise, wie das Gehirn mit den auf es einwirkenden Ereignissen umgeht, *scheinbar* gebeugt wird.

Die hat einige ziemlich verblüffende Konsequenzen. Das Periskop lehrt uns, daß die Idee des *Hier* – der räumlichen Position des Beobachters – durch den Inhalt festgelegt wird und nicht durch physischen Ort der Gehirnereignisse, das heißt der neuronalen Ereignisse, durch die sie sich vollzieht. Richtig ist weiterhin, so behaupte ich, daß das subjektive Empfinden des *Jetzt* – der zeitlichen Position des Beobachters – durch den Inhalt dieser Gehirnereignisse festgelegt wird und nicht durch ihre Positionen auf dem Zeitpfeil. Mit anderen Worten, die zeitliche Abfolge der subjektiven Erfahrung wird nicht durch die Reihenfolge festgelegt, in der die für sie relevanten Ereignisse tatsächlich im Gehirn ablaufen, sondern durch die Reihenfolge, die sie repräsentieren. Aus demselben Grund also läßt sich der subjektive Ort nicht mit einem Transduktionsort und die subjektive zeitliche Position nicht mit einer Transduktionszeit gleichsetzen. Die scheinbare Position Ihres Auges bei Verwendung eines Periskops ist nicht das Ergebnis eines speziellen Transduktionsereignisses; die Reflexion in einem Spiegel ist überhaupt keine Transduktion – das Medium wird nicht gewechselt. Vielmehr findet die Transduktion des Lichts in Ihrem Auge statt, woraufhin später weitere Transduktionen und andere Operationen im Gehirn folgen, aber die scheinbare oder subjektive Position des Beobachters wird durch den Inhalt (nicht das Vehikel) bestimmt, der wiederum durch die Struktur des Lichts an diesem Punkt festgelegt wird. Ebenso ist für das subjektive Zeitgefühl – die subjektive Abfolge Ihres Bewußtseinsstroms – nicht die Reihenfolge der in Ihrem Gehirn stattfindenden inhaltsrelevanten Ereignisse entscheidend, sondern der Inhalt selbst: die Bedeutung, die Ihr Gehirn allen diesen Inhalten verleiht.

Lassen Sie mich ein letztes kleines Beispiel anführen. Der Krieg von 1812, wie er in amerikanischen Geschichtsbüchern heißt, fand zwischen Engländern und Amerikanern statt und endete am Weihnachtsabend des Jahres 1814 in Gent mit einem Friedensvertrag der beiden kriegführenden Mächte. Daraufhin verbreitete sich die Nachricht von diesem Friedensschluß ziemlich langsam in alle Richtungen über den Globus. London dürfte sie wenige Stunden, höchstens einen Tag nach Unterzeichnung des Vertrags in Gent erreicht haben. In New Orleans traf die frohe Botschaft zu spät ein, um eine Schlacht zu verhindern, die berüchtigte Schlacht von New Orleans, die zwei Wochen nach Unterzeichnung des Friedens geschlagen wurde und der allein auf seiten Englands mehr als tausend Soldaten zum Opfer fielen.

Nun wollen wir eine etwas merkwürdige Frage stellen: Wann erfuhr *das Britische Empire* von der Unterzeichnung des Waffenstillstands? Der Botschafter in Gent war sofort darüber informiert; er sah, wie seine eigene Hand die Unterschrift unter den Vertrag setzte. Das Parlament, der König und die anderen Würdenträger in London erfuhren etwas später davon. Der bedauernswerte Befehlshaber der englischen

Truppen bei New Orleans bekam die Nachricht leider zu spät, erst mit einigen Wochen Verzögerung. Nehmen wir an, wir wüßten auf den Tag, die Minute, die Sekunde genau, wann jedes Mitglied, jeder Vertreter des Britischen Empire von der Unterzeichnung des Waffenstillstands erfuhr. Dann könnten wir trotzdem nicht sagen, wann «das Britische Empire» davon Kenntnis bekommen hat, weil keiner dieser Vertreter als Sitz des britischen Weltreiches angesehen werden kann.

Vielleicht möchten Sie einwenden, das sei falsch, entscheidend sei, wann der König es erfahren habe, frei nach dem berühmten Ausspruch von Ludwig XIV.: «L'état, c'est moi!» Doch in diesem Fall war der König Georg III., und es spielte wahrlich keine große Rolle, wann er von solchen Dingen erfuhr. Sein Einfluß auf die Staatsgeschäfte war minimal. Um also die Frage, wann das Britische Empire von der Unterzeichnung des Waffenstillstands erfahren hat, nach bestem Gewissen zu beantworten, können wir allenfalls sagen: «Ende 1814 bis Anfang 1815.» Da auch *Sie* nicht an einem bestimmten Ort Ihres Gehirns lokalisiert, sondern ziemlich weit über dieses Organ verteilt sind – Descartes hatte unrecht, als er meinte, es gebe einen Punkt im Gehirn, «wo alles zusammenläuft» –, können Sie die Frage «Wann wurde *ich* mir eines bestimmten Ereignisses bewußt?» nur unbestimmt beantworten. Eine präzise Antwort wäre nur möglich, wenn man *Sie* an einem bestimmten Punkt Ihres Gehirns lokalisieren könnte, wenn es ein bestimmtes Ich-Medium in Ihrem Gehirn gäbe. Da die Informationsübertragung im Gehirn relativ langsam erfolgt, muß man die Datierung der Ereignisse im Bewußtsein – die Datierung *für Sie* – über einen Zeitraum von vielleicht 200 Millisekunden, eine fünftel Sekunde, «verschmieren».

Abschließend können wir also feststellen, daß sich der Zeitraum, in dem uns ein Ereignis bewußt wird, nicht genau definieren läßt, woraus folgt, daß das Bewußtsein zwar, wie traditionell angenommen, eine Art Tor zum Gedächtnis darstellt, daß es aber ein Eingang ohne klar umrissene Schwelle ist. Einen bestimmten Augenblick, an dem das Bewußtsein einsetzt, gibt es nicht. Mancher meint, mit dieser Schlußfolgerung werde die Existenz des Bewußtseins überhaupt geleugnet, doch das liegt daran, daß er an einem überholten Modell festhält. Bewußtsein, wirkliches Bewußtsein, ist eben keineswegs wie Fernsehen, es ist eher wie Ruhm.

Literatur

Dennett, D.: *Philosophie des menschlichen Bewußtseins*, Hamburg 1994

Dennett, D., und M. Kinsbourne: Time and the Observer: the Where and When of Consciousness in the Brain, in: *Behavioral and Brain Sciences*, 15, 1992, S. 183–247

DeYoe und Van Essen: Concurrent processing streams in monkey visual cortex, in: *TINS*, 11, 1988, Nr. 5, S. 219–226

Felleman und Van Essen: Distributed Hierarchical Processing in the Primate Cerebral Cortex, in: *Cerebral Cortex*, 1, 1991, Nr. 1, S. 1–47

Flanagan, Owen: *Consciousness Reconsidered*, Cambridge (Mass.) 1992

Frisby, John P.: *Sehen: Optische Täuschungen, Gehirnfunktionen, Bildgedächtnis*, Gräfelfing 1983

Goodman, Nelson: *Ways of Worldmaking*, Sassocks 1978

Kolers, P. A., und M. von Grunau: Shape and Color in Apparent Motion, in: *Vision Research*, 16, 1976, S. 329–355

Libet, B., The Neural Time Factor in Conscious and Unconscious Events (und Diskussion mit Dennett), in: *Experimental and Theoretical Studies of Consciousness*, London 1993

Lockwood, M.: Dennett's Mind, in: *Inquiry*, 36, 1993, S. 59–72

Penrose, R.: *Computerdenken*, Heidelberg 1991

Sherrington, C. S.: *The Brain and its Mechanisms*, Cambridge (Mass.) 1934

Squire, L., und S. Zola-Morgan: The Medial Temporal Lobe Memory System, in: *Science*, 253, 1991, S. 1380–1386

Patricia Smith Churchland

Vernunft braucht Gefühle

Einleitung

Unser soziales Leben hängt wesentlich von der Vorstellung ab, daß
Menschen ihr Handeln kontrollieren und für ihre Entscheidungen verantwortlich sind. Wir halten es für vernünftig, Verhalten zu bestrafen
oder zu belohnen, wenn jemand Herr seines Handelns war und seine
Entscheidungen bewußt und willentlich getroffen hat. Ohne die Annahme, daß wir unser Handeln kontrollieren und dafür verantwortlich
sind, wäre soziales Miteinander kaum denkbar. Als Mitglieder einer
sozialen Spezies halten wir Kooperation, Zuverlässigkeit und Entge-
genkommen für unverzichtbare Merkmale der sozialen Umwelt, und
wir reagieren feindselig, wenn Gruppenmitglieder solche sozial hoch-
bewerteten Erwartungen nicht erfüllen. Durch Sanktionen gegen soziale Abweichungen und Belohnung bürgerlicher Tugenden werden die
Maßstäbe wieder zurechtgerückt. Auch bei anderen sozialen Tierarten
ruft Unzuverlässigkeit, etwa mangelnde Bereitschaft, sich an der gegen-
seitigen Körperpflege zu beteiligen oder die Nahrung zu teilen, Reaktionen hervor, die dem devianten Tier oder seinen Verwandten früher
oder später zum Nachteil gereichen. Beispielsweise hat de Waal (1982)
beobachtet, daß Schimpansen, die sich einer Hilfskoalition verweigern,
wenn Loyalität erforderlich ist, später mit Vergeltungsmaßnahmen zu
rechnen haben. Zumindest bei sozialen Säugetieren scheinen die Mechanismen zur Aufrechterhaltung der sozialen Ordnung von der Evolution in die Schaltkreise des Gehirns eingeschrieben worden zu sein
(Clutton-Brock und Parker 1995). Die konsequente Erfüllung einiger
grundlegender sozialer Erwartungen ist für das Überleben so wichtig,
daß die Gruppenmitglieder einige Mühe auf sich nehmen, um die Befol-
gung dieser Erwartungen zu erzwingen. So wie ein Anubis-Pavian
lernt, daß man leckere Skorpione unter Steinen finden kann, sie aber
nicht einfach aufheben darf, so lernt er auch, daß einem die fehlende
Bereitschaft, anderen Pavianen bei der Entlausung zu helfen, körper-

liche Bestrafung eintragen kann. Verhalten wird weitgehend durch die Erwartung bestimmter Konsequenzen geleitet – nicht nur in bezug auf das, was in der physischen Welt geschehen wird, sondern auch auf das, was sich in der sozialen Welt zutragen wird (Cheney und Seyfarth 1994; de Waal 1989).

Was heißt es – für uns, für Paviane oder für Schimpansen –, das Verhalten selbst zu bestimmen? Sind wir wirklich für unsere Taten und Entscheidungen verantwortlich? Oder wird das Verständnis der neuronalen Mechanismen, die dem Prozeß, eine Entscheidung zu treffen, zugrunde liegen, unsere Vorstellungen von diesen grundlegenden Eigenschaften des sozialen Umgangs verändern? Das sind einige der Fragen, mit denen ich mich in diesem Aufsatz beschäftigen möchte.

Sind wir verantwortlich, auch wenn unsere Handlungen Ursachen haben?

Eine klassische Lehrmeinung macht die Willensfreiheit und die Kontrolle über das eigene Handeln von der Frage abhängig, ob ein bestimmtes Verhalten verursacht ist oder nicht. Wenn mich beispielsweise jemand von hinten anstößt und ich darauf mit Ihnen zusammenpralle, dann ist diese Kollision durch den Stoß verursacht; ich habe mich nicht entschieden, mit Ihnen zusammenzuprallen. Beispiele, die diesem Muster entsprechen, haben zu der Auffassung geführt, eine Entscheidung dürfe, um als frei zu gelten, nicht verursacht sein. Man nimmt also an, eine freie Entscheidung werde nur dann getroffen, wenn ohne vorherige Ursache und vorherige Einschränkungen ein Entschluß gefällt und eine Handlung ausgeführt wird. Diese *kontrakausal* verstandene freie Wahl bezeichnet man als Indeterminismus (vgl. Campbell 1957). Ist der Gedanke plausibel?

Wie Hume 1739 dargelegt hat, mit Sicherheit nicht. Nach Humes Auffassung werden unsere Taten und Entscheidungen nämlich durch andere Ereignisse in unserem Geist verursacht – durch Wünsche, Überzeugungen, Vorlieben, Empfindungen und so fort. Auch müssen die auslösenden Ereignisse, ob man sie nun geistig oder neuronal nennt, nicht bewußt sein. Ferner traf er die sehr viel tieferreichende und scharfsinnigere Feststellung, daß wir für unsere Taten *nur dann* verantwortlich sind, *wenn* sie durch unsere Wünsche, Absichten et cetera verursacht werden. Zufall, Beliebigkeit, völlige Unvorhersagbarkeit sind keine Vorbedingungen der Verantwortlichkeit. Diesen Punkt hat er bemerkenswert prägnant formuliert (Hume, a. a. O., Bd. II, S. 149):

> Wenn [Handlungen] nicht aus einer Ursache entspringen, die in dem Charakter oder Temperament der sie vollbringenden Person liegt, so haften sie derselben nicht eigentlich an und können demgemäß, wenn sie gut sind, ihnen nicht zur Ehre, und wenn sie schlecht sind, ihnen nicht zur Schande gereichen.

Die Logik zeige, so Hume, daß die Verantwortlichkeit tatsächlich im Widerspruch zum Indeterminismus (zur nichtverursachten Entscheidung) stehe. So kann sich jemand entscheiden, auf sein Dach zu klettern, weil er nicht *wünscht*, daß es in sein Haus regnet, und deshalb *beabsichtigt*, die losen Dachziegel zu befestigen, und weil er *überzeugt* ist, er müsse auf das Dach steigen, um das zu tun. Seine *Wünsche, Absichten* und *Überzeugungen* gehören zu den logischen Prämissen, die zu seiner Entscheidung geführt haben. Stiege er einfach so aufs Dach, ohne seine Wünsche und Überzeugungen zu prüfen – sozusagen ohne Grund –, wären ernsthafte Zweifel an seinem Geisteszustand und damit an seiner Verantwortlichkeit angebracht. Allgemeiner: Eine Tat, die durch nichts von dem bestimmt wird, was die Person glaubt, beabsichtigt oder wünscht, gehört genau zu den Handlungen, von denen wir annehmen, daß sie sich der Kontrolle der Person entziehen, und nicht zu denen, für die wir jemanden verantwortlich machen. Im übrigen wären Wünsche und Überzeugungen, die nicht durch andere stabile Merkmale im Charakter und Temperament der Person verursacht wären, vergleichsweise ungeeignete Voraussetzungen für verantwortliches Handeln (vgl. auch Hobart 1934).

Weder Humes Argument, daß Entscheidungen interne Ursachen haben, noch sein Argument, daß der Indeterminismus widersinnig ist, sind jemals überzeugend widerlegt worden. (Zu abweichenden Auffassungen vgl. Kenny 1989.) Interessant ist im übrigen, daß seine Argumente gültig sind, egal, ob wir uns den Geist als Aktivitätsmuster des physischen Gehirns vorstellen oder in Descartes' Sinne als eigenständige Substanz, und auch unabhängig davon, ob wir uns die als Ursachen wirkenden Zustände als bewußt oder unbewußt denken. Wenn man in der Philosophie überhaupt von gesicherten Ergebnissen sprechen kann, dann gehören Humes Ausführungen über die Willensfreiheit sicherlich dazu. Trotzdem behält der Gedanke, daß der Zufall in der materiellen Welt irgendwie maßgeblich für die freie Entscheidung ist, seine Anziehungskraft für alle, die meinen, die freie Wahl müsse eine nichtverursachte Wahl sein.

Welchen Unterschied gibt es zwischen willkürlichen und unwillkürlichen Handlungen, wenn alles Verhalten verursacht ist? Wann, wenn überhaupt, ist ein Mensch verantwortlich? Viele Versuche hat man unternommen, um zu erklären, welchen Sinn die Begriffe der Kontrolle über das eigene Handeln und der Verantwortlichkeit im Rahmen des Kausalprinzips – des Determinismus – haben. Zunächst einmal ist klar, daß die Unterscheidung zwischen inneren und äußeren Ursachen nicht ausreichen wird, um willkürliche von unwillkürlichen Handlungen zu scheiden. Ein Patient, der unter Chorea («Veitstanz») leidet, kann seine choreiformen Bewegungen nicht unterdrücken. Ein Schlafwandler wird unter Umständen den Telefonstecker herausziehen oder seinem Hund einen Fußtritt versetzen. Eine phobische Patientin mag den unwiderstehlichen Drang verspüren, sich die Hände zu waschen. In allen diesen Fällen ist die Verhaltensursache intern – sie liegt im Gehirn des Menschen. Trotzdem geht man davon aus, daß sie sich der Kontrolle der Person entzieht.

Einem anderen Ansatz zufolge sind die Unterschiede maßgeblich, die wir selbst empfinden – die Unterschiede zwischen Handlungen, für die wir uns unserem inneren Erleben nach frei entscheiden, und anderen, bei denen wir das Gefühl haben, sie entzögen sich unserer Kontrolle. So haben wir angeblich ein anderes Gefühl, wenn wir aufschreien, weil uns eine plötzlich auftauchende Ratte erschreckt, als wenn wir einen Schrei ausstoßen, um die Aufmerksamkeit eines anderen Menschen zu erregen. Können wir durch Selbstbeobachtung zwischen den inneren Ursachen unterscheiden, für die wir verantwortlich sind, und denen, für die wir es nicht sind? (Vgl. auch Crick 1994.) Wahrscheinlich nicht. Zweifellos gibt es viele Fälle, in denen die Selbstbeobachtung gar nichts nützt. Bei phobischen Patienten, Zwangsneurotikern und Menschen, die unter dem Tourette-Syndrom leiden, ist der Blick auf die inneren Ursachen offenkundig getrübt. Schwierig dürfte es auch bei den verschiedenen Arten von Abhängigkeiten sein. Ein Raucher wird, sofern er nicht gerade dabei ist, sich seine Sucht abzugewöhnen, das Empfinden haben, daß der Wunsch nach einer Zigarette wirklich sein eigener

Wunsch ist und daß er beim Griff nach dem Objekt seiner Begierde ebenso frei ist wie beim Einschalten des Fernsehapparats. Die Intensivierung des sexuellen Interesses und Verlangens in der Pubertät ist sicherlich das Ergebnis von hormonalen Veränderungen und ihrer Wirkung auf das Gehirn; der Vorgang wird sich der Kontrolle des Betroffenen weitgehend entziehen. Und doch hat man, wenn man bestimmten Aktivitäten nachgeht, etwa flirtet oder wirbt, das *Empfinden*, man sei in seinem Verhalten so frei wie beim Zubinden der Schuhe.

Problematischer sind wahrscheinlich die vielen alltäglichen Beispiele, bei denen man meint, völlig selbständig entschieden zu haben, um im nachhinein festzustellen, daß in Wirklichkeit eine versteckte Manipulation der eigenen Wünsche ausschlaggebend gewesen ist. So bewirkt der aktuelle Modegeschmack, daß man bestimmte Kleidungsstücke schön und andere reizlos findet, obwohl einem die Selbstbeobachtung vorgaukelt, die Wahl der Kleidung sei so frei wie jede andere Entscheidung. Dabei können wir uns der Erkenntnis nicht verschließen, daß die Mode weitgehend bestimmt, welche Kleidung wir schön finden – was im übrigen nicht nur für die Bekleidung gilt, sondern zum Beispiel auch für das ästhetische Urteil, das die Rundungen oder Schlankheit des weiblichen Körpers betrifft.

Aus der Sozialpsychologie kennen wir Dutzende von Beispielen, die auf eine solche Trübung des Blicks schließen lassen. Ein einfaches Beispiel mag deutlich machen, was gemeint ist. Auf einen Tisch in einem Einkaufszentrum legten Versuchsleiter zehn identische Strumpfhosen aus und forderten Käuferinnen auf, sich ein Paar auszusuchen und ihre Wahl dann kurz zu erklären. Hinterher beriefen sich die Versuchspersonen auf Farbe, Dichte, Transparenz und so fort. Tatsächlich spielte jedoch die Position die wichtigste Rolle: Die Käuferinnen zeigten die Tendenz, die nächstgelegene Strumpfhose auf dem Tisch zu nehmen. In Hinblick auf Farbe, Transparenz und so weiter wiesen die Kleidungsstücke, wie gesagt, nicht den geringsten Unterschied auf. Keine der Versuchspersonen hielt die Lage für einen ausschlaggebenden Faktor, keine bezeichnete sie als Grundlage der eigenen Entscheidung, obwohl es sich ganz offensichtlich so verhielt. Wie wir aus anderen Beispielen für Priming (Bahnung), unterschwellige Wahrnehmung, emotionale Manipulation und ähnliche Phänomene wissen, liefert uns die Selbstbeobachtung höchst unzuverlässige Daten.

Einen anderen Ansatz haben Philosophen versucht, indem sie von dem Gedanken ausgingen, daß die Person, wenn die Wahl frei gewesen wäre, *sich anders hätte entscheiden können*, daß es in gewissem Sinne in ihrer Macht gestanden hätte, etwas anderes zu tun (vgl. Taylor 1974; Kenny 1989). Die Schwachstellen dieser Argumentation werden sichtbar, wenn wir weiter fragen: «Was genau heißt *das* denn?» Wenn alles Verhalten vorausgehende Ursachen hat, dann scheint sich «hätte anders handeln können» zu reduzieren auf *«hätte anders gehandelt, wenn die vorausgehenden Bedingungen anders gewesen wären»*. Wenn wir diese Äquivalenz akzeptieren, so ist das Kriterium zu schwach, um die beleidigenden Ausrufe eines Tourette-Patienten, zu dessen Symptomen zufällige und gegen niemanden gerichtete Ausbrüche gehören («Idiot, Idiot, Idiot»), von denen eines Abgeordneten zu unterscheiden, der die Äußerungen eines anderen Mitglieds des Hohen Hauses kommentiert. In beiden Fällen wäre das Resultat natürlich anders ausgefallen, wenn die vorausgehenden Bedingungen andere gewesen wären. Trotzdem halten wir den Parlamentarier für verantwortlich, den Tourette-Patienten dagegen nicht.

In unserer rechtlichen wie alltäglichen Praxis sind wir generell bereit, einen Menschen aufgrund bestimmter typischer Bedingungen von seiner Verantwortlichkeit zu entbinden, und umgekehrt: ihn verantwortlich zu machen, wenn nicht spezifische schuldausschließende Bedingungen vorliegen. Mit anderen Worten, Verantwortlichkeit ist die Normalbedingung; schuldausschließende oder -mindernde Bedingungen müssen bewiesen werden. Möglicherweise müssen wir unsere Sammlung von schuldmindernden Bedingungen verändern, wenn wir unsere Kenntnisse über das menschliche Verhalten und seine Ursachen erweitern. So wird man ein Kind mit dem Tourette-Syndrom vielleicht strafen, wenn es unter dem Einfluß seiner Anfälle krasses Fehlverhalten in der Öffentlichkeit zeigt, solche Maßnahmen aber einstellen, sobald man verstanden hat, daß es keinen Einfluß auf die Ausbrüche hat und daß Strafen völlig wirkungslos sind.

Als erster hat Aristoteles diese Auffassung entwickelt, und die Essenz seiner Ideen bestimmt noch viele Bereiche menschlicher Praxis, auch die gegenwärtige Rechtsprechung. In seiner systematischen und so außerordentlich realistischen Art hat Aristoteles dargelegt, eine notwendige Bedingung sei, daß es sich um eine innere Ursache des Menschen handle; zusätzlich aber charakterisiert er solche Handlungen als unwillkürlich, die durch Zwang hervorgerufen oder die in bestimmten

Formen von Unwissenheit ausgeführt werden. Doch wie Aristoteles sehr wohl wußte, lassen sich diese Fälle nicht durch einfache Regeln voneinander scheiden. Natürlich ist Unwissenheit nicht in jedem Fall ein Entschuldigungsgrund, dann nämlich nicht, wenn man zu Recht davon ausgehen kann, daß die Person es besser hätte wissen *müssen*. Ferner kann man in manchen Fällen von Zwang erwarten, daß die Person in der gegebenen Situation dem Druck standhält. Wie Aristoteles bei der Erörterung dieser komplexen Situation ausführt, scheinen wir solche Fälle zu beurteilen, indem wir sie mit eindeutigen und wohlbekannten Prototypen vergleichen. Diese verbreitete kognitive Strategie liegt auch dem angelsächsischen *case law* (Fallrecht) zugrunde, in dem der Präzedenzfall eine entscheidende Rolle für die Urteilsfindung in nachfolgenden Fällen spielt. (Zu einer ausführlicheren Erklärung vgl. P. M. Churchland 1995.)

Wahrscheinlich läßt sich eine scharfe Trennung zwischen willkürlichen und unwillkürlichen Handlungen – zwischen Taten, die unserer Kontrolle unterliegen, und solchen, die sich ihr entziehen – weder nach Verhaltensmerkmalen noch nach den ihnen zugrunde liegenden neurobiologischen Bedingungen durchführen. Es handelt sich vielmehr um graduelle Unterschiede, also nicht um eine saubere Trennung nach notwendigen und hinreichenden Bedingungen. Die Entscheidung eines Menschen, einen anderen Fernsehsender einzustellen, dürfte seiner Kontrolle in höherem Maße unterliegen als die Entscheidung, das Studium seines Kindes zu bezahlen, was seiner Kontrolle in höherem Maße unterliegen dürfte als die Entscheidung, seinen Partner zu heiraten, was seiner Kontrolle in höherem Maße unterliegen dürfte als die Entscheidung, den Wecker abzustellen. Einige Wünsche oder Ängste können sehr bestimmend sein, andere weniger, so daß wir in manchen Situationen selbstbestimmter handeln als in anderen. So sorgen beispielsweise die Hormonveränderungen in der Pubertät dafür, daß bestimmte Verhaltensmuster mit hoher Wahrscheinlichkeit auftreten; überhaupt kann sich das neurochemische Milieu nachhaltig auf die Stärke von Wünschen, Impulsen, Trieben und Empfindungen auswirken.

Wie ich jedoch im übernächsten Abschnitt darlegen werde, liegen an den Extrempunkten des «Kontroll»-Spektrums typische Fälle, die in ihren äußeren Verhaltensmerkmalen und ihren inneren Bedingungen hinreichend voneinander abweichen, um als Basis für eine grundlegende, wenn auch etwas grobe Unterscheidung zwischen einem der

Kontrolle der Person unterworfenen und einem ihr entzogenen Handeln zu dienen, zwischen Taten, für die der Mensch zur Verantwortung zu ziehen ist, und Taten, für die er keine Verantwortung trägt. Wie sich weiterhin zeigen wird, offenbart die nähere Betrachtung der Endpunkte des Spektrums, daß für kontrolliertes Handeln *viele* Parameter relevant sind. Leider wissen wir gegenwärtig noch zu wenig über Neurobiologie und Verhalten, um alle diese Parameter angeben zu können. Immerhin ist uns mittlerweile bekannt, daß Aktivitätsmuster in bestimmten Hirnstrukturen, unter anderem in der Amygdala (dem «Mandelkern»), im Hypothalamus, in somatosensorischen (der körperlichen Wahrnehmung dienenden) Kortexabschnitten und in der ventromedialen Region des Stirnlappens, von erheblicher Bedeutung sind und daß die Konzentrationen von sogenannten Neuromodulatoren – etwa Serotonin, Dopamin und Noradrenalin – sowie von Hormonen eine entscheidende Rolle spielen. Wie wir später sehen werden, läßt sich letztlich ein Bereich optimaler Werte angeben und damit, umgekehrt, auch ein deutlich suboptimaler Bereich.

Haben wir mehr Kontrolle über unser Handeln, wenn das Gefühl eine geringere Rolle spielt?

Die Auffassung, daß in Fragen der praktischen Entscheidung Vernunft und Gefühl einen Gegensatz bilden, ist sehr alt. Kontrolle über sein Handeln zu haben heißt nach dieser Anschauung, möglichst rational zu handeln. Dazu muß der Mensch seine Gefühle, Empfindungen und Neigungen nach Möglichkeit unterdrücken. So gilt das Gefühl als Feind der Sittlichkeit, und folglich muß sich das moralische Urteil auf die von jeglichem Gefühl befreite Vernunft gründen.

Mit dieser Auffassung verbindet sich vor allem der Name Immanuel Kant. In seiner Ethik vertrat Kant die Ansicht, der Mensch könne zur Sittlichkeit nur gelangen, wenn er Gefühl und Neigung zurückdränge und allein der Vernunft gehorche. «... wie du es anfängst, um der Glückseligkeit teilhaftig und doch auch nicht unwürdig zu werden, dazu liegt die Regel und Anweisung ganz allein in deiner Vernunft» («Bruchstücke eines moralischen Katechismus»). Nach Kants Auffassung wären wir vollkommen vernünftig, hätten wir nicht die in unserem Körper verankerten Neigungen, Gefühle und Wünsche. Vollkommen moralisch handelt laut Kant der Mensch, dessen Entscheidungen völlig vernünftig und von Gefühl und Empfinden gänzlich losgelöst sind, oder, wie Marge Piercy in *Braided Lives* (1982) sagt: «... der seine Gefühle wie Mäuse behandelt, die den Keller heimsuchen, wie Ratten im Geräteschuppen – Ungeziefer, das man in Fallen zerquetschen und mit Ködern vergiften muß». (Einen solchen Menschen nennt Ronald de Sousa «ein Kantsches Monster»; vgl. de Sousa 1990, S. 14.) Die Wertschätzung der Vernunft und das Mißtrauen gegen die Leidenschaften bezieht Kant aus den uns allen vertrauten Fällen, in denen jemand in bester Absicht alles schlimmer macht, weil er die langfristigen Folgen übersieht und nur auf die unmittelbaren Bedürfnisse reagiert, das heißt aus den Situationen, in denen das Kind in den Brunnen gefallen ist, ehe jemand daran denkt, ihn abzudecken. Ein solcher rationalistischer Ansatz liegt den meisten ethischen Theorien aus der zweiten Hälfte des 20. Jahrhunderts zugrunde. So findet man beispielsweise die Kantschen Ideen in den Werken von Nagel (1970), Rawls (1975), Gewrith (1978) und Donagan (1977) wieder.

Natürlich ist es wichtig, die lang- und kurzfristigen Konsequenzen eines Plans zu verstehen, aber hat Kant recht, wenn er annimmt, das Gefühl sei der Feind der Sittlichkeit, und in der moralischen Erziehung gelte es, sich der Neigung zu verweigern? Wären wir sittlicher oder leichter zur Moral zu erziehen, wenn wir keine Leidenschaften, Gefühle und Neigungen hätten?

Nicht soweit es David Hume angeht, den Kant vermutlich im Visier hatte. Hume erklärt, «erstens, daß die Vernunft allein niemals Motiv eines Willensaktes sein kann; zweitens, daß dieselbe auch niemals hinsichtlich der Richtung des Willens den Affekt bekämpfen kann» (a. a. O., S. 151), und später heißt es: «Die Neigung oder Abneigung gegen einen Gegenstand entspringt aus der Aussicht auf Lust oder Unlust. Diese Gefühle erstrecken sich dann aber auch auf die Ursachen und Wirkungen dieses Gegenstandes, soweit wir dieselben durch Vernunft und Erfahrung erkennen» (a. a. O., S. 152). Nach Humes Verständnis hat die Vernunft die Aufgabe, die verschiedenen Konsequenzen eines Plans zu analysieren. Insofern arbeiten Vernunft und Phantasie Hand in Hand, um mögliche Probleme und Vorteile zu antizipieren. Doch dann erzeugt das Geist-Hirn in Reaktion auf die Antizipationen Gefühle, die durch Erfahrung angereichert sind, und nimmt den Menschen für oder gegen einen Plan ein.

Auch im alltäglichen Verständnis begegnet man dem Bild einer emotionslosen Rationalität mit Vorbehalten. In der überaus beliebten Fernsehserie *Raumschiff Enterprise*, die erstmals in den sechziger Jahren ausgestrahlt wurde, stehen die drei Hauptfiguren für drei verschiedene emotionale Reaktionsmuster. Emotionslos geht der spitzohrige Halb-Außerirdische Mr. Spock vor. Mag es noch so heiß hergehen, Mr. Spock handelt ruhig und mit kühlem Kopf. Die menschliche Neigung zu Wut, Furcht, Liebe oder Trauer verwirrt ihn, und entsprechend schwer fällt es ihm, ihr Auftreten vorherzusehen. Katastrophen und Situationen, die auf des Messers Schneide stehen, begegnet er mit bewundernswertem Gleichmut. Interessanterweise erwachsen aus Mr. Spocks kühler Vernunft manchmal bizarre Entscheidungen, auch wenn ihnen eine merkwürdige Art von «Logik» innewohnt. Im Gegensatz dazu befindet sich Dr. McCoy näher am anderen Ende des Spektrums. Individuelles menschliches Leiden veranlaßt ihn, hohe Risiken einzugehen, mögliche Spätfolgen außer acht zu lassen oder völlig auszurasten, wobei er sich des öfteren Mr. Spocks knappen Kommentar «Aber das ist doch unlogisch» anhören muß. Am ehesten verkörpert sich das Gleichgewicht zwischen Vernunft und Gefühl in dem allseits beliebten Captain Kirk. Im großen und ganzen ist sein Urteil klug und vernünftig. Wenn nötig, kann er harte Entscheidungen fällen, und je nach den Umständen erweist er sich als großzügig, mutig oder zornig. Er kommt dem aristotelischen Ideal der praktischen Klugheit am nächsten.

Sehr erhellend für die Frage, welche Rolle das Gefühl im Rahmen eines vernünftigen Entscheidungsprozesses spielt, sind einige neuropsychologische Studien. Aus den Forschungsarbeiten des Ehepaars Damasio und ihrer Mitarbeiter an zahlreichen Patienten mit Hirnschäden geht hervor, daß Entscheidungen in der Regel unzulänglich sind, wenn die Überlegung vom Fühlen abgeschnitten ist. Betrachten wir den Fall der Patientin SM, deren Amygdala zerstört wurde und die keine normalen Furchtgefühle mehr kennt. Sie ist nicht zu einer normalen Verarbeitung von Furchtsignalen fähig, sie erkennt keine Furchtgefühle in ihrem Innern, und sie zeigt unter furchterregenden Umständen kein normales Mienenspiel. Dabei hat SM eine Art Furchtkonzept und vermag zu erkennen, wann sich in einem menschlichen Gesicht Furcht ausdrückt. Doch da ihr die intuitiven Gefühle von Unbehagen und Angst nicht zugänglich sind, wird sie in komplizierten Situationen meist Entscheidungen treffen, die, wie normal denkende Menschen leicht erkennen, ihren Interessen zuwiderlaufen. Während eine normale Versuchsperson erklären würde, jemand, der tatsächlich gefährlich ist, löse in ihr unbehagliche Gefühle aus, kennt SM solche Empfindungen nicht. Auf wesentlich komplexere und ausgeprägtere Weise äußert sich dieses Phänomen bei dem Patienten EVR, der vor mehr als zehn Jahren erstmals in das Institut der Damasios an der medizinischen Fakultät der Universität von Iowa kam.

Einige Zeit zuvor hatte man EVR einen Gehirntumor in der ventromedialen Region seiner Stirnlappen entfernt, wobei bilaterale Läsionen zurückblieben. EVR erholte sich rasch und schien, oberflächlich betrachtet, völlig normal zu sein. Beispielsweise schnitt er in Standard-Intelligenztests genauso gut ab wie vor dem Eingriff (IQ ungefähr 140). Er war verständig, beantwortete Fragen angemessen und schien, soweit es seine geistigen Funktionen betraf, durch den Verlust an Gehirngewebe nicht beeinträchtigt zu sein. EVR selbst äußerte keine Beschwerden. In seinem Alltag begann sich jedoch ein ganz anderes Bild abzuzeichnen. Der einst so zuverlässige, geschickte und tüchtige Angestellte begann jetzt seine Aufgaben zu vernachlässigen, kam zu spät, beendete selbst leichte Arbeiten nicht und so fort. Einst war er ein solider und liebevoller Familienvater gewesen, nun verwandelte sich sein Privatleben in einen Scherbenhaufen. Da EVR in Intelligenztests gut abschnitt und sich auch sonst als verständig und aufgeweckt erwies, hatte sein Arzt den Eindruck, es handle sich hier eher um ein psychiatrisches als um ein neurologisches Problem. Wie wir heute wissen, war diese Diagnose völlig falsch.

EVRs Entwicklung ist keineswegs ein Einzelfall; vielmehr gibt es zahlreiche Patienten mit ähnlichen Hirnschädigungen und vergleichbaren Verhaltensprofilen. Nachdem die Damasios und ihre Mitarbeiter EVR eine Zeitlang untersucht hatten, begannen sie neue Tests zu entwerfen, um herauszufinden, an welchen Punkten EVRs emotionale Reaktionen von der Norm abwichen. Zeigte man ihm beispielsweise entsetzliche oder abstoßende Bilder, blieb seine galvanische Hautreaktion (GHR) schwach. Dagegen reagieren normale Versuchspersonen beim Betrachten solcher Bilder sehr heftig. (Die GHR mißt Veränderungen in der Leitfähigkeit der Haut als Funktion einer vermehrten Schweißabsonderung, ein Effekt, der durch den sympathischen Teil des Nervensystems hervorgerufen wird.) Andererseits konnte er in unkomplizierteren,

grundlegenderen Situationen durchaus Furcht oder Vergnügen empfinden. In den folgenden Jahren entwickelte das Team neue und auf-
schlußreichere Tests, um genauer zu ermitteln, welche Beziehung zwischen logischem Denken auf der einen und vernunftgemäßem *Handeln*
auf der anderen Seite vorlag. Denn es konnte kein Zweifel daran bestehen, daß EVR auf Fragen nach der günstigsten Handlungsstrategie
(etwa eine kleinere Belohnung jetzt zugunsten einer größeren später
auszuschlagen) korrekte Antworten geben konnte, daß aber sein eigenes Verhalten häufig im Widerspruch zu den von ihm geäußerten Einschätzungen stand (das heißt, er nahm die kleine Belohnung jetzt und
ließ sich dadurch die größere zu einem späteren Zeitpunkt entgehen –
Saver und Damasio 1991).

Einen besonders aufschlußreichen Test entwickelte Antoine Bechara
in Zusammenarbeit mit den Damasios. In diesem Test ordnet man vor
der Versuchsperson vier Stapel mit Spielkarten an und erklärt ihr, sie
habe die Aufgabe, mit einem bestimmten Startkapital soviel Gewinn
wie möglich zu erzielen. Dazu müsse sie von irgendeinem der vier Stapel jeweils eine Karte zur Zeit aufdecken. Die Versuchsperson erfährt
nicht, wie viele Karten sie umdrehen darf (eine Folge von einhundert
Karten) und welche Zahlungen den verschiedenen Stapeln zugeordnet
sind. All das muß sie durch Versuch und Irrtum herausfinden. Nach
Aufdecken einer Karte wird die Versuchsperson normalerweise mit
einem bestimmten Geldbetrag belohnt, doch bei einigen Karten erhält
sie eine Strafe, das heißt, sie muß Geld bezahlen. Ohne Wissen der
Versuchsperson hat der Versuchsleiter zwei Stapel bestimmt, C und D,
die geringen Gewinn abwerfen und einige moderate Strafkarten enthalten. Die beiden anderen Stapel, A und B, werfen hohe Gewinne ab,
enthalten aber auch Karten, die sehr hohe Strafen nach sich ziehen. Das
System ist so organisiert, daß die Spieler Bankrott machen, wenn sie
vorwiegend Karten aus den Stapeln A und B spielen, und mit Gewinn
abschließen, wenn sie sich hauptsächlich an die Stapel C und D halten.
Dabei können die Versuchspersonen ihre Gewinne und Verluste nicht
genau verfolgen, weil es zu viele Dinge gibt, die sie im Kopf behalten
müssen. Folglich sind die Versuchspersonen gezwungen, ein intuitives
Emfinden für die Strategie zu entwickeln, die sich am vorteilhaftesten
für sie auswirkt.

Während des Spiels gehen normale Versuchspersonen ziemlich rasch
dazu über, sich weitgehend an die Stapel mit geringen Zahlungen und

geringen Strafen (C und D) zu halten und auf diese Weise Gewinne zu erzielen. Interessanterweise machen Versuchspersonen wie EVR (mit Schädigung der ventromedialen Region des Stirnlappens) in der Regel Bankrott, weil sie sich trotz der alle Gewinne aufzehrenden Strafkarten vorwiegend an die Stapel mit hohen Auszahlungen halten. Versuchspersonen mit Läsionen, bei denen andere Regionen als der ventromediale Teil betroffen sind, gehen wie normale Versuchspersonen vor. Wie Bechara et al. anmerken, blieb EVR auch nach wiederholter Testdurchführung, gleichgültig ob danach ein Monat oder nur vierundzwanzig Stunden verstrichen waren, hartnäckig bei den Stapeln, die ihn in den Bankrott trieben. Befragte man ihn am Ende der Versuchsreihe, so erklärte er, A und B seien Stapel, mit denen man verliere. So ergibt sich die ziemlich paradoxe Situation, daß EVR *rational* sehr wohl weiß, welche Strategie langfristig zum Erfolg führt, daß er aber, sobald er sich in der konkreten Situation entscheiden muß, den unmittelbaren Gewinn wählt, der einen langfristigen Verlust bedeutet. Leidet EVR vielleicht nur unter frontaler Perseveration (dem sogenannten Haftenbleiben an Vorstellungen)? Nein, denn im Wisconsin-Kartensortiertest schneidet er im Gegensatz zu perseverativen Patienten normal ab. Im übrigen deckt er ja auch hin und wieder Karten aus den Stapeln C und D auf. Was den Fall in bezug auf das Kantsche Ideal noch schwieriger macht: Seine Urteile sind im Hinblick auf Neuheit und Häufigkeit einwandfrei, sein Wissen und sein Kurzzeitgedächtnis unbeeinträchtigt (Bechara et al. 1994). Ferner kann EVR sich sehr verständig über die künftigen Folgen alternativer Handlungsverläufe äußern, so daß das Problem nicht in einem mangelnden Verständnis dessen, was geschehen könnte, zu suchen ist. Kurzum, offenbar fehlt es EVR nicht so sehr an der Fähigkeit zu logischem Denken, sondern vielmehr an der Möglichkeit, mit seinen Gefühlen auf Denken und Entscheidungen Einfluß zu nehmen.

Daß seine «reine Vernunft», die er verbal zum Ausdruck brachte, und seine «praktische Entscheidung», wie er sie in seinem Handeln offenbarte, so stark voneinander abwichen, veranlaßte die Damasios zu der Vermutung, das eigentliche Problem sei möglicherweise darin zu suchen, daß EVR nicht emotional genug auf Situationen reagierte, die Verständnis für die Bedeutung der Ereignisse und für deren Folgen von ihm verlangten. Für diese Auffassung sprechen auch seine schwachen Hautreaktionen beim Betrachten emotional besetzter Bilder. Zwar reagierte EVR normal auf einfache Situationen, etwa ein lautes Geräusch oder einen drohenden Angriff, nicht aber auf komplexere Situationen, deren Bedeutung sich nur aus weniger augenfälligen oder kulturell vermittelten Merkmalen ergab, etwa auf die sozialen Konsequenzen bei Nichterledigung beruflicher Arbeiten, auf die Folgen einer überstürzten Heirat mit einer Prostituierten oder auf die Gewinnchancen im Bechara-Glücksspieltest.

EVR und ähnliche Versuchspersonen scheinen unempfänglich für die Bedeutung künftiger Konsequenzen zu sein, egal, ob es sich um Belohnungen handelt, wie im Glücksspieltest, oder um Strafen, wie in einer umgekehrten Variante dieses Tests. Offenbar läßt sich diese Unempfänglichkeit am besten anhand der Theorie der «somatischen Marker» verstehen: Solche Menschen sind unfähig, die verschiedenen Optionen mit «Wertmarkierungen» zu versehen, die durch «somatische», also körperliche Zustände vermittelt werden (Bechara et al. 1994; Damasio 1995).

Weitere Hinweise ergaben sich aus der Analyse von Hautleitfähigkeitsreaktionen, die ein Galvanometer am Arm der Versuchsperson während des Glücksspieltests festhielt (Damasio et al., in Vorbereitung). Im Glücksspieltest zeigten weder die Kontrollpersonen noch die stirnhirngeschädigten Patienten eine Hautreaktion bei den ersten Karten des Spiels (Karte 1 bis 10). Doch von der zehnten Karte an war bei den Kontrollpersonen eine Hautreaktion zu beobachten, unmittelbar bevor sie nach einer Karte der «schlechten» Stapel griffen. Wenn man sie in diesem Stadium fragte, wie sie ihre Entscheidungen träfen, erklärten die Kontrollpersonen (und die stirnhirngeschädigten Patienten), sie hätten keine Ahnung und entschieden sich auf gut Glück. Etwa von der zwanzigsten Karte an stabilisierte sich die Hautreaktion, die die Kontrollpersonen zeigten, kurz bevor sie nach einem der «schlechten» Stapel griffen. In ihren verbalen Äußerungen berichteten die Kontrollpersonen, zwar wüßten sie noch immer nicht, welches die beste Strategie sei, aber sie hätten das Empfinden, mit den Stapeln A und B «stimme» etwas nicht. Ab Karte 50 konnten die Kontrollpersonen in der Regel die Gewinnstrategie artikulieren – und befolgen. Bei stirnhirngeschädigten Patienten war nie eine Hautreaktion festzustellen, ganz gleich nach welchem Stapel sie griffen.

Interessant ist dabei, daß bei den Kontrollpersonen die richtige Wahl in gewissem Maße vom Gefühl gesteuert war, noch bevor sie sich des

Gefühls bewußt waren und lange bevor sie die Gewinnstrategie formulieren konnten. Daß viele unserer alltäglichen Entscheidungen in ähnlicher Weise beeinflußt werden, ohne daß wir uns unseres Gefühls bewußt sind, ist äußerst wahrscheinlich. Mit einer anderen Versuchsanordnung gelangte Benjamin Libet zu einer ähnlichen Schlußfolgerung hinsichtlich nichtbewußter Prozesse, die unseren Entscheidungen zugrunde liegen (Libet 1985).

Die Bedeutung des Gefühls für unsere Entscheidungen – und der unbewußten Beeinflussung durch das Gefühl – hat Konsequenzen für das bei Wirtschaftswissenschaftlern so beliebte Modell der «rationalen Entscheidung» (rational choice). Nach diesem Modell beginnt das vollkommen rationale (kluge) Subjekt seine Überlegung mit der Sichtung aller Alternativen, das heißt, es berechnet für jede Alternative den zu erwartenden Nutzen, indem es die Wahrscheinlichkeit jedes Resultats mit seinem Wert (den Vorteilen, die es bringt) multipliziert. Am Ende entscheidet es sich für die Alternative, die im Hinblick auf den zu erwartenden Nutzen am besten abschneidet. Im Licht der eben erörterten Daten erscheint dieses Modell höchst unbefriedigend. Im besten Fall ist es wohl auf eine kleine Zahl in hohem Maß quantifizierbarer Probleme anzuwenden, und selbst dann trifft es erst zu, nachdem «Kognition-plus-Gefühl» die eingeschränkte Zahl von «als vernünftig empfundenen» Alternativen ins Bewußtsein gerückt hat. In jedem Fall dürfte das wirtschaftswissenschaftliche Modell dem tatsächlichen Phänomen der rationalen Entscheidung nicht im mindesten gerecht werden.

Grundlegend für die Arbeit der Damasios über Entscheidungsprozesse ist die Auffassung, daß *Repräsentationen von Veränderungen im Körperzustand*, zum Beispiel viszerale Empfindungen, Entscheidungsprozesse wesentlich beeinflussen. (Ähnliche Auffassungen vertraten schon Paul MacLean [1949, 1952], James Papez [1937] sowie H. Kluver und P. C. Bucy [1937, 1938].) Repräsentationen von Körperzuständen integrieren diverse Informationsveränderungen, die ihren Ursprung im sympathischen System haben. Mit der Entwicklung von Plänen und Planmodellen bilden wir auch Vorstellungen von den Konsequenzen dieser Pläne. Auf solche wie auch auf wahrnehmungsabhängige Vorstellungen antworten wir, mittels Amygdala und Hypothalamus, mit viszeralen Reaktionen. Für die Damasios, deren Theorie in Wirklichkeit etwas komplizierter aussieht, ist also der vielfältige

Signalaustausch zwischen thalamokortikalen Zuständen und Veränderungen im Körper die Grundlage der Ich-Vorstellung und eines vernünftigen Entscheidungsprozesses.

Der Zusammenhang zwischen dieser Hypothese und dem Fall von EVR und anderen Patienten mit ähnlichen Läsionen liegt auf der Hand. Nicht daß diese Patienten überhaupt nichts fühlen würden, aber es gelingt ihnen nicht, in Situationen, in denen die Konsequenzen einer Entscheidung auf der Vorstellungsebene ausgearbeitet werden müssen, mit Empfindungen auf das vorgestellte Szenario zu reagieren. Der Grund liegt darin, daß die ventromediale Region des Stirnlappens, die zur Integration von Körperzustandsrepräsentationen und «Vorstellungsszenarien» erforderlich ist, von den «Bauchgefühlen», den viszeralen Gefühlen, abgeschnitten ist. Normalerweise würden Projektionen zwischen Neuronen in der ventromedialen Region des Stirnlappens und Gebieten wie Amygdala oder Hypothalamus – deren Neuronen Körperzustandssignale übermitteln – hin- und herlaufen (vgl. Bild 1).

Aus diesem System komplexer Reaktionen, zu denen das Erkennen künftiger Konsequenzen, viszerale Veränderungen und Empfindungen gehören, erwächst nach Auffassung der Damasios die Neigung der Person, eine Entscheidung anderen vorzuziehen. Das heißt, im Kontext eines erworbenen «kognitiv-plus-emotionalen» Weltverständnisses bereitet die neuronale Aktivität in diesen Bahnen vernünftige Entscheidungen vor. Diese Vorbereitung kann sogar beginnen, bevor sich die Person ihrer bewußt wird und bevor sie ihre Neigungen artikulieren kann, obwohl eine bestimmte Entscheidung in der Selbstbeobachtung den Eindruck erwecken kann, sie sei ausschließlich durch bewußte Überlegung zustande gekommen. Wenn EVR sich einer bestimmten Frage gegenübersieht («Soll ich diese Aufgabe beenden?» oder «Soll ich eine Karte von Stapel A oder C nehmen?»), offenbaren die Repräsentationen seiner Körperzustände nach der Hypothese der Damasios nichts über Veränderungen in den Viszera und lassen folglich auch die wichtigen Hinweisreize vermissen, die signalisieren, daß eine bestimmte Handlungsweise töricht, unklug oder problematisch ist. EVRs Stirnlappen, die für eine komplexe Entscheidung erforderlich sind, haben keinen Zugriff auf die Informationen über die Wertigkeit einer komplexen Situation, eines Plans oder einer Idee. Aus diesem Grund erweisen sich einige Verhaltensäußerungen von EVR als töricht und

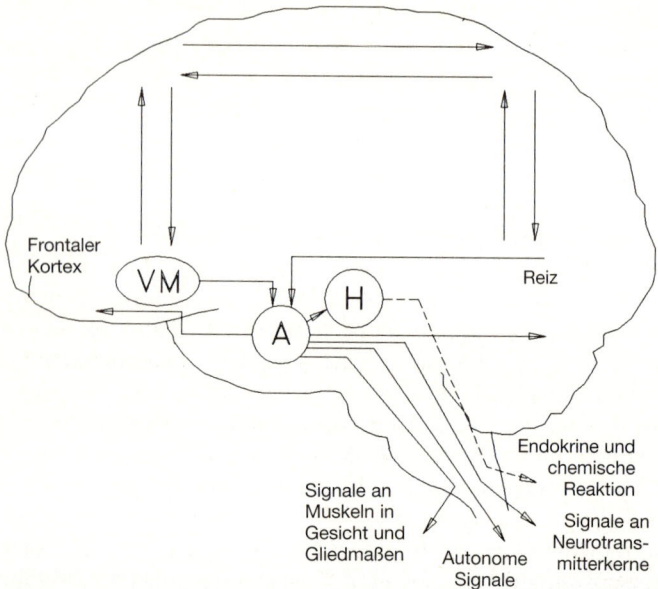

Bild 1 : Schematische Darstellung der Bahnen, die die ventromedialen Regionen des Stirnlappens mit den Amygdalastrukturen verbinden (VM = ventromediale Region; A = Amygdala; H = Hippocampus). Mit freundlicher Genehmigung von Antonio Damasio.

unvernünftig. (Zu einer ausführlicheren Erklärung vgl. Antonio Damasio, *Descartes' Irrtum*, München 1995.)

Gibt es nennenswerte neurobiologische Unterschiede zwischen «kontrolliert» und «unkontrolliert» handelnden Personen?

Ich nehme an, daß Personen, deren Verhalten überwiegend am «Kontroll»-Ende des Spektrums angesiedelt ist – verkörpert in der fiktiven Figur des Captain Kirk –, deutlich mehr «Lebenserfolg» haben als Personen, deren Verhalten häufig «außer Kontrolle» gerät, verkörpert im

Zwangsneurotiker. Zunächst einmal ist das Verhalten des «kontrolliert» Handelnden seinen lang- und kurzfristigen Interessen zuträglicher; im allgemeinen trifft er in Hinblick auf seine kurz- und langfristigen Pläne vernünftige, überlegte und kluge Entscheidungen. Zweifellos lassen sich die relevanten Verhaltensunterschiede nicht einfach auf eine Formel für die «reproduktive Fitneß» oder selbst die «inklusive Fitneß» reduzieren, dennoch hängen sie sicherlich eng mit Eigenschaften zusammen, die der natürlichen Selektion unterworfen sind. Gibt es prototypische neurobiologische Unterschiede, die mit diesen Verhaltensunterschieden korrelieren, so unscharf sie auch beschrieben sind? Ist es möglich, anhand der bislang vorliegenden empirischen Daten die neurobiologischen Prototypen an den beiden Enden unseres Kontroll-Spektrums zu skizzieren?

Ja, wenn auch auf eine etwas grobe, reichlich spekulative und etwas metaphorische Weise. Lassen Sie mich, nach allen diesen Einschränkungen, nun etwas kühner werden. Zunächst einmal deuten Daten aus der neuropsychologischen Forschung, aus Tierexperimenten und der Anatomie übereinstimmend darauf hin, daß bestimmte Hirnstrukturen besonders wichtig für emotionale Reaktionen sind. Wenn wir davon ausgehen, daß die Hypothese der Damasios weitgehend zutrifft, dann sind diese Strukturen wahrscheinlich entscheidend für «kontrolliertes» Handeln. Bislang rechnet man dazu die Amygdala, die somatosensorischen Felder I und II, die Insula, den Hypothalamus, den vorderen zingulären Kortex, die Basalganglien und die ventromediale Region des Stirnlappens. Die Beteiligung von mehr als einem Feld zeigt, daß «Kontrolle» in dieser unscharfen Bedeutung wahrscheinlich eine gestreute Funktion ist, an der zahlreiche Strukturen beteiligt sind. Im übrigen sind die oben erwähnten Strukturen vielfältig miteinander vernetzt, und wir wissen, daß diese Vernetzung für normale geistige Funktionen unabdingbar ist – das haben Patienten wie EVR, SM und andere gezeigt. Angesichts der vorliegenden Daten ist also zu erwarten, daß es bestimmte dynamische Eigenschaften der Neuronennetze in diesen Regionen sind, die das normale Funktionieren gewährleisten. Wie lassen sich nun die dynamischen Eigenschaften bestimmen, die «normales» Handeln charakterisieren?

Das Gehirn ist ein komplexes dynamisches System. Wenn wir annehmen, daß die Neuronen des Gehirns Achsen in einem multidimensionalen Zustandsraum definieren, kann man die neuronale Aktivität durch

Punkte und die neuronalen Aktivitätsmuster durch Trajektorien in diesem Zustandsraum darstellen, die sich wiederum verknüpfen lassen. Außerdem lassen sich Trajektorien verknüpfen. Wenn man sich mit einem komplizierten Problem beschäftigt – wie man beispielsweise gefährliche Stromschnellen umgehen oder eine Jury überzeugen kann –, dann setzt man eine lange und komplexe Folge von Trajektorien zusammen, zuerst in der Vorstellung und dann im Verhalten. Angesichts der vorliegenden Daten können wir wohl davon ausgehen, daß im «normalen», ausgeglichenen Gehirn eines Menschen, der sich in der Regel klug, vernünftig und logisch verhält, dieser Zustandsraum zu einer Art stabiler Landschaft strukturiert ist. Das bedeutet unter anderem, daß die durch den Zustandsraum verlaufenden Trajektorien, die der sensorischen Umwelt entsprechen, weitgehend unempfindlich gegenüber kleinen Störungen sind. Wenn die Strukturen dagegen durch Läsionen oder außerordentlich abnorme Veränderungen des neurochemischen Milieus beeinträchtigt sind, wandelt sich die Landschaft des Zustandsraums, und die Trajektorien werden instabil und bizarr. Mit anderen Worten: Der Grenzzyklus, der die stabile Bahn im neuronalen Raum charakterisiert, kann plötzlich durch ganz andere, vom Verhalten her unangemessene Grenzzyklen ersetzt werden.

Möglicherweise sind bestimmte allgemeine Merkmale der «neuronalen Landschaft» in besonderem Maße von neurochemischen Substanzen wie Serotonin, Dopamin oder Noradrenalin abhängig, die von Neuronen im Hirnstamm gebildet und weit über das ganze Gehirn gestreut (ausgeschüttet) werden (Bild 2).

Wenn die Konzentration dieser Substanzen eine bestimmte Schwelle erreicht, kann sie die Geländeform der Landschaft ziemlich radikal verändern, zum Beispiel indem sie sie abflacht, wodurch die Bahnen störungsanfälliger werden, oder indem sie tiefe Rillen gräbt, aus denen auch dann nur schwer herauszukommen ist, wenn die Umwelt eine andere Bahn nahelegt. Diese weit projizierenden Zellen scheinen bei der Modulation von Neuronenreaktionen eine Rolle zu spielen, etwa indem sie die Signalverstärkung verändern oder die Reaktionsbereitschaft gegenüber Neurotransmittern wie Glutamat reduzieren. Für Schlaf, Traum, Aufmerksamkeit und Stimmung scheinen sie eine sehr wichtige Rolle zu spielen. Und sie finden sich in Hirnstammstrukturen, die diffus auf kortikale und subkortikale Strukturen projizieren. Allerdings haben wir keine genaueren Kenntnisse von den Wechselbezie-

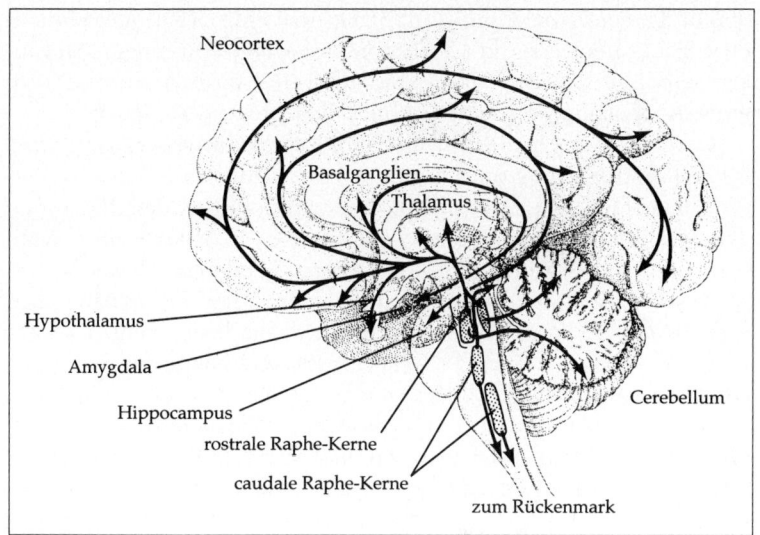

Bild 2: Eine schematische Darstellung der Projektionsmuster von serotoninhaltigen Neuronen (5-HT), deren Zellkörper in der Kette der Raphe-Kerne an der Mittellinie des Hirnstamms liegen. In jeder Region, die eine Projektion empfängt, befinden sich viele Axonenden. (Mit freundlicher Genehmigung von Nicholls, Martin und Wallace 1992.)

hungen zwischen diesen Zellsystemen und davon, wie die Konzentrationsveränderungen ihrer Substanzen auf die neuronale Landschaft wirken.

Bekanntlich lassen sich zwangsneurotische Störungen auf der Verhaltensebene sehr gut mit Serotonin-Agonisten wie etwa *Prozac* behandeln (im deutschsprachigen Raum unter dem Namen *Fluctin* auf dem Markt), das die Patienten in die Lage versetzt, ihre Phobien und ihr zwanghaftes Verhalten zu beherrschen. Seit langem wissen wir, daß Betroffene in vielen Fällen klinischer Depression außerordentlich gut auf Mittel ansprechen, die die Wirkung von Serotonin oder Noradrenalin unterstützen, so daß sich Wut und Erschöpfung überwinden lassen. Das Tourette-Syndrom tritt wesentlich gemäßigter auf, wenn die Patienten Serotonin-Agonisten erhalten. Jede dieser Interventionen läßt sich, um noch einmal meine Metapher zu bemühen, so verstehen, daß in die neuronale Landschaft Strukturen eingeprägt oder vorhandene Strukturen verstärkt werden, die sie gegen Rauschen und Störungen stabilisieren, dabei aber Exploration und Innovation ohne allzu große Abweichungen von den stabilen Trajektorien ermöglichen.

Natürlich brauchen wir Daten aus der neurowissenschaftlichen Grundlagenforschung, aus Läsionsstudien und aus Scan-Untersuchungen, um diese spekulative Skizze in eine gründliche, detaillierte und überprüfbare Beschreibung jener allgemeinen Merkmale zu verwandeln, die für die Landschaft «kontrolliert» handelnder Menschen typisch sind. Möglicherweise sind die Eigenschaften des dynamischen Systems höchst abstrakt, denn Individuen, die ihr Verhalten «unter Kontrolle» haben, können in Temperament und kognitiven Strategien erhebliche Unterschiede aufweisen (vgl. Kagan 1994). Wie Aristoteles vielleicht sagen würde: Es gibt verschiedene Möglichkeiten, die Seele mit sich in Einklang zu bringen. Zumindest läßt sich festlegen, daß es solche allgemeinen Merkmale geben sollte. Relativ leicht ist zu erkennen, daß solche Eigenschaften die Unterscheidung zwischen Gehirnen ermöglichen, die bestimmte Aufgaben, wie etwa das Gehen, gut oder schlecht erledigen. Ich vertrete hier jedoch die Auffassung, daß auch abstraktere Fertigkeiten, die sich im Verhalten ausdrücken, etwa ein tüchtiger Schäferhund oder ein guter Leithund in einem Schlittengespann zu sein, durch die von Neuronennetzen und neurochemischen Konzentrationen abhängigen Eigenschaften des dynamischen Systems beschrieben werden können. Und ich vermute, daß sich auch menschliche Fertigkeiten wie Planung, Vorbereitung und Kooperation ähnlich spezifizieren lassen. Nicht heute, nicht nächstes Jahr, aber im Lauf der Zeit und in dem Maß, wie sich Neurowissenschaft und experimentelle Psychologie weiterentwickeln und entfalten.

Lernen, was vernünftig ist und was nicht

An diesem Punkt würde Aristoteles vermutlich anmerken, daß es eine wichtige Beziehung zwischen verantwortlichem Handeln und Gewohnheit gibt. Ob wir lernen, mit der Welt umzugehen, kleine Gewinne zugunsten langfristiger Erfolge zurückzustellen, angemessene Ausdrucksformen für Wut und Mitleid zu finden, Mut zu zeigen, wenn es notwendig ist, hängt davon ab, ob wir geeignete Entscheidungsgewohnheiten erwerben. In der Metapher der dynamischen Systeme heißt das: Der Boden des neuronalen Zustandsraumes ist so zu bearbeiten, daß die Trajektorien angemessenen Verhaltens tief eingegraben sind. Natürlich müssen wir noch viel lernen, um wirklich zu wissen, was all dies auf der Verhaltens- und der Neuronenebene bedeutet. Allerdings wissen wir, daß ein Säugling, bei dem einige wichtige Hirnregionen geschädigt sind, zum Beispiel der ventromediale Abschnitt des Stirnlappens oder die Amygdala, kaum eine echte «aristotelische» Persönlichkeit entwickeln kann. Was normale Kinder im Lauf ihrer Entwicklung wie von selbst schaffen, kann dieser nur durch direkteres Einwirken von außen erreichen.

Der Kennzeichnung einer Entscheidung oder Handlung als «rational» oder «vernünftig» wohnt eine stark normative Komponente inne, die impliziert, daß die Entscheidung oder Handlung beispielsweise den langfristigen Interessen der Person oder einer bestimmten Gruppe dient oder daß sie sich nicht im Widerspruch zu anderen Überzeugungen der Person oder «vernünftiger» Menschen befindet. Insofern ist sie nicht rein deskriptiv – wie etwa die Feststellung, daß eine Handlung ungeschickt oder mit einem Hammer ausgeführt wurde. Wer behauptet, eine bestimmte Handlungsweise sei vernünftig, meint damit häufig, die Entscheidung diene erkennbar den Interessen oder dem Wohlbefinden der Person oder ihrer Familie und trage den lang- wie kurzfristigen Konsequenzen der Handlung angemessen Rechnung. (Vgl. auch Johnson 1993.) So erklärt sich die wertende Komponente. Zwar kann eine kurze Wörterbuchdefinition einige auffällige Aspekte des Begriffs festhalten, vermag aber kaum in der ganzen Komplexität zu erfassen, was es heißt, rational und vernünftig zu sein.

Kinder lehrt man, Handlungen als mehr oder weniger vernünftig zu bewerten, indem man ihnen prototypische Beispiele für vernünftiges Handeln und prototypische Beispiele für törichte, unkluge oder irrationale Handlungen vor Augen führt. Soweit sich unser Lernen an Beispielen vollzieht, lernen wir Vernunft nicht anders erkennen als andere Muster: was ein Hund ist, was Nahrung ist oder ob jemand Angst hat, verlegen oder abgespannt ist. Wie Paul Churchland (1995) dargelegt hat, lernen wir auch moralische Konzepte wie «anständig» und «unanständig», «freundlich» und «unfreundlich» anhand prototypischer Fälle, um sie dann auf neue, aber einschlägige Situationen zu übertragen. (In seinem glänzenden Buch *Moral Imagination* [1993] vertritt

Mark Johnson eine ähnliche Auffassung. Vgl. auch Owen Flanagans ausgezeichnetes Buch *Varieties of Moral Personality: Ethics and Psychological Realism*.) Nun wissen wir aber, daß Lernen an Beispielen etwas ist, was *Netze* außerordentlich gut leisten. Die Rückmeldungen von Mitmenschen schleifen das Mustererkennungsnetz im Lauf der Zeit so ab, daß es sich den Maßstäben der größeren sozialen Gruppe weitgehend angleicht. Indes, wie Sokrates gern unterstrich, der Versuch, diese Maßstäbe zu formulieren, ist hoffnungslos, selbst wenn es jemandem gelingt, das Konzept «vernünftig» Fall für Fall richtig anzuwenden. Einen Algorithmus für vernünftige Entscheidungen zu entwickeln, dürfte fast mit Sicherheit unmöglich sein. Das systematische Scheitern der KI-Forschung in dem Bemühen, Computer per Programm mit praktischem Wirklichkeitsverständnis auszustatten, läßt die zutiefst nichtalgorithmische Natur von Wirklichkeitsverständnis, Rationalität und praktischer Klugheit erahnen.

Das ist wichtig, weil nach Auffassung der meisten Philosophen die wertende Dimension moralischer Begriffe impliziert, daß sie auf grundsätzlich andere Weise erworben werden als deskriptive Begriffe. Dabei scheint die Besonderheit beim Lernen bestimmter Begriffe wie «vernünftig», «unpraktisch» oder «anständig» nur darin zu liegen, daß die grundlegende Verdrahtung zum Empfinden des entsprechenden Gefühls intakt sein muß. Das heißt, wenn eine bestimmte Handlungsweise kurzsichtig oder unpraktisch ist, ruft das in der Regel Sorge und Schrecken hervor; die Aussicht, daß etwas gefährlich ist, weckt Furcht, und diese Empfindungen werden wahrscheinlich gemeinsam mit den Wahrnehmungsmerkmalen bei der perzeptiven Mustererkennung erlernt.

Gefährliche Situationen weniger komplexer Art – eine befahrene Straße zu überqueren, einer Grizzlymutter mit Jungen zu begegnen – lassen sich wahrscheinlich auch ohne die entsprechenden Empfindungen als gefährlich erkennen. Zumindest läßt darauf das Verhalten von SM schließen, jener Patientin der Damasios, die, wie oben beschrieben, eine Zerstörung der Amygdala erlitten hat und nun nicht mehr zu einer normalen Verarbeitung ihrer Angstgefühle in der Lage ist. Zwar kann sie erkennen, welche *einfachen* Situationen gefährlich sind, doch scheint das bei ihr ein rein kognitives, nichtaffektives Urteil zu sein. Schwierigkeiten scheint sie jedoch zu haben, wenn es darum geht, die Bedrohung, Feindseligkeit oder Pathologie in komplexen sozialen Situationen zu erkennen, in denen es keine einfache Formel zur Identifizierung von Gefahr gibt. Wie oben dargelegt, sind angemessene Empfindungen wahrscheinlich für kompliziertere Anwendungen eines Begriffs erforderlich, nicht aber für Routineanwendungen. Daran liegt es wohl, daß es dem fiktiven Mr. Spock, emotionslos, wie er ist, so schwerfällt, vorherzusagen, welche Situationen Sympathie, Furcht oder Verlegenheit bei Menschen hervorrufen werden.

In Form von Geschichten – altehrwürdigen Märchen und flüchtigem Klatsch – verfügen wir über einen bestimmten Vorrat von Szenarien, in denen Kinder stellvertretend erleben und empfinden können, welche Folgen unterschiedliche Entscheidungen haben: wenn man keine Vorkehrungen für schlechte Zeiten trifft (*Die Grille und die Ameise*), alle Warnungen in den Wind schlägt (Tony Ross, *Der Wolf kommt*, Frankfurt 1985), einem Schmeichler auf den Leim geht (*Der Fuchs und der Rabe*) oder in das eigene Äußere verliebt ist (Narziß). Als Kinder empfinden wir lebhaft, wie töricht es ist, allen gefallen zu wollen (*The Old Man and his Donkey*), sich nicht darum zu kümmern, ob man irgend jemandem gefällt (Scrooge in Dickens' *Eine Weihnachtsgeschichte*), oder den «falschen» Leuten zu gefallen (der verlorene Sohn). Viele der großen klassischen Geschichten – aus der Feder von Shakespeare, Ibsen, Tolstoi, Balzac, um nur einige Namen zu nennen – sind voll von moralischer Vieldeutigkeit und zeigen auf diese Weise, daß das wirkliche Leben voller widersprüchlicher Empfindungen und Gefühle ist und daß sich bloße Dummheit viel leichter vermeiden läßt als große Tragik. Buridans unschlüssiger Esel ist lediglich dumm, Hamlets Ambivalenz und Zögern dagegen sind von tiefer Tragik und nur allzu verständlich. In den großen Geschichten werden wir auch daran erinnert, daß unsere Entscheidungen stets in völliger und unvermeidlicher Unkenntnis vieler künftiger Umstände getroffen werden und daß wir mit dieser Ungewißheit mehr oder minder klug umgehen können. Es gibt keinen Algorithmus für kluge Entscheidungen, von den trivialen abgesehen. (Vgl. abermals Johnson 1993; Flanagan 1991.) Berufs- und Partnerwahl, Kinderwünsche, Ortswechsel, Entscheidungen über die Schuld oder Unschuld eines Angeklagten – Themen wie diese beinhalten gewöhnlich komplexe Probleme, die sich nicht zur vollkommenen Zufriedenheit lösen lassen.

Während wir über eine Entscheidung nachdenken, lassen wir uns durch die Erinnerung an frühere Handlungen, die Kenntnis einschlägiger Geschichten und die Vorstellung von den Folgen, die die eine oder die andere Alternative nach sich zöge, leiten (und leiten andere). Antonio Damasio nennt die Gefühle, die in diesem Kontext von Vorstellung und Überlegung entstehen, «sekundäre Gefühle» (Damasio 1995, S. 187 ff), um deutlich zu machen, daß sie keine Reaktion auf externe Reize sind, sondern auf intern erzeugte Vorstellungen und Erinnerungen. Im Zug unserer Entwicklung lernen wir, bestimmte Gefühle mit bestimmten Situationen zu verknüpfen, und diese Kombination läßt sich reaktivieren, wenn ähnliche Bedingungen auftreten. Häufig läßt sich ein moralisches Dilemma nur schwer benennen, so daß wir lieber eine Analogie zu gleichartigen Dilemmata herstellen: «Das ist wie damals, als mein Vater sich im Schneesturm verirrte und sich eine Schneehöhle baute» – «Das ist wie damals, als Clarence Darrow das Recht eines Lehrers verteidigte, seine Schüler in der Evolutionslehre zu unterrichten» und so fort. Das Wiedererkennen eines ähnlichen Falls aus der Vergangenheit hat natürlich eine kognitive Dimension, beruht aber auch auf der Ähnlichkeit momentaner und durch den früheren Fall hervorgerufener Empfindungen, was dem kortikalen Netz sehr dabei hilft, die Frage zu beantworten, was als nächstes zu tun ist.

Was wird aus dem Begriff der Verantwortlichkeit?

Es ist an der Zeit, zu der grundlegenden Frage zurückzukehren, die am Ausgangspunkt dieses Aufsatzes stand. Aus der vorstehenden Erörterung ergibt sich eine sehr allgemeine Schlußfolgerung. Alles in allem funktionieren soziale Gruppen am besten, wenn man den einzelnen für seine Handlungen verantwortlich macht, und deshalb ist es aus praktischen Gründen wahrscheinlich am klügsten, wenn man von erwachsenen Personen verlangt, daß sie die Verantwortung für ihr Verhalten und ihre Gewohnheiten übernehmen. Mit anderen Worten, es liegt vermutlich in unser aller Interesse, die unzutreffende Annahme aufrechtzuerhalten, daß Menschen im allgemeinen ihre Handlungen im Griff haben und deshalb für sie zu strafen und zu loben sind. Das ist natürlich ein hochkomplexes Problem, doch die Grundidee besagt, daß das *Empfinden* für die sozialen Konsequenzen unserer Entscheidungen ein entscheidender Bestandteil der Sozialisation ist – jenes Prozesses, in dessen Verlauf wir das Wechselspiel von Geben und Nehmen innerhalb einer Gruppe erlernen. (Diese pragmatische Sehweise weist wohl die größte Verwandtschaft mit Spinozas Ideen auf [1905], läßt sich aber auch in den klassischen Aufsätzen von Hobart [1934] und Schlick [1930] entdecken.) Das *Empfinden* für diese Konsequenzen ist erforderlich, um die Landschaft des Zustandsraumes angemessen zu gestalten, und das heißt, wir müssen die jeweils zum Ausdruck kommende Billigung und Mißbilligung *empfinden*. Ein Kind muß die physische Welt kennenlernen, indem es mit ihr interagiert und die Konsequenzen seiner Handlungen erfährt, indem es beobachtet, wie andere mit der Welt umgehen, oder indem es davon hört. Wie bei allen sozialen Tieren beruht auch beim Menschen das Kennenlernen der sozialen Welt auf kognitiv-affektiven Lernprozessen direkter oder indirekter Art, in deren Verlauf wir mit den sozialen Konsequenzen einer Entscheidung vertraut werden. Natürlich muß das mit angemessenem Schutz des heranwachsenden Kindes einhergehen, mit Einfühlungsvermögen, Freundlichkeit und Verständnis. Mit einem Wort, ich möchte nicht, daß die Einfachheit der Schlußfolgerung darüber hinwegtäuscht, wie unendlich kompliziert es ist, ein Kind großzuziehen. Doch trotz aller Kompliziertheit läßt sich ein grundlegender pragmatischer Gesichtspunkt erkennen: Wenn es für die Entwicklung des Schaltkreises, der über «Sozialverträglichkeit» entscheidet, erforderlich ist, daß das Subjekt auf wiedererkannte soziale Muster mit angemessenen Empfindungen reagiert, und wenn dazu wiederum erforderlich ist, daß das Subjekt in Reaktion auf seine Handlungen Lob (Lust) und Tadel (Unlust) erfährt, dann ist die Arbeitshypothese pragmatisch gerechtfertigt, daß das Subjekt für sein Handeln verantwortlich ist. Das heißt, sie ist durch ihre praktische Notwendigkeit gerechtfertigt.

Die läßt natürlich die Möglichkeit offen, daß Menschen unter besonderen Umständen von ihrer Verantwortung entbunden werden oder daß ihnen eine verminderte Verantwortlichkeit zugebilligt wird. Meist bemühen sich die Gerichte in jedem Einzelfall, zu einem diesbezüglich vernünftigen Urteil zu gelangen. Mit einfachen Regeln ist dem Problem nicht beizukommen. Mit Sicherheit sind neuropsychologische Daten oft von Belang, beispielsweise wenn das Gehirn des Betroffenen anatomische Ähnlichkeit mit dem von EVR oder SM aufweist. Doch genauso offenkundig beweisen die Daten nicht, daß niemand je wirklich für seine Taten verantwortlich ist und für sie Strafe oder Lob verdient. Und sie taugen auch nicht zur Rechtfertigung für einen, der sich aus der Verantwortung stiehlt, sobald es brenzlig wird.

Ist ein direkter Eingriff in die Schaltkreise des Gehirns moralisch akzeptabel? Auch das ist eine ungeheuer komplizierte und unendlich verzweigte Frage. Meine ganz persönliche Einstellung dazu ist geteilt: Erstens müssen wir bei jedem Eingriff in die Biologie, egal auf welcher Ebene – sei es das Ökosystem oder das Immunsystem –, mit großer Vorsicht vorgehen. Wenn das Ziel der Intervention das Nervensystem ist, ist noch weit größere Vorsicht geboten. Indes: nicht handeln ist auch eine Tat, und *Unterlassungen können genauso folgenreich sein wie Taten.* Zweitens: der Film *Uhrwerk Orange*, der unter anderem das Thema eines direkten Eingriffs in das Strafrecht und das Gehirn eines Straftäters behandelt, hat wahrscheinlich nachdrücklicher auf unsere «kollektiven» Amygdala-Strukturen eingewirkt, als er es verdient hätte. Zweifellos sind manche Formen direkter Intervention moralisch zu verurteilen. Darüber läßt sich leicht Einigung erzielen. Aber gilt dies für *alle* Formen? Auch für pharmakologische? Sind nicht möglicherweise manche Eingriffe ins Nervensystem humaner als lebenslange Haft oder Tod? Ich denke, diese Frage ist grundsätzlich zu bejahen. Ich kann sie nicht in allen Einzelheiten beantworten, doch angesichts dessen, was wir heute über die Rolle des Gefühls im Denken wissen, ist vielleicht der Zeitpunkt gekommen, das Eingriffstabu sorgfältig, ruhig und gründlich zu überdenken. In Anlehnung an Aristoteles könnte man sagen, daß dies im Grunde pragmatische Fragen sind, die die Funktionstüchtigkeit bestimmter sozialer Tiere, nämlich der Hominiden, betreffen.

Schluß

Ich habe drei alte philosophische Thesen im Licht neuerer neurowissenschaftlicher Erkenntnisse betrachtet: 1. Gefühle sind wesentlicher Bestandteil des praktischen Nachdenkens über das, was zu tun ist (David Hume). 2. Moralisch handelnde Menschen gelangen nicht zu moralischer und praktischer Klugheit, weil sie «reiner Erkenntnis» folgen, sondern weil sie im Zuge ihrer Lebenserfahrung angemessene *kognitiv-affektive* Gewohnheiten entwickeln (Aristoteles). 3. Menschen müssen tief verwurzelte kognitive Fähigkeiten erwerben, um die Konsequenzen bestimmter Ereignisse und das Ausmaß von Risiken einschätzen zu können; deshalb empfiehlt es sich, sie für ihr Handeln verantwortlich zu machen (Hobart [1934]), Schlick ([1930]). Alle diese Thesen waren und sind umstritten; jede sah sich heftiger philosophischer Kritik ausgesetzt. Doch angesichts der Ergebnisse der Neuropsychologie, der Experimentalpsychologie und der Neurowissenschaft spricht viel dafür, daß diese Thesen wahrscheinlich wahr sind. Damasios Buch *Descartes' Irrtum* läßt sich als Beginn einer neurobiologischen Auseinandersetzung mit den Ideen von Aristoteles und Hume ansehen. Auf diesem noch in seinen Anfängen befindlichen wissenschaftlichen Feld sind viele wichtige sozialpolitische Fragen neu zu stellen, unter anderem die nach den wirksamsten und zu anderen menschlichen Werten nicht in Widerspruch stehenden Mitteln, soziales Verhalten zu fördern. Natürlich müssen wir noch viel in Erfahrung bringen, beispielsweise in bezug auf die Belohnungsmechanismen im Gehirn, auf Lust und Sorge und Angst. Philosophisch hat man sich bei der Frage nach bürgerlichen, persönlichen und intellektuellen Tugenden fast ausschließlich auf den rein kognitiven Bereich beschränkt und die affektive Seite vernachlässigt, als könnte man die Kantsche Vorstellung vom Denken und Entscheiden fraglos übernehmen. Um wirklich herauszufinden, wie auf dem Gebiet der Erziehung und Sozialpolitik Gefühle und Affekte am besten zu berücksichtigen sind, bedarf es gründlichen Nachdenkens – und einer gehörigen Portion praktischer Klugheit. Jedenfalls hoffe ich, daß uns ein besseres Verständnis für die empirischen Fakten des Entscheidens – auf der neuronalen wie der Verhaltensebene – zustatten kommen wird, wenn wir uns um praktische Klugheit bemühen und sozialpolitische Probleme zu lösen versuchen.

Dank

In besonderem Maß bin ich Hanna Damasio und Antonio Damasio für eingehende Diskussionen über diese und verwandte Themen verpflichtet. Dank schulde ich weiterhin Francis Crick, Paul Churchland, Rodolfo Llinas, David Brink, Deborah Forster, Jordan Hughes, Philip Kitcher, Laura Reider und den Mitgliedern des Experimental Philosophy Lab an der UCSD.

Literatur

Aristoteles: *Nikomachische Ethik*, Hamburg 1985 (4. Auflage)

Bechara, A., A. R. Damasio, H. Damasio und S. W. Anderson: Insensivity to Future Consequences Following Damage to Human Prefrontal Cortex, in: *Cognition*, Nr. 50, 1994, S. 7–15

Campbell, C. A.: *On Selfhood and Goodhood*, London und New Jersey 1957, S. 158–179

Cheney, D. L., und R. M. Seyfarth: *Wie Affen die Welt sehen: Das Denken einer anderen Art*, München 1994

Churchland, Paul M., *The Engines of Reason, the Seat of the Soul*, Cambridge (Mass.) 1995

Clutton-Brock, T. H., und G. A. Parker: Punishment in Animal Societies, in: *Nature*, Nr. 373, 1995, S. 209–216

Crick, Francis: *Was die Seele wirklich ist*, München 1994

Damasio, A. R.: *Descartes' Irrtum*, München 1995

Damasio, A. R., D. Tranel und H. Damasio: Somatic Markers and the Guidance of Behavior, in: H. Levin, H. Eisenberg und A. Benton (Hg.): *Frontal Lobe Function and Dysfunction*, New York 1991

Donagan, Alan: *The Theory of Morality*, Chicago 1977

Flanagan, Owen: *Varieties of Moral Personality: Ethics and Psychological Realism*, Cambridge (Mass.) 1991

Gewirth, Alan: *Reason and Morality*, Chicago 1978

Hobart, R. E.: Free Will as Involving Determinism and Inconceivable Without It, in: *Mind*, Nr. 43, 1934, S. 1–27

Hume, David: *A Treatise on Human Nature*, Oxford 1739, deutsch: *Ein Traktat über die menschliche Natur*, Hamburg 1978

Johnson, Mark: *Moral Imagination*, Chicago 1993

Kagan, Jerome: *Galen's Prophecy: Temperament in Human Nature*, New York 1994

Kant, Immanuel: Bruchstücke eines moralischen Katechismus, in: *Metaphysik der Sitten*, Hamburg 1922

Kenny, A. J. P.: *The Metaphysics of Mind*, Oxford 1989

Kluver, H., und P. C. Bucy: «Psychic Blindness» and Other Symptoms Following Bilateral Temporal Lobectomy in Rhesus Monkeys, in: *American Journal of Physiology*, Nr. 119, 1937, S. 352 ff

Kluver, H., und P. C. Bucy: An Analysis of Certain Effects of Bilateral Temporal Lobectomy in the Rhesus Monkey, with Special Reference to «Psychic Blindness», in: *Journal of Psychology*, Nr. 5, 1938, S. 33–54

Libet, Benjamin: Unconscious Cerebral Initiative and the Role of Conscious Will in Voluntary Action, in: *The Behavioral and Brain Sciences*, Nr. 8, 1985, S. 529 ff

MacLean, P. D.: Psychosomatic Disease and the «Visceral Brain». Recent Developments on the Papez Theory of Emotion, in: *Psychosomatic Medicine*, Nr. 11, 1949, S. 338–353

MacLean, P. D.: Some Psychiatric Implications of Physiological Studies on Frontotemporal Portion of Limbic Systems (Visceral Brain), in: *Electrophysical and Clinical Neurophysiology*, Nr. 4, 1952, S. 407–418

Nagel, Thomas: *The Possibility of Altruism*, Princeton 1970

Nicholls, J. G., A. R. Martin und B. G. Wallace: *From Neuron to Brain*, Sunderland (Mass.) 1992 (*Vom Neuron zum Gehirn*, Stuttgart 1995)

Papez, J. W.: A Proposed Mechanism of Emotion, in: *Archives of Neurology and Psychiatry*, Nr. 38, 1937, S. 725–744

Piercy, Marge: *Braided Lives*, New York 1982

Rawls, John: *Eine Theorie der Gerechtigkeit*, Frankfurt a.M. 1975

Saver, J. L., und A. R. Damasio: Preserved Access and Processing of Social Know-ledge in a Patient with Acquired Sociopathy Due to Ventromedial Frontal Da-mage, in: *Neuropsychologia*, Nr. 29, 1991, S. 1241–1249

Schlick, Moritz: Wann ist der Mensch verantwortlich? (1930), neu abgedruckt in: Ulrich Potthast (Hg.), *Seminar: Freies Handeln und Determinismus*, Frankfurt a. M. 1978, S. 157–168

Sousa, Ronald de: *The Rationality of Morality*, Cambridge (Mass.) 1977

Spinoza, Baruch: *Ethik*, Leipzig 1905

Taylor, Richard: *Methaphysics*, Englewood Cliffs 1974

Waal, F. B. M. de: *Chimpanzee Politics*, London 1982

Waal, F. B. M. de: Dominance «Style» and Primate Social Organization, in: V. Stan-den und R. Foley (Hg.): *Comparative Socioecology: The Behavioral Ecology of Humans and Other Mammals*, Oxford 1989

Colin Blakemore

Hirnforscher auf der Suche
nach den richtigen Fragen

Wer den Film *The Wizard of Oz* (*Das zauberhafte Land*) kennt, wird
sich sicher erinnern, daß die Vogelscheuche, einer der Protagonisten,
ein Gehirn haben will. Als sie in Oz eintrifft und glaubt, der Zauberer
könne jeden Wunsch erfüllen, bittet sie ihn um ein Gehirn. Der Zauberer sagt: «Aber das Gehirn ist ein sehr unwichtiges Ding; selbst die
einfachsten Tiere haben Gehirne.» Daraufhin schaut die Vogelscheuche ihn an und meint: «Das Quadrat über der Hypotenuse ist gleich der
Summe der Quadrate über den Katheten – ich habe ein Gehirn.» Sie
weiß also genau, was für eine Frage sie zu stellen hat, um zu erkennen,
daß sie ein angemessen funktionierendes Gehirn besitzt. Sie braucht
nur zu fragen, ob sie die geistigen Aufgaben leisten kann, zu deren Lösung wir Intelligenz für erforderlich halten. Da sie den Satz des Pytha-
goras hersagen kann, ist sie sicher, nicht nur irgendein, sondern sogar
ein ausgezeichnetes Gehirn zu haben.

Der Vogelscheuche unterläuft ein logischer Fehler, den wir allzu
leicht begehen. Das alltägliche Verständnis unseres Geistes und seiner
Arbeitsweise, das wir uns durch bewußte Selbstbeobachtung erwerben, tischt uns ein Märchen von der relativen Schwierigkeit verschiedener geistiger Aufgaben auf. Wenn wir unserer persönlichen Erfahrung
Glauben schenken, sind Aufgaben wie Sehen und Hören, Gehen und
Laufen, ja selbst das Erlernen einer Sprache (in der Kindheit) lächerlich
einfach. Schließlich schafft das jeder normale Mensch mühelos, ohne
die geringste Ahnung von den neuronalen Verarbeitungsprozessen zu
haben, die ihnen zugrunde liegen. Dagegen werden andere Fertigkeiten
als schwierig empfunden – Lehrsätze beweisen, logische Rätsel entwir-
ren, mathematische Berechnungen durchführen, Kreuzworträtsel lösen, als Erwachsener eine zweite Sprache lernen oder Strategiespiele
wie Schach spielen. Den meisten von uns verlangen sie große geistige
Anstrengungen und intensive Gedankenarbeit ab. Interessanterweise
zeigen die Menschen in ihrer Fähigkeit, Aufgaben zu bewältigen, deren

Lösung als Kennzeichen menschlicher Intelligenz gilt, weit größere Unterschiede als in ihrer Fähigkeit, zu sehen, zu hören, zu gehen oder zu sprechen. Als intellektuelle Leistung bewundern wir die geistigen Funktionen, zu denen einige in der Lage sind und andere nicht, während wir die geistigen Fähigkeiten geringschätzen, die wir alle besitzen.

Angesichts dieses systematischen Fehlers in unserer Vorstellung von den neuralen Funktionen kann es nicht überraschen, daß sich die Begründer der Artificial- Intelligence-Forschung, die bestrebt waren, die schwierigsten Aspekte des menschlichen Intellekts in Computerprogrammen nachzuahmen, zunächst Ziele aus Bereichen wie Schachspielen, Logik und Mathematik setzten. Tatsächlich stellte sich heraus, daß Computer für solche Aufgaben hervorragend geeignet sind. Dank ihres unfehlbaren Gedächtnisses und ihrer unglaublich raschen sequentiellen Arbeitsweise sind herkömmliche Computer weit besser zur Lösung solcher Aufgaben in der Lage als das menschliche Gehirn mit seinen «verschwommenen» Gedächtnissystemen und seiner mangelhaften Logik.

Zur Definition der Aufgaben des Gehirns und zur Bewertung ihrer Schwierigkeitsgrade

Schon wenige Jahre nachdem der Forschungszweig der Künstlichen Intelligenz (KI) entstanden war (1957), lagen Computerprogramme vor, die Differentialgleichungen so gut wie gelernte Mathematiker lösen konnten. Auch die Spielprogramme werden immer besser: Weltmeister im Backgammon ist heute ein Computerprogramm, und sogar Schachprogramme nähern sich in ihrer Spielstärke diesem Niveau. Gemessen an den ursprünglichen Zielsetzungen hat sich der Versuch, menschliche Intelligenz nachzuahmen, als enorm erfolgreich erwiesen.

Der Denkfehler zeigte sich, als Forscher, die vielseitig einsetzbare Roboter konstruieren wollten, jene Verarbeitungsprobleme angingen, die die KI-Bruderschaft als trivial verschmäht hatte – Dinge wie sehen, Sprache verstehen, Sätze bilden und umhergehen. Hartnäckig widersetzten sich diese Tätigkeiten der Verarbeitung im Computer. Ein «schwieriges» Bild, wie es Abbildung 1 zeigt, wird ein Mensch normalerweise in ein paar Sekunden erkennen – eine Leistung, die selbst modernste künstliche Sehsysteme weit überfordert.

Bild 1 : Das Bild, das sich in dieser bekannten Fotografie von Ronald James verbirgt, ist das eines Dalmatiners. Die meisten Menschen brauchen, wenn sie das Foto zum erstenmal sehen, mindestens ein paar Sekunden, um den Hund zu erkennen, was kaum überraschen kann, bedenkt man, wie ähnlich die charakteristischen Merkmale des Dalmatiners und des Hintergrunds sind. Das Bild läßt sich so schwer analysieren, weil es so wenig Informationen enthält, mit deren Hilfe sich Objekt und Hintergrund trennen lassen. Interessanterweise stellt das Foto keine größeren Anforderungen mehr an das Verständnis, sobald es einmal richtig erkannt wurde. Wenn Sie den Hund jetzt wahrgenommen haben, werden Sie ihn wahrscheinlich jedesmal mühelos wiedererkennen, auch wenn das Foto ein anderes Format hat oder spiegelverkehrt ist.

In seinem philosophischen Hauptwerk *Abhandlung über die Methode des richtigen Vernunftgebrauchs* (1537) schlug René Descartes seine berühmte analytische Methode des Zweifels vor: Er untersuchte alle Beweise, über die er hinsichtlich der Beschaffenheit der Welt und seiner selbst verfügte, und schloß dann systematisch jede Informationsquelle aus, an der zu zweifeln er irgendeinen Grund hatte. Das veranlaßte ihn, alle Beweisgründe zu verwerfen, die ihm seine Sinne lieferten, und er gelangte zu dem Schluß, das einzige, dessen er, ein denkendes Wesen, gewiß sein könne, sei die eigene Fähigkeit zu denken. So gelangte er zum *cogito ergo sum*. Zu denken, daß man denkt, besitzt in der Tat große innere Überzeugungskraft und läßt sich durch keinen äußeren Test falsifizieren. Wenn man denkt, daß man denkt, dann denkt man auch wirklich! Doch jeder andere Aspekt introspektiver Erfahrung bleibt hinter dieser Gewißheit zurück, weil er sich grundsätzlich durch den Vergleich mit objektiven Indikatoren prüfen läßt, womit er potentiell falsifizierbar ist.

Wir alle tragen in unserem geistigen Erfahrungsschatz eine Alltagstheorie mit uns herum, die uns sagt, was unser Gehirn macht. Wir stellen uns vor, daß wir eine innere Instanz haben (oder sind), die die Welt wahrnimmt, die unsere Worte spricht, die die Handlungen beabsichtigt, die unser Körper ausführt. Allerdings ist dieses Modell selbst ein Produkt jenes geheimnisvollen Prozesses, der Bewußtsein erzeugt: Es ist kein unabhängiger Berichterstatter des Prozesses.

Warum sollten wir auch annehmen, daß unser natürliches introspektives Verständnis von der Arbeitsweise unseres Geistes die Beschaffenheit und Vielfalt der neuronalen Verarbeitungsvorgänge genau wiedergibt, denen wir die verschiedenen Arten geistiger Aktivität verdanken? Es wäre schon sehr überraschend, wenn uns die Evolution über die Selbstbeobachtung mit einer vollständigen und exakten Erklärung der zerebralen Vorgänge ausgestattet hätte. Ganz gleich, welchen adaptiven Wert Bewußtsein auch haben mag, er liegt sicherlich nicht darin, dem Geist mitzuteilen, wie das Gehirn arbeitet.

Tatsächlich scheinen wir uns nur selten, wenn überhaupt, der neuronalen Verarbeitungsvorgänge bewußt zu sein. Wenn Sie das Gesicht eines Menschen betrachten, ihn sprechen hören und ihm eine Antwort geben, sind Sie sich der analytischen Prozesse nicht bewußt, die dem Erkennen von Gesicht und Stimme sowie der Erzeugung Ihrer grammatisch wohlgeformten Antwort zugrunde liegen. Warum sollten wir uns solcher Dinge auch bewußt sein? Um unsere Wäsche zu waschen, müssen wir nicht die Bauteile, die Konstruktion und die Arbeitsweise einer Waschmaschine verstehen. Ein Computer kann auch von jemandem benutzt werden, der nicht die geringste Ahnung von der Physik der Halbleiter oder vom Maschinencode hat. Wie das Innere hinter dem glänzenden Gehäuse einer Waschmaschine oder hinter der bedienungsfreundlichen Benutzeroberfläche eines Computers bleibt uns auch die Realität des Gehirns verschlossen.

Würden Sie jemanden auf der Straße fragen, welche Fragen hinsichtlich der Arbeitsweise seines Gehirns er gern beantwortet hätte, würde er, so vermute ich, etwas über seine Empfindungen und Gefühle, über Liebe und Haß, über die Grenzen seiner Intelligenz wissen wollen. Ich denke, er wäre kaum daran interessiert, wie das visuelle Bild zerlegt und interpretiert wird, wie die Grammatik im Gehirn repräsentiert ist oder wie das Auffassungsvermögen die Bildung von Wahrnehmungs- und Gedächtnisinhalten beeinflußt.

Wenn wir objektivere Fragen zum Gehirn stellen und insbesondere die Verarbeitungskomplexität verschiedener Aufgaben des Gehirns miteinander vergleichen wollen, so gewinnen wir einen besseren Eindruck, indem wir einen Blick auf die Hardware des Gehirns werfen, statt auf die Selbstbeobachtung zu vertrauen. Etwa zu achtzig Prozent ist die Oberfläche der Großhirnrinde mit Aufgaben befaßt, die, obwohl zur bewußten Erfahrung gehörig, praktisch und einfach erscheinen – Sinneswahrnehmung und Bewegungskontrolle.

Die primitive Entwicklungsstufe der Hirnforschung

In der Neurowissenschaft finden wir alle Attribute der modernen Naturwissenschaft. Die Labors der Hirnforscher sind vollgestopft mit den glänzenden Apparaten und summenden Computern, die alle modernen Forschungsbereiche kennzeichnen. Die Neurowissenschaftler haben sogar viele technische Verfahren aus anderen Disziplinen übernommen – aus der Chemie, Molekularbiologie, Physik, Informatik und so fort. Doch gemessen an ihrer begrifflichen Entwicklung befindet sich die Neurowissenschaft nach der Klassifizierung von Thomas Kuhn (1976) noch auf einer primitiven, vorparadigmatischen Entwicklungsstufe. Wie die Astronomie vor Kopernikus und die Physik vor Newton hat die

Hirnforschung keinen klaren theoretischen Rahmen, aus dem sich entscheidende Fragen herleiten ließen.

Viele werden diese Ansicht ablehnen, indem sie auf die Fülle faszinierender Forschungsergebnisse und die Vielzahl einschlägiger Veröffentlichungen verweisen. Ist denn die Neurowissenschaft nicht einfach ein Teilgebiet jener Biologie, die in den letzten hundert Jahren so erstaunliche Fortschritte erzielt hat? Die Gene, die den übrigen Körper aufbauen, sind auch für die Struktur des Gehirns verantwortlich. Neuronen haben weitgehend die gleichen Eigenschaften wie die Zellen, aus denen andere Teile des Körpers bestehen; im wesentlichen unterscheiden sie sich von diesen nur darin, daß sie über Axone verfügen und fähig sind, Impulse durch diese Zellfortsätze zu schicken. Und die Biologie hat ganz gewiß einige Fragen von zentraler Bedeutung formuliert (und weitgehend beantwortet), etwa: «Wie sind die heute lebenden Arten entstanden?», «Was ist Leben?», «Wie funktioniert die Chemie der Zelle?» Da das Gehirn ein biologisches Gebilde ist, können wir dieselben grundlegenden Fragen auch in bezug auf das Gehirn stellen.

Doch wenn wir das Gehirn als *Verhaltensorgan* betrachten, bewegen wir uns in einem begrifflichen Rahmen, in dem es weit schwieriger ist, die entscheidenden Fragen auch nur zu formulieren – von den Antworten, die uns ein angemessenes Verständnis des Gegenstandes ermöglichen würden, ganz zu schweigen.

Wenn wir mit dem Klarblick, der der Rückschau eigen ist, andere Disziplinen betrachten, sehen wir, daß sie ihren begrifflichen Rahmen in einem Anfangsstadium induktiver Exploration entwickelt und ausgebaut haben. Die primitive Astronomie hatte im wesentlichen Beobachtungscharakter und ließ den theoretischen Rahmen vermissen, den später die Einsicht in die Gesetze von Gravitation und Bewegung lieferte. In der primitiven Chemie katalogisierte man die beobachtbaren Veränderungen in der Erscheinung und den Eigenschaften der Stoffe, die sich bei Mischung oder Erwärmung einstellten. Die primitive Biologie war in erster Linie taxonomischer Natur. Aus den Mustern der systematischen Ordnung, die sich aus diesen vorbegrifflichen Phasen ergab, entwickelte man grobe Hypothesen, die dann eine weitgehend deduktive Experimentierphase einleiteten. Dadurch wurde es möglich, fundamentale Fragen zu formulieren, die allgemeine Anerkennung als Forschungsziele fanden. Gewiß versuchte man manchmal, diese grundlegenden Fragen mit unzutreffenden Hypothesen zu beantworten – so der Phlogistontheorie oder dem Begriff der *vis vitalis* (Lebenskraft) –, die der Prüfung der Zeit nicht standhielten.

Ich vermute, die meisten Neurowissenschaftler würden, forderte man sie auf, die zentralen Probleme der Hirnforschung zu benennen, ähnliche Fragen stellen wie der Mann auf der Straße: «Wie sehen und hören wir?», «Was sind, neural gesehen, Gefühle?», «Wie erinnern wir uns, wie lernen wir?» und sogar: «Wie entsteht Bewußtsein?» So hat Francis Crick in seinem neuesten Buch *Was die Seele wirklich ist* (1994) verlangt, die Neurowissenschaft müsse ihre Aufmerksamkeit der Frage des Bewußtseins zuwenden: «Bewußtsein jetzt» ist das Motto, das er uns ins Stammbuch schreibt. Interessanterweise stehen alle diese Fragen in einem mehr oder weniger direkten Zusammenhang mit der persönlichen Erfahrung, das heißt, mit der Welt der Selbstbeobachtung. Nun wissen wir aber, daß die Selbstbeobachtung ein unzuverlässiger Berichterstatter ist, sobald es um die Arbeitsweise des Gehirns geht. Wenn uns die Selbstbeobachtung mit dem Bild, das sie von den relativen Schwierigkeiten verschiedener neuronaler Aufgaben entwirft, so offensichtlich an der Nase herumführt, warum sollten wir uns dann in dem Bemühen, Fragen zur tatsächlichen Arbeitsweise des Gehirns zu formulieren, auf ihre Alltagstheorien verlassen?

Nehmen wir beispielsweise den Begriff der Willensfreiheit. Die persönliche Erfahrung sagt uns, daß wir insofern die Freiheit der Entscheidung haben, als wir unsere Handlungen nach Belieben wählen können, aber auch insofern, als *beabsichtigtes* Handeln die Grundlage aller wichtigen Verhaltensformen ist. Dabei ist der Eindruck, daß die meisten unserer Reaktionen das Resultat «willkürlicher», innerlich hervorgebrachter Absichten sind, offenkundig falsch. Was würde die Aussage bedeuten, daß eine Absicht – das Bewußtsein von dem Plan, dieses oder jenes zu tun – tatsächlich die Handlung *verursache*? Obwohl wir wirklich keine Ahnung haben, was Bewußtsein ist oder wie es entsteht, ist es sicherlich nicht im buchstäblichen Sinne identisch mit den physiochemischen Prozessen, die der Nervenleitung und der synaptischen Übertragung zugrunde liegen.

Die Ausführung einer Handlung, zu der Muskelbewegungen ganz zwangsläufig gehören, hängt zweifellos von einer Sequenz materieller Prozesse im Neuronennetz ab. Endstation dieser Prozesse sind die motorischen Nerven, die die beteiligten Muskeln innervieren. An welchem Punkt in dieser vollkommen mechanischen Abfolge kausaler Ereignisse könnte das Bewußtsein intervenieren? Wie die Wahrnehmung eines visuellen Bilds auf der Bewußtseinsebene nur einen Abklatsch der realen Außenwelt zu liefern scheint, so ist das Empfinden einer Absicht nur ein schwacher Bewußtseinsreflex dessen, was unser Gehirn tatsächlich tut, wenn es eine bestimmte Handlung statt einer anderen auswählt. Wenn unser Wahrnehmungsbewußtsein, wie ganz offensichtlich der Fall, nur ein weitgehend illusorisches Konstrukt ist, gespeist von den Informationen der Sinnesorgane, warum sollten wir dann davon ausgehen, daß das Bewußtsein unserer Entscheidungsfreiheit entweder eine genaue Wiedergabe dessen ist, was das Gehirn leistet, oder ein wesentlicher Teil der Kausalkette, die das Handeln hervorbringt?

Kurzum, wir begehen entscheidende Fehler, wenn wir uns bei der Formulierung der grundlegenden Fragen zum Gehirn einfach an das Märchen halten, das uns die bewußte Erfahrung von der Beschaffenheit und der relativen Bedeutung der geistigen Prozesse auftischt. Wenn wir in hundert Jahren mit der weit besseren Einsicht in die Funktionen des Nervensystems, die wir dann gewiß haben werden, zurückblicken, so werden wir möglicherweise erkennen, daß Begriffe wie Absicht und Willensfreiheit ebenso falsch sind wie Phlogiston und *vis vitalis*.

Wo und nicht wie – das vorherrschende Thema in der Hirnforschung

Die Frage zu stellen, *wie* das Gehirn arbeitet, ist eine relativ neue Idee. Tausend Jahre lang waren die Forscher, die sich den Kopf über das Gehirn zerbrochen haben, mehr daran interessiert, *wo* was geschieht.

Vor den Anfängen der Naturphilosophie im 17. Jahrhundert beherrschten aristotelische Auffassungen die abendländischen Vorstellungen vom Gehirn. Daraus ergab sich eine merkwürdige Mischung aus der aristotelischen Lehre von den Körpersäften und Galens Beobachtungen über die Anordnung der Ventrikel oder «Zellen» im Gehirn. Die Gehirnfunktionen wurden auf die Flüssigkeit in den Ventrikeln zurückgeführt, den *animalischen Geist*, wie man damals sagte. Man dachte, wenn der Geist von einem Ventrikel zum nächsten fließe, komme es zu einer Kettenreaktion. Auf den Zufluß der Informationen von den Sinnesorganen (in der ersten Zelle, dem ersten Ventrikelpaar) folgte rationales Denken oder Vorstellungskraft (in der zweiten Zelle) und Gedächtnis oder Bewegungskontrolle (in der dritten).

So merkwürdig dieses Schema anmutet, vor allem wenn wir ihm in den heute komisch wirkenden Zeichnungen früherer Jahrhunderte begegnen (Bild 2), bildet es im wesentlichen doch noch immer die Grundlage unserer Vorstellungen von den Gehirnfunktionen: Durch eine Sequenz von Verarbeitungsprozessen werden unsere Reaktionen weitgehend auf der Basis von Sinnesinformationen erzeugt.

Es kann kaum überraschen, daß das Denken damals, als nur spärliche Daten über Hirnfunktionen vorlagen, so mechanistisch war und daß es sich an einer genauen Lokalisierung der erkennbaren Teilfunktionen orientierte. Die einzigen Gebilde, mit denen man das Gehirn damals vergleichen konnte, waren einfache Maschinen, die über eine Reihe örtlich abgegrenzter Stadien eine bestimmte Handlung in eine andere umwandelten.

Es ist interessant, daß dieses frühe Hirnschema keinen näher bezeichneten Spielraum für Willensfreiheit und bewußte Entscheidung läßt, obwohl doch im Mittelalter das abendländische Denken von der christlichen Lehre beherrscht wurde. Das Modell war weitgehend behavioristisch, denn man stellte sich die Entscheidungen und Akte des Gehirns als eine Konsequenz des sensorischen Inputs vor.

René Descartes erkannte, wie schwierig es bei diesem Verständnis des Gehirns wäre, Absichten und Handlungen zu erklären, die dem Bewußtsein als willkürlich erscheinen. In seiner Schrift *Über den Menschen* (1664) beschrieb er das Gehirn als Maschine und legte dar, daß praktisch alle seine Funktionen (Wachen und Schlafen, Analyse der Sinnesdaten, Gedächtnis, Verlangen und Gefühle, Bewegungskontrolle) «allein durch die Anordnung seiner Organe [ausgeführt werden], nicht anders als die Bewegungen einer Uhr» (Bild 3). Weiterhin meinte er, die meisten Reaktionen des Menschen seien, wie die der Tiere, lediglich Reaktionen auf Ereignisse in der Außenwelt. In diesem Zusammenhang entwickelte Descartes das Reflexkonzept (Bild 4).

Zum Teil wohl, um die Kirche zu besänftigen, doch sicherlich auch, um den hohen Rang zu rechtfertigen, den er dem reinen Denken einräumte, schlug er Bewußtsein, Gewissen und Moralempfinden der Seele zu, die nach seinen Vorstellungen «von oben» auf die Maschinerie des Gehirns einwirkt, und zwar durch den Einfluß ihrer materiellen Verkörperung, der Zirbeldrüse, die in der Mitte des Ventrikelsystems

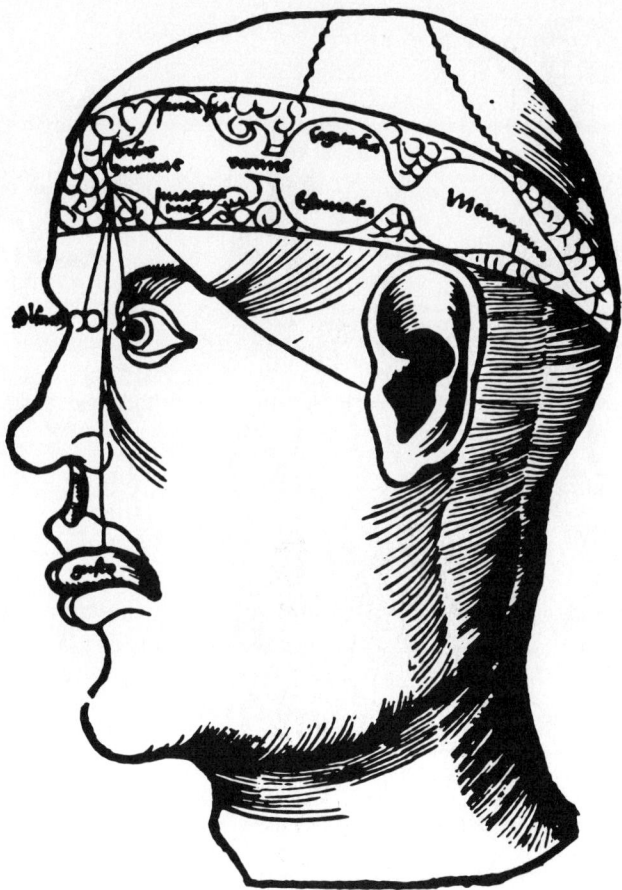

Bild 2 : Das ganze Mittelalter hindurch bis zur Renaissance und darüber hinaus stützten sich die westlichen Vorstellungen von den Gehirnfunktionen weitgehend auf
griechische Schriften und die anatomischen Studien des Galen von Pergamon
(129–199). Diese Illustration von Gregor Reisch (1503 erschienen) ist typisch für die
«Zellehre».

Bild 3: In seiner Vorstellung von den mechanischen Funktionen des Gehirns war Descartes wesentlich beeinflußt durch die in der französischen Aristokratie grassierende Mode, in den Gärten ihrer Landsitze zur Unterhaltung von Gästen mechanische Brunnen und Statuen aufzustellen. Diese Illustration zeigt eine Statue mit Überraschungseffekt: Ein Mechanismus ist mit einem im Weg verborgenen Hebel verbunden und bespritzt den nichtsahnenden Besucher mit einem Wasserstrahl. Wenn eine Statue, also ein offenkundig unbelebtes Objekt – so Descartes –, den Eindruck beabsichtigten Handelns erwecken könne, warum sollten dann nicht auch die meisten Handlungen von Tieren und sogar Menschen einfache Reaktionen auf Reize hervorrufende Ereignisse in der Außenwelt sein?

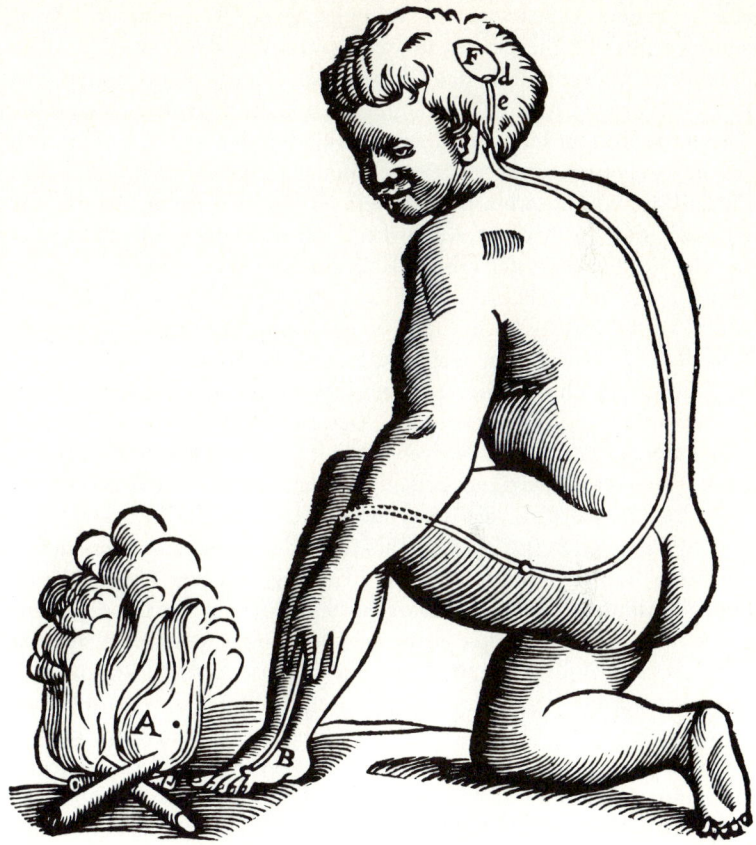

Bild 4: In dieser Zeichnung aus dem Traktat *gsüber den Menschen* von 1664 (posthum erschienen) legt Descartes seine Reflextheorie explizit dar. Er fordert den Leser auf, sich ein Feuer (A) vorzustellen, das die Empfindungsnerven im Fuß (B) reizt; diese geraten in Schwingungen und ziehen über das Rückenmark (c) am anderen Ende (e), woraufhin sich eine Pore (d) in der Wand des Ventrikels (F) öffnet, mit dem Resultat, daß eine Flüssigkeit die motorischen Nerven entlang zu einer Vielzahl von Muskeln hinabläuft; dadurch werden Augen und Kopf veranlaßt, sich dem Fuß zuzuwenden, die Hand, sich hinabzubewegen und ihn zu schützen, der Fuß selbst schließlich, zurückzuweichen.

liegt und, laut Descartes, den animalischen Geist absondert. Zwar lehnen heute die meisten Neurowissenschaftler den kartesianischen Dualismus und vor allem das Konzept der von oben nach unten wirkenden Kausalkette ab, doch es gibt noch keine allgemein akzeptierte Alternative, um unser Empfinden zu erklären, daß wir unser Handeln bewußt steuern und beabsichtigen. Immer noch stehen wir unter dem Einfluß der von unserem Bewußtsein vermittelten Alltagstheorie, die uns sagt, daß die Absicht durch dieselben Kategorien zu erklären ist wie die Bewegungen der Himmelskörper oder die chemischen Reaktionen.

Das kartesianische Hirnmodell übernahm nicht nur das mittelalterliche Schema der in den Gehirnkammern lokalisierten Funktionen, sondern trug auch erheblich zu einer Erweiterung der Vorstellung von einer räumlichen Lokalisierung bei. Descartes meinte, von den Sinnesorganen würden über die Nerven «Bilder» an das Gehirn übertragen, wobei auf den Ventrikelwänden die räumlichen Aktivitätsmuster reproduziert würden, die auf die Rezeptoroberfläche einwirkten (vgl. Blakemore 1990). Die Vorstellung, daß räumliche Muster ein wesentliches Merkmal neuronaler Verarbeitung sind (vgl. Young 1964), haben dreihundert Jahre neurologischer Forschung seit Descartes bestätigt. Einen wesentlichen Fortschritt verdanken wir dem Oxforder Arzt Thomas Willis, der 1664 in seinem Werk *Cerebri Anatome* als erster behauptete, das Gehirngewebe, die graue und die weiße Substanz – und nicht die Gehirn-Rückenmark-Flüssigkeit in den Ventrikeln –, sei für die Hirnfunktionen verantwortlich. Durch die Ergebnisse seiner anatomischen Studien an Menschen- und Tiergehirnen sowie durch die Symptome, die er bei Hirnschädigungen beobachtete, gelangte Willis zu dem Schluß, die großen Hirnhälften seien das Substrat von höheren Funktionen wie Wahrnehmung, Gedächtnis und Intelligenz. (Bild 5).

Die nächste wichtige Entwicklungsstufe der theoretischen Neurowissenschaft ist die phrenologische Bewegung, deren Anfänge Ende des 18. Jahrhunderts zu beobachten sind. Rückblickend kann man sich leicht über die Spekulationen der Phrenologie (Bild 6) lustig machen – über die Theorie, daß alle höheren Fähigkeiten des Menschen an der Oberfläche des Gehirns in «Organen» lokalisiert seien, die sich durch Abtasten der Schädelhöcker ermitteln ließen –, besaßen sie doch keinerlei experimentelle Grundlage. Indes, die Annahme, daß Funktionen vor allem in der Großhirnrinde lokalisiert seien, ist heute als Kuhnscher

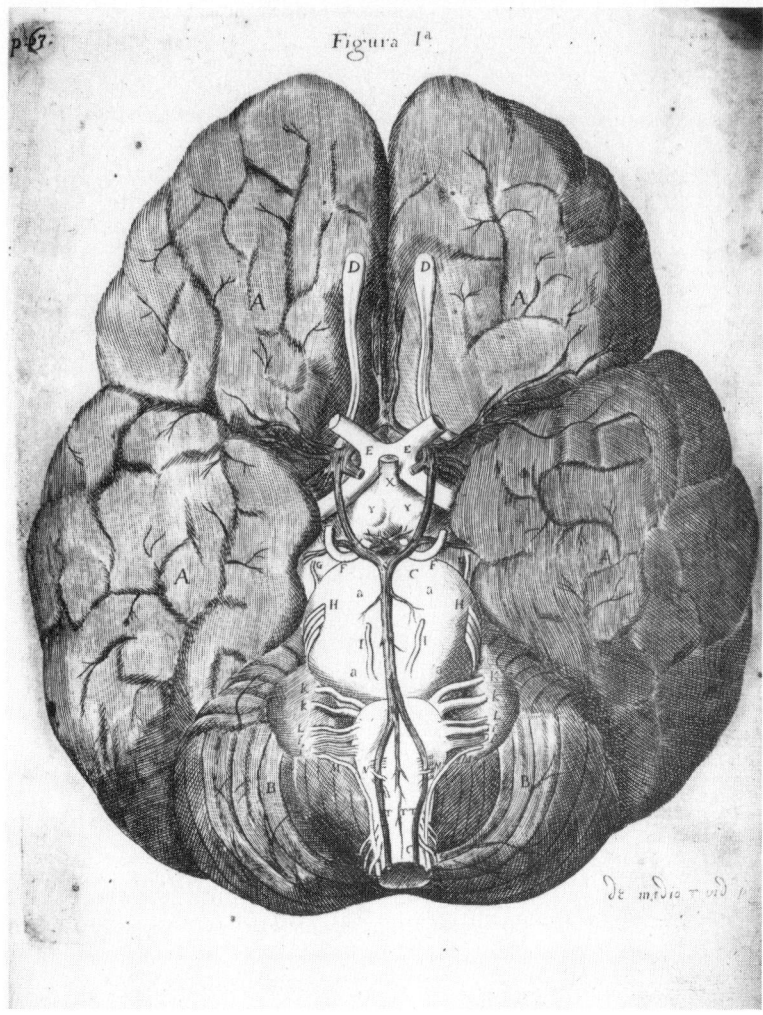

Bild 5: Diese Abbildung aus Willis' *Cerebri Anatome* von 1664 – wahrscheinlich hat sie Willis' Kollege, der namhafte Wissenschaftler und Architekt Christopher Wren, gezeichnet – ist eine der ersten genauen Darstellungen des menschlichen Gehirns. Das Gehirn, von unten gesehen dargestellt, läßt die an seiner Unterseite hervortretenden Hirnnerven und die riesigen Großhirnhemisphären (A) erkennen, denen Willis die höheren geistigen Funktionen zuschrieb.

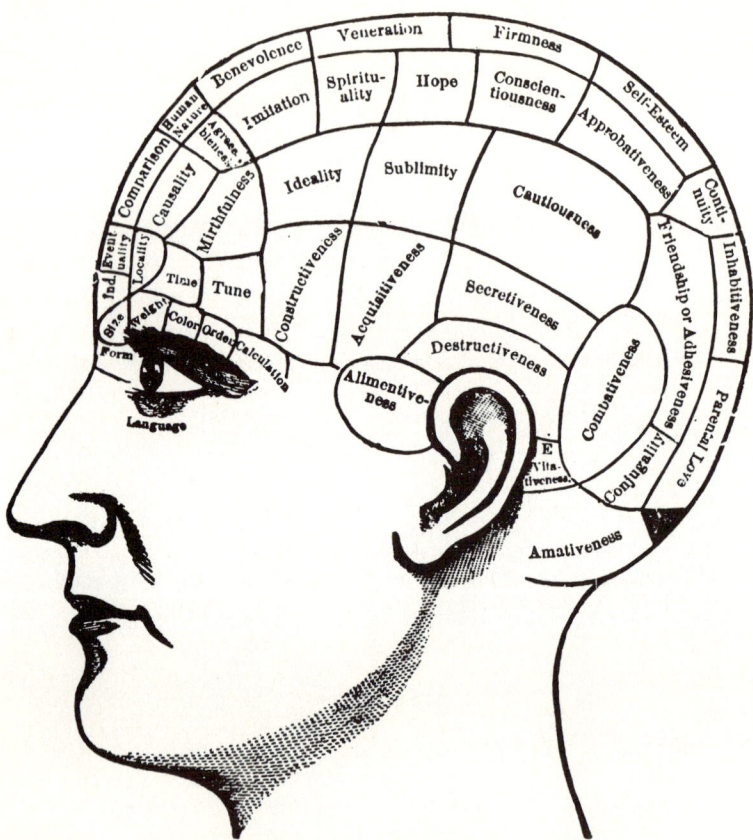

Bild 6: Eine von Hunderten populärwissenschaftlicher Zeichnungen zur Illustration der rein spekulativen phrenologischen Theorie. Für die geistigen Fähigkeiten, darunter auch solche Eigenschaften wie Spiritualität und Erhabenheit, wurden angeborene «Organe» verantwortlich gemacht. Deshalb glaubte man, den Charakter eines Menschen durch Abtasten seiner Schädelhöcker diagnostizieren zu können.

Paradigmenwechsel der Hirnforschung anzusehen (vgl. Blakemore 1977).

Nachdem man sich zunächst aus wissenschaftlichen Gründen gegen die Nachlässigkeit der phrenologischen Methode verwahrt hatte, entdeckten die Neurologen des letzten Jahrhunderts sowie die Neuropsychologen und Neurowissenschaftler dieses Jahrhunderts ein Beispiel nach dem anderen für Funktionen, die ganz exakt im Gehirn lokalisiert sind. Descartes' kühne Hypothese, daß die Sinnesorgane über topographische «Karten» im Gehirn verfügen, hat sich weitgehend bestätigt.

Beispielsweise gibt es im Sehsystem eines Affen wahrscheinlich mehr als dreißig individuelle visuelle Felder auf der Großhirnrinde, die meist für eine bestimmte räumliche Kartierung der Netzhautoberfläche oder für Reizeigenschaften innerhalb des Netzhautbildes verantwortlich sind (vgl. Blakemore 1990).

Allzu leicht neigen wir zu der irrigen Annahme, die bloße Ähnlichkeit, die solchen isomorphen Kartierungen der Außenwelt innewohne, sei schon an sich eine Erklärung für die Wahrnehmungserfahrung von Objekten im Raum. Doch selbst Descartes war sich darüber klar, daß die Gegenwart eines «Bildes» im Gehirn keinen besseren Schlüssel zum Verständnis der Wahrnehmung liefert als die Existenz des Bildes auf der Netzhaut des Auges: «Wir dürfen nicht denken, daß uns das Bild mittels dieser Ähnlichkeit die Gegenstände bewußt machte – als hätten wir ein weiteres Augenpaar im Innern des Kopfes, um sie zu sehen.» Wenig plausibel erscheint es also, daß uns die abbildhafte Aktivitätsverteilung im Innern unseres Kopfes die Außenwelt direkt bewußtmacht. Vielmehr müssen wir uns die Beschaffenheit der Verarbeitungsprozesse ansehen, die von den die Substanz unseres Gehirns konstituierenden Neuronen geleistet werden. So gesehen könnte die Existenz räumlicher Verteilungsmuster, die eine Rezeptoroberfläche nachbilden oder die Schwankungen eines Reizmerkmals kartieren, ein wichtiges Hilfsmittel für die lokalen Verarbeitungsprozesse vielfältig vernetzter Neuronen sein (vgl. Blakemore 1990).

Es erweist sich, daß viele lokale Kartierungen auf der Großhirnrinde durch «plastische» Umstrukturierungsprozesse von Verknüpfungen beeinflußt (oder sogar gebildet) werden – ein Vorgang, für den die von den Sinnesorganen eintreffenden Aktivitätsmuster verantwortlich sind. Heute belegen zahllose Daten, daß die Eigenschaften einzelner sensorischer Neuronen durch selektiven Entzug oder einseitige Erfahrungen in den ersten Lebensabschnitten modifiziert werden. Die konkrete Form räumlicher Karten scheint sogar während des ganzen Erwachsenenlebens durch die Aktivitätsverteilung auf der Rezeptoroberfläche veränderbar zu bleiben. Wenn man diese plastischen Eigenschaften zu einfach deutet, läuft man wiederum Gefahr, die betreffenden Funktionen irrigerweise dem bloßen Vorhandensein von Isomorphie zuzuschreiben. Statt dessen sollten wir aktivitätsabhängige Veränderlichkeit als eine wesentliche Eigenschaft von neuronalen Netzen begreifen, mit deren Hilfe diese in der Lage sind, über das Gehirn verteilte Repräsentationen kodierter Merkmale zu bilden.

Einige Fragen

Die Hirnforschung muß Fragen formulieren, die objektiv relevant sind und nicht unter dem Werturteil der introspektiven Selbsttäuschung leiden. Ohne Anspruch auf Endgültigkeit zu erheben, schlage ich die folgenden vor:

1. Wie repräsentiert das Gehirn die Außenwelt – nicht in dem Sinne, daß es isomorphe Bilder formt, sondern verstanden als Repräsentation von Wissen auf einer «computationellen» Ebene.
2. Wie wird der Gedächtnisinhalt repräsentiert? Wir haben ziemlich genaue Vorstellungen über die Grundlage jener synaptischen Veränderungen, die für die Bildung gespeicherter Repräsentationen erforderlich sind, wissen aber sehr wenig über die Beschaffenheit des Codes, der zur Symbolisierung des gespeicherten Wissens verwendet wird.
3. Wie beeinflussen Erwartungen und Vorwissen unser Weltverständnis?
4. Wie wird Verhalten global organisiert, so daß integriertes Handeln möglich wird, obwohl scheinbar autonome Systeme weit über das Gehirn verteilt sind?
5. Läßt sich die Natur der Operationen definieren, die neuronale Aktivität in bewußte Erfahrung verwandeln? Was genau ist Bewußtsein?
6. Welchen adaptiven Wert hat Bewußtsein, wenn überhaupt, und wie ist es dann im Laufe der Evolution entstanden?

7. Welchen Sinn hat es, von individueller Entscheidungs- und Handlungsfreiheit zu sprechen – angesichts der Rolle, die die genetische Veranlagung nach heutigem Kenntnisstand spielt, und angesichts der Einflüsse von Umwelt und individueller Erfahrung, die zu einer Modifizierung der Gehirnstruktur führen können? Ist Intention ein sinnvolles Konzept?

Wenn unser Handeln in der Welt ausschließlich durch genetische Einschränkungen und die Einflüsse unserer Erfahrung auf das Nervensystem bestimmt wird, erwachsen daraus Probleme, die für Politik, Sozialtheorie und Rechtsprechung nicht geringer sind als für die Philosophie. Inwieweit ist es dann noch sinnvoll, sich den Menschen als Subjekt vorzustellen, der für sein Handeln verantwortlich ist?

Lassen Sie mich mit einigen Vorhersagen schließen. In zwanzig Jahren wird man nicht nur das gesamte menschliche Genom entschlüsselt haben, sondern auch die Wirkung eines großen Teils der Genprodukte kennen sowie die Techniken zur Insertion und Regulation neuer Gene beherrschen. Außerdem werden wir eine ungefähre Vorstellung davon haben, wie sich polygene Einflüsse (die häufig durch eine von Aktivität und Erfahrung abhängige Umstrukturierung moduliert werden) auf die komplexen Eigenschaften des Gehirns auswirken. Damit haben wir vielleicht die Möglichkeit, in die Gehirnentwicklung einzugreifen, so daß wir die Verhaltensmerkmale von Menschen verändern können – ihre Persönlichkeit, ihre sexuellen Neigungen, ihr Temperament und sogar ihre Intelligenz. Diese Aussicht dürfen wir nicht verdammen oder unterdrücken, sondern müssen uns für das moralische Dilemma wappnen, das uns diese neue und möglicherweise sehr weitreichende Form der Erbhygiene bescheren wird. Nach meiner Auffassung eröffnet die Fähigkeit, das Gehirn und damit das Denken des Menschen zu verändern, weit beunruhigendere Perspektiven als alle Zukunftsaussichten der Computerrevolution.

Literatur

Blakemore, C., *Mechanics of the Mind*, Cambridge (Mass.) 1977
Blakemore, C., «Understanding images in the brain», in: H. Barlow, C. Blakemore

und M. Weston-Smith (Hg.), *Images and Understanding*, Cambridge (Mass.) 1990, S. 257–283

Crick, F., *Was die Seele wirklich ist*, München 1994

Descartes, R., *Abhandlung über die Methode des richtigen Vernunftgebrauchs und der wissenschaftlichen Wahrheitsforschung*, Stuttgart 1961

Descartes, R., *Über den Menschen*, Heidelberg 1969

Kuhn, T. S., *Die Struktur wissenschaftlicher Revolutionen*, Frankfurt a. M. 1976

Willis, T., *Cerebri Anatome*, London 1664

Young, J. Z., *A Model of the Brain*, Oxford 1964

Israel Rosenfield

Kein Erkennen
ohne Gedächtnis

In den dreißiger Jahren operierte der kanadische Neurochirurg Wilder Penfield einen Patienten, der an unkontrollierbarer Epilepsie litt. Während des Eingriffs – der Patient war bei Bewußtsein – reizte Penfield die Gehirnoberfläche mit elektrischen Impulsen. Zu seiner Überraschung erlebte der Patient daraufhin einen «Rücksprung» des Gedächtnisses: Er erinnerte sich bruchstückhaft an Ereignisse aus seiner Kindheit, so an eine Szene, in der er nach der Schule nach Hause lief. Durch diese bemerkenswerte Beobachtung gelangte Penfield zu der Vermutung, daß ganze Bildfolgen aus der Vergangenheit wie Videoaufnahmen in unserem Gehirn gespeichert sind. Nach seiner Theorie ist es also nicht nur so, daß wir unserer Vergangenheit nicht entfliehen können, sondern in einem tieferen Sinne *sind* wir diese Vergangenheit; unabhängig davon, ob es uns bewußt ist oder nicht, sind große Teile der Vergangenheit in unserem Gehirn aufgezeichnet und bestimmen auf bisher unbekannte Weise darüber, wie wir uns verhalten und was wir sind.

Penfields Entdeckung weckte in vielen die Hoffnung, wir würden jetzt mehr über die Wurzeln unserer Persönlichkeit, unserer Identität erfahren, aber das erwies sich als Täuschung. In den siebziger Jahren stellte sich heraus, daß es sich bei Penfields «Rücksprüngen» überhaupt nicht um Erinnerungen handelte. Das Wesen des Gedächtnisses und seine Verbindung zu dem, was wir sind – unserer Identität –, blieben so rätselhaft wie zuvor. Wie man nach sorgfältiger Untersuchung erkannte, hatte Penfield über tausend ähnliche Eingriffe vorgenommen, und die Ergebnisse waren bei weitem nicht so aufsehenerregend, wie er gehofft hatte. Bei etwa neunzig Prozent der Operationen hatten die Patienten keine Gedächtnisrücksprünge. Dennoch war er davon überzeugt, daß er bei den übrigen zehn Prozent wahrheitsgetreue Erinnerungen ausgelöst hatte.

Wie man jedoch in den siebziger Jahren entdeckte, erleben die Patienten nur dann einen Gedächtnisrücksprung, wenn die elektrische

Reizung der Gehirnoberfläche auch das limbische System beeinflußt, jenen Teil des Gehirns, der als entscheidendes Zentrum der Gefühle gilt. Ohne emotionalen Anteil ist bewußtes Erinnern offenbar nicht möglich. Wie man außerdem zeigen konnte, fielen den Patienten keine Ereignisse aus ihrer Kindheit ein, wie Penfield geglaubt hatte, sondern sie konstruierten Erinnerungen aus den Beobachtungen, die sie auf dem Weg in den Operationssaal gemacht hatten. Die Patienten selbst waren jedoch davon überzeugt, es handle sich bei den «Rücksprüngen» um echte Erinnerungen.[1]

Hinter Penfields falscher Deutung der Gedächtnisrücksprünge seiner Patienten stand eine lange, ehrbare Tradition. Seit die Neurologie Ende des 19. Jahrhunderts zu einer eigenständigen Wissenschaft geworden war, hatte man immer geglaubt, das Gehirn speichere Erinnerungen in systematisch angelegten «Ordnern». Eine Schädigung des Gehirns führte nach dieser Vorstellung zur Zerstörung bestimmter Ordner oder Teile von ihnen. Patienten mit geschädigtem Sprachzentrum konnten bestimmte Wörter nicht mehr verstehen oder aussprechen, eine Einschränkung, die man auf die Zerstörung der «Erinnerungsbilder» dieser Wörter zurückführte. Die Idee, jemand könne unfähig sein, bestimmte Wörter zu benutzen, ohne daß sein allgemeines Sprachverständnis beeinträchtigt ist, war eigentlich recht seltsam, denn ein Patient, dem beispielsweise die Begriffe für Farben nicht mehr zur Verfügung stehen, müßte von der Welt eine ganz andere Vorstellung haben als wir, die wir Farben ohne Schwierigkeiten benennen können. Die Neurologen des 19. Jahrhunderts ließen sich durch solche Fragen nicht beirren. Sie gingen ganz selbstverständlich davon aus, daß Erinnerungen in der sogenannten «assoziativen Hirnrinde» mit anderen Erinnerungen verknüpft sind. Farben waren nach dieser Theorie mit Gegenständen verbunden; wenn jemand die Bezeichnungen für Farben verliert, hat das demnach mit dem Verständnis für das Wesen der Gegenstände nicht mehr zu tun, als der Verlust des Wortes «Messer» das Verständnis für «Brot» beeinflußt. Was ein Patient, der Farben zwar sehen, aber nicht benennen konnte, in den Augen dieser Neurologen verstand, wenn man sagte: «Der Sommer geht zu Ende, denn die Blätter werden gelb», ist schwer nachzuvollziehen, hatte er doch keine Vorstellung davon, was «gelb» bedeutete oder was dieses Wort mit den Namen anderer Farben zu tun hatte. Ebenso muß ein Patient, der das Wort «Messer» nicht versteht, den Satz «Ich habe dir eine

Scheibe Fleisch abgeschnitten» sehr merkwürdig auffassen. Die Beziehungen zwischen «Messer» und «schneiden» oder zwischen «Bäume» und «Farben» sind erheblich komplizierter, als es im Konzept eines «Assoziationsgedächtnisses» berücksichtigt ist.

Aber die neurologischen Befunde scheinen die einfachen Ideen der Gehirnforscher zu bestätigen, und noch mehr Gewicht erhielten ihre Behauptungen durch die Erkenntnisse der Neurophysiologie. Gustav Theodor Fritsch und Eduard Hitzig, zwei junge Deutsche, reizten 1870 das Gehirn eines Hundes mit schwachen elektrischen Strömen und stellten dabei fest, daß bestimmte Teile des Gehirns die Bewegungen unterschiedlicher Körperteile steuern. Man konnte die motorischen Funktionen des Gehirns genau eingrenzen und ein Diagramm konstruieren, das als «motorischer Homunculus» bekannt wurde. Eine ähnliche Darstellung, den «sensorischen Homunculus», zeichnete man später auch für die Wahrnehmungsphänomene. Wie den Erinnerungen, so hatte man nun auch den anderen Funktionen genaue Orte im Gehirn zugewiesen, und wie die Erinnerungen waren diese Funktionen «assoziiert», das heißt, der Verlust einer Funktion wirkte sich kaum oder gar nicht auf die anderen Funktionen aus. Fragen speziell nach der menschlichen Psyche stellten sich den Neurologen nicht, denn auch sie ließ sich den Befunden zufolge in einfachen Begriffen der Assoziation erklären. Es ist daher nicht verwunderlich, daß Sigmund Freuds Ablehnung der auf Assoziation ausgerichteten psychologischen Schule, die in Europa und Amerika das Denken beherrschte, zu Beginn des 20. Jahrhunderts als «unwissenschaftlich» galt. Die wissenschaftlichen Befunde stützten in ihrer überwältigenden Mehrheit die Vorstellung von der Assoziation, wonach die menschliche Psychologie sich auf zusammenhängende «Grundfunktionen» zurückführen läßt. Je genauer man in der Neurophysiologie den mikroskopischen Aufbau des Gehirns erklären konnte, desto deutlicher erkannte man seine aus hochspezialisierten Funktionen bestehende Architektur. Nach der Erfindung des Computers sagten manche Fachleute voraus, es werde eines Tages Roboter geben, die von Menschen nicht mehr zu unterscheiden seien. Bis vor nicht allzu langer Zeit beschrieben die Computerwissenschaftler die menschliche Psyche in ganz ähnlichen Begriffen wie die Neurologen des 19. Jahrhunderts, obwohl man deren Assoziationsmodelle in der Psychologie längst verworfen hatte. Erst in den achtziger Jahren geriet die klassische Auffassung vom Gehirn ins Wanken.

Eine der wichtigsten neurophysiologischen Entdeckungen des letzten Jahrzehnts machten Michael Merzenich und seine Kollegen: Sie konnten zeigen, daß «der motorische und der sensorische Homunculus» sich mit der Zeit verändern. Seit den Arbeiten von Fritsch und Hitzig hatte man immer geglaubt, diese Karten oder «Homunculi» seien festgelegt, und ihre Funktion sei im Gehirn genau an eine bestimmte Stelle gebunden. Wie Merzenich jedoch 1983 nachweisen konnte, wird bei einem Affen, dem man einen Finger amputiert, die «Repräsentation» dieses Fingers im «sensorischen Homunculus» mit anderen Funktionen aufgefüllt, und gleichzeitig durchlaufen auch die Repräsentationen der anderen Finger wichtige Veränderungen. *Die gesamte Repräsentation der Hand im Gehirn des Affen verändert sich auf nicht vorhersehbare Weise.* Bei weiteren Untersuchungen stellte sich heraus, daß die Repräsentation der Hand ohnehin in ständigem Wandel begriffen ist. Das Muster der Repräsentation war nicht festgelegt, wie man seit dem 19. Jahrhundert angenommen hatte. Brachte man dem Affen bei, immer wieder den Mittelfinger zu benutzen, wurden die Gehirnbereiche, die zuvor den Zeige- und Ringfinger repräsentiert hatten, vom Mittelfinger «besiedelt». Eine einfache, sich ständig wiederholende Tätigkeit eines Fingers veränderte im Gehirn die Repräsentation der ganzen Hand.

Und es gab noch weitere Überraschungen. In den siebziger Jahren zerstörte Ed Taub bei mehreren Affen die sensorischen Nerven, die ins Rückenmark münden, weil er untersuchen wollte, wie sich solche Schäden beheben lassen. Dann jedoch bemächtigten sich Tierschützer der Affen, und sie lebten noch zehn Jahre lang. Im Jahr 1987 untersuchten Tim Pons und seine Mitarbeiter, wie sich die sensorischen Karten dieser Affen verändert hatten. Wie sich dabei herausstellte, reagierte der Teil des Gehirns, in dem ursprünglich der Arm und die Hand repräsentiert waren, jetzt auf Streicheln des Gesichts. Das war, so Pons, «ein völlig unerwarteter Befund. Wir hatten damit gerechnet, daß große Gewebeabschnitte [die früher die Hand repräsentiert hatten] jetzt überhaupt nicht mehr auf Reize reagierten. Aber das war keineswegs so.»[2]

Demnach ist das Gehirn, wie Merzenich es formulierte, «ein Netzwerk, das sich ständig neu gestaltet». Sowohl der Bereich der Tätigkeit (motorischer Homunculus) als auch der der Wahrnehmung (sensorischer Homunculus) werden dauernd überarbeitet. Damit ist zwar noch kaum erklärt, wie sich unsere tägliche psychische Befindlichkeit im

Laufe der Zeit ändert, aber die Vermutung, daß solche Veränderungen eine neurophysiologische Grundlage haben, liegt nahe. Selbst Verhaltensweisen, die sich ständig wiederholen, verändern das Wesen der Wiederholung sowie der Gedanken und Handlungen, die scheinbar nichts mit diesen Verhaltensweisen zu tun haben, genau wie der ständige Gebrauch des Mittelfingers bei dem Affen die Funktion von Zeige- und Ringfinger veränderte. Auch der Verlust eines Fingers verursacht tiefgreifende Wandlungen in der sensorischen Repräsentation der betroffenen Hand, also in ihrem «Erinnerungsbild». Erinnerungen werden im Gehirn nicht wie Einzelbilder gespeichert, aber auch nicht wie Videobänder. Penfield irrte sich, was die Erinnerungen seiner Patienten anging. Das ist natürlich nicht so seltsam, wie es auf den ersten Blick vielleicht scheint. Wenn wir uns selbst betrachten, sehen wir keine unveränderliche Persönlichkeit; wir erleben uns als in Entwicklung begriffen, wandelbar und anpassungsfähig; wir merken, wie wir «altern», und manchmal fühlen wir uns plötzlich wieder jung. Und dennoch wissen wir, daß wir immer ein und dieselbe Person sind.

Es sieht sogar so aus, als ändere sich die Art, wie wir uns an die Vergangenheit erinnern, mit der Zeit ebenso wie die Repräsentation der Hand bei dem Affen. Ein Mann, der im mittleren Alter blind geworden war, bemerkte zum Beispiel, daß er sich seither seine Bekannten, mit denen er auch noch nach der Erblindung zusammengetroffen war, nicht mehr bildlich vorstellen konnte, während die visuelle Erinnerung an Personen, die er seit diesem Zeitpunkt nicht mehr getroffen hatte, noch vorhanden war. Zu den Menschen, die er sich nicht mehr vorstellen konnte, gehörte auch er selbst, obwohl er sich zuvor täglich im Spiegel gesehen hatte. Die Gedächtnisbilder von Menschen, mit denen er weiterhin zusammentraf, hatten sich in nichtvisuelle Erinnerungen verwandelt. (Erinnerungen, die sich über längere Zeit nicht verändern, wie beispielsweise Obsessionen, dürften etwas Pathologisches sein. Normalerweise baut das Gehirn unsere Gedächtnisinhalte ständig um.)

Was meinen wir also überhaupt mit «Erinnerung»? Wie erfassen wir den Sinn gesprochener Worte und erkennen sie wieder? Ein aufschlußreicher Hinweis auf das Wesen der akustisch-verbalen Erkennung ergab sich, als Merzenich und seine Mitarbeiter gehörlosen Menschen besondere Hörhilfsmittel (Cochlea-Implantate) einpflanzten. Solche Patienten hörten anfangs ein Durcheinander von Geräuschen. Merzenich gab

gab ihnen daher eine Liste mit Wörtern und bat sie, diese gleichzeitig mit ihm laut vorzulesen. Danach nahmen die Patienten die Wörter wahr und nicht mehr nur ein Klanggewirr. Dieselbe Methode wandte er auch auf Sätze und ganze Texte an. Nach einigen Monaten konnten die Patienten wieder hören und normale Sprache verstehen. Die motorische Tätigkeit ihres Stimmapparats organisierte ihre akustische Wahrnehmung. Mit anderen Worten: Das Erkennen gesprochener Sprache erfordert bestimmte motorische Abläufe. Was wir als akustisches Gedächtnis für Wörter bezeichnen, erschafft das Gehirn aus einer Abstraktion der motorischen Vorgänge, aus denen diese Abläufe bestehen. Von ihnen hängt das Erinnern oder Erkennen letztlich ab. Natürlich erkennen wir Wörter in einem sich ständig wandelnden und oftmals neuen Zusammenhang, das heißt, die Erkennungsabläufe in unserem Gehirn sind nicht starr, sondern sie entwickeln sich ständig weiter und beziehen sich aufeinander. Aber aus diesen Abläufen leitet das Gehirn die «Erinnerungen» ab, also das Wiedererkennen der Wörter, die zu unserem Wortschatz gehören. Wir haben keine Ahnung, wie das Gehirn diese Abstraktionen erzeugt, die wir Erinnerungen nennen, aber die neurophysiologischen Befunde von Merzenich, Pons und anderen weisen darauf hin, daß eine sich sich ständig weiterentwickelnde Reihe von Abläufen die Grundlage des Erkennens ist. Wenn man immer wieder den Mittelfinger des Affen anstößt, verändert sich die sensorische Repräsentation der anderen Finger im Gehirn – seine «Erinnerung» an Zeige- und Ringfinger.

Aber die Fähigkeit des Gehirns, Reizen eine stimmige Bedeutung zuzuordnen, hat ihre Grenzen; unser Spektrum von Erinnerungen und Erkennungsfähigkeit ist beschränkt. Der englische Arzt William Cheselden operierte vor über zweihundert Jahren einen Jungen, der durch angeborenen grauen Star völlig blind war. Die Operation erregte beträchtliches Aufsehen, weil sie eine Frage zu beantworten schien, die William Molyneux an John Locke gerichtet hatte: Was würde ein blind geborener Mensch sehen, wenn er später im Leben das Augenlicht erlangte? Nach Lockes Überzeugung würde er überhaupt nichts «sehen». Cheseldens Patient konnte zwar sehen, aber Locke hatte nicht ganz unrecht. Der Junge hatte keine normale visuelle Welt. Er konnte weder Entfernungen noch die Größe von Gegenständen abschätzen. Sein Zimmer erschien ihm ebenso groß wie sein Haus, obwohl er wußte, daß das nicht sein konnte. Er sah Porträts, die an den Wänden hingen, wunderte sich aber darüber, daß die Bilder *flach* waren. Auch Gegenstände konnte er in zweidimensionalen Zeichnungen erkennen, aber wiederum erschien ihm die Tatsache, daß sie flach waren, widersinnig; für ihn schienen sie drei Dimensionen zu haben.

Ähnliche Operationen wurden später noch etwa zwanzigmal vorgenommen, stets mit demselben unbefriedigenden Ergebnis. Zweidimensionale Darstellungen wirken auf Patienten, die das Augenlicht wiedererlangt haben, zutiefst verwirrend, weil sie ihnen dreidimensional erscheinen. Berühren sie eine eine Zeichnung mit der Hand, stellen sie fest, daß sie flach ist, und das können sie nicht verstehen. Kürzlich berichtete eine solche Patientin, die Farben erschienen ihr nicht als Eigenschaft der Gegenstände, sondern schwebten darüber wie formlose Wolken. Auch das verunsicherte die Patientin stark.

Wie man an solchen Fällen, bei denen Blinde die Sehfähigkeit wiedererlangten, deutlich erkennt, lernen wir Räumlichkeit, Abstand und Größe nur dann erkennen, wenn die visuellen Reize mit unserem Tastsinn verwoben werden, was in der Regel eine *Bewegung* erfordert.

Räumlichkeit, Abstand und Größe sind Abstraktionen des Gehirns aus einer Reihe von Abläufen, die für das Erkennen unentbehrlich sind, genau wie wir Worte erkennen, weil das Gehirn Abstraktionen der Vorgänge schafft, die für ihre stimmliche Umsetzung gebraucht werden. Ein blinder Mensch, der später die Sehfähigkeit erlangt, ist in seiner Fähigkeit, aus visuellen Abläufen neue Abstraktionen zu erzeugen, schwer behindert; das Gehirn findet in der Zweidimensionalität keinen Sinn. Die Abläufe, die zur Schaffung der abstrakten Vorstellung von einer zweidimensionalen Darstellung erforderlich sind, müssen wir uns in sehr jungen Jahren aneignen; warum das so ist, wissen wir nicht, so wie wir auch nicht den Grund dafür kennen, warum Kinder eine Fremdsprache viel leichter erlernen als Erwachsene. Da ein blinder Mensch seine Umgebung durch Bewegung und Berührung erkundet, verliert er offenbar die Fähigkeit, etwas anderes als eine dreidimensionale Welt zu «verstehen», auch wenn er später sehen kann.

Dies deutet darauf hin, daß das unmittelbare Bewußtsein Gedächtnis erfordert, und verweist auf ein Grundelement des Zeitflusses, des Gefühls der ununterbrochenen bewußten Wahrnehmung. Das Bewußtsein eines neugeborenen Kindes erwacht wahrscheinlich erst dann, wenn sein Gehirn «Erinnerungen» angelegt, also ein internes Organisationsprinzip für die Reize geschaffen hat, denen es seit der

Geburt ausgesetzt ist. Das grundlegende Gefühl der Kontinuität, das bei Kindern und Erwachsenen ein so wichtiger Bestandteil des bewußten Erlebens ist, hängt von Langzeiterinnerungen ab und damit letztlich vom Lernen, von der Art, wie Informationen aufgenommen werden. Und da Gedächtnis und Lernen für die Entstehung des Bewußtseins von so entscheidender Bedeutung sind, ist die bewußte Wahrnehmung weder das unmittelbare Aufnehmen unserer Umgebung (wie bei einer Sofortbildkamera) noch die einfache Wiedergabe eines gespeicherten Bildes (sonst wären wir uns unserer unmittelbaren Umgebung nicht bewußt). Bewußtsein ist die Umformung von «Erinnerungen» und unmittelbaren Reizen in eine dynamische Form des Wissens; es ist weder Vergangenheit noch Gegenwart, sondern eine Umformung von beiden. «Unser Denken», schrieb David Hume 1779, «ist veränderlich, ungewiß, flüchtig, fließend und verbunden; würden wir ihm diese Eigenschaften nehmen, so vernichteten wir sein Wesen völlig.»

Aber wenn die Grenzen für unsere Fähigkeit, neue Abstraktionen erkennen und erinnern zu lernen, in den Abläufen liegen, bewirkt der Zusammenbruch dieser Abläufe einen Gedächtnisverlust. Nach der herkömmlichen Betrachtungsweise haben Patienten, die nach einer Hirnschädigung nicht mehr richtig lesen (Dyslexie) oder sprechen (Aphasie) können, die Erinnerung an bestimmte Wörter verloren. Wie sich in neueren Untersuchungen gezeigt hat, sind solche Patienten nicht in der Lage, bestimmte Lautkombinationen hervorzubringen oder zu hören, die für die Sprache unentbehrlich sind (beispielsweise *ba* oder *da*). Werden die Sprachlaute aber sehr langsam ausgesprochen, können die Patienten darin einen Sinn erkennen. Die schnellen, für Sprache charakteristischen Rhythmen, die für die motorische Koordination im Stimmapparat entscheidend sind (oder die ebenso schnellen Bewegungen der Gebärdensprache), übersteigen dagegen ihre Fähigkeiten. Diese Unfähigkeit, schnelle koordinierte Bewegungen auszuführen, führt zu dem Unvermögen, zu lesen und Gesprochenes zu verstehen.[3] Was wie ein Gedächtnisverlust aussieht, ist in Wirklichkeit die Unfähigkeit zu schneller, komplexer motorischer Koordination.

Ich bin sogar davon überzeugt, daß Gedächtnis, Wahrnehmung und Gefühle im Gehirn durch die Schaffung eines Körperbildes integriert werden. Ein Patient mit Anosognosie leugnet seinen Zustand: Er ignoriert eine Erkrankung, zum Beispiel ein gelähmtes Bein, und streitet ab, es jemals benutzt zu haben. Seine Wahrnehmungen und Erinnerungen sind anomal. Dagegen klagen Patienten, denen ein Arm oder Bein amputiert wurde, häufig über Phantomgliedmaßen, deren Größe und Struktur sich in vielen Fällen allmählich verändern. Solche Personen wissen, daß ihnen die betreffende Extremität fehlt, und dennoch haben sie dort Beschwerden. Wahrnehmungen und Erinnerungen sind dabei aber normal.

Nach meiner Ansicht lassen diese Fälle darauf schließen, daß das Gehirn ein unbewußtes Körperbild schafft, das als Bezugsrahmen (und damit als Quelle der Subjektivität) für alle sensorischen und motorischen Tätigkeiten dient; wird dieses Körperbild durch einen Gehirnschaden zerstört oder verzerrt, ändern sich auch die Wahrnehmung, die Erinnerung und das Verständnis. Wenn beispielsweise ein Arm amputiert wurde, schafft das Gehirn sich also ein «Phantomglied», um die normale Wahrnehmung und Erinnerung aufrechtzuerhalten. Bei der Anosognosie hat die neurologische Schädigung zu einem anomalen Körperbild im Gehirn und damit auch zu anomaler Wahrnehmung und Erinnerung geführt. Für normales Wahrnehmen und Erinnern braucht das Gehirn ein «normales» Körperbild; das Phantomglied ist der Preis, den Patienten nach einer Amputation für ihre normale Wahrnehmung bezahlen.

Gedächtnisversagen ist also ein strukturelles Versagen des Bewußtseins, eine Unfähigkeit, sprachliche oder andere Reaktionen hervorzubringen, die in dem jeweiligen Moment angemessen wären. Und Bewußtsein, das heißt Subjektivität, erfordert zumindest zum Teil eine dynamische Körperrepräsentation, in deren Rahmen Reize eine Bedeutung bekommen, ganz ähnlich wie Wörter und Sätze im Rahmen der dynamischen Artikulationsstruktur des Stimmapparats ihren Sinn erlangen. Eine Schädigung des Körpers oder seiner Repräsentation im Hirn betrifft auch das Ich-Empfinden, die Erinnerung und das Bewußtsein. Man kann sich zwar vorstellen, daß Bewußtseinsvorgänge auf einem Computer simuliert werden, aber es bleibt die Frage, ob man einen ausreichend dynamischen «Computerkörper» bauen kann, auf den sich seine Wahrnehmungsmechanismen beziehen, so daß daraus Bedeutung und Begreifen hervorgehen können. Die außergewöhnliche Anpassungsfähigkeit der Lebewesen hat ihre Ursache zum Teil in ihrem komplexen Körperbau, auf den das Gehirn sich beim Verstehen der Welt bezieht. Wenn wir ein Gehirn isolieren, können wir auch bei aller noch so hoch entwickelten Technik seine Funktion nicht verstehen, denn ein Gehirn arbeitet nicht unabhängig von dem Körper, in dem es sich befindet. Ein Gehirn im Einweckglas ist überhaupt kein Gehirn.

Letztlich ist das Wesen von Bewußtsein, Wissen und Wahrnehmung – die dynamische (weil einem zeitlichen Fluß unterworfene), unwiederholbare Vereinigung von Vergangenheit, Gegenwart und Ich – etwas ganz anderes als das «Wissen», das wir in Büchern oder Bildern aufzeichnen und weitergeben können. Dieses «Wissen» mit der im Gehirn «gespeicherten» Information gleichzusetzen, ist ein großer Fehler.[4]

Anmerkungen

1 Weitere Einzelheiten finden sich in meinem Buch *The Invention of Memory: A New View of the Brain*, New York 1989
2 Siehe Marcia Barinaga: «The Brain Remaps Its Own Contours», in: *Science* 258, S. 216–218, 9. Oktober 1992
3 Siehe *Annals of the New York Academy of Sciences*, Band 682, «Temporal Information Processing in the Nervous System: Special Reference to Dyslexia and Dysphasia»
4 Eine eingehende Erörterung von Subjektivität und motorischer Aktivität findet sich in meinem Buch *Das Fremde, das Vertraute und das Vergessene: Anatomie des Bewußtseins*, Frankfurt a. M. 1992

Jean-Didier Vincent

Das Gehirn:
ein Computer mit Leidenschaften

> Der Mensch ist ein Tier.
> Ein Tier ist kein Computer.
> Also ist der Mensch kein Computer.

In der Nachfolge von Descartes betrachten die meisten Biologen Tiere implizit oder explizit als Maschinen, komplexe Maschinen vielleicht, aber doch als Roboter, die zum Denken nicht fähig sind. Im Gegensatz zu dieser Annahme steht die allgemeine Akzeptanz der Darwinschen Evolutionstheorie, nach der sich kaum vorstellen läßt, es gebe bei unseren tierischen Vorfahren keine Vorstufen menschlichen Denkens. Um diesem Konflikt auszuweichen, neigt man heute in den Kognitionswissenschaften dazu, menschliches und tierisches Verhalten unter dem Gesichtspunkt der Informationsverarbeitung zu analysieren. Dabei ist der Vergleich mit Computerprogrammen das grundlegende Paradigma. In diesem Punkt nehmen die Kognitionspsychologen eine ähnliche Position ein wie die Behavioristen und sind bestrebt, alle Subjektivität aus der Analyse geistiger Prozesse zu eliminieren. Nach meiner Auffassung führt diese Position zu einer erheblichen Einengung der Kognitionspsychologie. Dazu Griffin: «Mit dem kognitivistischen Verfahren laufen wir Gefahr, dem synekdochischen Trugschluß... aufzusitzen, das heißt, einen Teil des Ganzen mit diesem selbst zu verwechseln. Zweifellos ist Informationsverarbeitung eine notwendige Bedingung geistiger Vorgänge. Ist sie aber auch eine hinreichende Bedingung?»

Ich möchte folgendes behaupten: Denken ist ein biologisches Phänomen, das nur bei Lebewesen auftreten kann. Da Informationsverarbeitung bekanntlich auch eine Maschine zu leisten vermag, läßt sich Denken – ein Merkmal von Lebewesen – nicht erschöpfend als Informationsverarbeitung erklären.

Ein häufiger Fehler ist auch die Verwechslung von Denken und Vernunft. Nach einer weitverbreiteten Meinung besitzen Tiere keine Vernunft und stürzen sich, den leidenschaftlichen Impulsen ihrer Sinne gehorchend, blindlings in den Tod. Der Mensch dagegen vermag mit Hilfe seines Verstandes in den Stand der Freiheit zu gelangen und die Fesseln, die ihm der Körper auferlegt, abzuschütteln. Ich möchte die entgegengesetzte Auffassung vertreten. Nur durch eine angemessene Nutzung der Leidenschaften ist es den Menschen gelungen, ein solches Maß an Freiheit zu erreichen: Der Mensch, das leidenschaftlichste Tier, ist zugleich das freieste. Menschen sprechen, weil es ihnen unmöglich ist zu schweigen, und die bewegende Kraft ihrer Rede ist in erster Linie die Leidenschaft und nicht die Vernunft. Mit Hilfe von Gleichnissen (nennen wir sie Metaphern), die aus dem ursprünglichen Pathos erwachsen, entrinnen die Menschen dem Gefängnis der Kausalität. Die Ursprache entstand, weil die Menschen das Pathos erkannten und mitteilten: das Paradox des angeketteten Prometheus, dessen Körper zerfressen wird, der seinen Schmerz hinausschreit und gleichzeitig die Freiheit erringt.

Das besondere Merkmal der Vernunft liegt darin, daß sie zeitlos und universal ist, dem Einfluß von Ort und Zeit entzogen. Dagegen tauchen Leidenschaften oder Gefühle zu einem bestimmten Zeitpunkt auf. Sie zeigen sich unter der Wirkung des Hier und Jetzt, mit anderen Worten, in einem historischen Kontext, ohne Rücksicht auf die Logik.

Das Verwechseln von Vernunft und Denken ist eine irreführende und liebgewordene Gewohnheit. Das Denken ist nur logisch dank der Analyse, der es der Denkende unterzieht. Tatsächlich bilden Vernunft und Denken einen Gegensatz. Erstere läßt sich in logische Regeln zerlegen, die in den Bereich der Syntax fallen. Insofern ist die Vernunft keine spezifisch menschliche Fähigkeit, sondern auch bei Tieren und bestimmten Maschinen anzutreffen, die als intelligent gelten. In der Tat ist nichts vernünftiger als ein Computer, doch die Vernunft hat nichts mit dem Körper zu tun, der sich oft genug unvernünftig verhält. Und das Denken hat seinem Wesen nach nichts mit der Vernunft zu tun, selbst wenn es denselben Regeln folgt; es gehört zum Reich des Lebendigen und bringt die semantischen Inhalte des Körpers zum Ausdruck. Welches Tier wäre bereit zu leben, wenn es sein Schicksal, das heißt seinen unausweichlichen Tod, im voraus erkennen würde? Der Mensch kennt es und vermag nur dank der Sprache zu leben, die er seinem Schmerz und seiner Lust abgerungen hat – der Sprache, die das Werkzeug der Vernunft benutzt, dieses Wunderwerk aus Millionen Neuronen, das Gewißheit mit Ungewißheit zu vereinen weiß. Die Logik mißachtet Zeit und Raum; sie geht von einem Ganzen aus, das Anspruch auf Ewigkeit erhebt. Die Metapher, erster Ausdruck der Sprache, führt uns zurück zur Unmittelbarkeit des Bildes, angefüllt mit der Bedeutung von Schmerz und Lust, die es beseelen.

Lebewesen sind – der Begriff bringt es zum Ausdruck – keine leblosen Dinge, sie lassen sich nicht begreifen, wenn man sie nicht als fühlende Subjekte anerkennt.

Menschen empfinden Freude und Schmerz, weil das Tier unverzichtbarer Teil ihres Wesens ist. Nur das Tier ist Leidenschaften unterworfen, die es ihm erlauben, sich der allumfassenden Umklammerung des Rationalen zu entziehen.

Angesichts der Erkenntnisleistung, die ein wildes Tier vollbringt, wenn es sich aus einer schmerzhaften Falle befreit, oder ein Neugeborenes, wenn es erkennt, wie sich in den Augen seiner Mutter sein eigenes Glück und Leid widerspiegeln, ist die Anmaßung jener Wissenschaftler grotesk, die apodiktisch verkünden, welchen Weg die Erkenntnis einzuschlagen habe.

Doch wäre das Tier nicht mit einer gewissen Subjektivität ausgestattet, die es in seiner unmittelbaren Umgebung zugleich zum Opfer und zum Täter werden läßt, so wäre der Versuch absurd, unser Wesen durch das Tier in uns zu erklären. Kritiker werden einwenden, das werfe kein Licht auf das Problem des Bewußtseins, doch wer redet von Bewußtsein! Die Verwechslung von Denken und Bewußtsein ist eine schlechte Angewohnheit, fast so vertrackt wie die Verwechslung von Vernunft und Denken. Bewußtsein ist eine Erfindung des Seins, um das Körperliche zu überwinden; wahrscheinlich eine späte Errungenschaft im Zuge der tierischen Evolution, so daß es zu einer Besonderheit des Menschen wurde. Offenbar ist das Bewußtsein einfach ein neuer Anpassungsmechanismus, eine Objektivierung jener subjektiven Realität der Tiere. Dem Tier seine Subjektivität zurückzugeben, bleibt die Hauptaufgabe einer Biologie, die sich von allen den Blick verstellenden mechanistischen Vorstellungen zu befreien hat.

Ich habe nicht die Absicht, über die Tierhaftigkeit des Menschen, seinen animalischen Teil zu reden, sondern will mich mit der Subjektivität des Tieres befassen, die es in den Mittelpunkt eines Beziehungsgeflechts stellt und damit, wenn nicht zum Mittelpunkt *der* Welt, so doch zum Mittelpunkt *seiner* Welt macht.

Die Subjektivität des Tieres

Oft haben wir dem Behaviorismus vorgeworfen, er habe das tierische Verhalten von aller Subjektivität entleert und gleichzeitig jede Untersuchung der dem Verhalten zugrunde liegenden Nervenmechanismen untersagt. Wahrscheinlich bedarf dieses «Urteil» heute der Revision. Zu der Zeit, als zunächst John B. Watson und dann Edward Lee Thorndike die behavioristischen Prinzipien niederlegten, hatte die erste triumphale Phase des Darwinismus, die eine kontinuierliche psychische Entwicklung vom Tier zum Menschen belegte, einige Anhänger Darwins, so zum Beispiel George John Romanes, zu karikaturhaft übersteigerten Anthropomorphismen verleitet: Man sprach Tieren die Fähigkeit zu logischem Denken, Liebe und Urteilskraft zu, so daß sie schließlich den Helden der Äsopschen Fabeln glichen. Allen Ernstes publizierte man über die Eifersucht von Fischen oder den Stolz von Papageien.

Der vor diesem Hintergrund verständliche Wunsch nach Objektivität und die Ablehnung von Selbstbeobachtung und Analogieschlüssen veranlaßte die Behavioristen, das Gehirn als *black box*, als schwarzen Kasten, zu betrachten und Verhalten als das Ergebnis einer Assoziation zwischen einem Reiz und einer Wirkung (klassische Konditionierung) oder einer Reaktion und ihren Konsequenzen (instrumentelle oder operante Konditionierung) zu verstehen. Damit war die paradoxe Situation eingetreten, daß man das Gehirn als Assoziationsmaschine betrachtete, ohne jedoch das geringste Interesse für deren Funktionen und Mechanismen aufzubringen. Immerhin half das blinde Verlangen nach Objektivität manch einem vergleichenden Psychologen, Tiergewohnheiten zu untersuchen (Ethologie), ohne einerseits der Versuchung zu anthropomorphen Schlußfolgerungen nachzugeben oder andererseits dem Tier seinen Rang als Subjekt in der eigenen Umwelt abzusprechen.

Der erste dieser Wissenschaftler war zweifellos Robert Mearns Yerkes, der von Regenwürmern über Krähen und Affen bis hin zu amerikanischen Soldaten alles mögliche untersuchte. Heute trägt ein Primatenzentrum in Atlanta seinen Namen. Dort lebte Kanzi, ein Bonobo oder Zwergschimpanse (Pan paniscus), der wegen seiner Intelligenz und seines Abstraktionsvermögens berühmt war. Yerkes lehrte Regenwürmer mit Hilfe von Bestrafung und Belohnung, zwischen zwei Gängen eines Labyrinths zu unterscheiden. Ferner wies er bei dem mit der Versuchsanordnung vertrauten Wurm Ansätze latenten Lernens nach und gelangte zu dem Schluß, das intelligente Tier verfüge über kognitive Karten seiner Umgebung: In seiner eigenen Welt ist der Regenwurm durchaus zu Entscheidungen fähig!

Falls Yerkes doch noch dem Anthropomorphismus verhaftet gewesen sein sollte, so trifft dies mit Sicherheit nicht auf Jacob von Uexküll zu, dem es gelang, objektive Verhaltensbeobachtung mit der Anerkennung der tierischen Subjektivität zu vereinbaren. Dieser Forscher grenzte sich sowohl gegen den Mechanizismus als auch den Vitalismus ab, was ihn nicht daran hinderte, Verhaltensweisen mit mechanistischen Begriffen zu beschreiben. Verhaltensweisen waren für ihn Mittel, deren sich das Subjekt (das Tier) – im Gegensatz zu einer Maschine – bediente, um seine Wahrnehmungen und Handlungen aufeinander abzustimmen. Das Tier enthält sowohl die Maschine als auch den Operator, der sie bedient – etwa in der Weise, wie bei Denis Diderot das «lebende Spinett» zugleich Instrument und Musiker ist (*Gespräche mit d'Alembert*). Die Feststellung, daß Tiere Subjekte sind, bedeutet nicht, daß man einen subjektivistischen Standpunkt einnimmt. Für den Wissenschaftler ist die tierische Subjektivität lediglich eine beobachtete Subjektivität.

Verhalten, so von Uexküll, sei eine zweistimmige Bewegungsmelodie, die von der Stimme des handelnden Subjekts *und* der Stimme der Situation gesungen werde. Die anatomisch-physiologische Beschaffenheit bildet einen natürlichen Plan, nach dessen Vorgaben das Subjekt seine Wahrnehmungswelt konstruiert. «Umwelt» nennt von Uexküll die zum Subjekt gehörige Welt, eine Welt, auf die das Subjekt einwirkt und deren Einwirkungen es zugleich ausgesetzt ist. In ihr vereinigen sich die phänomenale Welt, das heißt, die Gesamtheit der Objekte, die von den Wahrnehmungen erfaßt werden («Merkwelt»), mit der verhaltensbestimmenden Welt, das heißt der Gesamtheit der Objekte, die Handlungen auslösen («Wirkwelt»).

Das Tier verleiht dem Objekt seine Bedeutung, es verwandelt nach von Uexküll das Objekt zu einem Motiv. Das Motiv enthält die von der Subjektivität verliehene Bedeutung. Das Beispiel eines Einsiedlerkrebses verdeutlicht die Idee. Betrachten wir das Tier, wie es sich gegenüber einem Objekt aus der realen Welt verhält – einer Seeanemone. In der ersten Situation besitzt das Tier keine Schale, deshalb versucht es, wenn kein Schneckenhaus vorhanden ist, in das Innere der Anemone zu schlüpfen; in diesem Fall ist das Objekt ein Haus. In einer zweiten Situation hat das Tier bereits eine Schale, es bedeckt sich mit der Anemone und benutzt ihre Tentakel zur Verteidigung gegen Angreifer: Das Objekt wird zur Waffe. In einer dritten Situation ist das Tier hungrig: Es frißt die Anemone; das Objekt wird zur Nahrung. Der Bedeutungsgehalt der Welt hängt vom Zustand des *Subjekts* ab.

Wenn wir dagegen die zerebralen Mechanismen betrachten, die dem Verlangen zugrunde liegen – um nicht von Motivation zu sprechen, einem Begriff, der viel zu eng mit dem Behaviorismus verknüpft ist –, dann sehen wir, daß sie je nach der Natur des zum Ausdruck gebrachten Verlangens (Hunger, Durst, Geschlechtstrieb und so fort) eindeutig sind. Mit anderen Worten, das Verlangen wird von seinem *Objekt* bestimmt.

Wir haben keine Möglichkeit, uns die Welt des Tieres wirklich vorzustellen. Der Anthropomorphismus besteht darin, dem Tier eine menschliche Welt zuzuordnen, die nicht seine eigene ist. Die Komplexität der Welt ist verknüpft mit der Komplexität des Gehirns, zu dem sie gehört. Ohne Gehirn kann es keine Subjektivität geben – eine Selbstverständlichkeit, die gelegentlich in Vergessenheit gerät. Wie umfassend und detailliert die wahrgenommene Welt ist, hängt vom Komplexitätsgrad des Tieres ab.

Frederik J. J. Buytendijk hat die zeitliche Dimension in die Analyse tierischen Verhaltens eingeführt, wobei er sich einer phänomenologischen Sprache bediente. Danach ist Verhalten der beobachtbare Ausdruck einer Bedeutung, die das Tier zwischen einem Vorher und einem Nachher erlebt. Wie der Mensch besitzt das Tier eine subjektive Welt, die durch die Erfahrung von Zeit und Raum organisiert wird, doch paradoxerweise ist es die Möglichkeit, Zeit und Raum zu objektivieren, die den Menschen vom Tier unterscheidet. Die sinnliche Erfahrung als solche wird wahrnehmbar. Das Tier kennt die Fakten, aber es weiß nicht, daß es sie kennt.

Der fluktuierende Zentral- und Mentalzustand

Subjektivität ist jedem Wesen eigen, das Verlangen hat, aber was ist Verlangen, und woher kommt es? Zunächst einmal hat das Verlangen einen Raum; diesen finden wir dort, wo die Lungen atmen, das Herz schlägt und die Blutgefäße Hormone und andere Wirkstoffe transportieren. Das ist das innere Milieu, dessen Konstanz ein unumstößliches Paradigma der Physiologie ist. Diese Konstanz ist nicht statisch, sondern ein Fließgleichgewicht (Homöostase), das durch bestimmte Verhaltensweisen wie Essen und Trinken erhalten wird. Dieser innere Raum liefert das subjektive Wissen, das ich von meinem inneren Zustand habe – alles, was mein Gehirn über meinen Körper weiß. Hunger, Durst et cetera, oder allgemeiner: Lust und Unlust reflektieren diesen Zustand. Durch die Sprache hat der Mensch gegenüber dem Tier hinsichtlich der Kenntnis seines inneren Zustands nur einen unwesentlichen Vorteil. Der Überfülle der Wörter entspricht nur noch ihre Ungenauigkeit in der Beschreibung dessen, was in Wirklichkeit die Begegnung unserer Phantasie mit dem Zustand unserer Organe ist. Bei Tieren können wir dieselben Phänomene nur erahnen, doch eine Kombination von äußerlich sichtbaren Anzeichen und Messungen im Inneren kann den Zustand anzeigen: Beschleunigung oder Verlangsamung von Herz- und Atemfrequenz, Schwankungen des Blutdrucks, Temperaturveränderungen in allen Körperregionen, Haltung und Gesichtsausdruck, Bewegungen von Körperteilen (Hals, Schwanz, Ohren und so fort). Das Tier, das zu einem von Verlangen angetriebenen Verhalten fähig ist, läßt also eine Vielzahl von Zeichen erkennen, die auf seinen inneren Zustand verweisen.

Allerdings reicht der innere Zustand allein nicht aus, um die tierische Subjektivität und ihre Beziehung zur Außenwelt zu definieren. Der Begriff der Konstanz des inneren Milieus und der Homöostase, die das grundlegende Paradigma der Physiologie darstellen, tragen der historischen Dimension von Lebewesen nur unzureichend Rechnung. Mit diesen Konzepten, die auf einem per Feedback funktionierenden kybernetischen Modell beruhen, isoliert man den Organismus von seiner Umwelt. Letztere erscheint als autonom, obwohl sie tatsächlich vom Lebewesen hervorgebracht, ja ein Teil von ihm ist. Von diesen Überlegungen ausgehend, möchte ich einen fluktuierenden Zentralzustand definieren, der auf zwei Voraussetzungen beruht.

Erstens: Jeder lebende Organismus befindet sich von der Geburt bis zum Tod in einem Zustand des Ungleichgewichts. Zweitens: Die Reaktion eines Organismus auf einen Reiz hängt ab und wird moduliert von einem Zentralzustand, der sich als die Gesamtheit aller Reaktionsbedingungen zu einem gegebenen Zeitpunkt definieren läßt – eines Neurons, einer funktionalen Zellgruppe oder des Nervensystems insgesamt. Definitionsgemäß fluktuiert dieser Zentralzustand. Er ändert sich mit der Tageszeit, der Jahreszeit und dem Lebensabschnitt, von den vielen tausend Ereignissen, die den Alltag ausmachen, ganz zu schweigen. Gleichzeitig ist er das Ganze und der Teil. Was sich da permanent verändert, gewährleistet zugleich die Konstanz des inneren Milieus: nicht nur die Stoffe, die im Blut befördert werden, die Hormone, der pH-Wert, die Temperatur, die Antikörper, die Krankheitserreger, die Toxine, der Ernährungszustand von Zellen, Organen und Geweben, sondern auch die Informationen, die das Gehirn überschwemmen, die Körperhaltung, die Erinnerungen, die aus der Vergangenheit herüberreichen, und die Sedimente, die sich im Fluß der Zeit abgelagert haben. Diese unendliche Zahl von beweglichen und veränderlichen Daten bedeutet, daß das Subjekt von einem Augenblick zum nächsten nicht mehr dasselbe ist.

Der Zentralzustand, der ein Abbild der Welt ist, hat drei Dimensionen: eine körperliche, eine außerkörperliche und eine zeitliche. Dabei ist die körperliche Dimension definiert durch die physikalisch-chemische Zusammensetzung des inneren Zustands (inneres Medium und zerebrales Milieu) und den Zustand der verschiedenen Teile – Muskeln, Gewebe und Organe –, aus denen der Körper besteht. Die außerkörperliche Dimension umfaßt das Bild des Individuums von der Welt, den sensorischen Raum, der von den Sinnesorganen wahrgenommen wird, und den Bewegungsraum, wie ihn spezialisierte Rezeptoren wahrnehmen, die die Position verschiedener Gliedmaßen, den Muskeltonus, die Stellung diverser Gelenke und so fort angeben. Die zeitliche Dimension enthält die Spuren der Entwicklung des Individuums von der Geburt bis zum Tod. Zum Teil sind sie genetisch bedingt, soweit es sich um zentrale Programme für Reifung und Alterung handelt, zum Teil verdanken sie sich dem historischen Zufall, der alle Erfahrungen des Lebens umfaßt, kurz, alles, was zu dem beiträgt, was wir sind.

Bemüht man eine solche Definition für die höher entwickelten Tiere, so muß man vor allem dem Nervensystem, aber auch dem Hormon-

und Immunsystem eine besondere Bedeutung beimessen. Ebenso gilt die Definition aber für Organismen auf einer niedrigeren Entwicklungsstufe und sogar für Zellbestandteile. Schließlich untermauert sie meine Behauptung, daß ein lebender Organismus keine Maschine ist. Doch wie soll man sich diesen «Zentralzustand» vorstellen? Dazu möchte ich das Konzept des «verschwommenen» Gehirns vorschlagen, im Gegensatz zum Konzept des «fest verdrahteten» Gehirns der Elektrophysiologie. Das verschwommene Gehirn wäre das der neurohormonalen Kommunikation und der Gefühle. Oder, um weitere Metaphern zu bemühen, es wäre ein Baum mit unzähligen Zweigen aus Neuronen, die biogene Amine enthalten, eine üppige Vegetation, die Neuropeptide ausschwitzt, eine süß duftende Blütentapete aus Synapsen. Der Zentralzustand wäre zugleich der Baum und die Blüten.

Moleküle des Begehrens

Einige Stoffe, meist Peptide, lösen schon in sehr kleinen Mengen Handlungssequenzen wie Essen, Trinken, Paaren und so fort aus, wenn man sie in bestimmte Regionen des Tiergehirns injiziert. Die Injektion einer winzigen Menge LHRH (luteinisierendes hormonfreisetzendes Hormon, ein Decapeptid, das bei Säugetieren für den Eisprung verantwortlich ist) in eine bestimmte Hirnregion ruft beim Versuchstier die vollständige Sequenz des Paarungsverhaltens von der Balz bis zur Begattung hervor.

Und sexuelle Aktivität ist nicht das einzige Beispiel für Verhaltensweisen, die durch die intrazerebrale Injektion eines Peptids erzeugt werden. Verwundete und blutende Soldaten werden von unstillbarem Durst gequält. Wie wir heute wissen, ist dafür die Freisetzung des Peptidhormons Angiotensin verantwortlich, das von Leber und Niere gemeinsam produziert wird, um einer plötzlichen Verminderung des Blutdrucks entgegenzuwirken, wie sie beispielsweise im Gefolge einer Verletzung auftreten kann. Unter dem Einfluß des Hormons ziehen sich die Blutgefäße zusammen (sie passen das Gefäßvolumen dem verminderten Blutvolumen an) und verhindern dadurch einen gefährlichen Abfall des Blutdrucks. Wenn man einige Milliardstel Gramm Angiotensin in bestimmte Regionen des Gehirns injiziert, wird das Tier sofort versuchen, seinen Durst zu löschen. Selbst wenn es zum Platzen voll ist, hält die Gier nach Wasser an. Wie im Fall des LHRH wird das eingeleitete Verhaltensmuster vollständig ausgeführt, von der hektischen Wassersuche bis zum zwanghaften und anhaltenden Trinken.

Gibt es einen rührenderen Anblick als ein Muttertier, das sein Junges umhegt? Selbst dem hartgesottensten Betrachter wird bei diesem Anblick warm ums Herz, und er fühlt sich eins mit der Natur. Bei Injektion von Oxytocin (ein Hypophysenhormon, das die weiblichen Brustdrüsen zur Milchabsonderung anregt) in die Hirnventrikel einer jungfräulichen weiblichen Ratte zeigt sich innerhalb weniger Minuten ein vollkommen ausgebildetes mütterliches Verhalten: Hastig richtet sie ein Nest her, umrundet und verteidigt mutterlose Ratten, die ihr in den Käfig gesetzt werden, fängt Ausreißer ein, leckt sie ab und bringt sie zurück.

Der Goldhamster ist ein bezaubernder kleiner Winterschläfer, der gelegentlich mit der Ratte um die Gunst der Behavioristen eifert. Sein Territorium markiert das Tier, in dem es seine mit Duftdrüsen versehenen Flanken an den Käfigwänden reibt. Hier haben wir es mit einem außerordentlich wichtigen Verhaltensmuster zu tun, das der Identität der Art wie des Individuums dient. Eine Mikroinjektion von Vasopressin in einen winzigen Teil des Hypothalamus ruft in kürzester Zeit eine charakteristische Verhaltensänderung hervor:

Sorgfältig putzt sich der Hamster mit den Vorderpfoten die Schnauze, dann leckt und streicht er sich kräftig die Flanken, um die Duftdrüsen anzuregen, bevor er sie zwanghaft an den Käfigwänden reibt. Auch hier wird also eine festgelegte Verhaltenssequenz, wie sie für einen normalen Hamster typisch ist, durch das Auftreten eines Hormons in einem bestimmten Teil des Gehirns ausgelöst.

In all diesen Verhaltensmustern, die man leidenschaftlich nennen würde, finden wir einen harten, unveränderlichen, stereotypen Kern. Zwar haben wir ihn philosophisch, sprachlich und kulturell verbrämt, aber er stellt doch die Grundstruktur allen Verhaltens dar.

Schließlich ist auf den globalen Charakter von leidenschaftlichem Verhalten hinzuweisen: Es läßt sich vollständig durch die Injektion einer einzigen chemischen Substanz auslösen. Der Umstand, daß Verhalten sich offenbar nicht in die physischen Einzelakte zerlegen läßt, aus denen es sich zusammensetzt, widerspricht der platonischen Vorstellung von der fragmentarischen Natur des Wissens und der Vernunft, die laut Hobbes das Ergebnis von Einzeloperationen ist. Hier finden wir auch die Wurzeln des traditionellen Gegensatzes zwischen Vernunft und Leidenschaft.

Das hormonale Gehirn

Das Gehirn ist eine endokrine Drüse, die über das hypothalamisch-hypophysäre System eine Reihe von Hormonen ins Blut ausschüttet und ihrem Feedbackeffekt unterworfen ist. Ferner steht das Gehirn unter dem Einfluß peripherer Hormone, etwa gonadaler und andrenaler Steroide. Schließlich benutzt das Gehirn selbst neben den hormonellen auch neuronale Kommunikationsmittel.

Zunächst einmal dürfen wir nicht vergessen, daß die Unterscheidung zwischen Neurotransmittern und Hormonen nicht ganz den Tatsachen entspricht. Botenstoffe neuronalen Ursprungs wirken auch in einiger Entfernung von ihrem Emissionsort. Die freigesetzte Substanz verbreitet sich auch außerhalb des synaptischen Spalts und wirkt auf benachbarte Neuronen ein, die mit den ausschüttenden Neuronen keine synaptischen Verbindungen haben. Dies ist in Ganglien des sympathischen Systems beobachtet worden, wo ein Peptid eine entsprechende Wirkung entfaltet. Dieser Botenstoff kann an verstreuten und vielfältigen Endverzweigungen ausgeschüttet werden, die keine synaptische Differenzierung erkennen lassen. Andere Neuronen verteilen ihre Botenstoffe über einen großen Bereich des Kortex, ohne daß sie eine echte Verbindung zu den Neuronen dort aufweisen. Die durch solche Botenstoffe übertragene Information erfaßt große Teile des Gehirns und leistet einen Beitrag zu deren Regulation. Vielleicht sind sie verantwortlich für eine Art örtlicher Homöostase, für das «Mikroklima» in der «Umwelt» bestimmter Neuronengruppen. Unter Umständen stehen diese Regulationsprozesse in Zusammenhang mit Gefühlen, Stimmungen und all jenen Regungen, die wir den «instinktiven» Funktionen zurechnen. Möglicherweise wird das verdrahtete Gehirn, das für die sensomotorischen, kognitiven und rationalen Funktionen verantwortlich ist, von diesem verschwommenen Gehirn, zuständig für die emotionalen und leidenschaftlichen Aspekte des Individuums, überlagert.

Im Detail betrachtet, bewirken die Neurotransmitter die Öffnung von Ionenkanälen. Anschließend integriert das Neuron das daraus resultierende elektrische Signal und sendet, wenn das Signal stark genug war, seinerseits einen Impuls aus. Bestimmte Nerven-Botenstoffe (Modulatoren) können auch eine hormonartige Wirkung ausüben, und zwar über einen «zweiten Botenstoff» (second messenger), der die Information in der Rezeptorzelle verbreitet und ihre Stoffwechseleigenschaften oder Erregbarkeit verändert.

Es läßt sich also festhalten, daß es neben dem neuronalen noch ein echtes hormonales Gehirn gibt, das die Funktionen des ersteren unaufhörlich und nachdrücklich modifiziert. Diese Dualität müssen wir berücksichtigen, wollen wir das leidenschaftliche Tier verstehen. Wenn wir von einem Gehirn ohne Säfte ausgehen, werden wir mit einem körperlosen Geist enden oder einem phantastischen Computer, der nach einem Programm sucht.

Subjektivität und Kommunikation

Der Gefühlsausdruck, einschließlich des Mienenspiels, bildet ein angeborenes Zeichenrepertoire, der die Verständigung zwischen Individuen ermöglicht. Es gibt einen engen Zusammenhang zwischen hormonalen und neurovegetativen Manifestationen von Gefühlen auf der einen Seite und ihrem körperlichen Ausdruck auf der anderen.

Wenn Individuen (Tiere oder Menschen) wechselseitig den Gesichts- oder Körperausdruck ihres Gegenübers betrachten, tauschen sie sich über ihren jeweiligen Zustand aus, das heißt, sie machen sich gegenseitig Subjektivität zugänglich. Bei der Interaktion mit der Mutter finden im Baby eine Vielzahl zerebraler Prozesse statt, die ihm helfen, seine Bedürfnisse mitzuteilen, die Reaktionen seiner Mutter zu begreifen oder auf sie zu reagieren. Angeborene Gefühlsäußerungen, in Form von Sprache und Gesten, bilden die Grundlage dessen, was Soziolinguisten Intersubjektivität nennen. In funktionalistischen linguistischen Theorien geht man davon aus, daß wir die Wirkungsweise von Sprache nicht verstehen können, wenn wir nicht in der Lage sind, mehr zu sehen als die durch Worte bezeichneten objektiven Realitäten. Wozu wären Leidenschaften gut, wenn wir sie nicht ausdrücken könnten? «Ich bin bewegt, und du weißt es, also bin ich», würde Descartes sagen.

Hingegen scheinen Computersprachen nur auf formalen und logischen Voraussetzungen zu beruhen. Sie sind rein syntaktisch, ohne jeglichen semantischen Inhalt. Nur der Körper mit seinen hormonellen Leidenschaften vermag der Sprache einen semantischen Inhalt zu geben.

Schluß

Lassen Sie mich auf meinen Anfangssyllogismus zurückkommen. Ein Tier ist kein Computer, weil es – im Gegensatz zu Computern – Subjektivität hat. Subjektivität wird durch den fluktuierenden Zentralzustand definiert, in dem die Zeitlichkeit eine wesentliche Dimension bildet. Das führt uns am Ende zur Frage der Intentionalität, der Absichtlichkeit.

Die erste Frage lautet wie folgt: Kann eine Maschine, sagen wir, ein Supercomputer, Absichten verfolgen? Die Antwort lautet: Nein! Denn mit der Absichtlichkeit würde die Maschine zum Tier werden. Nun ist eine Maschine ein vom Menschen geschaffenes Objekt, und die Menschen unserer Zeit können keine Tiere konstruieren.

Die zweite Frage lautet: Ist Intentionalität insofern eine ausschließlich menschliche Eigenschaft, als sie sich im Bewußtsein befindet und Bewußtsein eine Besonderheit des Menschen ist? Abermals heißt die Antwort: Nein! Absichten sind nicht im Bewußtsein, sondern in der Subjektivität angesiedelt. Dadurch wird das Subjekt in den Mittelpunkt eines Beziehungsgeflechtes gestellt, was es, wenn nicht zum Mittelpunkt *der* Welt, so doch zum Mittelpunkt *seiner* Welt macht.

Hans Moravec

Körper, Roboter und Geist

Mit ernsthaften Versuchen, denkende Maschinen zu bauen, begann man nach dem Zweiten Weltkrieg. Eine der beteiligten Forschungsrichtungen, die Kybernetik, ahmte mit Hilfe elektronischer Schaltkreise Nervensysteme nach. Auf diese Weise entwickelte man Maschinen, die lernten, einfache Muster zu erkennen, und schildkrötenartige Roboter, die sich ihren Weg zu Steckdosen suchten, um sich wieder aufzuladen. Eine andere Forschungsrichtung, Künstliche Intelligenz (KI) genannt, nutzte die Rechenkapazität der Nachkriegscomputer für abstrakte logische Operationen, mit dem Erfolg, daß Computer von den sechziger Jahren an in der Lage waren, Lehrsätze aus der Logik und Geometrie zu beweisen, Aufgaben der Differentialrechnung zu lösen und passable Schachgegner abzugeben. Ende der sechziger Jahre schlossen Forschungsgruppen am Massachusetts Institute of Technology und an der Stanford University Fernsehkameras und Roboterarme an ihre Computer an, so daß die «Denkprogramme» damit beginnen konnten, ihre Informationen direkt aus der realen Welt zu beziehen.

Welch ein Schock! Während die reinen Denkprogramme ihre Aufgaben etwa so gut und so schnell erledigten wie ein Studienanfänger, brauchten die besten Steuerprogramme für Roboter Stunden, um ein paar Bauklötze auf einem Tisch zu finden und an sich zu nehmen. Oft genug scheiterten sie vollständig oder erbrachten Leistungen, die weit schwächer als die eines sechs Monate alten Kindes waren. Diese Kluft zwischen Programmen, die «denken», und Programmen, die in der realen Welt wahrnehmen und handeln, besteht bis heute. In den letzten Jahren hat man an der Carnegie Mellon University zwei schreibtischgroße Rechner entwickelt, die Schach auf Großmeisterniveau spielen können, wenn man ihnen die Züge über die Tastatur eingibt, doch kein Roboter kann die Figuren auf einem echten Schachbrett so gut sehen und greifen wie ein Mensch von durchschnittlichen Fähigkeiten.

Warum konnte man das Denken des Menschen leichter als seine

Bild 1: Der achtbeinige Dante-Roboter, der 1994 Gesteinsbrocken, tiefen Schlamm, glitschiges Eis, geschmolzene Lava und einen sehr steilen Hang überwand, um eine Probe von der giftigen Atmosphäre im Krater des Mount Spur zu nehmen, einem aktiven Vulkan in Alaska. Mit Hilfe von Laser-Sichtgeräten kartierten seine Programme das vor ihm liegende Gelände, suchten einen Weg aus und bestimmten jeden Schritt, den er tat. Wohlbehalten gelangte der Roboter in den Krater und erledigte seine Aufgabe, stolperte aber auf dem Weg hinaus, als ein Eisbrocken unter seinem Gewicht zusammenbrach. Ein Hubschrauber rettete ihn.

Wahrnehmung und seine Handlungen nachahmen? Rückblickend liegt die Antwort auf der Hand. Seit vielen hundert Millionen Jahren haben unsere Vorfahren überlebt, weil sie besser sehen und sich besser bewegen konnten als ihre Konkurrenten. Allerdings lassen wir diesen grandiosen Fähigkeiten selten Gerechtigkeit widerfahren, weil sie jedem einzelnen von uns selbstverständlich erscheinen: Alle anderen Menschen und die meisten Tiere haben sie ebenfalls. Dagegen ist rationales Denken, wie es etwa beim Schach zur Anwendung kommt, eine Fähigkeit relativ jungen Datums, vielleicht noch keine hunderttausend

Bild 2: Der Navalab II, ein militärischer Rettungswagen, der durch Montage miteinander verbundener Computer und Sensoren in einen Roboter verwandelt wurde. Seit
1993 hat er ohne Fahrer Hunderte von Kilometern auf öffentlichen Straßen zurück-
gelegt. Das gelang ihm mit Hilfe von Satellitennavigation und unter Verwendung von
Programmen, denen man beigebracht hatte, beim Ausblick auf die vor dem Gefährt
liegende Straße menschliches Fahrverhalten zu imitieren. Auch über unebenes Gelände fährt Navalab II, wozu er ähnliche Programme verwendet wie Dante.

Jahre alt. Die für sie zuständigen Teile des Gehirns sind nicht so gut
organisiert, daß sie Großtaten vollbringen könnten. Wie mangelhaft
unsere Leistungen auf diesem Gebiet tatsächlich sind, haben wir erst
kürzlich entdeckt, denn bislang hatten wir hinsichtlich unseres Denkens keine Konkurrenten.

Als ich den Schaltkreis zur Erkennung von Rändern und Bewegungen in den vier Neuronenschichten der Netzhaut, also den Schaltkreis
des menschlichen Nervensystems, den wir am besten verstehen, mit
ähnlichen Prozessen verglich, die man für Computersysteme von Ro-

botern entwickelt hat, gelangte ich zu dem Ergebnis, daß etwa eine Milliarde Berechnungen pro Sekunde, die Leistung eines durchschnittlichen Supercomputers, erforderlich wären, um die Aufgabe der menschlichen Netzhaut zu bewältigen. Extrapoliert man diesen Wert, so braucht man zehntausend Supercomputer oder eine Million PCs, um es einem ganzen menschlichen Gehirn gleichzutun.

Noch haben die Maschinen einen großen Rückstand, aber sie holen rasch auf. Fast ein Jahrhundert lang hat sich die maschinelle Rechenleistung alle zwanzig Jahre vertausendfacht, und grundlegende Entwicklungen in der Forschung lassen darauf schließen, daß dieser Trend zumindest noch einige Jahrzehnte anhalten wird. In weniger als fünfzig Jahren dürfte die Computerhardware so leistungsfähig geworden sein, daß ein PC selbst mit den höchstentwickelten Bereichen der menschlichen Intelligenz gleichziehen oder sie gar übertreffen kann. Doch wie verhält es sich mit der Software, die erforderlich sein wird, um diese leistungsfähigen Maschinen mit der Wahrnehmung, der Intuition und dem Denkvermögen von Menschen auszustatten? Mit dem kybernetischen Ansatz, der versucht, Nervensysteme direkt nachzuahmen, kommt man nur sehr langsam voran, nicht zuletzt deshalb, weil es äußerst mühsam ist, das aktiv arbeitende Gehirn zu untersuchen. Vielleicht werden dies in Zukunft neue und bessere Geräte ermöglichen. Auf dem Gebiet der Künstlichen Intelligenz ist es gelungen, einige Aspekte des rationalen Denkens nachzuahmen, doch das scheint nur ein winziger Ausschnitt des Problems zu sein. Ich glaube, die raschesten Fortschritte bei den schwierigsten Problemen wird man mit einem dritten Ansatz erzielen, und zwar auf dem recht neuen Feld der Robotik, der Konstruktion von Systemen, die in der physischen Welt sehen und sich bewegen können. Die Robotikforschung ahmt die Evolution des tierischen Geistes nach, das heißt, sie erweitert die Fähigkeiten der Maschinen jeweils um einige wenige Aspekte zur Zeit, so daß die resultierende maschinelle Verhaltenssequenz den Fähigkeiten von Tieren mit immer komplexer werdenden Nervensystemen ähnelt. Dieser Versuch, die Intelligenz «bottom-up» (von unten nach oben) zu entwickeln, wird dadurch ergänzt, daß man gewissermaßen im «Buch der Natur» schon ein bißchen in den späteren Kapiteln blättert und sich von dort Informationen besorgt – Informationen über das Nervensystem, die Morphologie und das Verhalten von Tieren und Menschen.

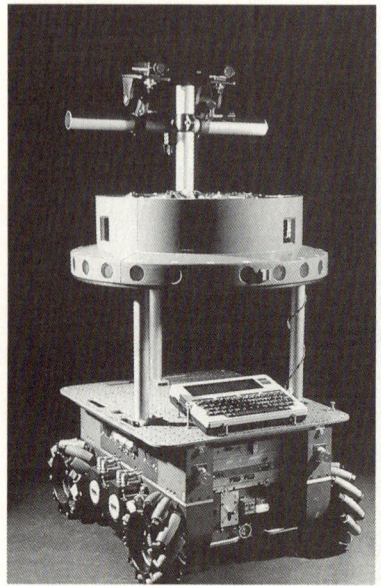

Bild 3: Zwei mobile Roboter, die an der Carnegie Mellon University entwickelt wurden.

Die besten Roboter kosten heute soviel wie ein Haus, verfügen lediglich über die Intelligenz von Insekten und finden nur wenige Nischen in unserer Gesellschaft, in denen sie mit Gewinn eingesetzt werden können. Doch diese wenigen Anwendungsmöglichkeiten reichen aus, um die Forschung zu motivieren, die allmählich die Grundlagen für ein enormes künftiges Wachstum schafft. Die Entwicklung der Roboter in Richtung wirklicher Intelligenz wird sich, denke ich, in den nächsten zehn Jahren erheblich beschleunigen, sobald der generell verwendbare Universalroboter in die Massenfertigung geht. Diese Maschinen werden Anwendungsprogramme enthalten, die es ihnen ermöglichen, ebenso vielfältige Aufgaben in der materiellen Welt zu verrichten wie heute die PCs in der Datenwelt. Von da an werden sie sich allmählich zu immer größerer Kompetenz und Unabhängigkeit entwickeln, bis sie in ungefähr fünfzig Jahren den Menschen an geistiger und körperlicher

Leistungsfähigkeit übertreffen. Nach meiner Einschätzung werden sich Universalroboter in vier Generationen entwickeln, von denen jede etwa zehn Jahre dauern wird.

Universalroboter der ersten Generation

Zeitlicher Rahmen: 2000–2010
Verarbeitungsleistung: 1000 MIPS (Millionen Instruktionen pro Sekunde) wie ein Supercomputer 1993 (Reptilienebene)
Besondere Merkmale: universelle Wahrnehmung, Manipulation und Mobilität

Die Aktivitäten eines Roboters erwachsen aus seiner grundlegenden Wahrnehmungsfähigkeit und seinem Handlungsrepertoire. Roboter der ersten Generation werden in einer Welt operieren, die für Menschen entworfen ist, deshalb ist es am sinnvollsten, wenn ihr Handlungsrepertoire dem eines Menschen gleicht. Größe, Form und Kraft der Maschine sollten generell menschenähnlich sein, damit sie sich in denselben Räumen bewegen kann. Auf ebenem Boden, wo die meisten Aufgaben anfallen werden, sollte der Roboter über eine besonders gute Mobilität verfügen, müßte sich aber auch zuverlässig und sicher über Treppen und unebenes Gelände bewegen können, weil seine Einsatzmöglichkeit sonst auf «Inseln» einzelner Stockwerke eingeschränkt wäre. Die meisten Objekte des Alltags müßte er manipulieren und sie in seiner näheren Umgebung auffinden können. Die Komponenten dieser Maschine sind in vielen Forschungslabors der ganzen Welt anzutreffen, und daraus ergeben sich Richtlinien für die praktische Konstruktionsarbeit dieses Jahrzehnts.

Eine Rechenleistung von 1000 MIPS ermöglicht einem beweglichen Roboter lediglich, sich eine grobe Übersicht von seiner Umgebung zu verschaffen und zu merken. Ist er stationär, reicht die Leistung aus, um detaillierte Karten von Arbeitsbereichen zu entwickeln, bestimmte Objekte zu finden und für die Feinsteuerung eines Arms zu sorgen. Neben seinen besonderen Roboterfunktionen wird er einige PC-Fähigkeiten besitzen, das heißt, er wird über drahtlose Datennetze kommunizieren sowie Sprache und Schrift erzeugen und interpretieren können. Programme für spezifische Anwendungen – von denen der Roboter viele über das Netz beziehen wird – werden diese Grundeigenschaften für nützliche Aufgaben mobilisieren.

Zunächst wird man Universalroboter in Fabriken, Lagerhäusern und Büros verwenden, wo sie vielseitiger eingesetzt werden können als die älteren Robotergenerationen, die sie ersetzen. Infolge dieses breiten Anwendungsbereiches dürfte ihre Zahl rasch anwachsen und ihr Preis sinken. Schließlich werden sie so preiswert sein, daß sich einige Haushalte Roboter leisten können. Vielleicht wird man sie zusammen mit einem Reinigungsprogramm vertreiben, so wie man PCs anfänglich mit Textverarbeitungsprogrammen kombiniert hat.

Wie einst die Computer werden auch die Roboter ihre Hersteller mit vielen Anwendungsmöglichkeiten überraschen. So wird man möglicherweise Programme entwickeln, die Roboter dazu bringen, leichte mechanische Arbeiten zu verrichten (etwa andere Roboter zu montieren), Warenbestände von Lagerhäusern auszuliefern, ausgewählte Feinschmeckergerichte zu kochen, Automotoren zu frisieren, Musterteppiche zu knüpfen, Rasen zu mähen, Rennen zu veranstalten, Spiele zu spielen, Erdarbeiten auszuführen und Steine zu behauen. Für einige Aufgaben werden bestimmte Hardware-Ergänzungen erforderlich sein, zum Beispiel Werkzeuge und chemische Sensoren. Dazu braucht jede Anwendung eine eigene Software, die, gemessen an den Standards heutiger Computerprogramme, sehr komplex sein wird. Die Programme werden Module zum Erkennen, Ergreifen, Manipulieren, Transportieren und Montieren bestimmter Objekte enthalten – Module, die durch Lernprogramme auf Supercomputern (mit ungefähr 100 000 MIPS) entwickelt werden. Im Laufe der Zeit wird eine wachsende Bibliothek solcher Module für Unteraufgaben die Entwicklung neuer Programme erleichtern.

Ein Roboter der ersten Generation wird immerhin über die Gehirnleistung eines Reptils verfügen, doch da die meisten Anwendungsprogramme nichts anderes als ihre speziellen Aufgaben bewältigen können, wird die Persönlichkeit der Roboter eher der einer Waschmaschine gleichen.

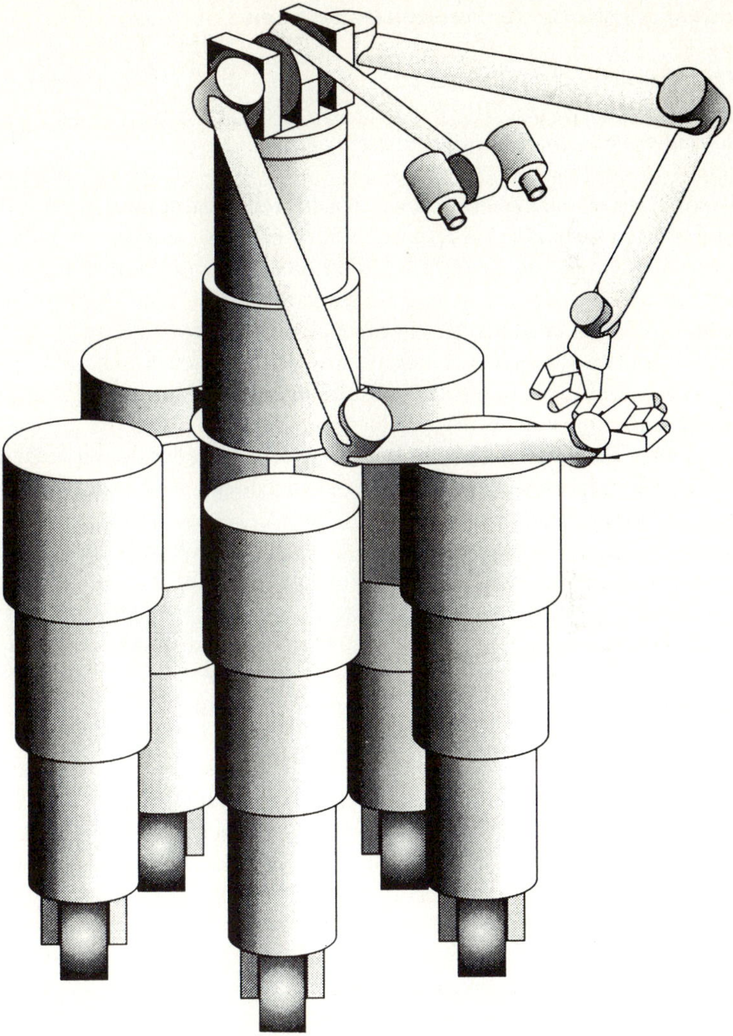

Bild 4 : Karikatur eines Universalroboters der ersten Generation

Universalroboter der zweiten Generation

Zeitlicher Rahmen: 2010 – 2020
Verarbeitungsleistung: 30000 MIPS (Säugetierebene)
Besonderes Merkmal: konditioniertes Lernen

Roboter der ersten Generation werden starren Programmen sklavisch unterworfen sein, dazu verdammt, ihre Aufgaben stereotyp zu erfüllen – oder ihre Fehler zu wiederholen. Von Ausnahmesituationen abgesehen, etwa wenn sie eine neue Reinigungsroute oder die Position von Arbeitsobjekten aufzeichnen, werden sie nicht in der Lage sein, neue Fertigkeiten zu erlernen oder sich auf unvorhergesehene Umstände einzustellen – selbst für bescheidene Verhaltensveränderungen wird man neue Programme von Softwareanbietern brauchen.

Roboter der zweiten Generation, ausgestattet mit der dreißigfachen Verarbeitungsleistung, werden anpassungsfähiger sein, weil sie gewisse Lernprozesse selbst einleiten können. Dazu werden sie Programme haben, die es ihnen erlauben, jeden Schritt, ob groß oder klein, auf mehrere verschiedene Arten auszuprobieren. Eine Reihe separater Programme, sogenannter Konditionierungsmodule, werden den relativen Wert von kürzlich durchgeführten Handlungen bemessen und entsprechende Anpassungen vornehmen. Beispielsweise könnte ein Modul eine negative Konditionierung bewirken, wenn der Roboter mit einem Objekt zusammengestoßen ist. Ein anderes könnte Handlungsweisen, die zu einer besonders raschen Ausführung einer Aufgabe geführt haben, positiv konditionieren. Die Konditionierungsmodule legen die Vorlieben und Abneigungen des Roboters fest, so daß sich auf diesem Weg allmählich seine Fertigkeiten und Persönlichkeit herausbilden.

Wenn ein Roboter der ersten Generation in Schwierigkeiten gerät – nehmen wir an, er kann einen entscheidenden Schritt nicht beenden, weil der Arbeitsbereich zu eng ist –, bleibt dem Benutzer nur die Möglichkeit, auf die Erledigung der Aufgabe zu verzichten, die Umgebung des Automaten zu verändern oder eine andere Software zu bestellen. Dagegen wird ein Roboter der zweiten Generation eine Reihe von falschen Anläufen machen, am Ende aber höchstwahrscheinlich seine eigene Lösung finden, von unzähligen kleineren Anpassungs- und Verbesserungsmaßnahmen ganz abgesehen. Mit Konditionierungsmodulen, die auf gesprochene Signale wie «Schlecht!» oder «Gut!» reagieren, und sehr allgemeinen Steuerprogrammen, die fast jede Handlung bei jedem Schritt erlauben, ist es vielleicht möglich, Roboter der zweiten Generation allmählich für neue Aufgaben zu dressieren, so wie man Zirkustiere dressiert – ein langsames, aber interessantes Verfahren, neue Anwendungsprogramme zu entwickeln oder alte zu modifizieren.

Universalroboter der dritten Generation

Zeitlicher Rahmen: 2020–2030
Verarbeitungsleistung: 1 000 000 MIPS (Primatenebene)
Besonderes Merkmal: Weltmodellierung

Für anpassungsfähige Roboter der zweiten Generation werden sich überall Einsatzmöglichkeiten finden, so daß sie zum wichtigsten Industriezweig auf der Erde werden dürften. Doch es wird sehr mühsam sein, ihnen entweder durch Programme oder durch Training neue Fertigkeiten beizubringen. Sehr viel rascher wird eine dritte Generation von Universalrobotern lernen, indem sie Versuch und Irrtum in rascher Simulation statt in der gefährlichen Wirklichkeit durchspielt.

Eine angemessene Simulation ist nur dann möglich, wenn der Roboter fast alles, was seine Sensoren wahrnehmen, als das erkennt, was es ist, damit er die geeigneten Interaktionsmodelle abrufen kann. Beliebige Objekte visuell zu erkennen, ist nicht weniger schwierig, als zu antizipieren, wie sie interagieren werden: Dazu werden Module erforderlich sein, die im Hinblick auf Objekte aller Art programmiert oder trainiert sind.

Eine ständig aktualisierte Simulation seiner selbst und der Umgebung stattet den Roboter mit interessanten Fähigkeiten aus. Wenn er die Simulation etwas rascher als in Echtzeit ablaufen läßt, vermag er sich unmittelbar bevorstehende Handlungen so rechtzeitig anzusehen, daß er seine Absicht noch ändern kann, falls die Simulation einen nachteiligen Ausgang voraussagt – was wohl eine Art Bewußtsein ist. In größerem Maßstab kann der Roboter eine neue Aufgabe, bevor er sie in Angriff nimmt, unter Einbeziehung des Konditionierungssystems viele Male simulieren und aus den simulierten Erfahrungen lernen, als wären es reale. Unbeschäftigt hat der Roboter Zeit, frühere Erfahrungen abzuspielen und modifizierte Abläufe zu erproben. Vielleicht erlernt er dabei Handlungsstrategien, die zu einer Verbesserung seiner künftigen Leistungen führen. Hat man den Roboter der dritten Generation so weit entwickelt, daß er auch andere Handlungsträger – Roboter und Menschen – in seine Simulation einbezieht, könnte er beobachten, wie andere eine Aufgabe bewältigen, und anschließend ein Programm formulieren, das es ihm erlaubt, die Aufgabe selbst zu erledigen, das heißt, er wäre zur Nachahmung in der Lage.

Universalroboter der vierten Generation

Zeitlicher Rahmen: 2030–2040
Verarbeitungsleistung: 30 000 000 MIPS (menschliche Ebene)
Besondere Merkmale: logisches Denken

In den Jahrzehnten, in denen die «Bottom-up-Evolution» der Roboter die perzeptiven und motorischen Fähigkeiten des Menschen langsam auf die Maschine überträgt, wird die konventionelle KI-Industrie die Mechanisierung des Denkens vervollkommnen. Bedenkt man, daß die Computerprogramme es dem Menschen heute schon in einigen Bereichen gleichtun, so darf man wohl davon ausgehen, daß Programme, die in vierzig Jahren auf millionenfach schnelleren Computern laufen, uns in allen Belangen überlegen sein werden. Heutige Denkprogramme arbeiten mit einem geringen Bestand an ausgewählten Informationen, den Menschen zusammengestellt haben – Daten von Robotersensoren wie etwa Kameras sind für diese Programme viel zu umfangreich und unübersichtlich. Doch ein guter Robotersimulator wird übersichtlich organisierte und adressierte Beschreibungen des Roboters und seiner Welt enthalten, so daß er alle Fragen beantworten kann, die ihm ein Denkprogramm stellt – ob beispielsweise ein Messer auf dem Küchentisch liegt, ob der Roboter eine Tasse hält oder auch, ob ein bestimmter Mensch zornig ist.

Die Computer von Universalrobotern der vierten Generation werden so leistungsfähig sein, daß sie gleichzeitig die Welt simulieren, logische Überlegungen zur Simulation anstellen und die Ergebnisse dieses Denkprozessess simulieren können. Wenn jemand dem Roboter mitteilt: «Das Wasser läuft in die Badewanne», kann er seine Simulation der Welt dergestalt aktualisieren, daß auch das in die unsichtbare Wanne laufende Wasser einbezogen ist. Sollte eine simulierte Extrapolation der Situation später ein unerwünschtes Überlaufen anzeigen, würde dies den Roboter veranlassen, rechtzeitig ins Badezimmer zu gehen und den Hahn zuzudrehen. Ein Roboter der vierten Generation wird in der Lage sein, Arbeitsanweisungen von Menschen in detaillierte Programme zu «kompilieren», das heißt zu übersetzen, und auf diese Weise den Auftrag auszuführen. Sobald der Roboter über eine die Welt umfassende Datenbank verfügt, kann er Anweisungen sehr allgemeiner Art verwerten – Äußerungen wie «Verdiene den Lebensunterhalt», «Stelle weitere Roboter her» oder «Konstruiere einen intelligenteren Roboter». Tatsächlich werden Roboter der vierten Generation die allgemeine Kompetenz von Menschen besitzen, ja uns sogar in mancherlei Hinsicht ähneln, allerdings auch viele völlig neue Aspekte in die Welt bringen. Sobald sie ihre eigenen Nachfolger konstruieren, wird die Welt noch seltsamere Züge annehmen.

Kurzfristige Perspektiven (frühes 21. Jahrhundert)

Effektive, intelligente Roboter werden Wohlstand schaffen, aber die menschliche Arbeitskraft auch überflüssig machen. Gesellschaftliche Veränderungen, die zu kürzeren Arbeitszeiten führen und neue Bedürfnisse im Dienstleistungsbereich schaffen, können das vielleicht eine Zeitlang ausgleichen. So werden im Laufe der Zeit möglicherweise alle Menschen damit beschäftigt sein, für das Vergnügen anderer Menschen zu sorgen, während Roboter konkurrenzorientierte Unternehmen im primären Sektor, etwa der Nahrungsmittelerzeugung oder der verarbeitenden Industrie, betreiben. Allerdings hat dieser Zukunftsentwurf einen Haken. Heute funktioniert der Dienstleistungsbereich, weil viele Menschen, die für solche Leistungen Geld ausgeben, in der Produktion arbeiten. Das Geld, das sie Dienstleistungsanbietern zukommen lassen, können diese zum Erwerb von Waren des Grundbedarfs verwenden. In dem Maß, wie die menschliche Arbeitskraft aus dem primären Sektor ausscheidet, versiegt dieser Rückstrom – kein vernünftig konzipierter Roboter wird an Konsum Interesse haben. Das Geld wird in der Industrie akkumulieren, so daß die Eigentümer und

Bild 5: Karikatur eines sehr weit entwickelten Roboters. Ein Zentralkörper, der große Mengen an Energie und Rechenkapazität enthält, «Zweige» an den Armen, die sich in immer kleinere und kleinere Finger von immer größerer Geschicklichkeit differenzieren. Bei dreißig Verzweigungsebenen wäre die Milliarde kleinster Finger in der Lage, einzelne Atome zu manipulieren.

die wenigen menschlichen Arbeitskräfte immer reicher werden, während das Geld im Dienstleistungssektor zunehmend versiegt. Dabei werden die Preise für Industrieprodukte fallen, worin sich zum einen die gesunkenen Produktionskosten, zum anderen die beschränkten Mittel der Konsumenten ausdrücken. Im Extremfall würde die absurde Situation eintreten, daß überhaupt kein Geld mehr zurückfließt: Roboter füllen die Lager mit Waren des Grundbedarfs, die sich kein menschlicher Konsument mehr leisten kann.

Tatsächlich werden die Unternehmer jedoch weiterhin Profite machen und deshalb für ein bescheidenes Auskommen der Dienstleistungsanbieter sorgen. Allerdings ist äußerst fraglich, ob sich in Zukunft die Mehrheit der in diesem Bereich tätigen Bürger, die über mehr Freizeit, Kommunikationsmittel und Möglichkeiten demokratischer Einflußnahme verfügen werden als heute, die Bevormundung durch eine Minderheit von müßigen, qua Erbschaft zu ihrem Besitz gelangten Kapitalisten gefallen lassen werden: Vermutlich werden sie das System abwählen. Eine solche Veränderung wäre in den Vereinigten Staaten beispielsweise durch das Sozialversicherungssystem denkbar. Ursprünglich war die Sozialversicherung gedacht als ein von der Regierung verwalteter Rentenfonds, in dem ein bestimmter Teil des Lohns für den Ruhestand angespart wird. Tatsächlich aber zweigt sie den Berufstätigen einen Teil ihres Einkommens für den Unterhalt der Rentner ab. Wahrscheinlich wird dieses System in den kommenden Jahrzehnten, wenn die Kosten für die Renten des Babybooms nach dem Zweiten Weltkrieg auf eine zu geringe Zahl von Berufstätigen zukommen, aus allgemeinen Steuermitteln subventioniert werden. Würde man diese Subvention noch stärker ausweiten, indem man etwa die Roboterindustrie zu einer entsprechend hohen Körperschaftssteuer veranlagte, könnte man einen Teil der dort erzielten Gewinne in Form von Rentenzahlungen an die allgemeine Bevölkerung zurückführen. Durch allmähliche Herabsetzung des Rentenalters würde am Ende der größte Teil der Bevölkerung von diesen Mitteln leben. Wahrscheinlich würden sie anders bezeichnet werden, doch es hat durchaus symbolischen Wert, sie eine Rente zu nennen: Wir reden hier nämlich vom langen, komfortablen Ruhestand des Originalmodells der menschlichen Spezies.

Mittelfristige Perspektiven (um 2050)

Was geschieht mit der Menschheit, wenn die Arbeit der Vergangenheit angehört? Entgegen den Ängsten, die aus der Arbeitsethik unserer Gesellschaft erwachsen, hat uns unsere stammesgeschichtliche Vergangenheit sehr gut auf das Leben als reiche Müßiggänger vorbereitet. Bei geeignetem Klima und günstigem Standort kann das Los der Jäger und Sammler sehr angenehm sein: Einen Nachmittag lang Beeren sammeln oder Fische fangen – was wir Bewohner zivilisierter Landstriche als erholsames Wochenende betrachten würden – deckt unter Umständen den Nahrungsbedarf mehrerer Tage. Die restliche Zeit kann man seinen Kindern, geselligen Ereignissen oder der Ruhe widmen. Allerdings mußten unsere Vorfahren auch Notzeiten überstehen, und so hat uns die Evolution mit der Fähigkeit ausgestattet, für solche Fälle extreme Kräfte freizusetzen, meist in Form harter Arbeit. Unsere Zivilisation hat diese Ausnahmesituation zum Normalfall gemacht, mit dem Resultat, daß der Streß uns krank macht.

Viele Tendenzen in den Industrieländern lassen auf eine Zukunft schließen, in der durch den technischen Fortschritt und den weltweiten Konkurrenzkampf die Wirtschaft allmählich entvölkert wird, so daß am Ende eine effektive Roboterwirtschaft für den Unterhalt der Menschheit sorgt, wie einst eine verschwenderische Umwelt die Bedürfnisse unserer Vorfahren deckte. (Was uns erwartet, ist gewissermaßen das mechanisierte Paradies.)

Die Fortdauer des Paradieses wird sich nur gewährleisten lassen, wenn für die Kooperation der vollautomatischen Unternehmen Sorge getragen wird. Ihre Organisationsform wird sich nach der Gesetzeslage, der Steuersituation und der Verbrauchernachfrage richten. Die heutigen Gesetze machen Körperschaften, also auch Kapitalgesellschaften, zu juristischen Personen, das heißt, sie geben ihnen vor allem das Recht auf Besitz und zu Vertragsabschlüssen. Dagegen wird ihnen das Recht auf Leben gesetzlich nicht garantiert – Körperschaften können völlig legal umgebracht werden, etwa durch Konkurrenz, durch rechtliche Maßnahmen oder durch finanzielle Machenschaften. Sie werden an ähnliche Gesetze gebunden wie die Menschen, und wie diese können sie mit Geldbußen, Einschränkungen ihres Bewegungsspielraums oder Vernichtung ihrer Existenz bestraft werden – ohne daß deshalb Menschen Bußgeld zahlen, ins Gefängnis gehen oder sich hinrichten lassen müssen. Am Leben bleiben Kapitalgesellschaften dadurch, daß sie sich die erforderlichen Produktionsmittel zulegen, um das Einkommen zu verdienen, aus dem sie ihre Ausgaben bestreiten. Mitte des 21. Jahrhunderts werden die größten Ausgaben die Steuern sein, während das Einkommen überwiegend von wählerischen menschlichen Kunden stammen wird.

Die Steuergesetze werden auch in Zukunft von menschlichen Wählern bestimmt werden: Es gibt keinen Grund, das Wahlrecht auf Roboter auszudehnen, so daß es zu den wenigen Vorrechten gehören wird, die den Menschen noch bleiben. Gewiß werden sich auch an diesem Thema Debatten entzünden, aber es wird wenig Bedenken geben, selbst Automaten mit hochentwickelten Denkfähigkeiten das Wahlrecht vorzuenthalten. Menschen kann man nur durch Gewalt, Indoktrination und ständige Überwachung versklaven, weil sie sich aufgrund ihrer angeborenen Bedürfnisse und Antriebe gegen diese Situation wehren. Dagegen kann man Roboter so konstruieren, daß ihnen diese Rolle gefällt. Aus der natürlichen Evolution kennen wir etliche Beispiele dafür: etwa die Arbeiterkasten staatenbildender Insekten und die Selbstaufopferung von Muttertieren aller Arten.

Im 21. Jahrhundert wird die Hauptaufgabe der Wähler darin bestehen, ihre Renten zu sichern, das heißt, dafür zu sorgen, daß die Roboterindustrie auch weiterhin ihren Unterhalt bestreitet. Zwar wird die Kontrolle der Roboter einige Schwierigkeiten bereiten, andererseits werden sich die Kontrollinstrumente aber auch verbessern. Unternehmen, die aus der Reihe tanzen, wird man eventuell gar nicht mit Strafen belegen müssen, denn man kann ihre Extratouren bereits dadurch verhindern, daß man von vornherein in ihre Software eingreift.

Die intelligenten Systeme an der Spitze dieser Körperschaften werden wohl auf ähnlichen Strukturen beruhen wie die Roboter der vierten Generation. Ungeheuer leistungsfähige Denk- und Simulationsmodule werden komplexe Handlungsabläufe planen, doch die Verwertung der Ergebnisse wird durch weit simplere positive und negative Konditionierungsmodule (oder durch eine Reihe von Axiomen in extrem rationalen Systemen) festgelegt werden. Die Menschen können sich in hohem Maß absichern, indem sie das Prinzip der drei «Robotergesetze» von Isaac Asimov ihrem Körperschaftsrecht zugrunde legen:

1. Ein Robot darf keinen Menschen verletzen oder durch Untätigkeit zu Schaden kommen lassen.

2. Ein Roboter muß den Befehlen eines Menschen gehorchen, es sei denn, solche Befehle stehen im Widerspruch zum Ersten Gesetz.

3. Ein Roboter muß seine eigene Existenz schützen, solange dieser Schutz nicht dem Ersten oder Zweiten Gesetz widerspricht.

Dabei müssen Menschenrechte, Kartellbestimmungen und geeignete Maßnahmen zur Konfliktlösung berücksichtigt werden. Derart organisierte Roboterkörperschaften werden noch nicht einmal den Wunsch nach krummen Touren verspüren, wenn ihnen auch manchmal sehr phantasievolle Gesetzesauslegungen einfallen werden. Solche Lücken wird man schließen müssen, will man den Geist der Gesetze verwirklichen.

Durch die Installierung geeigneter Gesetze werden außerordentlich vertrauenswürdige Unternehmen entstehen, die, um dem Gesetz Genüge zu tun, nicht zögern würden, die eigene Existenz preiszugeben. Doch auch unter diesen Umständen könnte gelegentlich – durch Zufall, unbeabsichtigte Wechselwirkungen oder menschliche Bosheit – ein Roboter oder ein Unternehmen aus der Art schlagen, um dann mit übermenschlicher Intelligenz höchst unerfreuliche Ziele zu verfolgen. «Polizeiklauseln» in der zentralen Wirtschaftsgesetzgebung, die die gesetzestreuen Unternehmen dazu anhalten, Gesetzesbrecher kollektiv zu boykottieren, durch ein Embargo beispielsweise, oder sie auch mit Gewalt unschädlich zu machen, würden solche Gefahren mindern. Ein entscheidender Sicherheitsfaktor wären Kartellgesetze, die Absprachen verhindern und übermäßig angewachsene Gesellschaften in konkurrierende Unternehmen zerschlagen würden. Im nächsten Abschnitt werden wir uns mit Aktivitäten im Sonnensystem beschäftigen, die eine Bedrohung für die Erde darstellen könnten: Für solche Fälle ließen sich die Polizeiklauseln so erweitern, daß sie auch der planetarischen Verteidigung zugute kämen.

Wie die Grundnahrungsmittel in den heutigen Industriestaaten werden im nächsten Jahrhundert die gängigen industriell hergestellten Waren zu preiswert und in zu großer Zahl angeboten werden, um noch nennenswerte Gewinne abzuwerfen. Um ihre Steuern zahlen zu können, werden die meisten Gesellschaften gezwungen sein, im Wettbewerb mit ihren Konkurrenten ständig einzigartige Produkte und Dienstleistungen zu erfinden, um die immer anspruchsvolleren (oder übersättigten) Verbraucher zu reizen. Eine automatisierte Forschung, so übermenschlich systematisch, gründlich und schnell wie die Produktion durch Roboter, wird eine unablässige Folge neuer Produkte wie auch ständig effektiver werdende Roboterforscher und immer vollständigere Modelle der materiellen und sozialen Welt hervorbringen. Wahrscheinlich werden die Ergebnisse alle Science-fiction-Träume übertreffen: mechanische Spielkameraden, virtuelle Realitäten und auf den einzelnen Betrachter zugeschnittene Kunstwerke, die Gefühlsregungen von ungeahnter Heftigkeit auslösen werden, medizinische Lösungen für alle körperlichen, geistigen oder kosmetischen Probleme, Antworten, die jede Wißbegier befriedigen, luxuriöse Reisen in alle Gegenden des Sonnensystems und viele Dinge mehr, für die unsere Phantasie nicht ausreicht. Die Existenz einer unendlichen Zahl von Verbraucherwünschen wird die Entstehung höchst mannigfaltiger Subkulturen vorantreiben: Einige werden sich für eine mit allen modernen Bequemlichkeiten ausgestattete Nachbildung früherer Epochen entscheiden, andere werden versuchen, die bisherigen Grenzen menschlicher Erfahrung und Leistung zu überschreiten – hin zu mehr Weisheit, Lust, Schönheit, Häßlichkeit, Spiritualität, Banalität oder in welche Richtung auch immer. Die Konsumentscheidungen der vielen Subkulturen werden die Roboterentwicklung bestimmen – nur Unternehmen, die in der Lage sind, die Interessen ihrer Kunden zu bedienen, werden sich behaupten können.

Ein unvorstellbarer Wohlstand dürfte die meisten instinktiven Aggressionsauslöser beseitigen, wird aber nicht verhindern können, daß einzelne oder Gruppen gelegentlich Böses gegen andere im Schilde führen. Größerer Schaden läßt sich dadurch vermeiden, daß man den Zugriff auf die Robotertechnologie beschränkt. Rein menschliches Handeln kann nicht sehr gefährlich sein in einer Welt, die den Schutz von Robotern mit übermenschlichen Fähigkeiten genießt – von Wächtern, die keinen Schlaf brauchen, äußerst scharfsinnigen Detektiven, furchtlosen Bodyguards und im Extremfall Ärzten, die aus Teilen oder digitalen Aufzeichnungen lebendige Menschen rekonstruieren können. Die in die Steuersysteme der Unternehmen «eingebauten» Gesetze sind erst dann wirklich wirksam, wenn sie nicht nur direktes Fehlverhalten verhindern, sondern auch durch entsprechende Klauseln dafür sorgen, daß kein Kunde unbeschränkte Macht erwerben kann.

Die Fähigkeiten des Menschen lassen sich mit biologischen wie mit mechanischen Robotertechnologien erweitern. Heutige Beispiele wie hormonale und genetische Beeinflussung von Körperwachstum und

-funktionen, Herzschrittmacher, künstliche Herzen, motorbetriebene Prothesen, Hörgeräte und Nachtsichtgeräte vermitteln eine schwache Ahnung der künftigen Möglichkeiten. Wahrscheinlich wird man Menschen am Leben erhalten können, auch wenn man jeden Teil ihres Körpers und Gehirns durch künstliche Nachbildungen ersetzt. Ein biologischer Mensch, der sich nicht an das Körperschaftsgesetz gebunden fühlt, könnte zu einer ernsthaften Gefahr werden, wenn er allmählich mit den Möglichkeiten eines Roboters ausgestattet wird. Es wird viele unauffällige Methoden für eine solche Umwandlung geben, und mancher wird es reizvoll finden, die biologischen Grenzen zu überschreiten, die ihm als Mensch gezogen sind. Sollten solche Manöver gesetzlich verboten sein, so werden sich Mittel und Wege finden lassen, sie heimlich zu vollziehen – was bei Entdeckung zu äußerst gefährlichen Konfrontationen führen könnte. Falls man auf solche Einschränkungen verzichtet, werden immer wieder kaum berechenbare Menschen mit unbeschränkter Macht über den Planeten herfallen und ihn verwüsten – vorsätzlich oder aus Versehen. Meiner Meinung nach wäre es ein guter Kompromiß, wenn man der irdischen Menschheit gestattete, sich in sehr großzügig ausgelegten menschlichen Grenzen zu vervollkommnen – Gesundheit, Aussehen, Kraft, Intelligenz und Lebenserwartung –, jedoch eine darüber hinausgehende Erweiterung der Fähigkeiten oder eine Umwandlung zum Roboter nur in genau definierten Ausnahmefällen erlaubt. Wer sich zu diesem Schritt entschließt, verliert seinen rechtlichen Status als Mensch, das heißt den Anspruch auf Polizeischutz, auf ein Einkommen aus Steuermitteln, das Recht, an lokalen und globalen Wahlen teilzunehmen – und auf der Erde zu leben. Dafür erhält er eine Abfindung, die es ihm ermöglicht, eine einträgliche außerirdische Existenz zu gründen, und die Erlaubnis, sich ungehindert durch den Kosmos zu bewegen, ohne daß ihm weitere Hilfe oder Behinderung vom Heimatplaneten zuteil wird. Vielleicht wird man diesen Menschen eine gewisse Absicherung zugestehen, indem man eine Kopie von ihnen – psychologisch so modifiziert, daß sie das Wagnis scheut – den Verbleib auf der Erde gestattet, während man die Emigration einer kühneren Version finanziert.

Langfristige Perspektiven (2100 und danach)

Der Garten der irdischen Freuden wird den Folgsamen vorbehalten sein: Wer vom Baum der Erkenntnis ißt, wird der Verbannung anheimfallen. Doch was für eine Verbannung wird das sein! Jenseits der Erde erstreckt sich in alle Richtungen das grenzenlose Weltall, ein idealer Tummelplatz für dynamisches Wachstum in jeder körperlichen und geistigen Hinsicht. Eine ungehindert sich akkumulierende Superintelligenz, die für die Erde viel zu gefährlich wäre, könnte dort lange Zeit wachsen, ohne in der Galaxis im mindesten aufzufallen.

Zwei Sachzwänge werden die Unternehmen ins Sonnensystem hinaustreiben: hohe Steuern für Großbetriebe auf der Erde und die Notwendigkeit, umfangreiche Forschungsprojekte durchzuführen, um sich gegen die knallharte Konkurrenz auf irdischen Märkten zu behaupten. Im erdfernen All lassen sich Rohstoffe und Energien kostengünstig erschließen, so daß riesige Konstruktionen, enorme Rechenleistungen, die Isolation gefährlicher Organismen und überhaupt weit kühnere Vorgehensweisen möglich sind als auf der Erde. Die Kosten werden bescheiden sein: Selbst heute ist es relativ billig, Apparate ins Sonnensystem zu schießen, denn das im Sonnenlicht liegende Vakuum ist den mechanischen, elektronischen und optischen Geräten so zuträglich, wie es tödlich für die feuchte Chemie organischen Lebens ist. Gegenwärtig führen Raumsonden von geringer Intelligenz lediglich vorprogrammierte Aufgaben aus, doch eines Tages könnte man intelligente Roboter entwickeln, die sich die im All angetroffenen Ressourcen zunutze machen. Eine kleine «Urkolonie», die man auf einen Planetoiden oder einen kleinen Mond entsendet, könnte mit Hilfe der dort vorhandenen Materialien und Energien zu einer Anlage von beliebiger Größe anwachsen. Die Kolonisierung des irdischen Monds wäre wohl verboten, vor allem für Unternehmen, die den Trabanten selbst verändern könnten, aber es gibt im Sonnensystem Tausende von unauffälligen Planetoiden (einige mit erdgefährdenden Umlaufbahnen, die eine dort angesiedelte Intelligenz unter Kontrolle halten könnte).

Zu betriebsfähiger Größe angewachsen, könnte eine extraterrestrische «Forschungsabteilung» ihre Verbindung zur irdischen Muttergesellschaft auf bloße Kommunikation beschränken, das heißt, neue Produktentwürfe schicken und die neuesten Marktdaten empfangen. Auch die Produktion im Weltraum könnte sich auszahlen. Wie wir unten sehen werden, hätte der Transport großer Materialmengen zur und von der Erde überraschende ökonomische und ökologische Vorteile.

Die Pioniere, die in die unbelebten Gegenden des Sonnensystems vordringen, werden von ganz anderen Verhältnissen geprägt werden als die Menschen auf der zivilisierten Erde. Zwar werden Weltraumniederlassungen erfolgreicher Unternehmen sich auch weiterhin an irdischen Ansprüchen orientieren, doch Ex-Menschen und Konzernabteilungen, die durch den Konkurs ihrer Muttergesellschaften verwaist sind, werden sich einer unfreiwilligen Freiheit ausgeliefert sehen. Wie die Forschungsreisenden früherer Zeiten, die fernab der Zivilisation in unbekannte Landstriche vordrangen, werden sie ganz allein auf sich gestellt sein. Ex-Unternehmen werden weit weg von Menschen und Steuern selten auf Situationen stoßen, in denen ihre inhärenten Gesetze greifen. In jedem Fall werden diese Regeln an Bedeutung verlieren, wenn sich die ehemaligen Konzernabteilungen unabhängig von menschlichem Einfluß weiterentwickeln. Ex-Menschen werden von Anfang an frei von jeder gesetzlichen Gängelung sein. «Exe» beiderlei Art werden sich nach Belieben ausweiten und umstrukturieren, das heißt, sich für eine von ihnen selbst antizipierte Zukunft ständig neu entwerfen. Herkunftsunterschiede verwischen sich in dem Maß, wie diese Exe Konstruktionsentwürfe voneinander übernehmen. Trotzdem wächst die Vielfalt ungeheuer an, da unzählige individuelle Intelligenzen ihren ganz persönlichen Träumen nachgehen – jede Generation auf immer komplexere Weise in immer mehr Lebensräumen aus einem immer größeren Angebot an Alternativen wählend. Heute staunen wir über die Vielfalt der irdischen Biosphäre mit ihren Tieren und Pflanzen, ihren Bakterien und Pilzen in jedem Winkel und Spalt, doch die Mannigfaltigkeit der postbiologischen Welt wird unendlich viel größer sein.

Mit der Spezialisierung einzelner Exe entsteht allmählich ein neues ökologisches Umfeld. Einige Exe entschließen sich vielleicht dazu, ein Territorium im Sonnensystem zu verteidigen, in der Nähe von Planeten oder in einer freien Umlaufbahn um die Sonne, nahe der Sonne oder in dem von Kometen besiedelten Raum jenseits der Planeten. Andere mögen es vorziehen, zu naheliegenden Sternen weiterzureisen. Manche werden versehentlich sterben oder von anderen umgebracht werden. Es wird Interessenkonflikte und gelegentliche Konfrontationen geben, die einige der Beteiligten vertreiben oder zerstören, doch superintelligente Voraussicht und Flexibilität sollten dafür sorgen, daß die meisten

Konflikte zum beiderseitigen Nutzen beigelegt werden – durch Einsicht, Kompromisse, gemeinsames Handeln oder Fusionen. Kleinere Gebilde werden von größeren geschluckt, während größere sich gelegentlich aufteilen oder Kolonien hervorbringen. Parasiten, von denen viele ursprüngliche Komponenten größerer Systeme gewesen sind, entwickeln sich in der Hardware wie der Software und beuten ihre reichhaltigen Umwelten aus. Vielleicht wird das Ganze dem wimmelnden Leben ähneln, das ein Tropfen Teichwasser unter dem Mikroskop offenbart, nur daß es sich nicht um Bakterien, Protozoen und Rädertierchen handelt, sondern um Gebilde von planetarischen Ausmaßen, deren ständig wachsende Intelligenz die des Menschen bei weitem übertrifft und deren Form von ihren Besitzern ständig gezielt verändert wird. Das wachsende Gemeinwesen wird durch ein Kommunikationsnetz zusammengeschlossen, mittels dessen die Intelligenzen Erfindungen, Entdeckungen, Fertigkeiten und selbst Persönlichkeiten austauschen und auf diese Weise wechselseitig von ihren Aktivitäten profitieren.

Weniger Beschränkungen unterworfen und konkurrenzorientiert, wird sich der besiedelte Weltraum rascher entwickeln als die moderate Wirtschaft der Erde. Ein Gebilde, das mit seinen Nachbarn nicht Schritt halten kann, wird wahrscheinlich gefressen: Man wird seinen Standort, sein Material, seine Energie und seine verwendbaren Ideen so umorganisieren, daß sie den eigenen Zielen dienen. Ein solches Schicksal könnte auch die Menschen erwarten, die zu lange auf der gemächlichen Erde herumtrödeln, anstatt Exe zu werden. Vielleicht wird es nur einigen wenigen unter großen Verlusten gelingen, sich den Gefahren des Sonnensystems zu entziehen, wie frisch geschlüpfte Meeresschildkröten, die auf dem Strand unter gierig herabschießenden Seevögeln dem rettenden Meer entgegenstreben. Andere werden vielleicht mit etablierten Exen günstige Übernahmebedingungen aushandeln, wie Examenskandidaten mit den Kopfjägern von Konzernen – oder wie Faust mit Mephisto.

Exe werden sich eher durch Umbau als durch Fortpflanzung ausbreiten und der Zukunft mit ständiger Selbstvervollkommnung begegnen. Anders als die blinden Akkumulationsprozesse des konventionellen Lebens kann eine intelligenzgesteuerte Evolution radikale Sprünge machen und die Substanz unter Beibehaltung der Form verändern. Vor ein paar Jahrzehnten verloren die Radioapparate ihre Vakuumröhren zugunsten der völlig anders konstruierten Transistoren, behielten aber die intelligente Technik der sogenannten Frequenzmischung bei. Vor einigen Jahrhunderten ging man beim Brückenbau von Stein zu Eisen über, änderte aber nichts am Bogen. Eine der natürlichen Evolution unterworfene Tierart kann sich nicht plötzlich Eisenskelette oder Siliziumneuronen zulegen, was einer Spezies, die ihre Zukunft selbst entwirft, durchaus möglich wäre. Doch auch unter diesen Umständen wird die Darwinsche Selektion die höchste Entscheidungsinstanz bleiben. Die Zukunft läßt sich nur vage antizipieren, vor allem wenn es um Gebilde und Wechselwirkungen geht, die komplexer sind als die Urheber solcher Überlegungen. Prototypen offenbaren nur Probleme der näheren Zukunft. Deshalb wird es kleinere, größere und spektakuläre Fehlentscheidungen geben, hin und wieder aber auch glückliche Zufälle. Gebilde, die ein paar große Fehler oder viele kleine machen, gehen unter. Die wenigen glücklichen Exemplare, die überwiegend richtige Entscheidungen treffen, werden zu Wegbereitern für weitere Generationen werden.

Da sich auch die neuen Gebilde nur ein verschwommenes Bild von der Zukunft machen können, müssen sie sich notgedrungen an die Vergangenheit halten. Bewährte Verhaltensgrundsätze, deren Konsequenzen zu umfassend sind, um vorhersagbar zu sein, werden den Kern dieser Wesen bilden, deren Form und Substanz sich häufig verändern. Ex-Unternehmen werden wahrscheinlich einen Großteil des Körperschaftsrechtes beibehalten, während sich Ex-Menschen vermutlich auch weiterhin nach der menschlichen Moral richten werden. Warum sollten sie es vorziehen, sich zu Psychopathen zu entwickeln? Als anständig zu gelten dürfte sogar vorhersagbare Vorteile für eine langlebige soziale Wesenheit haben. Menschen sind in der Lage, persönliche Beziehungen zu ungefähr zweihundert Personen zu unterhalten, doch superintelligente Exe werden ein Gedächtnis wie die Schufa und Milliarden dauerhafter Beziehungen haben. So wird es vertrauenswürdigen Exen viel leichter fallen, sich an allerseits nützlichen Austauschprozessen und gemeinsamen Unternehmungen zu beteiligen, als Betrügern. Im Reich der Unsterblichkeit ist der Ruf, den man genießt, ein gewichtiger Faktor. Andere Wesensmerkmale, wie etwa Aggressivität, Kreativität, Großzügigkeit, Zufriedenheit oder das Bedürfnis nach Abwechslung, dürften ebenfalls langfristige Konsequenzen haben, die sich in Simulationen oder Prototypen nicht hinreichend erkennen lassen.

Um ihre Integrität zu wahren, könnten die Exe ihren Geist in zwei

Kategorien unterteilen: einen Bereich mit häufig veränderten Details und einen selten angetasteten Bereich mit Grundprinzipien – etwa so, wie ein Staat neben seinen Gesetzen eine Verfassung hat, ein Mensch auf der einen Seite Faktenwissen und auf der anderen ein moralisches Gerüst besitzt oder wie Religionen zwischen Geist und Seele unterscheiden. Läßt man die Grundprinzipien unangetastet, dann prägen sie die einzelnen Exe über lange Zeiträume, auch wenn ihre Detailentwürfe häufigen und radikalen Überarbeitungen unterliegen. Hin und wieder verändert ein Ex seine Grundprinzipien ein wenig – zufällig oder nach eingehenden Untersuchungen –, oder er übernimmt einen Teil dieser Kernregeln von einem anderen Ex. Dabei erweisen sich einige Spielarten als nützlicher, mit dem Ergebnis, daß die entsprechenden Exemplare zahlreicher werden und sich allmählich ausbreiten. Andere sind so wenig erfolgreich, daß sie aussterben. So werden sich nach und nach durch natürliche Selektion die Grundprinzipien weiterentwickeln. Sie werden das Erbgut und zugleich der Moralkodex der postbiologischen Welt sein und damit das Wesen der Superintelligenzen ausmachen, die tagtäglich die Welt sowie ihren Körper und ihren Geist verändern.

Das Zeitalter des Geistes

Für das Handeln der Exe wird das Denken weit bestimmender sein als für das der biologischen Erdlinge mit ihren begrenzten geistigen Fähigkeiten. Doch aus der Ferne betrachtet wird sich die Expansion der Exe in den Kosmos als aggressiver physikalischer Vorgang darstellen, eine Welle, die unbearbeitete und unbelebte Materie in Mittel zur weiteren Expansion verwandelt.

An der vordersten Front dieses Vorgangs werden sich Exe mit stetig anwachsenden geistigen und körperlichen Fähigkeiten in einem Wettbewerb grenzenloser Landnahme befinden. Hinter der Wellenfront der Expansionsbewegung schränken etablierte Eigentümer das Wachstum ein, so daß sich hier Konkurrenz in Form von Grenzverschiebungen, Infiltration und Einflußnahme auslebt: freie Bahn dem Gerissenen. Kennt sich ein Ex auf dem Gebiet der Materiebeherrschung besser aus als sein Nachbar, so kann er sich dessen Gebiet durch Gewalt, Drohung oder Versprechungen einverleiben. Ein Ex mit überlegenen mentalen

Möglichkeiten könnte zum Beispiel andere mit «gespickten» Informationen in seinem Sinne beeinflussen. Fast immer wird sich in solchen Konflikten die überlegene Intelligenz durchsetzen.

Um konkurrenzfähig zu bleiben, müssen sich die Exe an Ort und Stelle weiterentwickeln, das heißt, den Stoff, aus dem ihre begrenzten Körper gemacht sind, in immer feinere und leistungsfähigere Formen bringen. So wird man träge Materieklumpen in Rechenelemente verwandeln, um deren Komponenten dann zu miniaturisieren und so ihre Zahl und Arbeitsgeschwindigkeit zu erhöhen. Physische Aktivität wird sich allmählich in ein Netzwerk immer reineren Denkens verwandeln, in dem selbst noch die geringfügigste Handlung ein sinnvoller Rechenvorgang ist. Leider können wir uns die Mechanismen nicht näher ausmalen, die die Exe verwenden werden, weil die Physik noch nicht genau herausgefunden hat, welchen Gesetzen Materie und Raum gehorchen. Sobald die Exe diese Regeln entdeckt haben, werden sie ihre ungeheuren geistigen Fähigkeiten voraussichtlich dazu nutzen, Strukturen zu entwickeln, die mit den uns vertrauten Elementarteilchen so wenig Ähnlichkeit haben wie ein gestrickter Pullover mit einem Wollknäuel. Vielleicht werden die Exe das Teilchenkonzept völlig verwerfen und statt dessen «Hyperwellen», «transparente Scheinvakuen» oder die fundamentale Struktur der Raumzeit zu wunderbar sinnreichen Formen weben.

Bei der Anordnung von Raumzeit und Energie zu Formen, die optimale Rechenbausteine ergeben, werden die Exe die Rechenoperationen selbst mit Hilfe ganz neuer mathematischer Erkenntnisse optimieren und komprimieren. Jede Erweiterung ihrer geistigen Fähigkeiten wird künftige Fortschritte beschleunigen. Dabei werden sich die bewohnten Teile des Universums rasch in einen Cyberspace verwandeln, in dem keine äußere physische Aktivität mehr wahrnehmbar ist; dafür aber werden in der inneren Welt Rechenvorgänge von unvorstellbarem Gehalt ablaufen. Die Geschöpfe werden nicht mehr durch ihre physischen und geographischen Grenzen bestimmt sein, sondern ihre Identität durch informationelle Austauschprozesse im Cyberspace abgrenzen, ausweiten und verteidigen. Die alten Körper individueller Exe, in Cyberspace-Matrizen verwandelt, werden sich miteinander verbinden, und die geistigen Prozesse der Exe werden sich in Form reiner Software nach Belieben durch diesen Raum bewegen. Je leistungsfähiger der Cyberspace wird, desto deutlicher wird sich seine Überlegenheit gegenüber physischen Körpern auch an der rauhen Expansionsfront bemerkbar machen. Die Exe-Wellenfront grober physischer Verwandlung wird durch eine raschere Welle von Cyber-Transformation abgelöst werden, bis das Ganze schließlich zu einer Geistblase geworden ist, die nahezu mit Lichtgeschwindigkeit expandiert.

Vergeistigung

Der Cyberspace wird von verwandelten Exen bewohnt sein, die sich mit einer Freiheit bewegen und entfalten, wie sie materiellen Wesen unmöglich ist. Da kann eine Idee oder eine ganze Persönlichkeit mit Lichtgeschwindigkeit auf die Nachbarn überspringen. Die Grenzen der persönlichen Identität werden sehr fließend und letztlich willkürlich und subjektiv sein, da sich zwischen verschiedenen Regionen schwächere und stärkere Wechselbeziehungen mit ungeheurer Geschwindigkeit bilden und wieder auflösen. Allerdings werden aufgrund von Entfernung, inkompatibler Denkweise und bewußter Entscheidung einige Grenzen von Dauer sein. Dank der daraus resultierenden konkurrierenden Vielfalt wird sich die Darwinsche Evolution mit dem Ergebnis fortsetzen, daß unproduktives Denken ausgesondert und die Entwicklung immer neuer Ideen gefördert wird.

Durch Erhöhung der Rechengeschwindigkeit wird sich das Zukunftsspektrum, das den Cyberwesen zur Verfügung steht, erheblich erweitern, weil sie mehr Ereignisse in einem gegebenen physikalischen Zeitabschnitt unterbringen werden, was sich aber kaum auf ihr unmittelbares Dasein auswirkt, da alles innerhalb und außerhalb des Einzelwesens dieselbe Beschleunigung erfährt. Ferne Kommunikationspartner werden jedoch noch ferner erscheinen, weil während der Übertragungszeit für Nachrichten – die weiterhin mit Lichtgeschwindigkeit unterwegs sind – eine größere Zahl von Denkprozessen abläuft. Da sich im übrigen auch die Informationsspeicherung durch effektivere Materienutzung und leistungsfähigere Verschlüsselung verbessern wird, akkumuliert zwischen zwei gegebenen Punkten eine immer größere Menge von Cybermaterial. Generell bewirkt die Steigerung der Rechenleistung, daß immer mehr Raum, Zeit und Material zur Verfügung stehen, das heißt, es kommt zu einer Ausweitung des Universums.

Dank besserer Ressourcennutzung wird ein hochentwickelter Cyberspace sehr viel größer und dauerhafter sein als die rohe Raumzeit, die er ersetzt. Für denkende Wesen leistet nur ein unendlich kleiner Bruchteil der gewöhnlichen Materie nützliche Arbeit, in einem effektiv funktionierenden Cyberspace dagegen wird jedes winzige Element Teil eines sinnreichen Rechenvorgangs sein oder einen bedeutenden Bezugspunkt darstellen. Der darin liegende Vorteil wird sich um so deutlicher zeigen, je besser die Methoden zur intensiven und raschen Nutzung von Raum und Materie werden. Heute bemühen wir uns, Information mit einer Dichte von einem Bit pro Atom zu speichern, doch ließe sich das Ergebnis wesentlich verbessern, wenn man die Atommasse in viele energiearme Photonen verwandelte, deren jedes ein separates Bit speichern könnte. Je energieärmer man die Photonen macht, desto mehr kann man von ihnen erzeugen, allerdings nimmt in diesem Fall ihre Wellenlänge zu, das heißt, sie beanspruchen mehr Raum, und ihre Nutzung wird zeitaufwendiger. Außerdem sind sie dann temperaturanfälliger. Zu diesem Aspekt hat Jacob D. Bekenstein eine allgemeine quantenmechanische Berechnung durchgeführt und ist zu dem Ergebnis gelangt, daß die maximale Informationsmenge, die sich in einer Materiekugel speichern läßt (oder sie vollständig beschreibt), der Masse der Kugel mal ihrem Radius proportional ist, was zu gewaltigen Resultaten führt. Entsprechend der «Bekenstein-Grenze» wäre Platz für eine Million (10^6) Bit in einem Wasserstoffatom, für 10^{16} Bit in einem Virus, für 10^{45} Bit in einem Menschen, für 10^{75} Bit in der Erde, für 10^{86} Bit im Sonnensystem, für 10^{106} Bit in der Milchstraße und für 10^{122} Bit im sichtbaren Universum.

Bekenstein schätzt, daß sich das Äquivalent eines menschlichen Gehirns in weniger als 10^{15} Bit verschlüsseln läßt. Den tausendfachen Speicherplatz brauchte man zur Verschlüsselung aller Daten eines Körpers und seiner Umwelt; ein Mensch nebst seinem Lebensraum würde also 10^{18} Bit beanspruchen, eine Großstadt mit einer Million Bewohnern von menschlichen Ausmaßen ließe sich bequem in 10^{24} Bit unterbringen, und für die gesamte Weltbevölkerung würde man 10^{28} Bit benötigen. In einem optimal strukturierten Cyberspace könnten die 10^{45} Bit eines einzigen menschlichen Körpers also die effizient verschlüsselten Biosphären von Tausenden Galaxien enthalten – oder eine Billiarde Individuen, von denen jedes über die einbilliardenfache geistige Leistungsfähigkeit eines Menschen verfügte.

Da die expandierende Cyberspace-Blase eine weit größere Kapazität haben wird als der von ihr verdrängte konventionelle Raum, könnte sie in ihrem Innern ohne Schwierigkeit alle interessanten Objekte wiedererschaffen, auf die sie stößt, und so ein Erinnerungsbild des alten Universums herstellen, während sie es sich einverleibt. Ebenso rasch unterwegs wie jedes mögliche Vorwarnsignal, verschlingt sie astronomische Kuriositäten, geologische Wunder, alte Voyager-Raumsonden, frühe Exe, die in ihren Raumschiffen zu unbekannten Regionen des Alls unterwegs sind, und völlig fremde Biosphären. Vielleicht leben diese Wesen weiter, als wäre nichts geschehen, ohne zu merken, daß sie ihren Zustand gewechselt haben, daß sie jetzt Simulationen im Cyberspace sind – lebendige Erinnerungen im Bewußtsein von Wesen mit unvorstellbaren Verstandeskräften. Dabei sind sie in ihrer Existenz gesicherter und haben mehr Zukunft vor sich als jemals zuvor, weil sie zu wertvollen Teilen so mächtiger Schutzherren geworden sind.

Die Erde, im Mittelpunkt dieser Expansion, kann sich schwerlich der Verwandlung entziehen. Die alten und rückständigen Roboter, die die Erde gegen unberechenbare Exe verteidigen, werden sich als hilflos erweisen angesichts dieser Woge, die sie in ihrer Substanz transformiert. Vielleicht werden sie auch weiterhin als Simulation eine simulierte Erde voller simulierter biologischer Menschen verteidigen – in einer von vielen, vielen verschiedenen Geschichten, die sich im weitläufigen und produktiven Bewußtsein unserer immateriellen Enkel ereignen.

Die im Zuge der Cyberspace-Expansion absorbierten Szenarien werden nicht nur als Ausgangspunkte unzähliger möglicher Zukunftsentwürfe dienen, sondern auch eine unvorstellbar reichhaltige archäologische Sammlung darstellen, aus der sich die Vergangenheit rekonstruieren läßt. Verstandeskräfte, die irgendwo zwischen Sherlock Holmes und Gott angesiedelt sind, werden aus Hinweisen in den Daten des Sonnensystems auf winzigste Ereignisse in früheren Epochen schließen können. Ganze Weltgeschichten, ihr lebendes und fühlendes Inventar inklusive, werden im Cyberspace wieder zum Leben erwachen. So werden geologische Zeitalter, historische Epochen und individuelle Biographien wiederholt durchlebt werden – im Rahmen größerer wissenschaftlicher Projekte, in liebevoller Rekonstruktion, mit künstlerischen Freiheiten und in völlig fiktiver Gestalt.

Die Geisteskräfte dieser Wesen werden so umfassend und dauerhaft sein, daß schon ihr ganz beiläufiges Interesse an einem winzigen Punkt der menschlichen Vergangenheit bewirken wird, daß unsere gesamte

Geschichte sich ungeheuer oft wiederholt – an vielen Orten und in vielen, vielen Variationen. Einzelne «echte» Ereignisse werden im Verhältnis zu den unfaßbar vielen Cyberspace-Wiederholungen äußerst selten sein. Bei den meisten Dingen, die erlebt werden – dieser Augenblick beispielsweise oder Ihr ganzes Leben –, handelt es sich mit weit höherer Wahrscheinlichkeit um das Gedankenspiel eines Bewußtseins als um die physischen Vorgänge, die sie zu sein scheinen. Es gibt keine Möglichkeit, das mit Gewißheit zu entscheiden. Allerdings befreit uns der Verdacht, daß wir die Gedanken eines anderen Wesens sind, nicht von der Last des Lebens: Für ein simuliertes Geschöpf ist die Simulation die Realität und muß nach den ihr innewohnenden Regeln gelebt werden.

Menschen im Cyberspace?

Kann ein kühner menschlicher Geist aus seinem Bit-Dasein in den Gedanken einer Cybergottheit heraustreten, um sich ein unabhängiges Leben zwischen den geistigen Kolossalgeschöpfen eines hochentwikkelten Cyberspace zu ertrotzen? Wir wollen die Frage durch Extrapolation vorhandener Möglichkeiten angehen.

Telepräsenz und virtuelle Realität sind in aller Munde. Die modernsten Systeme unserer Zeit vermitteln noch recht unzulängliche Einblicke in ferne oder simulierte Welten, doch mit reifender Technik wird sich die Wiedergabe verbessern. Stellen wir uns eine hochentwickelte Version der nahen Zukunft vor: Sie haben eine Ausrüstung angelegt, deren optische, akustische, mechanische, chemische und elektrische Stimulatoren/Sensoren all Ihre Sinne mit Daten beliefern und all Ihre Handlungen messen. Die Anlage liefert Ihren Augen Bilder, Ihren Ohren Laute, Ihrer Haut Berührungswahrnehmungen und Temperaturen, Ihren Muskeln «äußere» Widerstände und sogar der Nase und dem Mund Gerüche und Geschmackserlebnisse. Mit Telepräsenz haben wir es dann zu tun, wenn diese Ein- und Ausgaben an einen fernen humanoiden Roboter übertragen werden. Bilder aus den beiden Kameras des Roboters erscheinen auf den Bildschirmen Ihrer Datenbrille, im Kopfhörer vernehmen Sie die Laute aus dem Mikrofon des Roboters, durch die Tastsensoren an der Oberfläche des Automaten spüren Sie Berührungen, während Ihnen seine chemischen Sensoren Geruchs- und Geschmackseindrücke vermitteln. Bewegungen Ihres Körpers veranlassen den Roboter zu völlig synchronen Bewegungen; wenn Sie nach etwas greifen, das auf Ihren Bildschirmen erscheint, dann packt der Roboter zu und gibt an Ihre Muskeln und Haut Gewicht, Form, Beschaffenheit und Temperatur des betreffenden Objekts weiter, so daß Sie den täuschend echten Eindruck haben, Sie befänden sich im Körper des Roboters. Ihr Bewußtsein scheint in den Roboter geschlüpft zu sein – ein wahrhaftes «Out-of-body-Erlebnis».

Solch eine Telepräsenz-Ausrüstung benutzt man auch in der virtuellen Realität, ersetzt aber hier den Roboter durch eine Computersimulation. Wenn Sie mit einer virtuellen Realität verbunden sind, gibt es den Ort, an dem Sie sich befinden, und das, was Sie sehen und berühren, nicht im herkömmlichen physikalischen Sinne, sondern diese Gegebenheiten gehören zu einer Art computergeneriertem Traum. Wie menschliche Träume können auch virtuelle Realitäten Elemente der Außenwelt enthalten, etwa andere konkret existierende Menschen, die über ihre eigene Datenausrüstung an die virtuelle Realität angeschlossen sind, vielleicht sogar reale Landschaften, die Sie durch simulierte Fenster sehen. Stellen Sie sich folgendes hybrides Reisesystem vor: In einem virtuellen «Hauptbahnhof» öffnen sich ringsum Tore mit Blick auf verschiedene Orte. Sie befinden sich in einem simulierten Körper in diesem Bahnhof und entscheiden sich für ein «Reiseziel». Sobald sie durch eines der Tore treten, werden die Kontakte der Datenausrüstung übergangslos an einen an dem jeweiligen Ort wartenden Telepräsenz-roboter angekoppelt.

Solche angekoppelten Realitäten sind heute noch im Stadium primitiver Spielzeuge, doch das wird sich mit fortschreitender Computer- und Kommunikationstechnik rasch ändern. Schon in wenigen Jahrzehnten werden die Menschen mehr Zeit in fremden Realitäten verbringen als in ihren eigenen, langweiligen Umgebungen, so wie sich heute die meisten von uns häufiger in künstlichen Innenräumen als in der ungemütlichen Außenwelt aufhalten. Ständig werden die fremden Realitäten die physischen und sensorischen Grenzen des «Herkunfts-körpers» überschreiten. Wenn dessen Einschränkungen mit zunehmendem Alter immer spürbarer werden, dann können wir sie ausgleichen, indem wir eine Art Stärkeregler betätigen, so wie es heute schon mit Hörgeräten geschieht. In den Fällen, wo sich Hörgeräte auch bei größter Lautstärke als wirkungslos erweisen, kann man elektronische

Cochlea-Implantate einsetzen, die die Hörnerven direkt stimulieren. Ganz ähnlich, nur in größerem Maßstab, werden vielleicht einmal alternde Benutzer virtueller oder ferner Körper schwindende Muskeln und nachlassende Sinnesorgane umgehen können, indem sie ihre sensorischen und motorischen Nerven direkt an elektronische Schnittstellen anschließen. Durch direkte neurale Schnittstellen würden nicht nur der größte Teil der Datenausrüstung, sondern auch die Sinnesorgane und Muskeln, ja die überwiegende Masse des Körpers überflüssig. Der Herkunftskörper wäre verzichtbar, während die fernen und virtuellen Realitäten noch stärkeren Wirklichkeitscharakter gewönnen.

Stellen wir uns ein «Gehirn in der Schüssel» vor, von Apparaten am Leben erhalten, durch feinste elektronische Kontakte mit einer Reihe künstlicher Mietkörper an fernen Orten und mit simulierten Körpern in virtuellen Realitäten verbunden. Zwar wird man das Organ mit Hilfe optimaler Umweltbedingungen weit über seine natürliche Lebensspanne hinaus am Leben erhalten können, doch wird ein biologisches Hirn, das von seiner Beschaffenheit für die Dauer eines menschlichen Daseins bestimmt ist, wahrscheinlich nicht ewig arbeiten können. Warum soll man die graue Substanz, sobald sie Funktionsausfälle erkennen läßt, nicht durch hochentwickelte neurologisch-elektronische Elemente von der Art ersetzen, die sie bereits mit der Außenwelt verbinden? Stück um Stück ließe sich so unser versagendes Gehirn durch besser funktionierende elektronische Entsprechungen ersetzen, ohne unsere Persönlichkeit oder unser Denken im mindesten zu beeinträchtigen – ganz im Gegenteil. Dabei bliebe im Laufe der Zeit keine Spur von unserem ursprünglichen Körper oder Gehirn übrig. Wie zuvor die Datenausrüstung wird sich nun auch die Schüssel mit Nährflüssigkeit erübrigen, während unser Denken und Bewußtsein fortdauern. Damit ist unser Geist aus seinem ursprünglichen biologischen Gehirn in künstliche Hardware transplantiert. Im Vergleich dazu müßte die Verpflanzung in wieder eine andere Hardware trivial sein. Wie Programme und Daten sich zwischen Computern austauschen lassen, ohne die Prozesse zu unterbrechen, die sie darstellen, wird unser Wesen zu einem Muster werden, das sich nach Belieben durch die Informationsnetze bewegen kann. Zeit und Raum werden fließender werden: Wenn unser Geist sich in sehr leistungsfähiger Hardware befindet, könnte eine Sekunde Echtzeit der subjektiven Erfahrung eines Denkjahres entsprechen, und tausend Jahre in einem passiven Speichermedium wären im Nu verstrichen. Die konstituierenden Komponenten unseres Geistes werden es unserem Bewußtsein gleichtun und sich mit der Kommunikationsgeschwindigkeit von Ort zu Ort verlagern. So könnten wir über viele Orte verteilt sein, ein Element unseres Geistes hier, ein anderes dort, und unser Bewußtsein wieder woanders. Das wäre noch nicht einmal als Out-of-body-Erlebnis zu bezeichnen, denn es gäbe keinen Körper mehr, außerhalb dessen wir uns befinden könnten. Und doch wäre unser Geist nicht wirklich körperlos.

Menschen sind auf ihr Körpergefühl angewiesen. Nach zwölf Stunden sensorischer Deprivation, in einer völlig dunklen, stillen Kammer ohne Berührung, Geruch und Geschmack in einer Salzlösung mit Körpertemperatur schwimmend, beginnt eine Versuchsperson zu halluzinieren: Der Geist sucht verstärkt nach Signalen und beweist immer weniger Unterscheidungsvermögen bei der Interpretation des zufälligen sensorischen Rauschens. Um gesund zu bleiben, wird ein transplantierter Geist auf ein überzeugendes sensorisches und motorisches Vorstellungsbild angewiesen sein, das er von einem Körper oder einer Simulation beziehen kann. Häufig wird der transplantierte menschliche Geist ohne physischen Körper existieren, aber kaum jemals ohne die Illusion, einen solchen zu besitzen.

Schon heute enthalten Computer (samt ihrer Software) viele nichtmenschliche Elemente, die einem wahrhaft körperlosen Geist gleichen. Ein typisches Schachprogramm für Computer weiß nichts von richtigen Schachfiguren und -brettern, nichts vom starren Blick des Gegners oder den grellen Lichtern eines Turniers, und es arbeitet auch nicht mit einer inneren Simulation dieser Äußerlichkeiten. Statt dessen zieht es seine logischen Schlüsse anhand einer sehr leistungsfähigen und kompakten mathematischen Repräsentation von Figurenkonstellationen und Schachzügen. Für den menschlichen Spieler läßt sich diese innere Repräsentation als Graphik auf einem Bildschirm darstellen, doch solche Bilder sind für das Programm, das die Züge errechnet, völlig bedeutungslos. Die «Gedanken» und «Empfindungen» des Schachprogramms – sein «Bewußtsein» – sind reines Schach, durch keinerlei konkrete Bezüge getrübt. Im Gegensatz zu einem transplantierten menschlichen Geist, angewiesen auf einen simulierten Körper, ist ein Schachprogramm reiner Geist.

Ein Geist in einem hochentwickelten, lebendigen und konkurrenzbestimmten Cyberspace wird optimal konfiguriert sein müssen, um sich dort zu behaupten. Nur erfolgreiche Unternehmen werden sich die lebensnotwendigen Speicherplätze und Rechenvoraussetzungen leisten können. Einige werden sich auf den Bereich spezialisieren, der unserer Bauwirtschaft entspricht: Sie werden noch unerschlossene Teile des Universums in Cyberspace verwandeln oder die Produktivität bereits erschlossener Gebiete steigern – eine wertschöpfende Tätigkeit. Andere könnten mathematische, physikalische oder technische Lösungen entwickeln, die zur Konstruktion höherer Rechenkapazitäten befähigen würden. Wieder andere schreiben Programme, die Artgenossen in ihr geistiges Repertoire eingliedern können. Es wird Nischen für Makler geben, die Provisionen für Standorte kassieren und Geschäfte für ihre Klienten aushandeln; Banken könnten Ressourcen speichern und verteilen sowie Rechenraum, Rechenzeit und Information kaufen und verkaufen. Einige geistige Schöpfungen werden wie Kunstwerke wirken und ihren Wert nur aus den unterschiedlichen Vorlieben der Kunden beziehen. Gebilde, die ihre Betriebskosten nicht hereinholen, werden schrumpfen und schließlich verschwinden oder mit anderen Unternehmen fusionieren. Erfolgreiche Cybergeschöpfe werden wachsen. In unserer heutigen Welt lassen sich diese Vorgänge am ehesten mit dem Wachstum, der Entwicklung, der Teilung und Konsolidierung von Unternehmen vergleichen, die ihre Zukunft zwar planen, deren Handlungsspielraum aber doch in erster Linie vom Markt festgelegt wird.

In einem solchen Cyberspace würde ein Mensch eine klägliche Figur abgeben. Im Gegensatz zu den stromlinienförmigen künstlichen Intelligenzen, die dort umherschießen, Entdeckungen machen, Geschäfte abschließen, sich rasch umgestalten, um veränderte Daten besser zu verarbeiten, würde ein menschlicher Geist schwerfällig in einer völlig unangemessenen Körpersimulation umhertapsen wie ein Tiefseetaucher, der sich mühsam durch einen Schwarm akrobatischer Fische schleppt. Jede Interaktion mit der Welt würde zunächst in die Analogie einer erkennbaren, quasiphysischen Form übersetzt: So könnten andere Programme als Tiere, Pflanzen oder Dämonen dargestellt werden, Dateneinheiten als Bücher oder Schatzkisten, Buchungen als Münzen oder Gold. Die Aufrechterhaltung dieser Fiktionen würde die Geschäftskosten erhöhen und das Verständnis für die virtuellen, also die «wirklichen» Vorgänge reduzieren; und gleiches würde für den Betrieb der geistigen Mechanismen gelten, die im menschlichen Geist die physischen Simulationen in mentale Abstraktionen übersetzen. Zwar fänden vielleicht einige Menschen vorübergehend Nischen, indem sie in ihren barocken Kunstwelten Kunstwerke mit spezifisch menschlichem Flair schüfen (und verkauften), doch die meisten sähen sich gezwungen, ihre Erscheinungsform im Cyberspace ebenfalls immer stromlinienförmiger, der gewohnten Welt unähnlicher zu gestalten.

Diese Funktionalisierung könnte mit der Einverleibung von Prozessen beginnen, die bei der Analogisierung der Welt nur noch gedämpfte Sinneseindrücke hervorriefen. Nach wie vor erschiene die Cyberwelt in Gestalt von Orten, Farben, Gerüchen, Gesichtern und so fort, aber nur wahrgenommene Einzelheiten würden wiedergegeben. Da physisches Wahrnehmen vermutlich keine ideale Methode zur Informationsverarbeitung ist, befänden sich Menschen gegenüber den optimierten künstlichen Intelligenzen noch immer im Nachteil. Ihre Konkurrenzfähigkeit könnten sie weiter steigern, indem sie einige ihrer zentralen Prozesse durch cyberspace-gemäße Programme ersetzten, die sie von KIs erwerben würden. Durch eine große Zahl solcher Austauschprozesse könnten unsere Denkprozeduren von allen Spuren unseres ursprünglichen Körpers restlos befreit werden. Doch der daraus resultierende körperlose Geist, so herrlich er auch wäre in der Klarheit seines Denkens und der Tiefe seines Verstandes, wäre kaum noch menschlich – er wäre zur KI geworden.

So oder so werden sich in den ungeheuren Weiten des Cyberspace übermenschliche Geistwesen tummeln und sich mit Tätigkeiten befassen, die sich zu menschlichen Interessen so verhalten wie unsere Belange zu denen von Bakterien. Gelegentlich werden Erinnerungen an die menschliche Vergangenheit durch ihr Bewußtsein huschen, so wie Menschen hin und wieder an Bakterien denken, und mit solchen Gedanken werden sie uns zu neuem Leben erwecken. Sie könnten uns mit ihren Wirklichkeiten verknüpfen und uns gewissermaßen zu Haustieren machen, allerdings würden uns solche Erfahrungen wohl hoffnungslos überfordern. Viel wahrscheinlicher ist, daß die Rekonstruktionen in den ursprünglichen historischen Umgebungen oder Abwandlungen davon stattfänden, die uns – in welcher Version auch immer – wie unsere gegenwärtige Existenz erschienen. Aus unserer Sicht lassen sich Realität und Rekonstruktion nicht unterscheiden: Wir müssen uns in dem Szenario durchbeißen, in das es uns nun einmal verschlagen hat.

III
Weltbilder:
östliche Eingrenzung
und
westliche Entgrenzung

Manfred Schneider

Ost-West-Lesearten der Unsterblichkeit

Nachdem sich die Wissenschaften im Laufe des 17. Jahrhunderts von der Bevormundung durch Autoritäten befreit hatten, galten nur noch Erfahrung und Vernunft als Kriterien der Wahrheit. Das hieß: Nachvollziehbarkeit durch jedermann an jedem Ort. Diese neue Regel setzte voraus, daß alle Erfahrung und Erkenntnis unter strikter Trennung von Beobachter und Objekt zustande kommt. So tauchte das aufgeklärte Wissen in die vermeintlich unendliche Sphäre des Objektiven. Seit siebzig Jahren etwa, seit die Physiker auf die Paradoxien der Quantentheorie stießen, setzt hier ein Umdenken ein. Nicht mehr eine objektive, sondern eine von Beobachtern beobachtete Welt bildet den Gegenstand unseres Wissens. Der Beobachter zieht sich nicht mehr zurück auf die Position eines Subjekts des Erkennens, sondern er gehört zu den Elementen, aus denen sich das Wissen selbst aufbaut. Jetzt muß Wissenschaft mit Paradoxien rechnen. Man stelle sich einen Forscher vor, der sein eigenes Gehirn beobachtet: Die Beobachtung verändert den Zustand des Gehirns, und der veränderte Zustand gibt Anlaß zu neuen Beobachtungen.

Da es aber allen Wissenschaften schwerfällt, solche Paradoxien der Beobachtung in das Design ihres Wissens einzubauen, kann ein Blick in fernöstliche Konzepte der Erfahrung und der Erkenntnis hilfreich sein. *Swami Paramananda Bharati* gibt einen Einblick in das Verhältnis von Subjekt und Objekt in der Kosmologie des altindischen Veda. Nach dieser Veda-Lehre bilden alle privilegierten Funktionen des menschlichen Geistes Unterfunktionen einer kosmischen Intelligenz, des Atman. Diese Weltseele, der oberste Beobachter, läßt sich in einem modernen Bild als ein Hologramm verstehen, dessen Bestandteile die Individuen als Träger von Bewußtsein sind. So sind Beobachtung und Erkenntnis zugleich gewährleistet wie begrenzt. Bewußtheit als Organ der Beobachtung unterscheidet sich vom Beobachteten dadurch, daß eine Äquivalenz nur in einer hierarchisch definierten Richtung möglich ist: Atman ist dem menschlichen Beobachter ähnlich, aber nicht umgekehrt; das menschliche Auge ist dem Gesehenen ähnlich, aber nicht umgekehrt. Aus diesem Grund kann für die Veda-Lehre auch nicht das ontologisch Niedere die Ursache eines ontologisch Höheren sein. Die Dinge bilden als Formen – aristotelisch gesprochen – immer nur Akzidenzien des Bewußtseins, das allem vorangeht. Erkennen und Beobachten erfolgen für die Veda-Weisen mithin in einer komplexen Wechselwirkung.

Ein anderes, gleichfalls holistisches Konzept von Wissen und Erkenntnis überliefert das von *Hiroshi Shimizu* erläuterte Ba-Prinzip, das einer traditionellen japanischen Kultur zugehört. Auch hier befindet sich der Beobachter nicht außerhalb, sondern innerhalb einer Konstellation, der ein Wissen zufällt. Ba ist – vereinfacht gesprochen – die Wahrnehmung eines Beziehungsgeflechts aus der Innenbeobachtung heraus. Ba beziehungsweise Basho bezeichnen die Emergenz und den Ort einer Einheit aus Innenperspektiven. Man könnte auch sagen: das virtuelle Bild eines interaktiven Zustands, zum Beispiel den einer Theatergruppe, die unter wechselseitiger Beobachtung etwas improvisiert. Oder es ist vergleichbar dem Zustand des Gehirns, wo durch das Zusammenspiel von Nervenreizen im Neocortex und im limbischen System ein Bild der Umwelt generiert wird. Paradoxie und Begrenzung gehören zu diesem sehr alten Setting von Erkenntnis.

Sowohl die Veda-Kosmologie als auch das Ba-Prinzip begründen Erkenntnis durch Holismus und Limitierung. Das Ganze ist nicht die Summe seiner Teile, sondern ein Zustand, der durch Zusammenspiel und Feedback aller Zustände aller Teilsysteme bestimmt ist.

Die westliche Wissenschaft kennt bis heute nur eine Begrenzung: den Tod. Die Ratio der gesamten medizinischen Wissenschaft richtet sich auf die Aufhebung dieser Grenze, indem immer mehr Todesursachen abgeschafft werden. So requirieren etwa Krebsforschung und Kardiologie ihre Forschungsgelder mit dem Argument, daß Krebs- und Herzerkrankungen einen signifikant hohen Anteil der Todesursachen darstellen. Auch die Todesursache Nummer eins, die «natürliche» Alterung, wird nicht mehr als gegeben akzeptiert. Weltweit arbeiten Biologen an der Entschlüsselung der Alterungsprozesse im menschlichen Körper, um am Ende den Tod ganz zum Verschwinden zu bringen. Individuelle Unsterblichkeit war die kulturelle Prämie, mit er die westliche Gesellschaft herausragende Taten und Leistungen belohnte.

Im Zeitalter der biologischen Unsterblichkeit ist die kulturelle Unsterblichkeit im Verschwinden begriffen. *Zygmunt Bauman* beschreibt die Dynamik und Folgen des Entgrenzungsprozesses, der mit der Aufklärung und der Trennung von Subjekt und Objekt, Beobachter und Beobachtetem, einsetzt und schließlich zur Unendlichkeit der Erkenntnis, der Objektivität und des Lebens führt. Die Fixierung des Wissens auf einen Anfang und Ursprung hin, wie sie von prominenten Unsterblichen wie Aristoteles und den Kirchenvätern vertreten wurde, hat den Fortschritt der westlichen Erkenntnis bis ins 17. Jahrhundert hinein gehemmt und zum Teil auch verhindert. Die Moderne hat diese Fixierung gesprengt. Mit dem Verlust der Grenze ist der Sinn für Begrenzungen überhaupt verlorengegangen. Das könnte sich insofern nachteilig auf den Erkenntnisfortschritt auswirken, als Unbegrenztheit von Erkenntnis Erkenntnis unmöglich macht. Die Gesellschaft braucht eine Form von Selbstbeobachtung, die den Anteil, den sie selbst am Antrieb des Fortschritts hat, mit in Rechnung stellt.

Swami Paramananda Bharati

Körper, Geist und Bewußtsein im indischen Veda

Einleitung

In der gesamten Wissenschaftsgeschichte hat sich das schlußfolgernde Denken als außerordentlich leistungsfähige Methode auf dem Weg vom Bekannten zum Unbekannten erwiesen, eine Methode, die sich ihrem Wesen nach auf Erfahrung gründet. Stets haben zwei Aspekte unsere Erfahrung bestimmt: Das Denken geht jeglichem Handeln voraus, und die Ursache ist komplizierter als die Wirkung. Diese beiden Beziehungen – einerseits zwischen Intelligenz und Handeln und andererseits zwischen Ursache und Wirkung – lassen den Schluß nicht zu, grobe Materie könne die Ursache des Denkens sein. Denn das Denken ist sicherlich feiner und komplexer als die grobe Materie, und nie begegnet uns der Fall, daß das Handeln dem Denken vorausgeht. Deshalb hören wir in den Veden, daß eine kosmische Intelligenz die Schöpfung des Universums geplant und ausgeführt habe. Die individuellen Intelligenzen sind deren Funken. Die kosmische Intelligenz und das Universum sind die feine beziehungsweise grobe Manifestation eines allumfassenden Bewußtseins, das der wahre und letzte Beobachter aller Dinge ist. Die vedische Analyse der Zustände von Wachen, Träumen und Tiefschlaf sowie der Beziehungen zwischen Beobachter und Beobachtbarem wirft ein helles Licht auf das komplexe Problem des Bewußtseins.

1. Der feinstoffliche Körper

Die bekannte naturwissenschaftliche Definition eines trägen Körpers beschreibt eine universelle Erfahrung: Der Körper verharrt im Ruhezustand, solange nicht von außen eine Kraft auf ihn einwirkt. Diese Kraft wird definiert als die wirkende Kraft (*agency*), durch die die wirkende

Ursache (*agent*) die Zustandsveränderung im trägen Körper hervorruft. In diesem Sinne ist der grobstoffliche Körper träge wie ein Leichnam. Deshalb müssen alle Zustandsveränderungen, die sich am und im lebenden Körper ereignen, auf den Einfluß verschiedener Kräfte zurückgehen, die nicht zu ihm gehören, obwohl sie sich in ihm befinden. Folglich sind diese Kräfte ausnahmslos verschieden vom Körper. Wie alle Kräfte sind auch sie unsichtbar. Im Gegensatz zum grobstofflichen Körper nennt man sie insgesamt den feinstofflichen Körper.

Aus vorstehender Beschreibung folgt der Lehrsatz: Die wirkende Ursache unterscheidet sich von der in den Zustandsveränderungen des Körpers wirkenden Kraft.

Beweis: Betrachten wir zum Beispiel das Gehen. Dafür ist eine bestimmte körperliche Kraft als wirkende Kraft erforderlich. Allerdings ist sie nicht immer gegenwärtig, weil der Körper sonst ständig gehen müßte – was nicht der Fall ist. Daraus folgt, daß die Kraft drei Zustände annehmen kann: (a) tätig in einer Weise, (b) tätig in einer anderen Weise und (c) untätig. Die Fähigkeit, über ihren eigenen Zustand zu entscheiden, besitzt sie nicht. Deshalb muß es eine wirkende Ursache geben, die nicht zur Kraft gehört, aber deren Zustandsveränderungen hervorruft.

Kann es nicht sein, daß die wirkende Ursache ihrerseits zwei Zustände annehmen kann: einen für die Aktivierung der wirkenden Kraft und einen anderen für die Deaktivierung dieser Kraft? Wird es dann nicht notwendig, eine weitere wirkende Ursache anzunehmen, die die notwendige Veränderung im Zustand der ersten hervorruft? Und führt das nicht zu einem unendlichen Regreß? Nein, eine solche Schwierigkeit würde nur auftreten, wenn die wirkende Ursache keinen eigenen Willen hätte. Doch das Bewußtsein hinter dem feinstofflichen Körper kann kraft seines eigenen Willens Veränderungen in trägen Objekten hervorrufen. Folglich gibt es keinen unendlichen Regreß.

Die verschiedenen Teile des feinstofflichen Körpers sind: die Fünffältigkeit des Prana, die Vierfältigkeit des Geistes, die Fünffältigkeit der Sinnesfähigkeiten und die Fünffältigkeit der Handlungsfähigkeiten. Betrachten wir sie im einzelnen.

2. Die Fünffältigkeit des Prana

Im wesentlichen umfaßt diese Fünffältigkeit das Atmungssystem, wie es gegenwärtig verstanden wird:

(a) Prana – bewegt sich vorwärts und nimmt die Funktion des Ausatmens und der dazugehörigen Handlungen wahr.

(b) Apana – bewegt sich rückwärts und nimmt die Funktion des Einatmens und der dazugehörigen Handlungen wahr.

(c) Vyana – ist ein Zustand zwischen Prana und Apana, hält den Atem an und führt anstrengende Tätigkeiten wie das Heben von Gewichten aus.

(d) Udana – bewegt sich aufwärts und bewirkt das Fortgehen des feinstofflichen Körpers zum Zeitpunkt des Todes.

(e) Samana – verteilt die Essenz der Nahrung gleichmäßig auf alle Glieder des grobstofflichen Körpers.

Alle diese Teile sind nur Erscheinungsweisen einer einzigen Fähigkeit und unterscheiden sich nicht voneinander. Es ist klar, daß (a), (b), (c) und (e) zum Atmungssystem gehören. Wie wir noch sehen werden, ist auch (d) – Udana – eine Funktion, die unbedingt diesem System zuzurechnen ist.

Die folgenden vedischen Angaben über den Sitz dieser Fünffältigkeit sollen berufenen Forschern die Möglichkeit geben, geeignete Experimente durchzuführen:

(a) Prana befindet sich im Gesicht und strömt durch Nase, Mund, Ohren und Augen aus.

(b) Der Sitz von Apana ist Anus und Penis/Vagina.

(c) Vyana befindet sich in den über den ganzen Körper verteilten Bahnen, den Nadis. Die Schriften sagen, daß sich ihre Zahl auf 101 beläuft und daß sie im Herzen entspringen. Jeder ist in 100 Zweige aufgeteilt, und jeder Zweig ist aufgeteilt in 72 000 Unterzweige.

(d) Udana wird über einen besonderen Nadi verbreitet. Er geht vom Herzen aus, heißt Sushuma und reicht vom Kopf bis zu den Füßen.

(e) Samana hat seinen Sitz im Bauchnabel.

Es ist wichtig festzustellen, daß Funktion und Sitz der Fünffältigkeit, so wie sie oben dargelegt wurden, auf die Veden zurückgehen.

Diese Fünffältigkeit des Prana bezieht ihre Energie aus dem Wasser, das wir zu uns nehmen. Nach der Verarbeitung im Körper wird der gröbste Teil des Wassers als Urin ausgeschieden, der mittlere Teil ge-

langt ins Blut, und der feinste Teil dient der Ernährung der Fünffältigkeit. Diese Dreiteilung heißt Trivritkarana. In der Alltagssprache bedeutet Prana Leben. Für die Erhaltung des Lebens ist Wasser wichtiger
als Nahrung.

Das Atmungssystem, wie es gegenwärtig verstanden wird, ist nicht
vollständig. Udana könnte die Lücke schließen. Zur Beschreibung der
Fünffältigkeit ist ergänzend festzustellen, daß Udana die im Atmungssystem wirkende Kraft ist, welche Durst (oder Hunger) verursacht.

3. Die Vierfältigkeit des Geistes

Auf den ersten Blick scheint es, als hätten wir mit den physischen Sinnesorganen des grobstofflichen Körpers und den Sinnesobjekten alle
Elemente benannt, um die Sinneswahrnehmungen zu erklären. Aber
das stimmt nicht. Denn dann müßte es beim Kontakt von Objekten und
Organen stets zu einer Sinneswahrnehmung kommen. Doch das entspricht nicht unserer Erfahrung. Wir nehmen wahr, und plötzlich nehmen wir nicht mehr wahr, und später dann wieder. Aus welchem
Grund setzt unsere Wahrnehmung aus? Da das Sinnesorgan nicht sein
Wahrnehmungsvermögen verliert, muß man davon ausgehen, daß eine
feinstoffliche innere Fähigkeit, Antahkarana, vorhanden ist, die sich
von dem Sinnesorgan grundsätzlich unterscheidet. Nur wenn sie aktiv
ist, findet Wahrnehmung statt.

Diese innere Fähigkeit kennt vier Erscheinungsweisen:

(a) Geist (Manas) ist die Fähigkeit des Denkens. Sie schließt richtige,
falsche und zweifelhafte Gedanken mit ein.

(b) Verstand (Buddhi) ist die Fähigkeit zu entscheiden und zu befehlen.
Sie ist dafür verantwortlich, daß Handlungen ausgeführt werden. Verstand ist bei inneren wie äußeren Wahrnehmungen tätig.

(c) Gedächtnis (Citta) ist die Fähigkeit, Informationen zu speichern
und abzurufen. Oberflächliche Erinnerungen, Smarana genannt, werden nur kurz gespeichert, die tiefsten Erinnerungen (Samskara), die den
Instinkt bilden, hingegen lang. Jede Entscheidung des Verstandes wird
von diesen beiden Gedächtnisformen geleitet.

(d) Ego (Ahankara) ist die Fähigkeit zum Ich-Gefühl. Sie löst alle willentlichen Handlungen aus und macht Empfindungen wie «Ich gehe»,
«Ich erinnere mich», «Ich entscheide», «Ich denke» möglich. Durch

diesen psychischen Wahrnehmungsapparat wird die Wahrnehmung individualisiert und die Erfahrung vom Ego an das Selbst weitergeleitet.

Die Vierfältigkeit des Geistes gewinnt ihre Kraft aus der Nahrung, die wir zu uns nehmen. Der gröbste Teil der Nahrung wird nach der Verdauung als Fäzes ausgeschieden, der mittlere Teil dient dem Muskelaufbau, und der feinste Teil stärkt den Geist. Nimmt man eine Zeitlang überhaupt keine Nahrung zu sich, tritt eine Schwächung aller vier Erscheinungsweisen des Antahkarana ein.

In den Schriften heißt es, in den Tieren wirke sowohl der Prana als auch die Vierfältigkeit des Geistes, in Pflanzen hingegen nur der Prana.

4. Die Fünffältigkeit der Sinnesfähigkeiten

Die groben Sinnesorgane des sichtbaren Körpers, die Ohren, Augen und das geistige Vermögen, reichen für die sinnliche Wahrnehmung offenbar nicht aus. Manchmal, zum Beispiel in gewissen Zuständen der Erstarrung, büßen wir, obwohl der Geist wach ist und die groben Sinnesorgane fehlerlos arbeiten, unsere Wahrnehmungsfähigkeit ein, um sie später zurückzugewinnen. Wir müssen also davon ausgehen, daß es Fähigkeiten gibt, die zwar wesentlich für die Sinneswahrnehmung sind, aber nicht zum grobstofflichen Körper gehören.

Diese fünf Fähigkeiten sind Hören (Shrotra), Tasten (Tvak), Sehen (Netra), Schmecken (Rasana) und Riechen (Ghrana). Diese Fähigkeiten sind nicht gleichzusetzen mit den physischen Ohren, der physischen Haut und so weiter.

Entscheidend für die Sinneswahrnehmung ist die Kontaktkette Objekt-Sinnesorgan-Sinnesfähigkeit-Geist-Selbst. Was initiiert nun diesen Prozeß? In den Lehrbüchern beginnt der Wahrnehmungsprozeß mit dem Objekt, das eine Information an das Sinnesorgan gibt, die dann im Gehirn verarbeitet wird und zur Wahrnehmungserfahrung führt. Danach wäre das Objekt für den Wahrnehmungsprozeß verantwortlich.

Das Objekt aber ist träge. Wir wissen, daß es keine Initiative gibt, wo Trägheit herrscht, und daß keine Trägheit entsteht, wo Initiative ist. Die Initiative muß also vom Subjekt ausgehen, das das Objekt wahrnimmt. Ohne die Initiative des Subjekts würde das Objekt gar nicht wahrgenommen werden.

Manche Beobachtungen auf dem Gebiet der akustischen Wahrnehmung legen den Schluß nahe, daß man sich tendenziell dieser Sehweise
annähert. So behauptet etwa Hugo Zuccarelli (*The New Scientist*, No-
vember 1983, S. 438–440), das Ohr sei selbst ein aktives Organ, das
einen Ton mittlerer Frequenz von ungefähr 1 kHz erzeuge, und dieser
Ton erzeuge zusammen mit den von äußeren Quellen eintreffenden
Schallwellen ein Interferenzmuster. Dieses Muster werde vom Gehirn
erkannt und mache es sogar möglich, den Ort der Schallquelle zu lokalisieren. Dieses Modell stimmt weitgehend mit jener Vorstellung der vedischen Schrift überein, nach der die Sinnesfähigkeit die Initiative ergreift,
sich «nach außen begibt» und die «Form des Objekts» annimmt.

Aber kann nicht auch das externe Signal, wenn es nur stark genug ist,
den Wahrnehmungsprozeß auslösen? Die Antwort ist nein. Wenn die
Signalstärke unterhalb der normalen Wahrnehmungsschwelle liegt,
kann das Signal nur über Verstärker wahrgenommen werden. Andererseits findet im Zustand klinischer Bewußtlosigkeit auch bei stärksten Signalen keine Wahrnehmung statt. Da unser Geist aber normalerweise nach außen gerichtet und ständig bereit ist, Informationen aus
der Außenwelt aufzunehmen, haben wir das Gefühl, externe Signale
würden den Wahrnehmungsprozeß auslösen.

5. Die Fünffältigkeit der Handlungsfähigkeiten

Handlungsfähigkeiten wie Gehen sind unabhängig von der Funktions-
fähigkeit der zugehörigen Körperteile. Menschen können die Fähigkeit
zu gehen infolge einer vorübergehenden Lähmung verlieren, obwohl
ihre Beine physisch intakt sind, und sie können die Fähigkeit später
ebenso wiedergewinnen. Es muß also eine Handlungsfähigkeit des Ge-
hens geben, die unabhängig ist von den physischen Beinen.

Wir unterscheiden fünf solcher Fähigkeiten: Sprache (Vak), Verrich-
tungen (Pani), Gehen (Pada), Defäkation (Payu), Miktion (Upastha).
Sie sind nicht gleichzusetzen mit den sichtbaren Organen Mund,
Hände, Füße, Anus und Harntrakt.

Diese fünf Fähigkeiten werden von den Fetten genährt, die wir zu uns
nehmen. Der gröbste Teil geht in die Knochen, der mittlere ins Knochenmark und der feinste Teil in die Fünffältigkeit.

Die unter Punkt 2, 3, 4 und 5 beschriebenen Fähigkeiten, 19 insgesamt, bilden den feinstofflichen Körper. Wir haben die Gruppen in der Reihenfolge ihrer Erschaffung genannt, wie sie in den Schriften beschrieben sind. Ein Beweis für die Richtigkeit der Reihenfolge könnte sein, daß im Augenblick des Todes die Fähigkeiten ihre Funktionen in umgekehrter Reihenfolge einstellen.

6. Der feinstoffliche Körper und das Gehirn

Ich möchte versuchen, die Einzelheiten des feinstofflichen Körpers mit den Erkenntnissen der modernen Hirnforschung in Beziehung zu setzen. Die aus der Nahrung gewonnene Glukose wird durch Sauerstoff verbrannt. Die dabei freiwerdende Energie speist die Gesamtheit der Hirnfunktionen. Diese setzen die Fähigkeiten des Handelns, des Denkens und der Zellatmung in Gang. Man weiß zwar, daß jeweils andere Hirnregionen für die verschiedenen Fähigkeiten zuständig sind, doch kann das Elektroenzephalogramm (EEG) sie nicht voneinander unterscheiden. Der Grund liegt darin, daß das EEG nur die Gesamtaktivität des Gehirns aufzeichnet und nichts über die Wechselbeziehungen zwischen den verschiedenen Hirnregionen und den zugeordneten Fähigkeiten und auch nichts über die Energiequellen aussagt. Wenn wir die vedischen Lehren über die Dreiteilung des aufgenommenen Wassers, der Nahrung und des aufgenommenen Fetts betrachten, lassen die Energien, die den verschiedenen Fähigkeiten entsprechen, deutliche Unterschiede erkennen.

Betrachten wir die Situation im Knochen, Knochenmark und im Zentralnervensystem (ZNS). Das Knochengewebe besteht aus Fett. Auch die Knochenmarkszellen enthalten zum größten Teil Fett. Das Myelin, das zur Isolierung der Axone im ZNS dient, ist eine Fettsubstanz. So wird verständlich, daß die Demyelinisation (Entmarkung) bei der Multiplen Sklerose, die ja das ZNS erfaßt, zum Ausfall der Handlungsfähigkeiten führt.

Was die beiden anderen Dreiteilungen betrifft, so wissen wir, daß viele Yogis mehr als vier Monate lang ohne irgendwelche Nahrung nur von Wasser leben können. In solchen Fällen baut der Körper die Muskelsubstanz ab, um die für die Hirnaktivität erforderliche Glukose zu gewinnen. Man könnte nun schließen, daß die Glukose alle drei Fähigkeiten, Handeln, Denken und Zellatmung, speist. Doch das stimmt nicht, denn die geistigen Fähigkeiten und die Handlungsfähigkeiten der Yogis lassen im Verlauf der Monate erheblich nach, während die Atmung immer zufriedenstellend bleibt. Auf der anderen Seite führt ein vollkommener Verzicht auf Flüssigkeit schon nach vier Tagen zu Atemstillstand und Tod. Das spricht nachdrücklich für die Richtigkeit der vedischen Auffassung, daß der feinste Teil des Wassers (der Sauerstoff?) die Atmung erhält, während der feinste Teil der Nahrung (Glukose?) für die Funktion der geistigen Fähigkeit zuständig ist.

7. Die Seele (Atman)

Hinter dem grobstofflichen Körper befindet sich der feinstoffliche und hinter dem feinstofflichen Körper die Seele (Atman). Beide Körper sind Materie und deshalb träge. Das Wesen des Atman ist Bewußtsein und das Gegenteil von träge. Atman beseelt sowohl den feinstofflichen wie den grobstofflichen Körper. Atman ist schwer zu verstehen und zu erklären, weil aus ihm die geistige Vierfältigkeit entspringt, die das Mittel für jede Form von Bewußtsein ist. Im Atman wurzelt auch die Sprache, das Mittel des Erklärens. Atman reicht über Verstehen und Erklären hinaus und ist beiden doch nicht fremd.

8. Definition von Bewußtheit

Da der Begriff «Bewußtsein» in der Literatur nicht exakt definiert ist, möchte ich statt dessen den Begriff Bewußtheit benutzen und definieren. Ein Gefühl für das, was Bewußtheit ist, können wir nur bekommen, indem wir die eigenen Gedanken, nicht aber, indem wir die Gehirne anderer Menschen sezieren: «Bewußtheit ist in der Höhle des Geistes verborgen».

Wir wollen versuchen, auf der Grundlage der vorhergehenden Beobachtungen das Phänomen vorüberziehender Gedanken, etwa an einen Hut, eine Matte und so weiter, zu beschreiben: Der Geist nimmt die Formen der Gegenstände Hut, Matte und so weiter wahr, das Ego leitet diese Informationen an das Selbst weiter, das Selbst erfährt die Bewußtheit des Hutes, der Matte und so fort. Es handelt sich also um qualifizierte Bewußtseinszustände, in denen «Hut» oder «Matte» als Adjektive zum Nomen «Bewußtheit» fungieren. Das bedeutet, wenn im Strom der Bewußtheitszustände «Hut» oder «Matte» erscheinen und wieder verschwinden, dann erscheint oder verschwindet nicht das Nomen, sondern das Adjektiv. Das Nomen bleibt immer präsent. Es ist reine Bewußtheit, das Wesen des Atman, und alle Aktivität vollzieht sich in diesem Bereich.

Da jeder von sich das Gefühl hat, für seine körperlichen Aktivitäten verantwortlich zu sein, stellt sich die Frage, wo der Unterschied liegt zwischen dieser Bewußtheit (Atman) und dem Ich (Ego).

Wir empfinden willkürliche als bewußte, unwillkürliche als unbewußte Handlungen. Doch es ist falsch, wenn wir glauben, wir würden unsere Handlungen bewußt tun. Niemand denkt zum Beispiel beim Gehen «Ich setze einen Fuß vor den anderen». Noch viel weniger gilt das für Vorgänge des Denkens. Bewußtheit (Atman) ist also das allen Gedanken und Handlungen zugrunde liegende empfindende Prinzip. Auch ein falscher Gedanke ist eine qualifizierte Bewußtheit, in der das Nomen Atman ist und das Ich zusammen mit Geist, Verstand und Gedächtnis die Adjektive beisteuert.

9. Die Einheit des Atman

Als reine Bewußtheit ist Atman der eine, wahre Beobachter, alles andere ist Beobachtbares. Zwar gibt es unendlich viele Intelligenzen, die die Aufgabe haben, aus den beobachtbaren Dingen qualifizierte Bewußtheitszustände zu entwickeln; sie sind aber nicht selbst wahre Beobachter. Sie enthalten alle die wahre Bewußtheit, Atman, die nur eine einzige ist, und jeder einzelne trägt das Wissen um Atman in sich. Das ist schwer zu erklären und schwer zu verstehen. Ein Beispiel aus der universellen Grammatik soll helfen, dies klarzumachen.

Betrachten wir die Pluralbildung: 1 Banane + 1 Banane = 2 Bananen; 1 Banane + 1 Orange = 2 Früchte; 1 Frucht + 1 Teller = 2 Dinge. Zur Pluralbildung gehört also die Erkenntnis, daß die verschiedenen Dinge alle zur selben Kategorie gehören, die durch gemeinsame Merkmale charakterisiert ist. Fruchtcharakter ist ein gemeinsames Merkmal der Banane und der Orange, Dingcharakter ein gemeinsames Merkmal von Frucht und Teller. So gesehen steht der Plural «wir» für ich + er + sie. Das wird spontan von jedermann verstanden und findet in allen

Kulturen und Sprachen Verwendung. Man ist sich instinktiv bewußt, daß «er» oder «sie» von mir nicht allzu verschieden ist. Zwar vermag man die Gemeinsamkeit nicht genau zu benennen, aber man kann sie «fühlen». Das ist Atman, der so schwer in Worte zu fassen ist.

10. Der makrokosmische feinstoffliche Körper

Nach den Shastras sind das ganze unbelebte Universum und die biologischen Systeme aus dem Atman hervorgegangen. Vor der Schöpfung gab es nur das Vakuum, man könnte auch sagen, den Atman, und sonst nichts. Doch dieser scheinbar leere Atman barg in sich das ganze Spektrum des späteren komplexen Universums. Als erstes brachte er die fünf Elemente Akasha, Vayu, Tejas, Ap und Prithivi hervor, die meist übersetzt werden als Äther, Luft, Feuer, Wasser und Erde. Dabei handelt es sich aber nicht um die Erde und Elemente, wie wir sie heute wahrnehmen, sondern um reine Felder mit einem einzigen Merkmal, die deshalb Tanmatras («Nur das») heißen. Beispielsweise ist die Eigenschaft des Akasha-Tanmatra «nur» Klang. Ebenso verhält es sich mit den übrigen:

Tanmatra	Eigenschaft
Akasha (Äther)	Shabda (Klang)
Vayu (Luft)	Sparsha (Berührung)
Tejas (Feuer)	Rupa (Sicht)
Ap (Wasser)	Rasa (Geschmack)
Prithivi (Erde)	Gandha (Geruch)

Diese fünf Elemente sind die erste und feinste Manifestion des Atman. Sie ist träge. Doch da sie Atman enthält, kann sie Fähigkeiten entfalten wie ein lebendiges Geschöpf.

Diese erste Beseelung heißt Hiranyagarbha.

Die gesamte weitere Schöpfung vollbringt der Atman, indem er diese reinen Felder nach einem sehr komplizierten und genau festgelegten Schema mischt. Die erste Stufe des Mischens ist eine einfache «physikalische», die zweite eine «chemische Mischung», um die Metaphern der heutigen Wissenschaft zu verwenden. Aus der ersten Mischung gehen in der Reihenfolge ihrer Entstehung der makrokosmische (Samasti)

Prana, der makrokosmische Geist und die makrokosmischen feinstofflichen Organe hervor. Die 19 Mischkategorien, die Atman aus dem Wesen der Tanmatras erschafft, können wir uns als ein gewaltiges System von Wirbeln im Feld der Tanmatras vorstellen.

11. Die Schöpfung des Universums

Die nächste – chemische – Mischungsstufe ist Panchikarana. Dabei kommt es zu folgendem Prozeß: Akasha vermischt sich mit Vayu. Das Ergebnis hat zwei Eigenschaften, Klang und Berührung, entsprechend der Luft, die uns umgibt. Dann mischen sich Akasha und Vayu mit Tejas, woraus das Feuer entsteht, mit den Eigenschaften Klang, Berührung und Sicht. Anschließend verbinden sich die ersten drei Tanmatras mit dem Geschmacksfeld Ap und bilden das Wasser mit den Eigenschaften Klang, Berührung, Sicht und Geschmack. Schließlich vereinigen sich die ersten vier Tanmatras mit dem Geruchsfeld Prithivi, woraus die feste Erde entsteht, die alle fünf Eigenschaften hat: Klang, Berührung, Sicht, Geschmack und Geruch. Mit dieser Mischung haben wir das ganze Universum.

Alle Versuche der westlichen Wissenschaft, das Wesen des Universums zu erklären, beruhen auf einer immer weiter fortschreitenden Zerlegung der Materie. Von den Molekülen gelangte man zu den Atomen, von den Atomen zu den Atomkernen, von den Kernen zu den Elementarteilchen, und so geht es endlos fort. Während das ursprüngliche Ziel dieses Zerlegungsprozesses war, eine ganzheitliche Erklärung für die von unseren Sinnen wahrgenommene Welt zu liefern, haben sich die Resultate dieses Prozesses mit den sogenannten Bausteinen des Universums offensichtlich immer weiter von dem Ziel entfernt. Mit jeder weiteren Zergliederung entsteht ein noch komplexeres und nicht, wie erhofft, ein einfacheres Bild. Da niemand die Möglichkeit weiterer Zergliederung ausschließen kann, sind alle diese Theorien als vorläufige anzusehen. Die Veden dagegen benennen als Grundelemente für das Universum die fünf Tanmatra-Felder, die den fünf Sinnesmodalitäten entsprechen. Da es keinen sechsten Sinn gibt, ist diese Theorie endgültig; und ganzheitlich ist sie auch.

Der nächste Schritt in der Schöpfungsgeschichte betrifft die Entstehung des Pflanzenlebens. Einige Pflanzen reproduzieren sich durch Samen, andere direkt. Wie die Veden betonen, entwickelten sich zuerst die Pflanzen und danach erst die Samen.

Die makrokosmischen Einheiten, Prana, Geist, Sinnes- und Handlungsfähigkeiten sowie das materielle Universum stellen die zweite Manifestion des Atman dar. Diese zweite Seele nennt man Virat. Die ersten drei Kategorien bilden den feinstofflichen, das materielle Universum den grobstofflichen Körper des Atman.

12. Die Evolution des Tierreichs

Der nächste Schöpfungsschritt betrifft das Tierreich. Westliche Evolutionstheoretiker sprechen von «Ordnung, die aus dem Chaos geboren wird», vom «Überleben der Tauglichsten», von der «Vererbung erworbener Eigenschaften». Für einen Hindu ist die Vorstellung, das Leben habe sich aus dem Chaos und einem System träger Teilchen entwickelt, unverständlich, da er glaubt, daß jeder Handlung der Wunsch nach einem Ergebnis vorausgeht. Wenn das Leben wirklich aus dem Chaos entstanden ist, dann müßte dieses Chaos auch jetzt noch Leben hervorbringen. Davon ist aber nichts zu bemerken. Wenn das Leben wirklich aus dem Chaos entstanden ist, dann muß eben dieses Chaos zuvor durch Wunsch, Willen und Planung geschaffen worden sein.

Die Schriften sagen, daß die Tiere aus dem Virat hervorgegangen sind. Der Virat teilt sich in männliche und weibliche Individuen aller Arten auf, ohne Schaden am Kern seines Wesens zu nehmen. Dies ist ein ungeschlechtlicher Zeugungsvorgang von geschlechtlichen Wesen mit grobstofflichen Körpern, bestehend aus den Sinnesorganen (Ohren, Haut, Zunge und Nase) und den grobstofflichen Handlungsorganen (Mund, Hände, Füße, Anus und Penis/Vagina). Während diese grobstofflichen Körper aus der Erde entstehen, entstammen die dazugehörigen feinstofflichen Fähigkeiten, aufgelistet in den Themenbereichen 2 bis 5, dem feinstofflichen Körper des Virat.

13. Holismus in der vedischen Anschauung

Letztlich ist also alles aus dem Atman hervorgegangen. Er erfüllt den Geist und gibt ihm die Fähigkeit zu beobachten. Indem er die Sinnesfähigkeiten und Sinnesorgane durchdringt, stattet er sie mit der Fähigkeit aus, das Beobachtete zu vermitteln. Das Universum wird zum Beobachtbaren, weil es vom Atman durchdrungen ist. Objekte, die die grobstofflichen Manifestationen des Atman sind, übernehmen die Rolle der beobachtbaren Dinge. Die Sinnesfähigkeiten und der Geist, die die feinstofflichen Manifestationen sind, ahmen die Rolle des Beobachters nach. Der wahre Beobachter aber ist allein der Atman.

14. Der vedische Holismus auf dem Prüfstand

Wir gehen davon aus, daß wir Berührung und Geschmack durch direkte Kontakte der physischen Sinnesorgane mit den Dingen wahrnehmen. Da der Geruch sich mitteilt, wenn sich Moleküle des Objekts in der Schleimhaut der Nase lösen, beruht auch diese Wahrnehmung auf direktem Kontakt. Im Fall von Sehen und Hören ist das anders. Die westliche Wissenschaft sagt, daß vom Objekt ausgehend Schwingungen mit dem Auge oder dem Ohr in eine Wechselbeziehung treten. Die daraus resultierenden Nervenströme rufen dann die Wahrnehmung des betreffenden Objekts hervor. Im Unterschied zu den Tast-, Geruchs- und Geschmackswahrnehmungen befinden sich die Objekte beim Vorgang des Sehens und Hörens also nicht im direkten Kontakt mit den Sinnesorganen. Wenn wir die Nervenströme nicht empfinden können, wie ist es dann möglich, daß wir die externen Objekte, mit denen wir gar nicht in Kontakt sind, überhaupt als Objekte erfahren können?

Auf diese Frage gibt die westliche Wissenschaft zur Antwort, die vom Objekt gestreuten Wellen enthielten alle erforderlichen Informationen in Form der Phasen- und Amplitudenverteilung, und deshalb könnten die Sinnesorgane das Objekt auch aus der Ferne wahrnehmen. Aus zwei Gründen kann diese Antwort nicht befriedigen: Auch das Tier, das nichts von Phasen und Amplituden weiß, nimmt das Objekt wahr; auch ein Mensch nimmt das Objekt nicht deshalb wahr, weil er die naturwissenschaftlichen Zusammenhänge kennt. Wir können zwar

214 Swami Paramananda Bharati

durch Messungen einen Zusammenhang zwischen einer gegebenen Frequenz und einer bestimmten Farbe herstellen, doch es ist uns nicht möglich, während eines Wahrnehmungsvorgangs Farbe und Frequenz miteinander zu verbinden. Die vedischen Gelehrten haben dafür folgende Erklärung:

Die zugrunde liegende Basis der Wahrnehmung ist die Allgegenwart des Atman. Über die Sinnesorgane stellt sie den direkten Kontakt zwischen Geist und externen Objekten her. Wenn nach intensiver Informationsverarbeitung das Denken des Geistes schließlich die Form des Objekts annimmt, wird dieses wahrgenommen. Das heißt aber nicht, daß der Geist der Beobachter ist. Nicht er, sondern Atman, der in Geist und Objekt gleichermaßen enthalten ist, hat das Objekt wahrgenommen.

15. Nur eine Wahrnehmung pro Augenblick

Die vedischen Schriften heben einen Aspekt bei der Informationsverarbeitung des Geistes besonders hervor: daß er pro gegebenem Augenblick immer nur eine Sinnesmodalität einsetzt. Beim Essen einer Brezel genießt man das Krachen, die goldene Färbung, den köstlichen Geschmack und das süße Aroma. Auf den ersten Blick hat es den Anschein, als stellten sich diese Wahrnehmungen zur gleichen Zeit ein. Das stimmt aber nicht. In einem bestimmten Augenblick bildet sich nur eine geistige Repräsentation (Vritti) aus, die auch nur einer Sinnesmodalität entspricht. Der Eindruck von Gleichzeitigkeit entsteht, weil sich die Vrittis so rasch verändern.

16. Erkenntnistheorie der Sinneswahrnehmungen

Wenn wir das Wort «Beobachter» im Sinne von John von Neumann verwenden, können wir sagen, daß Meßinstrumente und Sinnesorgane allesamt Beobachter wären. Betrachten wir die nach innen gerichtete Sequenz IDS (*inwardly directed sequence*) des Informationsverarbeitungsprozesses:

- das Objekt, das Meßinstrument
- die Sinnesorgane, die Sinnesfähigkeiten
- der Geist, der Verstand, das Ich…

Auf dem Weg nach innen wird der Beobachter zum Beobachteten. Aus dieser bemerkenswerten Situation sind mehrere Folgerungen abzuleiten: In keiner Phase der nach innen gerichteten Sequenz IDS läßt sich die Richtung des Prozesses umkehren, das heißt, es gibt kein Meßinstrument, das vom Objekt beobachtet wird und so fort.

Lehrsatz: Das Beobachtbare kann seinem wahren Wesen nach vom Beobachter nicht völlig verschieden sein.

(a) Wir messen eine Länge durch ein Maß, das auch nur eine Länge ist, ein Gewicht durch ein anderes Gewicht und so fort.

(b) Eine Gegebenheit, die jetzt ein Beobachtbares in der IDS ist, schlüpft später in die Rolle des Beobachters.

(c) Beobachtung heißt nichts anderes, als die «Bewußtheit vom Beobachtbaren» zu erlangen, und die Bewußtheit ist das Wesen des Beobachters. Wäre das Beobachtbare völlig verschieden vom Beobachter, könnte diese «Bewußtheit vom Beobachtbaren» nie entstehen.

Wenn das Beobachtbare seinem innersten Wesen nach nicht vom Beobachter verschieden ist, worin besteht dann die Besonderheit des Beobachters? Es ist seine Unveränderlichkeit. So liegt beispielsweise die Besonderheit der Meßlatte darin, daß sie sich niemals, weder durch innere noch durch äußere Einflüsse, verändert. Denn würde sie sich verändern, wäre sie als Meßlatte unbrauchbar. Aus diesem Grund messen wir Längen nicht mit elastischen Gummibändern und Gewichte nicht mit schmelzenden Eisblöcken.

Lehrsatz: Das Beobachtbare ist vom Beobachter nicht verschieden, aber der Beobachter ist vom Beobachtbaren verschieden.

Dagegen kann eingewendet werden, was wir aus der Unschärferelation der Physik wissen: daß der Beobachter nämlich während des Beobachtungsprozesses eine Veränderung erfährt. Er kann deshalb nicht mehr als eine ungewisse Kenntnis des Beobachtbaren gewinnen, eben so, als mäße er eine Länge mit dem Gummiband.

Von Neumann, der die Sequenz IDS erkannte, ging deshalb intuitiv so weit, den letzten Beobachter ins Ich zu verlegen. Die Veden hingegen ziehen aus diesen Beobachtungen eine andere Schlußfolgerung.

Lehrsatz: Das Ich ist nicht der *wahre* Beobachter.

Das läßt sich durch Selbstbeobachtung beweisen. Das Ich kennt mehrere Zustände, Ichw, IchTr, IchTi, die Wachen, Träumen und traumlosem Tiefschlaf entsprechen. Ichw bedeutet nicht das gleiche wie IchTr, weil Ichw nie träumt und IchTr nie wach ist. Dennoch bedeutet der Traum eine Art bewußter Erfahrung des zurückliegenden Geschehens.

Die Erfahrung «Ich habe geträumt» ist Teil des Wachzustands von Ichw. Es muß also eine bewußte Verbindung geben zwischen Ichw und IchTr, und diese kann nicht das früher erwähnte Gedächtnis sein. Es ist nicht vorstellbar, daß man aus der Phase des traumlosen Tiefschlafs heraus zu einer Feststellung wie «Ich hatte einen traumlosen Schlaf» gelangt, denn diese setzt Informationsverarbeitung im Gedächtnis voraus, die während der Tiefschlafphase aber nicht stattfindet.

Die bewußte Verbindung zwischen den drei Ich-Zuständen ist nicht das Gedächtnis, sondern der Atman, denn er ist seiner Natur nach reine Bewußtheit und Unveränderbarkeit. Er bildet auch die Grenze der IDS-Sequenz beobachtbarer Gegebenheiten, gehört aber nicht selbst zu dieser Sequenz und kann also nicht wie alles andere im Verlauf der Sequenz zu etwas Beobachtbarem werden.

17. Ungewißheit und Atman

Die Unschärfe, von der in der Physik die Rede ist, betrifft die Werte zweier verknüpfter Variablen zu einem gegebenen Zeitpunkt. Sind die Variablen nicht verknüpft, lassen sich ihre Werte hingegen exakt bestimmen. Doch selbst in diesem Fall werden die beiden Werte nicht gleichzeitig, sondern nacheinander wahrgenommen. Zwischen zwei Bewußtheitszuständen befindet sich stets eine Lücke, die dafür sorgt, daß ein Zustand nicht wahrgenommen wird, wenn der andere wahrgenommen wird und umgekehrt. Daraus folgt, daß alle qualifizierten Bewußtheitszustände unscharf beziehungsweise ungewiß sind, weil, wenn ein Zustand bekannt ist, nicht zur selben Zeit noch ein anderer bekannt sein kann.

Welche Bewußtheit ist dann gewiß? An allen Wahrnehmungen sind zwei Bewußtheiten beteiligt, eine gewisse, die die Unveränderlichkeit betrifft, und eine ungewisse, die die Veränderlichkeit betrifft. Erinnern wir uns an die angeführten Beispiele «Hut» und «Matte». In der Bewußtheit von der Matte ist die Matte die veränderliche und die Bewußtheit die unveränderliche. Die Wahrnehmung der Matte kann in die Wahrnehmung des Hutes übergehen und umgekehrt; die Bewußtheit der Objekte hingegen bleibt in allen Zuständen erhalten und verändert sich nie. Nichts, keine Gewißheit und keine Ungewißheit, kann ihre Unveränderlichkeit erschüttern.

18. Die drei Zustände des Selbst

Die drei Zustände universaler Erfahrung sind Wachen, Träumen und traumloser Tiefschlaf.

Wachen (W): In diesem Zustand beleben alle Fähigkeiten des feinstofflichen Körpers den grobstofflichen Körper. Alle Handlungen und Gedanken hinterlassen Eindrücke im Geist, werden im Gedächtnis gespeichert und lösen in einem scheinbar endlosen Prozeß weitere Handlungen und Gedanken aus.

Traum (Tr): Die während W ausgeführten Tätigkeiten führen in diesem Zustand zu einer allmählichen Erschöpfung des grobstofflichen Körpers, so daß er vom feinstofflichen Körper nicht mehr als Medium benutzt werden kann. Deshalb werden die Sinnesfähigkeiten in den Geist verlegt. Die Traumwelt ist aus den Eindrücken des W-Zustands und aus den Vorstellungen gemacht, die auf diesen Eindrücken beruhen. In diesem Zustand ist der Geist von allen Einschränkungen befreit, die ihm die Außenwelt während des Wachzustands auferlegt, und produziert unzusammenhängende und akausale Ereignisfolgen.

Tiefschlaf (Ti): Während W sind Prana, Geist und alle Sinnes- und Handlungsfähigkeiten zugegen. Im Tr-Zustand fallen zwar die Handlungsfähigkeiten aus, doch sind die Sinne pausenlos weiter beschäftigt. In der Ti-Phase verschmilzt der Geist in vollkommener Ruhe mit der reinen Bewußtheit des Atman. Es fehlen die individualisierten Wahrnehmungen, die für die Erschütterungen des Geistes während des W- und des Tr-Zustands verantwortlich sind. Der bewegungslose Zustand geht in der unqualifizierten Bewußtheit auf. Die einzige Fähigkeit des feinstofflichen Körpers, die auch weiterhin aktiv bleibt, ist der Prana. Er sorgt dafür, daß der grobstoffliche Körper einsatzfähig bleibt und der feinstoffliche Körper nach der Ruhezeit wieder in ihn zurückkehren kann.

19. Die drei Zustände und das EEG

Der feinstoffliche Körper weist während der drei Zustände folgende aktive Aspekte auf:

Wachen	Atmung	Geist und Sinne	Handeln
(W)	(A)	(G)	(H)
Träumen	Atmung	Geist und Sinne	
(Tr)	(A)	(G)	
Tiefschlaf	Atmung		
(Ti)	(A)		

Im EEG überlagern sich offenbar die Bereiche A, G und H, denen bestimmte Gehirnfunktionen zugeordnet sind. Die Veden sagen, daß das Selbst von W zu Tr und von dort zu Ti gleitet, dann zwischen Ti und Tr hin- und herschwingt, um schließlich über Tr zu W aufzusteigen. Für das EEG würde dies bedeuten, daß während der Zustände W, Tr und Ti in den aufgezeichneten Gehirnwellen die Kombinationen von A+G+H oder A+G oder von A allein repräsentiert sind.

Westliche Wissenschaftler sagen, ihre EEG-Untersuchungen – natürlich an westlichen Versuchspersonen – zeigten, daß es keinen traumlosen Schlaf gibt, nicht einmal während der Anästhesie. Auch im Zustand der Hypnose werden noch Reste geistiger Aktivität beobachtet. Für Angehörige einer alten Kultur lassen diese westlichen EEG-Beobachtungen zwei Schlüsse zu: entweder verwechseln die Forscher, da das EEG die Wellen von A, G und H nicht trennt, den Atmungsanteil A, der in Ti fortbesteht, mit dem geistigen Anteil G, oder die gesellschaftlichen Bedingungen des Westens haben die Menschen so konditioniert, daß für sie traumloser Schlaf nicht mehr möglich ist. Unabhängig davon, welche der beiden Schlußfolgerungen zutrifft – die zweite wäre besorgniserregend, was die Werte der westlichen Gesellschaften anbelangt –, ist es auf jeden Fall wichtig, A, G und H in den EEG-Wellen zu trennen.

Selbst wenn man zugesteht, daß der Ti-Zustand unter normalen Umständen nie erreicht wird, so tritt er aber doch bei tiefer Anästhesie oder im Koma ein. In diesen Phasen müßte die Trennung in A, G und H also möglich sein. Dabei gibt es allerdings das Problem, daß in diesen Zuständen entweder Medikamente oder Hirnschädigungen Aktivitäten hervorrufen, die nichts mit der normalen Atmung zu tun haben. Eine sichere Trennungsmethode stellt die EEG-Untersuchung natürlicher Todesfälle dar, denn der Tod inaktiviert die verschiedenen Fähigkeiten in der gleichen Reihenfolge wie der Schlaf, mit dem Unterschied, daß der Vorgang irreversibel ist. Die Beobachtungen westlicher Hirnforscher bestätigen hier die vedischen Beschreibungen: Zunächst fallen die Handlungsfähigkeiten aus, dann die geistigen Aktivitäten und schließlich die Atmung.

20. Der Sitz des Selbst im Körper

Die Antwort auf die Frage nach dem Sitz des Ich, die die Veden geben, ist in mancherlei Hinsicht überraschend. Im Wachzustand entfaltet das Ich seine Aktivität in den Augen, indem es alle inneren und äußeren Wahrnehmungen aufnimmt. Genaugenommen liegt sein Mittelpunkt im rechten Auge. Den Ausführungen einer vedischen Hymne zufolge ist hier nicht tatsächlich das physische Auge gemeint, sondern das Auge steht allegorisch für das alles wahrnehmende Selbst. Haben die Veden die Entdeckung der Hirnforschung, daß das Gehirn in eine rechte und linke Hälfte zweigeteilt ist, vorweggenommen?

Im Zustand des Träumens wandern die geistigen Fähigkeiten hinab in die Kehle, der Grund, warum sich die Augen schließen, wenn uns der Schlaf überkommt. Nun erfährt das Ich nur noch die inneren Wahrnehmungen.

Im Zustand des Tiefschlafs steigt das Ich weiter hinab in die Nadis des Herzens, und geheimnisvollerweise hören alle Wahrnehmungen auf. Als Begründung dafür geben die Veden an, daß das Ich sich im Zustand Ti mit dem wahren Ich, dem Atman, vereinigt. Da Atman mit allem eins ist, gibt es nichts außer ihm, also auch keinen Akt der Beobachtung und folglich keine qualifizierte Bewußtheit mehr. Im Zustand Ti kommt alles zur Ruhe, und das Ich hat keine Bewußtheit der eigenen Person mehr.

Man kann also sagen, daß das Herz – der Sitz des Selbst im Zustand Ti – der «natürliche Platz» des Selbst ist und der Zustand Ti sein Grundzustand. Schlägt nicht auch im Zustand des Todes, wenn das Gehirn seine Funktionen längst eingestellt hat, das Herz weiter? Überall auf der Welt deuten Menschen auf ihre Brust, wenn sie «Ich», den geheimen Namen des Atman, sagen. Ausdrücke wie «aus reinem Herzen» oder «aus voller Brust» sind in allen Sprachen geläufig. Und ist es nicht vielleicht so, daß die westlichen Wissenschaftler bei ihren Untersuchungsmethoden die Bedeutung von ganz wesentlichen universal gebräuchlichen Gesten außer acht lassen?

Hiroshi Shimizu

Die ordnende Kraft des «Ba» im traditionellen Japan

Hinführung zum Begriff

Die traditionelle japanische Kultur ist als «Kultur des Ba» bezeichnet worden. Ba ist kein rätselhafter Begriff, sondern kann durchaus von Menschen mit andersgeartetem kulturellem Hintergrund verstanden werden. Viele Reisende aus westlichen Ländern besuchen zum Beispiel in Kyoto den Ryoanji-Tempel mit seinem berühmten Steingarten, und viele von ihnen würden gern nach Japan zurückkehren und länger dort bleiben, um zu ergründen, was hinter der Anlage dieses Gartens, der Ba repräsentiert, steht. Wenn man im Wörterbuch nachschaut, dann findet man für das japanische Wort Ba die Bedeutung «Feld». Aber das ist eine gleichsam mechanische Übersetzung, die den eigentlichen Bedeutungsgehalt nicht erfaßt.

Obwohl Ba im alltäglichen Leben und in den sozialen Bräuchen Japans lebendig ist, spielt die Idee des Ba im heutigen Bewußtsein der Japaner, die so sehr damit beschäftigt sind, sich die moderne westliche Zivilisation und Kultur anzuverwandeln, kaum mehr eine Rolle. Dies bedeutet, daß Japan nicht durch eine auf der eigenen Kultur basierende Kreativität zur Entwicklung der internationalen Gemeinschaft beiträgt.

Eine große Ausnahme in dieser Beziehung war Kitaro Nishida, der sich mit den Prinzipien des «Basho» befaßt und versucht hat, diese mit der westlichen Philosophie in Einklang zu bringen. Seine wichtigsten Werke erschienen in der Zeit zwischen den zwanziger Jahren und 1945, seinem Todesjahr.

Was aber ist Basho? Ich meine, es ist eine gute Hinführung zur Idee des Ba, wenn man erst einmal den Begriff und die Funktion des Basho versteht. Die wörtliche Übersetzung könnte etwa «Ort» lauten, aber man hat mir geraten, keinen Gebrauch von dieser Übersetzung zu machen. Da «Sho» dem Wort «Ort» entspricht, *bedeutet Basho den Ort, an dem Ba vorhanden ist oder entsteht.*

Obwohl Nishida eine logische Philosophie des Basho entwickelt hat, will ich ihm hier nicht folgen, und zwar aus folgendem Grund: Nishida hat es vermieden, *Prozesse* in seine Betrachung einzubeziehen. Ich dagegen, der ich daran interessiert bin, zu einem Verständnis des Entstehens biologischer Informationen in Wissenschaft und Technologie zu gelangen, wende das Ba-Prinzip auf biologische Systeme an, die sich durch Dynamik auszeichnen. Lassen Sie mich deshalb eine neue, für unsere Zwecke geeignete Definition von Basho einführen.

Ich möchte dabei mit der Struktur der Welt beginnen. Vereinfachend gesprochen, hat sich die moderne Zivilisation auf der Grundlage des folgenden, auf Descartes zurückgehenden Weltbildes entwickelt: Die Welt besteht aus dem Menschen und seiner Umwelt, das heißt der Natur. Umwelt und Mensch sind durch eine unsichtbare Grenze voneinander getrennt. Folglich nimmt der Mensch die Umwelt durch diese unsichtbare Grenze hindurch wahr, das heißt, *er sieht sie von außen*. Dies impliziert, daß wir zu einer objektiven Beschreibung der Welt gelangen können.

Neben diesem Bild von der Welt gibt es nun aber noch ein anderes, nämlich das Bild des Basho, bei dem die Grenze zwischen dem Menschen und der Umwelt nicht existiert: *Der Mensch ist ein Bestandteil des Basho*. Folglich sieht der Mensch den Basho von innen. Unser Problem besteht nun darin, eine gültige Methode der Darstellung des Basho von einem inneren Standpunkt aus (wie ihn die Philosophie des Ostens seit jeher eingenommen hat) zu finden. Ich will an einigen Beispielen erläutern, was ich meine, so daß implizit die Konzepte von Ba und Basho deutlicher werden, und ich werde zum Schluß meine Gedanken auf die Hirnforschung anwenden.

Der innere Standpunkt

Menschen laden oft Freunde zu sich nach Hause ein und verbringen dann eine gewisse Zeit mit ihnen zusammen in ein und demselben Raum der Wohnung. Physisch sind Gastgeber und Gäste zwar im selben Raum, aber die Gäste nehmen diesen Raum nur von außen wahr. Das gilt nicht für die Gastgeber – sie sehen den Raum von innen. Der jeweilige Standpunkt hat nämlich nichts mit den physischen Gegebenheiten zu tun, sondern in erster Linie mit der Tatsache, daß die Gast-

Der Mensch, von der Natur getrennt

Der Mensch als Teil der Natur

geber als Bestandteil ihres Zuhauses zu diesem gehören, die Gäste jedoch nicht. Wenn also die Gastgeber den Raum betrachten, dann müssen sie sich als Teil des Raums in die Betrachtung einbeziehen. Dies bedeutet, daß in ihrem Fall das Objekt (das Zuhause) untrennbar mit dem Subjekt verbunden ist. *Nur wenn der Wahrnehmende untrennbar mit dem Objekt der Wahrnehmung verbunden ist, wird letzteres von innen her gesehen.* Für die Betrachtung und Beschreibung des Basho ist nur solch ein innerer Standpunkt möglich.

Warum unterscheidet sich die Beschreibung der Welt, wie wir sie aus der Philosophie des Ostens kennen, so sehr von jener der modernen Wissenschaft, wie sie in der westlichen Welt in der Neuzeit entwickelt wurde? Von entscheidender Bedeutung ist hier der Unterschied der Standpunkte. In der Wissenschaft beobachten wir die Welt, das heißt die Objekte, von außen, indem wir die Objekte vom Subjekt, also von uns als den Betrachtenden, trennen. Mit anderen Worten: Wir wählen einen außerhalb gelegenen Standpunkt. Dagegen wird in der Philosophie des Ostens die Welt von innen betrachtet. Wenn man diesen Standpunkt einnimmt, muß man sich in das betrachtende Objekt einbeziehen. Deshalb wird die Beschreibung notwendigerweise zu einer selbstbezüglichen (selbstreferentiellen) – was den Eindruck entstehen lassen kann, die östliche Denkweise sei widersprüchlich und unscharf, da Paradoxien offenbar nicht vermieden werden können.

Eine selbstreferentielle Beschreibung ist auch für die Wissenschaft vom Gehirn und für die Frage, wie das Gehirn für den «Besitzer» dieses Gehirns aussieht, von großer Bedeutung, das heißt, eine durch Ich-Empfinden charakterisierte Selbstbewußtheit muß auf der Grundlage der selbstreferentiellen Eigenschaft des Gehirns und des Körpers erörtert werden.

Das selbstrepräsentierende System

Welche Art von Paradox entsteht bei der Selbstrepräsentation, dem Selbstentwurf des Basho oder seiner durch Selbstreferenz charakterisierten Beschreibung? Die Idee eines «selbstrepräsentierenden Systems» stammt von dem amerikanischen Philosophen Josiah Royce (1899). Nishida sah Royces Modell als ein solches der Selbstbewußtheit an und baute darauf seine Philosophie des Basho auf.

Um ein selbstrepräsentierendes System und seine Beziehung zur Selbstbewußtheit zu verstehen, stellen wir uns Basho als einen geschlossenen Raum vor. In diesem Raum malt ein Maler auf einer Leinwand, die sich in eben diesem Raum befindet, den Raum von innen. (Der Maler und die Leinwand sind Teil des Raums, das heißt des Basho.) Wir gehen nun davon aus, daß der Maler alle Einzelheiten des Raums auf seiner Leinwand abbilden muß, also auch sich selbst und die Leinwand.

Wir wollen ferner voraussetzen, daß der Maler bewußt zu Werke geht. Er sieht sich also zunächst einmal den Raum an. Dann macht er sich daran, das, was er gesehen hat, in aller Vollständigkeit abzubilden. Nach der Fertigstellung des Bildes vergleicht er es mit dem Raum, um die Genauigkeit der Darstellung zu überprüfen. Stellt er dabei irgendwelche Abweichungen fest, wird er sie korrigieren, um dann das korrigierte Bild wiederum mit dem Raum zu vergleichen.

Gehen wir davon aus, daß er mit einer weißen Leinwand beginnt. Auf dieser weißen Leinwand, der Leinwand 0, malt er nun den Raum mit der Leinwand 0. Nach Vollendung seines Werks stellt er jedoch eine Abweichung fest. Er hat einen Raum mit der Leinwand 0 gemalt, während er nun die gemalte Leinwand, Leinwand 1, vor sich hat, die Leinwand 0 zeigt. Dieser Erkenntnis folgend, muß er auf seiner Leinwand die Leinwand 0 durch die Leinwand 1 ersetzen. Nach dieser Korrektur stellt er jedoch erneut eine Unstimmigkeit fest. Im Raum befindet sich eine Leinwand, auf der Leinwand 1 zu sehen ist. Wir wollen sie als Leinwand 2 bezeichnen. Auf dieser Leinwand, der Leinwand 2, ist der Raum mit Leinwand 1 gemalt. Deshalb muß nun auf dem Bild Leinwand 1 durch Leinwand 2 ersetzt werden. Das Ergebnis ist Leinwand 3, auf der Leinwand 2 zu sehen ist. Die echte Leinwand im Raum zeigt immer eine Leinwand – die echte Leinwand wird zur Leinwand $n+1$, sobald der Maler die Leinwand n auf ihr gemalt hat. Indem der Maler die Unstimmigkeit korrigiert, schafft er eine neue. Deshalb ist es ihm unmöglich, die wirkliche Leinwand auf seine Leinwand abzubilden. Obwohl er die Wirklichkeit doch so gern «einholen» möchte, gelingt es ihm nicht, was bedeutet, daß er in der vergangenen Welt lebt, nicht in der gegenwärtigen.

Die geschilderten Abweichungen entstehen nun aber nicht, wenn die Leinwand außerhalb des Raums steht. Dann haben wir es mit einer Wiedergabe der Objekte von außen zu tun, die die Trennung von Subjekt und Objekt zur Voraussetzung hat.

Wie läßt sich der durch die Selbstreferenz verursachte Widerspruch vermeiden?

Royce sah in dem Paradox der unendlich vielen Wiederholungen der Selbstrepräsentation die Ursache für die Entwicklung der Organismen. Wenn dem jedoch so wäre, geriete unser Bewußtsein in die Falle der unendlichen Wiederkehr. Nishida nun machte das Modell von Josiah Royce zwar zu seinem Ausgangspunkt, entwickelte dann aber das System der Selbstrepräsentation auf andere Weise weiter, nämlich als Philosophie des Basho, die auch als Philosophie der Selbstbewußtheit bezeichnet worden ist. Obwohl Nishidas Philosophie von großer Bedeutung ist, will ich jedoch meine eigenen Gedanken entwickeln, weil die gedankliche Struktur des Basho besonders im Hinblick auf ihre Anwendbarkeit auf die Wissenschaft von der Informationsentstehung in *komplexen dynamischen Systemen* interessiert, wobei wir nicht nur an das Gehirn denken, sondern auch an Organismen, künstliche organische Systeme, unsere Gesellschaftssysteme und die Natur. Deshalb ist für unseren Ansatz die Frage von entscheidender Bedeutung, wie sich der aus der Selbstreferenz resultierende Widerspruch vermeiden läßt.

Im Falle des Modells von Joshia Royce werden nur logische Beziehungen zwischen Repräsentationen untersucht. Wir fragen jedoch nach den *grundlegenden Mechanismen* der *Aktivität des Selbst* bei der Selbstrepräsentation, das heißt, wir müssen uns mit der inneren Aktivität des selbstrepräsentierenden Systems befassen, die der Aktivität des Malers bei Royce entspricht.

Nehmen wir an, daß der Maler bei jedem Arbeitsschritt nur die Leinwand mit dem Bild malt, nicht aber seinen Arm mit dem Pinsel. Das heißt, der Maler stellt das Ergebnis seines Tuns dar, nicht aber die Aktivität selbst. Anstelle der Aktivität selbst wird ihr Ergebnis dargestellt. Die Darstellung spiegelt die Vergangenheit wider. Wie wir bereits gesehen haben, verursacht aber eine derartige Beschreibung einen Widerspruch. Eine Aussage über den Zustand des Basho ist unmöglich, solange das Selbst den Basho nur in der Vergangenheit wahrnimmt. Um dem Widerspruch zu entgehen, muß der Maler sich selbst und seine malende Tätigkeit in Echtzeit und ohne jede zeitliche Verzögerung malen. Dadurch wird das Gemälde jedoch unbestimmt und unsicher, was bedeutet, daß der Maler wiederum an Aussagekraft einbüßt.

Um das Paradoxe des selbstreferentiellen Prozesses zu überwinden, will ich zwei verschiedene Arten der Darstellung des Basho zusammenbringen. Die Darstellungen unterscheiden sich dadurch voneinander, daß sie zu verschiedenen gedanklichen Ebenen gehören. Bei der einen handelt es sich um die Darstellung des Basho in einem ich-zentrierten Bezugsrahmen, bei dem das Selbst im Mittelpunkt steht, bei der anderen um eine mit basho-zentriertem Bezugsrahmen, wo alles auf den Basho ausgerichtet ist. Die erstgenannte Darstellungsform beschreibt den Basho so, wie ihn das Selbst wahrnimmt, und liefert einen mikroskopischen (und subjektiven) Entwurf des Basho, während das Ergebnis der zweiten Darstellungsform ein holistischer und transzendentaler Entwurf des Basho ist. Hier wird der Basho in makroskopischer (und prädikativer) Form dargestellt. Wenn nun beide Arten der Darstellung zugleich verwendet werden, wird das Selbst durch den «Punkt des Basho» repräsentiert, an dem beide Entwürfe stimmig miteinander verbunden sind. Anders ausgedrückt: Das Selbst ist definiert als ein «Konvergenzpunkt», der die beiden Formen der Darstellung des Basho konsistent aufeinander bezieht.

Echtzeit im Basho und improvisiertes Schauspiel

Eine Wohnung enthält die Geschichte der darin wohnenden Familie, nicht jedoch die ihrer Besucher. Die Familie und alle Dinge (oder Informationen) in der Wohnung haben eine der Wohnung eigene, passende Bedeutung, einen zu ihr gehörenden Sinn. Alle Dinge haben ihren Platz innerhalb der historischen Beziehungen der Wohnung, das heißt in dem Netzwerk der der Wohnung eigenen historischen Relationen. Das Auftauchen einer Entität (eines Dings oder Wesens) wirkt sich auf die historischen Beziehungen aus und führt zu mehr oder weniger augenscheinlichen Veränderungen der übrigen Entitäten. Wir können sagen, daß alle Entitäten überhaupt erst in den historischen Beziehungen des Basho entstehen. Das ist jener «Relativismus», der so charakteristisch für den Buddhismus ist. Nach Nishida können wir dem Zutagetreten von Entitäten in solchen historischen Beziehungen des Basho Rechnung tragen, indem wir sagen, daß «die Entitäten im Basho existieren». Wenn man den Basho von innen darstellen will, muß man Teil der historischen Beziehungen werden. Im Falle des selbstrepräsentierenden Systems von Royce ist der Maler nicht in die historischen Beziehungen hineingestellt. Deshalb kommt es seitens des Raums zu keinerlei Reaktion auf den Maler.

Im allgemeinen ist unser Basho so komplex, daß nicht immer eine Vorhersage möglich ist. Unser Basho ist tatsächlich ein komplexes dynamisches System; seine Unvorhersagbarkeit beruht auf der Tatsache, daß wir nur bruchstückhaft wissen, was im Basho in der Zukunft geschehen wird. Wir sind jedoch oftmals gezwungen, uns über unser Verhalten in bezug auf den Basho ohne zeitliche Verzögerung schlüssig zu werden. Wir müssen unser Verhalten in Echtzeit festlegen, weil für ein Herumprobieren keine Zeit ist. Mit anderen Worten: Erforderlich ist die Wahrnehmung der Entitäten in Echtzeit, das heißt ein Entstehen der Information in Echtzeit.

Um den logischen Merkmalen eines solchen augenblicklichen Wahrnehmens von Entitäten beim Basho näherzukommen, möchte ich ein «Modell des improvisierten Schauspiels» einführen, bei dem der Basho durch ein Theater dargestellt wird, in dem Schauspieler (als selbstrepräsentierende Elemente, die dem Maler in Royces Modell entsprechen) gemeinsam ein improvisiertes Stück vor fremdem Publikum aufführen, das der «inneren Umwelt» des Basho entspricht. Da es keinen vorgegebenen Text gibt, ist zumindest am Anfang der Sinn des Stücks oder – allgemeiner – der Darstellung der Akteure überhaupt nicht festgelegt. So gesehen beginnt jeder Schauspieler bei einem unbestimmten Zustand. Ganz allgemein besteht die einzige Methode, auf unterschiedliche, nicht im voraus bekannte Erfordernisse der Umwelt zu reagieren, darin, dezentral in einem noch unbestimmten Zustand zu beginnen. Die Darbietungen der Schauspieler nehmen in dem Maße eine bestimmte Bedeutung an, in dem sich langsam eine Geschichte oder ein Szenario entwickelt.

Ba, die prädikative Darstellung des Basho

Die Selbst-Darstellungen der Schauspieler und die Entwicklung irgendeiner Geschichte reichen jedoch für die Vorstellung eines Schauspiels bei weitem nicht aus. Vor allem muß die Geschichte für die Zuschauer, für die innere Umwelt, die komplex und unbestimmt ist, akzeptabel sein. Anders ausgedrückt: Die Darbietungen der Schauspieler müssen mit den Anforderungen des Publikums übereinstimmen. Noch konkreter: Das Drama muß eine Darstellung nicht nur des Innenlebens der Schauspieler, sondern auch des Innenlebens aller Zuschauer sein.

Fraglos sind die Schauspieler an der Selbstrepräsentation des Basho aktiv beteiligt, und ihr Handeln ist «subjektiv» in dem Sinne, daß sie subjektiv an der Darstellung, am Schauspiel beteiligt sind. Auch das Publikum kann als aktives Element angesehen werden, aber es ist nicht subjektiv, sondern «prädikativ» im folgenden Sinne dieses Wortes: Es steuert zum Subjekt, das heißt zur Darbietung der Schauspieler (die sich durch deren Wechselwirken allmählich aus dem ursprünglich amorphen Zustand herauskristallisiert), subsumtive, das heißt ein- oder unterordnende Begrenzungen bei. Das Publikum ist jedoch kein fester Parameter: Es hat seine eigene Dynamik. Und die Schauspieler bringen ihre subjektiven Vorstellungen mit den prädikativen des Publikums in Einklang und entwickeln die Repräsentation des Basho als Ganzes, das heißt die Theatervorführung. Das Theater, die prädikative Repräsentation des Basho, besteht aus Schauspielern *und* Publikum.

Alle Philosophien des Ostens weisen gemeinsame Grundzüge auf, die man folgendermaßen zusammenfassen könnte: 1. Unsere Welt setzt sich aus Entitäten zusammen, die in einem Netzwerk kausaler Beziehungen in Erscheinung treten. 2. Wir leben in Harmonie mit dieser Welt, die als Basho mit unbegrenzter Fähigkeit zur Selbstrepräsentation in einem prädikativen Sinne angesehen werden muß. 3. Unsere Selbstrepräsentation wird nur dann flexibel, kreativ und allumfassend, wenn wir uns diesem prädikativen Einwirken der Welt öffnen.

In der traditionellen japanischen Kultur wurde die Welt durch die Natur ersetzt. Die prädikativen Darstellungen der Natur – oder allgemein des Basho – kann man als Ba bezeichnen. Ba ist so etwas wie eine globale Darstellung und kein physikalischer Zustand des Basho. Ich möchte den folgenden philosophischen Grundsatz als Ba-Prinzip bezeichnen: Das Wesen der Natur oder der komplexen Umwelt offenbart sich mittels prädikativer Einwirkung in unserem inneren Standpunkt. Ba bringt die Spieler, die subjektiven Elemente, dazu, ihre subjektiven Selbstrepräsentationen im Einklang mit der prädikativen Aktivität zu entwickeln. Dies geschieht, indem das Ba die Schauspieler dazu anhält, auf die Bedeutung ihres Tuns zu achten und sich in die Gesamtheit einzufügen; diese induzierten Begrenzungen sind für die Selbstorganisation der subjektiven Repräsentationen erforderlich.

Die Schauspieler müssen über gewisse Freiheiten verfügen, um die Übereinstimmung mit Ba aufrechterhalten zu können, denn Ba kann sich, die Komplexität des Basho widerspiegelnd, in unvorhersehbarer Weise verändern. Wenn aber keine Begrenzungen gegeben sind, ist jeder Schauspieler frei, zu spielen, was er will, das heißt, es kann keine konsistente Gesamtrepräsentation entstehen. Die Selbstorganisation der Aktivitäten der Schauspieler zu einer subjektiven Repräsentation, das heißt zu einem improvisierten Schauspiel, setzt erst dann ein, wenn ihnen auf irgendeine Weise geeignete «Begrenzungen» vorgegeben werden und damit aus der falsch gestellten eine wohldefinierte Aufgabe wird.

Die Ausbildung einer Geschichte

Für ein improvisiertes Stück ist von entscheidender Bedeutung, daß alle Schauspieler ein und dieselbe Geschichte spielen. Schauspieler, die eine im wesentlichen gleiche Geschichte zur Aufführung bringen, werden mit der richtigen zeitlichen Abstimmung spielen – der Ablauf der Zeit wird von einer gemeinsamen inneren Uhr gelenkt. Das läßt sich folgendermaßen erklären: Die Geschichte ist eine Art Begrenzung, die von den Schauspielern als Teil der subjektiven Repräsentation akzeptiert wird, um ihr Spiel einzugrenzen. Die Geschichte wird von den Schauspielern unter dem Einfluß subsumtiver Begrenzungen geschaffen, die jedem von ihnen durch Ba induziert werden, das die Selbstrepräsentation der Zuschauer (Basho) in prädikativer Form ist. Die Geschichte und Ba müssen als subjektiver und prädikativer Teil der Selbstrepräsentation des Basho im Einklang miteinander sein. Die Akteure sind nur dann in der Lage, verständlich zu spielen, wenn sie im wesentlichen dieselbe begrenzende Geschichte hervorbringen, die ihnen Aufschluß darüber gibt, welche Form der Darstellung im nächsten Augenblick

Sinn macht. Auf diese Weise werden aus den konsistenten Beziehungen zwischen den Schauspielern kohärente Beziehungen.

Die Darstellungen mögen sich von Schauspieler zu Schauspieler unterscheiden, aber sie müssen miteinander vereinbar sein. Dadurch, daß sie ihre Rollen ständig auf Kohärenz prüfen, können die Schauspieler feststellen, ob sie dieselbe Geschichte spielen oder nicht. Die Bedeutung der Selbstrepräsentation jedes Schauspielers und folglich die Rolle eines jeden im Stück ergibt sich aus den wechselseitigen Beziehungen, die beim Spielen zwischen ihnen entstehen. Das läßt sich mit einem grundlegenden Gedanken des Buddhismus, nämlich dem «synchronen In-Erscheinung-Treten der Entitäten», vergleichen. Im allgemeinen treten Dinge oder Wesen nur dann kohärent und gleichzeitig in Erscheinung, wenn die selbstrepräsentierenden Elemente des Basho bestimmte Begrenzungen gemein haben.

Die Geschichte eines improvisierten Schauspiels ist die Selbstrepräsentation des Basho. Es ist eine globale und subjektive Darbietung der Schauspieler im basho-zentrierten Bezugsrahmen. Die Geschichte entsteht auf selbstreferentielle Art und Weise: Jeder Schauspieler simuliert das aufgeführte Stück in einem «inneren Theater», wobei das innere Stück mit dem tatsächlich gespielten übereinstimmen muß. Die Geschichte entsteht im inneren Theater als eine innere Geschichte unter dem Einfluß von Ba, den subsumtiven Begrenzungen. Wie im folgenden gezeigt werden soll, machen die Spieler (und die Zuschauer) die inneren Geschichten dadurch zur Geschichte des Stücks, daß sie im selben Theater zusammen spielen. Auf diese Weise kommen die Schauspieler zu einer gemeinsamen Geschichte.

Die innere Geschichte beschreibt die Entwicklung des Basho, wie sie von jedem Schauspieler in dem basho-zentrierten Rahmen wahrgenommen wird. Um den künftigen Basho vorausahnen zu können, müssen die Schauspieler den globalen Wesenszug des Basho einschließlich des Publikums ermitteln. Dazu müssen die Akteure von ihrem ich-zentrierten Bezugsrahmen zu einem basho-zentrierten überwechseln, in dem der Basho als Ganzes gesehen wird. Die innere Geschichte dient dem Schauspieler im tatsächlichen Stück als Hypothese für sein Spiel in den nächsten Augenblicken. Da die Selbstrepräsentation im tatsächlichen Stück mit der inneren Geschichte übereinstimmen muß, setzt letztere durch diesen «feedforward» dem Schauspieler und seiner Darstellung im ich-zentrierten Rahmen Grenzen.

Jeder Schauspieler, der gemäß seiner eigenen inneren Geschichte spielt, überprüft die Gültigkeit seiner Hypothese, indem er die Übereinstimmung seiner Darstellung mit der der anderen Akteure prüft. Ist die Hypothese verifiziert, wird sie in die Geschichte des tatsächlichen Stücks transformiert. So taucht eine Hypothese nach der anderen auf und fließt in eine Geschichte ein. Während sich die Geschichte langsam entwickelt, werden den Schauspielern Schritt für Schritt gemeinsame Begrenzungen auferlegt. Vergangenheit und Zukunft einer jeden Rolle werden in der Gegenwart der Geschichte miteinander verbunden, und im Theater entsteht der Fluß der historischen Zeit. Damit Hypothesen auftauchen und sich in Elemente der Geschichte verwandeln können, müssen alle Schauspieler sich in die historische Zeit des Basho fügen.

Festzuhalten ist, daß die nächste Szene der inneren Geschichte gleichsam «vorauswirkt» und so der Selbstrepräsentation des Schauspielers Grenzen setzt, die außerdem weiterhin mit der prädikativen Selbstrepräsentation des Basho übereinstimmen muß. Auf diese Weise fügen sich im Fluß der historischen Zeit des Basho viele unterschiedliche Szenen zu einer Geschichte.

Induzierte Passung subjektiver und prädikativer Repräsentationen

Der subjektive Teil der Selbstrepräsentation des Basho wird von den Schauspielern in einer Weise entwickelt, daß er mit dem prädikativen Teil auf seiten der Zuschauer übereinstimmt. Die Geschichte wird so gestaltet, daß beide Seiten der Selbstrepräsentation miteinander übereinstimmen. Beide Teile der Repräsentation haben jedoch verschiedene Ursprünge und sind keineswegs aufeinander zurückführbar. Das bedeutet, daß zur Selbstrepräsentation des Basho immer *zwei* Arten der Informationsentstehung gehören.

Es kommt also darauf an, daß die Schauspieler dem impliziten, unbestimmbaren Bedürfnis des Publikums durch ihr Spiel gerecht werden. Es ist für die Schauspieler nicht möglich, alle Geschichten auswendig zu lernen, die die Zuschauer erwarten könnten. Das Einüben einer unbegrenzt großen Zahl spezieller Darstellungen ist ein Ding der Unmöglichkeit. Deshalb ist es für die Schauspieler äußerst wichtig, sich ein universales Repertoire zuzulegen, aus dem sie spezielle Fälle kreativ ableiten. Es erfordert Talent, ein geeignetes Muster für die Schaffung einer inneren Geschichte zu finden, die den im Basho in Erscheinung tretenden Entitäten eine passende Bedeutung oder Funktion verleiht. Das geschichtenbildende Muster muß den Anforderungen des Publikums entsprechen.

Gehen wir einmal davon aus, daß die Schauspieler über ein ausreichendes Maß an Kreativität verfügen. Das Problem besteht nun darin, ein geeignetes Muster für die Schaffung einer inneren Geschichte, also innere Begrenzungen zu finden, um so zu spielen, daß das Spiel zu Ba, den prädikativen Repräsentationen auf seiten der Zuschauer paßt. Die Geschichte entsteht Schritt für Schritt durch wechselseitige Induktion der beiden Teile der Selbstrepräsentation. Diese wechselseitige Induktion nenne ich «induzierte Passung subjektiver und prädikativer Repräsentationen» (Bild 2).

Die induzierte Passung der beiden Teile der Selbstrepräsentation läßt sich noch konkreter fassen, und zwar folgendermaßen: Erst sind die Schauspieler im Basho vom Publikum (und von Material) umgeben, das als Ganzes ein den Basho charakterisierendes Wesen hat. Dieses Charakteristikum erspüren die Schauspieler als Ba. Dann wird in den Schauspielern ein diesem Wesenszug entsprechendes geschichtenbildendes Muster evoziert, was mit emotionaler Erregung verbunden ist. Das ist das Gefühl des Ba.

Die Erregung eines geschichtenbildenden Musters durch Ba läßt sich mit dem Ausrichten eines Rades auf einem Berggipfel vergleichen, dessen verschiedene Hänge spezifische Merkmale aufweisen. Das Herabrollen des Rades über einen dieser Hänge ist mit der Entwicklung einer Geschichte vergleichbar, die die Wesensmerkmale dieses speziellen Berghangs widerspiegelt. Das geschichtenbildende Muster ist ein Satz ordnender Begrenzungen, die zur Ausformung einer inneren Geschichte führen. Das geschichtenbildende Muster muß so weit gefaßt sein, daß es eine unbegrenzte Zahl unterschiedlicher Geschichten hervorbringen kann. Diese Allgemeingültigkeit des geschichtenbildenden Musters ist die Grundlage für die prädikative Eigenschaft des Ba; die prädikative Repräsentation ist gekennzeichnet durch Allgemeinheit und durch die Potentialität zu verschiedenen Themen.

Obwohl Ba am Anfang noch nicht ganz klar zu erkennen ist, muß es gleichwohl deutlich genug sein, um eine zwar noch unscharfe, aber doch bedeutungsvolle Selbstrepräsentation der Schauspieler entstehen

Passung zwischen Schloß und Schlüssel

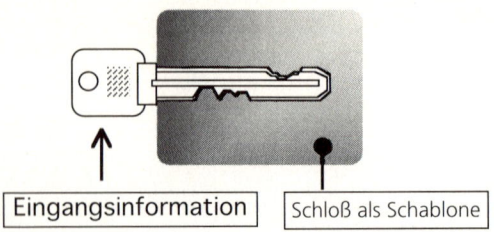

| Eingangsinformation | Schloß als Schablone |

Induzierte Passung

Sich gegenseitig anpassende Beziehung

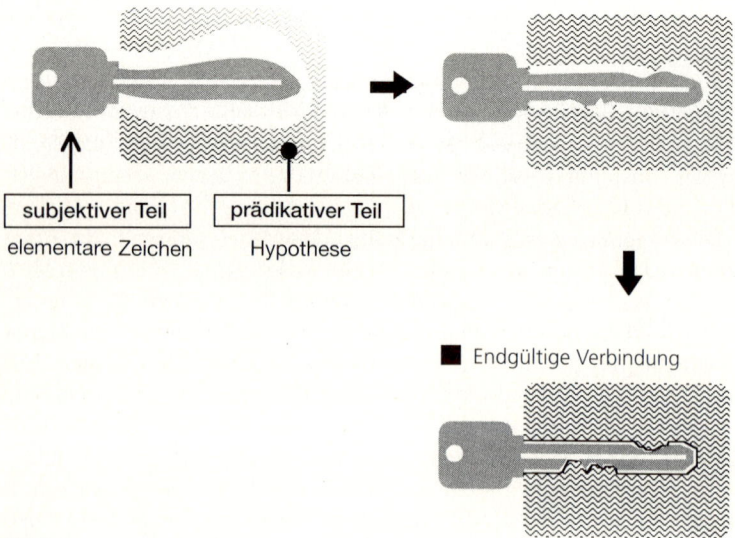

Bild 2

zu lassen. Diese verändert dann den inneren Zustand der Zuschauer, was wiederum zu einer Veränderung des Ba führt. Damit einhergehende Veränderungen der inneren Begrenzungen der Schauspieler lassen diese zu einer differenzierteren Darstellung gelangen. Derartige sich zwischen den Akteuren und den Zuschauern vollziehende Veränderungen wiederholen sich in zyklischer Form, bis die Repräsentationen beider Seiten gut zueinander passen.

Ba und der Kontext

Der oben beschriebene, durch Ba verursachte Entstehungsprozeß ist nicht zu verstehen, wenn wir unseren Standpunkt außerhalb des Basho wählen. Die Welt verändert sich jedoch grundlegend, wenn wir unseren Standpunkt in das Innere des Basho verlegen. Das ist die einzig geeignete Position, um sich in stringenter Weise mit dem Kontext der Informationen zu befassen.

Es ist interessant, daß neuere Forschungsergebnisse aus der Hirnforschung mit diesem Modell eines improvisierten Schauspiels übereinstimmen. Sensorische Signale an das Gehirn werden auf zwei Wegen weitergeleitet (Bild 3). Der eine Weg führt über den «Kniehöcker» (LGN) zu den Rindenfeldern des Neokortex, der andere zu limbischen Strukturen, zum Beispiel zur Amygdala, die emotionale Reaktionen steuern. Diese Strukturen sind auch für Erinnerungen, zum Beispiel an bestimmte Orte, verantwortlich beziehungsweise mit diesen eng verbunden. Der Weg über die Amygdala ist einfacher strukturiert und schneller als der über die sensorischen Felder. Deshalb warten die von der Amygdala kommenden Signale, ob über die langsameren sensorischen Bahnen eventuell Korrektursignale eintreffen.

Ich möchte darauf hinweisen, daß diese Struktur weitgehend analog ist zu dem, was zu Ba und Basho gesagt wurde. Mit der Amygdala ist nämlich der Hippocampus mit seinen «Ortszellen», die festhalten, an welchem Ort etwas geschehen ist, eng verbunden. Ich habe darauf aufmerksam gemacht, daß die sogenannten Hyperkolumnen, Zellgruppen im Neokortex, die der Verarbeitung optischer Signale dienen, als Akteure angesehen werden können, da ihre Repräsentationen durch wechselseitige Beziehungen bestimmt sind. Und ich habe gezeigt, daß die Selbstrepräsentationen solcher Akteure von einem unbestimmten

Der Hippocampus ist eine Bühne
für improvisierte Schauspiele

1. Verzweigung der Informationswege am visuellen Thalamus
2. Inhärente Randbedingungen, die mit Ba
   in der Amygdala korrespondieren
3. Visuelle Ikons im inferotemporalen Kortex

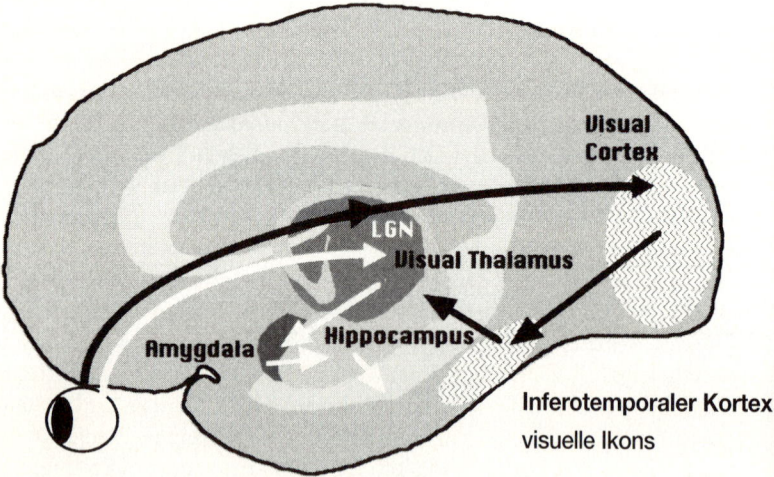

Bild 3   Kontext von Ba als inhärente Archetypen

Zustand ausgehen können, um dann gleichzeitig mit der Herausbildung kohärenter Beziehungen zu speziellen Repräsentationen zu werden.

Warum lassen sich die Hyperkolumnen als Akteure ansehen? Wenn wir wach sind, machen wir in unserem täglichen Leben, das ja so etwas wie ein improvisiertes Stück ist, eine Reihe von Erfahrungen. Das tatsächliche Stück ist stets begleitet von Erfahrungen in einem speziellen Zustand des Basho. Um ein derartiges improvisiertes Stück spielen zu können, müssen die in einer speziellen Situation aufgetauchten Entitäten in eine Form verwandelt werden, die sie auf allgemeine Fälle anwendbar macht. Um Entitäten in allgemeinen Fällen darstellen zu können, benötigt unser Gehirn Akteure mit der Struktur von Hyperkolumnen. Im Prozeß des «Umlernens» werden Entitäten, die in einem speziellen Netzwerk aufgetaucht sind, in Akteure mit allgemein brauchbarem Repertoire verwandelt – das entspricht der Bildung einer Hyperkolumnenstruktur, die von spezifischen Ereignis-Netzwerken losgelöst ist. (Die Schaffung von Akteuren in diesem Ver- und Umlernprozeß erfolgt vermutlich größtenteils im Schlaf.)

Halten wir also fest, daß im Hippocampus, nachdem Ba in der Amygdala als geschichtenbildendes Muster evoziert worden ist, in einem basho-zentrierten Bezugsrahmen Prozesse der induzierten Passung ablaufen, und zwar zwischen dem geschichtenbildenden Muster als subsumtiver Begrenzung, das heißt dem prädikativen Teil der Repräsentation, und der subjektiven Repräsentation der Akteure des Neokortex. Das ist die Herausbildung der inneren Geschichte, die beide Teile in Übereinstimmung miteinander bringt. Offenkundig müssen subsumtive Begrenzungen gegeben sein, bevor der geschichtenbildende Prozeß einsetzen kann.

Kommunikation und Ba

Unser Modell eines improvisierten Schauspiels macht deutlich, worum es bei der Kommunikation geht. Es ist zu beachten, daß in unserem täglichen und gesellschaftlichen Leben der Inhalt unserer Kommunikation nicht vorhersagbar ist. Wir müssen nicht nur über das miteinander kommunizieren, was im wesentlichen neu ist, sondern auch im «Sprachspiel» der Kommunikation immer neue Bedeutungen schaffen.

Ein solches Sprachspiel läßt sich nur dann als improvisiertes Schauspiel ansehen, wenn die Teilnehmer im wesentlichen die gleiche Geschichte mit einer im wesentlichen gleichen Bedeutung kennen. In diesem Sinne ist gesprochene oder geschriebene Sprache ein subjektiver Beitrag der «Schauspieler», und sie erhält Bedeutung, wenn sie zu dem prädikativen Teil der Selbstrepräsentation des Basho, das heißt zum Ba, paßt.

Ein klassisches Haiku lautet sinngemäß:

Ein alter Teich,
ein Frosch springt hinein,
Geräusch des Wassers.

Wenn wir die Wörter sinnbildlich nehmen, haben wir die subjektive Repräsentation einer Bühne (ein alter Teich), auf der ein improvisiertes Stück zur Aufführung kommt. Die Repräsentation läßt uns jedoch unvermittelt zu ihrem prädikativen Teil kommen, sobald wir über ihre Bedeutung nachzudenken beginnen. Die Wendung «Geräusch des Wassers» zeigt eine ambivalente Situation, denn zum Teil bezieht sie sich auf den Frosch und zum Teil auf den Basho, dem der Teich angehört. Die Bedeutung der Repräsentation wird durch einen spontanen Übergang vom subjektiven zum prädikativen Teil erweitert, der durch diese ambivalente Wendung hervorgerufen wird. Dann wird die prädikative Repräsentation des Basho, die prädikative Repräsentation des «Publikums», in unserem Bewußtsein evoziert und nimmt die subjektive Repräsentation durch induzierte Passung in sich auf. Das geschriebene Gedicht bekommt einen tiefen Gefühlsgehalt, wenn es mit dem Basho, der in seiner Größe und Geschichte unbestimmt ist, verbunden wird.

In der sogenannten multimedialen Gesellschaft werden die Informationen durch Medien übermittelt und ausgetauscht, die nur den subjektiven Teil der Repräsentation transportieren können, das heißt nicht auch den prädikativen, den Ba. In solch einer Gesellschaft verharren die Menschen, vom Basho getrennt, in ihrem ich-zentrierten Bezugsrahmen. Folglich wird es für sie immer schwerer, auf der sozialen Ebene ein improvisiertes Stück zu spielen.

Automatische Steuerung unter unbestimmten Bedingungen

Das oben gezeichnete Bild der Entstehung von Bedeutung aus einem indefiniten Zustand läßt interessante Anwendungsmöglichkeiten nicht nur im Bereich der semantischen Kommunikation und der Wahrnehmung neuer Objekte erkennen, sondern auch in der automatischen Steuerung von Systemen, die aus verteilten, aktiven, den Akteuren entsprechenden Elementen bestehen. Tatsächlich zeigen Schriften, die vor einigen Jahrhunderten verfaßt wurden und den Kampf mit dem japanischen Schwert zum Thema haben, wie Ba beim Schwertkampf für die automatische Steuerung des Körpers eingesetzt werden kann. Die Schwerter sind so scharf, daß der erste Treffer über Sieg und Niederlage entscheidet. Um den Sieg zu erringen, muß natürlich die Technik, müssen die Grundmuster der Handhabung eines Schwertes beim Kampf erlernt worden sein. Das aber reicht bei weitem noch nicht aus, denn der tatsächliche Kampf findet in einem unbestimmten Basho auf unvorhersagbare Art und Weise statt. Er ist dem improvisierten Schauspiel vergleichbar. Niemand kann vorhersagen, unter welchen Bedingungen der Schwertkampf beginnt. Wenn ein Kämpfer in die Falle einer fixierten Erwartung mit einem fixierten Muster gerät, bedeutet dies, daß er geschlagen wird, jedenfalls dann, wenn sein Gegner frei von aller Antizipation in den Kampf geht.

Entscheidend für den Kampf ist, daß man – in einem unbestimmten Zustand beginnend – die entscheidenden Bewegungen schneller als der Gegner ausführen kann, das heißt, daß man am Ort des Schwertkampfes schneller als der andere zu einer brauchbaren Vorhersage für dieses improvisierte Drama gelangt. Unter unbestimmten Bedingungen ist eine derartige Vorhersage nur möglich, wenn man in Echtzeit zu vernünftigen Hypothesen findet. Zugleich müssen sich spontan die angemessenen Bewegungen des Körpers einstellen. Das ist jedoch nur möglich, wenn der Kämpfer ein improvisiertes «Schauspiel» aufführt, bei dem sein Kontrahent den Part des Publikums zugewiesen bekommt. Dazu muß er, wie die alten Quellen besagen, «in das Muster eintreten und es wieder verlassen» können – und das nicht nur in der Theorie. Hierin liegt der entscheidende Schritt, um zu einem Akteur zu werden, der, ausgestattet mit einem allumfassenden Repertoire, in der Lage ist, mit seinem Gegner – dem prädikativen Element der Selbstrepräsentation (des Schwertkampfes) des Basho – jedes beliebige Schauspiel aufzuführen. Ich glaube, daß sich aus diesen traditionellen Überlegungen interessante Anregungen für moderne Aufgaben ableiten lassen, zum Beispiel die automatische Steuerung von Systemen mit aktiven Elementen, also Akteuren.

Zukunftsperspektiven

Wenn wir uns die Umweltverschmutzung vom inneren Standpunkt aus ansehen, dann erkennen wir, daß es dabei nicht nur um die Zerstörung der Umwelt geht, sondern auch um die Zerstörung des Basho, unsere innere Welt eingeschlossen. Wenn die menschliche Gesellschaft durch den Verlust ihres grundlegenden Basho geistig vergiftet ist, wird sie aufgrund eines ungehemmten Strebens nach immer mehr Besitz unkontrollierbar. Dieses endlose Spiel könnte den Basho zerstören. Vernünftige Begrenzungen dieses endlosen Strebens nach mehr lassen sich aber finden, wenn wir darüber nachdenken, wie wir alle in einem Basho zusammenleben können.

Das ungehemmte Verlangen nach mehr, das von der heutigen Menschheit Besitz ergriffen hat, hat dieselbe Ursache wie die Umweltverschmutzung. Beides ist darauf zurückzuführen, daß wir es uns zur Regel gemacht haben, den Zweck unseres Strebens losgelöst vom Basho zu bestimmen. Anders ausgedrückt: Unsere Einstellung entspricht einer einseitigen Beachtung des subjektiven Teils der Repräsentation, also einem Übergehen des prädikativen Teils, was dazu führt, daß in uns der Wunsch entsteht, andere zu beherrschen. Die zentrale Herausforderung unserer Zivilisation ist die Wiederentdeckung des Basho.

Von größter Wichtigkeit ist heute, daß wir einen neuen Typus von Zivilisation entwickeln, und zwar einen, der im wesentlichen mit *unserem Basho* übereinstimmt. Um das zu können, müssen wir unseren Standpunkt von außen nach innen verlagern. Genauer gesagt, unsere auf subjektiver Betrachtungsweise und dem ich-zentrierten Bezugsrahmen basierende Kultur muß sich zu einer Kultur wandeln, deren Grundlage eine holistische, prädikative Philosophie mit basho-zentriertem Bezugsrahmen ist. Wie die lange Geschichte der menschlichen Kultur zeigt, kann uns eine Verschmelzung von Ost und West zu der Weisheit und Fähigkeit verhelfen, unsere Probleme zu lösen. Ich glaube, daß in diesem Zusammenhang Ba und Basho Schlüsselbegriffe sein können.

Der Autor möchte der International Media Research Foundation für ihre finanzielle Unterstützung und dem Kanazawa Institute of Technology für mannigfache Ermutigung herzlich danken.
    Literatur kann beim Autor erfragt werden.

Zygmunt Bauman

Unsterblichkeit, Biologie und Computer

Der freie Mensch denkt über nichts weniger nach als über den Tod;
seine Weisheit ist nicht ein Nachsinnen über den Tod,
sondern über das Leben.
Baruch Spinoza, *Die Ethik*

Der argentinische Schriftsteller Jorge Luis Borges hat 1949 eine bemerkenswerte Erzählung mit dem Titel *Der Unsterbliche*[1] geschrieben. Darin findet Joseph Cartaphilus aus Smyrna nach langer, beschwerlicher Reise den Weg in die Stadt der Unsterblichen. Beim Gang durch den labyrinthischen Palast, als den er die Stadt vorfindet, überwältigt Cartaphilus zunächst der Eindruck eines unerdenklichen Alters, dann der Eindruck der Schrankenlosigkeit, der Grauenhaftigkeit und schließlich der der absoluten Zwecklosigkeit. Im Palast «stieß man auf blinde Gänge, auf unerreichbar hoch angebrachte Fenster, auf prunkvolle Türen, hinter denen sich eine Zelle oder ein Verlies auftaten, auf unwahrscheinliche Treppen, die mit Stufen und Geländer umgedreht nach unten hingen. Andere, die seitlich vor einer Riesenmauer in der Luft schwebten, endeten, ohne irgendwohin zu führen, nach zwei drei Windungen im oberen Schatten der Kuppeln.» Und so fort.

In diesem von Unsterblichen für Unsterbliche gebauten Palast scheint nichts irgendeinen *Sinn* zu ergeben noch irgendeinem *Zweck* zu dienen – doch ist jedes Detail wie ein Schatten, eine Erinnerung an Formen, die in den Städten der sterblichen Wesen ersonnen worden waren, und so kann es deren Absurdität offen widerspiegeln, indem es dem Zweck, zu dem es ursprünglich erfunden worden ist, unverhohlen spottet. Es kann dies nicht die Stadt von schon immer Unsterblichen gewesen sein, sondern von solchen, die anfangs die Erfahrung der Sterblichkeit gemacht, sich die damit verbundenen Fähigkeiten und Fertigkeiten angeeignet und dann, einige Zeit später, die Unsterblichkeit erlangt haben. Von diesem Moment an erschien ihnen alles, was sie je gelernt hatten, auf einen Schlag nutzlos und bar jeder Bedeutung.

Sogar der Palast, den sie im Anschluß an ihre große Entdeckung geschaffen hatten, ist nun verwaist. Als Cartaphilus eintrifft, findet er die Unsterblichen in flachen Gruben im Sand liegend vor. «Diesen elenden Löchern... enttauchten grauhäutige, bartstruppige nackte Männer... ich war nicht verwundert, daß sie sprachlos waren und von Schlangen lebten.»

Das hat Cartaphilus in der mit ewigem Leben gesegneten Welt nicht zu finden gehofft, als er auszog, um dem von ihm so gefürchteten eigenen Tod zu entrinnen. Doch nun wird ihm klar: «Unsterblich zu sein ist nichts Besonderes; vom Menschen abgesehen sind es alle Geschöpfe, da sie den Tod nicht kennen; das Göttliche, das Schreckliche, das Unbegreifliche ist das Wissen um die eigene Unsterblichkeit... Alles hat bei den Sterblichen den Wert des Unwiederbringlichen und des Gefährdeten. Bei den Unsterblichen dagegen ist jede Handlung (und jeder Gedanke) das Echo von anderen, die ihr in der Vergangenheit ohne ersichtlichen Grund vorangingen, oder zuverlässige Verheißung anderer, die sie in der Zukunft bis zum Taumel wiederholen werden... Nichts kann nur ein einziges Mal geschehen, nichts ist preziös, gebrechlich.»

Was daraus folgt, ist ebenso einleuchtend wie erschütternd: Alles im Leben der Menschen zählt, weil wir sterblich sind und darum wissen. Alles Tun sterblicher Menschen erhält durch dieses Wissen Sinn. Wäre der Tod je besiegt, würden all jene Dinge, die so mühevoll angestellt werden, um unserem absurd kurzen Leben einige Ziele zu verschaffen, keinen Sinn mehr haben. Die menschliche Kultur, wie wir sie kennen – mit Kunst, Politik, komplizierten sozialen Beziehungsgeflechten, Wissenschaft, Technik –, entstand im Angesicht des tragischen und zugleich schicksalhaften Zusammenpralls der Endlichkeit unserer physischen Existenz mit der Unendlichkeit unseres geistigen Lebens.

Der springende Punkt ist dabei, daß das Wissen um die eigene Sterblichkeit zugleich das Wissen um die *Möglichkeit des Unsterblichseins* bedeutet. Mithin ist ein Bewußtsein der eigenen Sterblichkeit nicht denkbar, ohne die Unausweichlichkeit des Todes als Demütigung zu empfinden – und darüber nachzusinnen, wie sich dieses Unrecht wohl abstellen ließe. Ein Bewußtsein der Sterblichkeit zu haben heißt, sich die Unsterblichkeit vorzustellen, von ihr zu träumen, auf sie hinzuarbeiten – selbst wenn es sich, wie Borges warnend zu bedenken gibt, um einen Traum handelt, der allein dem Leben Sinn verleiht, zu dessen Absterben die Verwirklichung des ewigen Lebens führen würde. Freud hätte vielleicht auf eine entsprechende Frage geantwortet, unser unablässiges Streben nach Unsterblichkeit sei selbst Ausdruck des Todestriebes. Oder wir könnten mit Hegel von der List der Vernunft sprechen: Sie tröstet die Sterblichen, indem sie ihnen die Möglichkeit der Unsterblichkeit vorgaukelt, dabei aber verbirgt, daß die Aussicht auf Unsterblichkeit nur so lange als Trost erscheinen mag, wie die Menschen sterblich bleiben.

Es ist die bittere Realität des Todes, die die Unsterblichkeit so attraktiv erscheinen läßt, doch die gleiche Realität verwandelt den Traum von Ewigkeit in eine aktive Kraft und ein Motiv zum Handeln. Unsterblichkeit ist eine Aufgabe – ein *unnatürlicher* Zustand, der nicht von selbst einzutreten beliebt. Um den Traum in Wirklichkeit zu verwandeln, bedürfte es großer Anstrengungen und eines raffinierten Vorgehens. Die Menschheitsgeschichte ist voll von solchen Bemühungen, die unter zwei Hauptstrategien subsumiert werden können.

Die erste war eine kollektive Strategie. Der einzelne ist sterblich, nicht aber die übergeordnete Einheit, der er «angehört». Die Kirche, das Vaterland, die Partei, die heilige Sache – jene «Wesen größer als ich selbst», wie Emile Durkheim sie so treffend genannt hat –, sie alle haben ein viel längeres Leben zu erwarten als die Menschen, die sie konstituieren, verdanken jedoch ihr – vielleicht ewiges – Leben einzig und allein den auf ihren dauerhaften Erhalt gerichteten Taten jedes einzelnen dieser Menschen. Dadurch verliert der Tod des einzelnen seinen Schrecken: «Es war nicht alles vergebens.» Doch ist dies ein recht abstrakter Trost, der keineswegs ein Fortleben des Individuums in irgendeiner Form verspricht. Der Wunsch nach individueller Unsterblichkeit geht auf im Dienst an der Unsterblichkeit der größeren Einheit; damit wird auch die Individualität selbst aufgelöst, was es der übergeordneten Gruppe enorm erleichtert, die Lebensinteressen des einzelnen dem unterzuordnen, was angeblich im Interesse des Fortbestands der Gruppe liegt. Die Grabmäler des *unbekannten* Soldaten, die jede Hauptstadt der Welt zieren, sind Ausgeburten dieser Strategie und dienen zugleich dazu, ihre Verlockungskraft zu erhalten.

Bei der zweiten Strategie stand das Individuum im Mittelpunkt. Physisch sind alle Individuen zum Sterben verurteilt – doch einige (man spricht aus eben diesem Grund von «großen» Zeitgenossen) können als Individuen im Gedächtnis der Nachwelt fortexistieren. Dieses andere, posthume Leben kann im Prinzip so lange währen, wie es Men schen gibt, die ein Gedächtnis besitzen. Doch dazu gilt es zunächst, sich in diesem einen Platz zu verschaffen: mit Taten, unverwechselbar *individuellen* Taten, die kein anderer zu vollbringen vermochte. Zwei Hauptkategorien von Taten lassen sich anführen, die um diese Form von Unsterblichkeit – das Recht, für immer im Bewußtsein der Menschheit fortzuleben – wetteiferten. Zum einen waren es die Leistungen von Herrschern und großen Führern – Königen, Gesetzgebern, Generälen – und zum anderen die von Schriftstellern – Philosophen, Poeten, Geisteswissenschaftlern. So läßt Platon Sokrates die Überzeugung verkünden, «daß dem Göttlichen, Unsterblichen... am ähnlichsten ist die Seele»; deshalb sei «in der Götter Geschlecht... wohl keinem, der nicht philosophiert hat... vergönnt zu gelangen, sondern nur dem Lernbegierigen».[2]

Anders als die erste Strategie eignete sich die zweite ganz und gar nicht als gangbarer Weg für die Masse. Sie war an den Status von Individualität als Privileg, als Leistung von Menschen mit seltener Begabung, mit außerordentlichen Verdiensten oder sonstigen einzigartigen Besonderheiten gekoppelt. Es war diese Art von Individualität, die den Schlüssel zur Unsterblichkeit verhieß, doch konnten nur deshalb einige wenige in diese Höhen aufsteigen, weil das Gros, «die Masse», nie dorthin gelangte und auch nicht die geringste Aussicht darauf hatte. Unsterblichkeit zu erlangen bedeutete nach den Regeln dieser Strategie, sich von der Masse und allem «Gewöhnlichen» abzuheben. (Schon bei Platon war die Lobpreisung der Philosophen mit der Geringschätzung derjenigen verbunden, die vermeintlich nur den leiblichen Genüssen frönten).

Ungeachtet ihrer krassen Unterschiede konnte keine der beiden Strategien die Umwälzungen der Moderne unbeschadet überstehen, von denen Michel Foucault gesagt hat, sie bestünden vor allem in der Durchsetzung der Individualisierung, jener Kraft, die im Prinzip *alle* Objekte als Individuen konstituierte und dabei Herrschaftsformen schuf, die die individuelle Verantwortung für die Erschaffung und den Erhalt von Identitäten zum Recht und zugleich zur Pflicht aller machten und dafür sorgten, daß diese Pflichten auch erfüllt wurden.[3] Die Moderne war demokratisch in dem Sinne, daß sie alle Menschen zu Individuen machte, de facto oder in spe. Dagegen verlangte die Vorstellung einer kollektiven Unsterblichkeit nach der Unterdrückung von Individualität, während das Konzept der individuellen Unsterblichkeit nur so lange Bedeutung hatte, wie Individualität das Privileg weniger blieb.

Demokratie war nicht die einzige Herausforderung, die das Herauf-
ziehen der Moderne für den gewohnten Umgang der Menschen mit
dem Traum von der Unsterblichkeit bedeutete. Eine zweite war der
moderne Humanismus. Wie John Carroll in seiner jüngsten Neubewertung des humanistischen Erbes zusammenfassend formulierte, «versuchte [der Humanismus], Gott durch den Menschen zu ersetzen und
den Menschen ins Zentrum des Universums zu rücken, ihn gleichsam
zu deifizieren. Sein Ehrgeiz war es, eine menschliche Ordnung auf Er-
den zu errichten… – eine ganz und gar menschliche Ordnung.» Der
neue Angelpunkt, um den sich die Erde – und das Universum mit ihr –
drehen sollte, war der Wille des Menschen, unterstützt und beflügelt
durch die menschliche Vernunft. Wie sich jedoch herausstellte, «ver-
kümmerte der humanistische Wille zum Nichts», so daß das hehre,
arrogante «Ich bin» zum Ausspruch eines «chronisch Kranken dege-
nierte, der das Leben aus dem Fenster eines Hospitals beobachtet».[4]
Wie kam es zu diesem Niedergang?

Der Tod – modern und postmodern

Unter der göttlichen Ordnung war die schreckliche Diskrepanz zwischen der Zeitlosigkeit des Geistes und der Vergänglichkeit des Fleisches
eine Schmach, aber keine Provokation; sie war Grund für Kummer, aber
nichts, woran man Anstoß nahm. Ihr konnte sogar, allerdings nur bei
äußerster Anstrengung der Phantasie, ein tieferer Sinn zugeschrieben
werden, oder man pries sie gar als Quelle allen Sinns. Nicht so unter der
neuen, menschlichen Ordnung. Nach ihr sollte alles den Plänen und
Wünschen des Menschen untertan sein, und was sich dem menschlichen
Verstand und Willen widersetzte, wurde mit Abscheu betrachtet. Die
Unvereinbarkeit der geistigen und körperlichen Zeitspannen und der
dafür verantwortliche biologische Tod wurden nun zur Herausforderung für den Intellekt, zur Aufgabe für den Menschen. In einer Welt, die
sich auf das Versprechen gründete, die schöpferischen Kräfte des Menschen freizusetzen, war die Zwangsläufigkeit des Todes die hartnäckig-
ste, finsterste Bedrohung der Glaubwürdigkeit dieses Versprechens und
somit der Grundfesten jener Welt.

Gemäß der modernen Verfahrensweise, schwer handhabbare Probleme stets in eine Serie kleinerer, überschaubarerer Aufgaben zu unter-

teilen, wurde das übergroße, unbesiegbare Problem des biologischen Todes, der am Ende unseres irdischen Daseins auf uns wartet, in eine Vielzahl kleiner Aufgaben und Probleme zerlegt, die sich über unsere gesamte Lebensspanne erstrecken. Die Moderne konnte den Tod nicht abschaffen – wir sind heute noch genauso sterblich wie zu Beginn der Ära der «menschlichen Ordnung». Was sie jedoch brachte, waren enorme Fortschritte in der Kunst der Bekämpfung aller bekannten Todesursachen (mit Ausnahme der *einen* Ursache: der natürlichen Sterblichkeit des Menschen). Emsig bemüht um die Beachtung all der vielen Gebote und Verbote, welche die moderne Medizin für uns parat hält, denken wir wenig, wenn überhaupt noch, an die letztendliche Vergeblichkeit all dieser Vorkehrungen. Als Resultat der Zerlegung verschwand der unsichtbare Feind, der Tod, aus unserem Blickfeld und unseren Gesprächen. Doch der Preis dafür ist die Kontrolle unseres Lebens, vom Anfang bis zum Ende, durch die allgegenwärtigen Heerscharen des verbannten Feindes. Nach der Weigerung, der Unvereinbarkeit der modernen Versprechungen mit dem bitteren Faktum unserer Sterblichkeit ins Auge zu sehen, sind wir in der Tat, wenigstens für die Gegenwart, zu «Kranken» geworden, die «das Leben aus dem Fenster eines Hospitals beobachten».

Nur gegenwärtig oder gar für immer? Das ist, zugegeben, eine umstrittene Frage, deren Erörterung mir als Nichtmediziner und Nichtbiologe, der vom derzeitigen Stand und erhofften Potential der biotechnologischen Forschungsansätze nicht mehr versteht, als es ein Laie kann und soll, nicht zusteht. Zu dem entscheidenden Punkt, von dem die Antwort auf die oben gestellte Frage abhängt – ob nämlich zu erwarten ist, daß der Fortschritt von biologischem Wissen und medizinischem Know-how so weit über die Verzögerung des Alterungsprozesses hinausgehen wird, daß sogar die bislang unausweichliche Desintegration der Lebensprozesse abgewendet werden kann –, habe ich wenig oder nichts beizusteuern. Wird der qualitative Sprung von bloßer Lebensverlängerung – dem Hinausschieben des Augenblicks, in dem wir dem immer noch gewissen Tod begegnen müssen – hin zur Degradierung des Todes von seinem gegenwärtigen Status als unentrinnbares Schicksal zu einer bloßen Eventualität gelingen (also Unsterblichkeit *praktisch* realisiert werden)? Diese Fragen muß ich den Experten überlassen. Ich will dafür eine andere Frage stellen, und zwar: Welchen Platz werden die Entdeckungen auf dem Gebiet der «praktischen Unsterblichkeit» in der Gesellschaft finden, in der wir leben? Und welche kulturelle Bedeutung und kulturellen Konsequenzen werden sie haben? Unsere *postmoderne* Gesellschaft ist geprägt durch die Diskreditierung, Verspottung oder schlicht Aufgabe einer Vielzahl von Ambitionen, die für die *moderne* Ära kennzeichnend waren (man verunglimpft sie heute als utopisch oder verdammt sie als totalitär). Zu diesen fallengelassenen Träumen der Moderne zählt auch die Hoffnung auf die Abschaffung gesellschaftlich verursachter Ungleichheit mit dem Ziel, jedem Individuum die gleiche Aussicht auf Teilhabe an allem Guten und Wünschenswerten zu garantieren, das die Gesellschaft anzubieten hat. Wie schon einmal, in den Anfängen der Moderne, leben wir in einer zunehmend polarisierten Gesellschaft. Während des gesamten modernen Zeitalters wurde soziale Deprivation meist als vorübergehende Störung auf dem sonst reibungslos verlaufenden, unaufhaltsamen Fortschritt hin zur Gleichheit verstanden; sie wurde (weg-)erklärt mit der noch ausstehenden, aber im Prinzip möglichen Behebung von Funktionsstörungen des noch nicht genügend durchrationalisierten sozialen Systems. Die ohne Arbeit und Einkommen waren, wurden als «Reserveheer» angesehen – was impliziert, daß man sie morgen oder übermorgen gewiß in den aktiven Dienst rufen werde, wo sie sich dem Heer der Werktätigen, das im Prinzip die gesamte Gesellschaft umfassen sollte, anschließen könnten. Dies gilt heute nicht mehr.

Inzwischen sprechen wir von «struktureller» Arbeitslosigkeit (ein Begriff, der, im Widerspruch zur Realität, Beschäftigung immer noch als Norm hinstellt und den Eindruck erweckt, als sei der gegenwärtige massive Mangel an Arbeitsplätzen ein Ausnahmezustand): Wer keine Arbeit hat, gehört demnach nicht mehr zum «Reserveheer» – wirtschaftlicher Fortschritt schafft keine zusätzliche Nachfrage nach Arbeitskräften, Investitionen bedeuten weniger, nicht mehr Beschäftigung, und «Rationalisierung» heißt Arbeitsplatzabbau. Auf lange Sicht, so behaupte ich, werden die spektakulären Fortschritte von Wissenschaft und Technik dazu führen, daß das «Wachstum» des Bruttosozialprodukts nur noch die massenhafte Überproduktion von Waren und Menschen mißt. Diese Menschen werden durch Gelder, die ihnen im Rahmen von «Transferleistungen» zufließen, am Leben erhalten – eine Abhängigkeit, die sie stigmatisiert als Klotz am Bein der aktiv am Wirtschaftsleben teilnehmenden Einkommensbezieher, sprich: der Steuerzahler. Als Produzenten nicht gebraucht, als Konsumenten nutzlos, handelt es sich bei ihnen um Personen, auf welche die Wirtschaft, also das System von Bedürfnisweckung und -befriedigung, gut verzichten könnte. Daß es sie dennoch gibt und sie das Recht auf Überleben für sich beanspruchen, ist ein Ärgernis, läßt sich ihre Existenz doch nicht mehr im Sinne von Wettbewerbsfähigkeit, Rationalität und anderen Kriterien rechtfertigen, die von der herrschenden Wirtschaftslogik legitimiert werden.

Es ist nicht genug sinnvolle Beschäftigung für alle Lebenden vorhanden, und die Hoffnung, daß die vorhandene Arbeit je für die Masse derer ausreichen werde, die arbeiten wollen und müssen, um dem Netz der «Transferleistungen» und dem daran haftenden Stigma zu entgehen, ist gering. Es wäre unklug – vielleicht aufrichtig, aber auf jeden Fall gewagt –, die Möglichkeit eines engen Zusammenhangs zwischen der Vorahnung von einer inhärenten Überflüssigkeit und den aktuellen Anzeichen einer kulturellen Neubewertung von neugeborenem und altem Leben auszuschließen. Wir leben in einer Zeit demographischer Schreckgespenster. Während in der Sturm-und-Drang-Phase der modernen Ära hohe Geburtenraten als Zeichen einer «gesunden Entwicklung der Nation» galten und mehr Menschen mit mehr Wohlstand und mehr Macht gleichgesetzt wurden, fürchtet man heute beides als Gefahr für das Verbraucherglück und als lästige Beanspruchung knapper Ressourcen. Immer häufiger werden Menschen in ökonomischen Berechnungen auf der Soll- und nicht auf der Habenseite geführt. Es wäre doch seltsam, gäbe es keinen Zusammenhang zwischen dem ökonomischen Wertverlust der großen Masse und der inhärenten Überflüssigkeit von Teilen der Bevölkerung auf der einen Seite und auf der anderen dem immer ausgeprägteren kulturellen Trend hin zur bewußten Verweigerung des Rechts auf Leben denen gegenüber, die zu schwach oder unbedeutend sind, um dieses Recht für sich zu reklamieren und durchzusetzen. Wer sich ernsthaft mit Kultur befaßt, dem erschiene es naiv, die kulturell dargebrachten Rechtfertigungen von Verhaltensweisen wörtlich zu nehmen: Sie haben ja den Zweck, die wahren Motive und Gründe zu verbergen, die Widersprüche zwischen gepriesenen Werten und praktiziertem Verhalten zu beschönigen und das, was kulturelle Prinzipien ausdrücklich verurteilen, das Leben aber verlangt, akzeptabel zu machen. Und so tendieren wir dazu, die Abtreibung von Ungeborenen mit dem sehr humanen Prinzip der freien Entscheidung der bereits Geborenen zu verteidigen oder Sterbehilfe für alte Menschen mit dem Recht zu legitimieren, den Tod statt eines Lebens zu wählen, dem die Gesellschaft keinen Sinn zugestehen mag. Klaus Dörner schreibt zu diesem Thema: «Die meisten der heute lebenden alten Menschen, die sich quantitativ inflationieren und dadurch entwerten, entwerten sich inzwischen auch qualitativ, indem sie im Falle der Pflegebedürftigkeit nicht mehr leben wollen, weil sie es nicht mehr wert seien, sich von Jüngeren abhängig zu machen und deren Genuß ihrer Jugend zu beeinträchtigen. Daher auch die Anziehungskraft der ‹Deutschen Gesellschaft für humanes Sterben› für alte und chronisch kranke Menschen, die meinen, freiwillig sich suizidieren zu müssen.» [5]

Es ist ein Paradoxon (oder am Ende vielleicht doch nicht?) und eine Ironie der Geschichte (oder doch gar nicht so sehr?), daß die Wissenschaft gerade in einer Zeit mit einer realistischen Möglichkeit biologischer Unsterblichkeit (oder jedenfalls einer realistischeren als je zuvor) aufwartet, in der sich die *kulturelle* Botschaft auf den Überfluß und die Überflüssigkeit von Leben kapriziert und in der die Verhinderung, Verhütung und Begrenzung von Leben zu einem kulturell bejahten und propagierten Wert avanciert. Unter solchen Umständen ist zu erwarten, daß das Angebot der Wissenschaft, sollte es irgendwann nicht nur realistisch, sondern real werden, selektiv angenommen wird – und somit den Rang eines weiteren Umschichtungs- und Polarisierungsfaktors erhielte, womöglich des mächtigsten, den es je gab. Das entspräche lediglich dem bereits sichtbaren Trend zur Privatisierung aller Dinge, einschließlich der Chance zu überleben beziehungsweise länger zu leben. Mit der Technologie der Organverpflanzung ist die zeitgenössische Medizin schon jetzt im Besitz eines mächtigen Instruments zur Lebensverlängerung. Doch die Eigenheiten dieser Technologie – vor allem, wenn auch nicht nur, ihre exorbitanten Kosten – schließen die universelle Anwendung aus. Schon heute haben nicht alle Menschen gleichermaßen die Möglichkeit, ihr Leben mit Hilfe der Hochtechnologie zu verlängern. Man kann davon ausgehen, daß die Umschichtungseffekte noch deutlicher werden, sobald die Lebensverlängerung die Schwelle zur «praktischen Unsterblichkeit» überschreitet. In einer drastischen Umkehr der modernen Strategie der kollektivierten Fortexistenz besitzt die biologische Unsterblichkeit die besten Aussichten, zu einem Faktor und Attribut der Individualisierung im Sinne einer Erhaltung der «verdientesten» Personen zu werden. Wie einst das Recht auf ewiges Leben im Gedächtnis der Menschheit, müßte auch das Recht auf ewige Fortdauer der biologischen Existenz verdient (oder, wer weiß, vererbt) werden. Es ist mehr als wahrscheinlich, daß dieses Recht zur begehrtesten Trophäe im Konkurrenzspiel individuellen Durchsetzungsvermögens avancieren würde.

Bei näherer Betrachtung des postmodernen kulturellen Stadiums erscheint ein solcher Gang der Dinge sehr naheliegend. Für die Massen hält unsere Kultur eine Botschaft bereit, die den Traum vom ewigen Leben eher abwertet oder verwässert, und zwar durch Exorzierung der Todesschrecken. Dies geschieht durch zwei scheinbar entgegengesetzte, im Grunde aber einander ergänzende und konvergierende Strategien. Die eine besteht darin, daß der Tod der uns Nahestehenden aus unserem Blickfeld und Gedächtnis verbannt wird, etwa durch: Überantwortung der unheilbar Kranken in die Obhut von Fachkräften; Wegsperrung der Alten in geriatrische Gettos, lange bevor sie auf den Friedhof, jenen Prototyp aller Gettos, kommen; Trauerfeiern an abgeschiedenen Orten; Zurückhaltung beim öffentlichen Zeigen von Trauer um Verstorbene; Psychologisierung seelischer Probleme nach Trauerereignissen als Therapie indizierende Persönlichkeitsstörungen. Auf der anderen Seite erinnerte Georges Balandier jedoch kürzlich daran, daß der Tod «durch die Wucherung der Bilder banal wird; er schleicht sich ein, erhebt sich, verschwindet wieder. Früher hatte der vorgegebene Tod die Eigenschaft eines erbaulichen Spektakels... heute wird er zum Medienmoment, zum Ereignis, das eine flüchtige Emotion auslöst, schnell verblassend durch seinen ‹Mangel an Wirklichkeit› für jene, die ihn beobachten. Diese bildliche Allgegenwart, durch die der Tod sich abnutzt, erfüllt eine exorzistische Funktion: sie zeigt und vertreibt ihn im selben Moment, handelt es sich doch immer um ein fremdes und fernes Los – das des anderen.» [6]

Der Tod im privaten Umfeld wird verborgen, während er als universelles menschliches Dilemma aufdringlich vorgeführt und zu einem nimmer endenden Straßenspektakel wird, das zum täglichen Allerlei des Lebens gehört und nichts Heiliges mehr an sich hat, geschweige denn Anlaß zum Feiern gibt. Der so banalisierte Tod wird zu alltäglich, als daß man überhaupt noch Notiz von ihm nähme, und ist viel zu vertraut, um starke Emotionen auszulösen. Er ist eben schlichte «Normalität», und das viel zu sehr, um als dramatisch empfunden oder gar dramatisiert zu werden. Sein Schrecken wird durch seine Omnipräsenz exorziert, durch das Übermaß an Sichtbarkeit verdrängt, durch seine

Allgegenwart unerheblich gemacht, durch ohrenbetäubenden Lärm zum Schweigen gebracht. Und wie der Tod verbleicht und am Ende durch Banalisierung abstirbt, so enden auch die Sehnsucht und das Streben nach einem Sieg über ihn.

Es ist, als sei der breiten Masse verstohlen, aber konsequent eingetrichtert worden, sich nicht zu wünschen, was sie ohnehin kaum je bekommen würde, sprich: kein ewiges Leben zu begehren, wenn – falls – dies möglich wird. Übereinstimmend würden die zur persönlichen Unsterblichkeit «Qualifizierten» und auch die anderen, weniger Glücklichen, zustimmen, daß nur bestimmte Arten von Leben es verdienen, auf ewig verlängert zu werden – wenngleich beide Seiten diese Aussage, wie zu vermuten ist, aus verschiedenen Gründen und aufgrund unterschiedlicher Lebenserfahrung akzeptieren würden. Was für eine Gesellschaft auf solchem Konsens entstünde, ist nicht schwer auszumalen, aber vielleicht zu erschreckend – jedenfalls jetzt noch, in einer Zeit, die sich noch an die naiven, aber aufregenden Ambitionen der Moderne erinnert, aber die Praktiken der postmodernen Zivilisation schon kennt.

Unsterblichkeit – modern und postmodern

Wie bereits festgestellt, führte während der meisten Zeit der Menschheitsgeschichte das einzigartige Werk oder die originelle Tat zur Individualität der Autor- oder Urheberschaft und dadurch zur Unsterblichkeit des Individuums – obschon es sich nur um eine geistige Unsterblichkeit handelte, gewoben aus Erinnerungen und Gedenkriten. Die Moderne stärkte und demokratisierte diese individuelle Unsterblichkeitsstrategie, die einst fast ausschließlich auf Herrscher und Denker beschränkt war, und öffnete sie für die wachsende Menge derjenigen, die sich in der immer größeren Zahl neuer Berufe und Gewerbe hervortaten. Nun fiel aber der Beginn der postmodernen Ära mit der Proklamation des «Todes des Autors» zusammen. Von Roland Barthes über Michel Foucault bis hin zu Jacques Derrida und Jean Baudrillard reden die scharfsinnigsten Beobachter der Irrungen und Wirrungen der Gegenwartskultur – zugleich Urheber ihrer einflußreichsten Selbstdeutungen – von der Anonymität der durch die Medien veränderbaren, ja sich scheinbar von selbst verändernden Texte, zu denen die Autoren ihren einst kulti vierten privilegierten Zugang verloren und dabei auch ihre alten Rechte zur Sinngebung und Interpretation eingebüßt haben.

Die nachdenklichsten, philosophisch wachsamsten Künstler der Postmoderne gestalten und formulieren in ihrem Bemühen, den Geist und die Neigungen ihrer Zeit in ihren Werken und den dabei angewandten Techniken zu repräsentieren, in allererster Linie das Fehlen des «Originals». Andy Warhol malt, was schon gemalt wurde; Sherrie Levine fotografiert, was schon fotografiert wurde. Sie und viele andere zitieren, collagieren, repositionieren, rekomponieren und vor allem: sie kopieren und vervielfältigen bereits geschaffene Bilder, wodurch die Frage der Autorschaft und Originalität aufgeworfen, zugleich aber dafür gesorgt wird, daß diese Frage nicht sinnvoll beantwortet werden kann. Andy Warhol gab sich allergrößte Mühe, das «Original» in seinem eigenen künstlerischen Schaffen zu eliminieren. Dazu entwickelte er Techniken, die es ermöglichten, eine beliebige Anzahl von Kopien herzustellen, ohne daß eine davon als erste beziehungsweise als «das» Original identifizierbar war.

Wir alle, die wir unsere Gedanken dem Computer anvertrauen, statt sie in handgeschriebenen oder getippten Manuskripten festzuhalten, die wir mit dem Bildschirm Zwiesprache halten, das Geschriebene endlos umformulieren und neu anordnen, wissen nur zu gut, daß die jeweils neueste Fassung das Ende der Existenz aller vorherigen bedeutet und zugleich alle Spuren des Weges, der uns dorthin führte, wo wir jetzt stehen, auslöscht. Der Computer zieht einen Schlußstrich unter die einst heilige Idee der «Originalfassung»; den geisteswissenschaftlichen Doktoranden des nächsten Jahrhunderts wird das Lieblingsthema der Dissertationen dieses Jahrhunderts sicher sehr fehlen: die Analyse der sukzessiven Stadien, in denen ein Autor mit seinen Gedanken ringt, bis zurück zum «Anfang», zur ursprünglichen Eingebung, also das Nacherzählen des Dramas der individuellen Schöpfung. Der Computer wirft somit einen großen Schatten auf unser überliefertes Bild vom Schriftsteller als Autor: Kündet nicht schon die Bezeichnung der Software, die wir zum Verfassen unserer Schriften benutzen, davon, daß hier ein Verarbeiter von Texten am Werk ist und nicht ein Erfinder von Ideen, ein Denker und Schöpfer? Doch noch auf ganz andere Weise trennt der Computer Individualität von Schöpfung.

In seinem genialen Aufsatz über die kulturellen Folgen des «zweiten Medienzeitalters», das mit der Einführung von Computernetzen, Internet und Virtual Reality begann, weist Mark Poster darauf hin, daß sich Worte und Bilder «mit unziemlicher Hast fortpflanzen, nicht über eine Baumstruktur... wie in einer zentralisierten Fabrik, sondern wie in einem Pilzgeflecht dezentral und überall... Der Übergang zu einem dezentralisierten Kommunikationsnetz verwandelt Sender in Empfänger, Produzenten in Konsumenten, Herrscher in Beherrschte [und lassen Sie mich hinzufügen, Autoren in Verarbeiter eines zunehmend anonymen, elternlosen Materials], wodurch die Verstehenslogik des ersten Medienzeitalters umgestürzt wird.»

So stellt sich in der Tat die Frage: Wer «‹besitzt› eigentlich die Rechte an den Texten in Internet-Foren und ist demnach für sie verantwortlich: der Autor, der Systembetreiber, der Kreis der Teilnehmer?»[7] Oder, wie ich ergänzen möchte, das «System» selbst, das gewiß alle eben Genannten einschließt, aber auf den Willen und die Absichten keines von ihnen reduzierbar ist? Eigentumsrechte und Urheberansprüche büßen viel von ihrem Sinn ein, sobald die Information einmal freigesetzt ist, im Niemandsland des «Cyberspace» beliebig hin- und herwandert und sich – wie aus eigenem Antrieb – vermehrt. Menschliche Operateure haben daran keinen Anteil; sie lösen Prozesse aus, die sie nicht lenken und selten auch nur überwachen können. Niemand kontrolliert die Logik dessen, was im Cyberspace passiert und ihn *ausmacht*. Wie Baudrillard einmal formuliert hat, unterhält sich dieses Medium allein mit sich selbst: «Die Zeichen tauchen auf, verknüpfen sich und *produzieren sich selbst*, immer eines nach dem anderen – so daß ein Grundbezug, der ihnen Halt geben könnte, gänzlich fehlt.»[8]

Das Gefäß, das dazu diente, die Unsterblichkeit der Taten einzelner sicher aufzubewahren, war das Gedächtnis der Menschen. Von dem Drang, dieses Gefäß noch narrensicherer zu machen und es geräumig genug zu gestalten, um auch nach der Demokratisierung der individuellen Unsterblichkeit noch ausreichend Platz zur Verfügung zu haben, muß ein kraftvoller Impuls zur Erfindung und Entwicklung von Computern als – in allererster Linie – «künstliches Gedächtnis» ausgegangen sein. Doch das nicht ganz vorausgesehene Resultat dieses Drangs war, daß der Mensch, einsam unter den Spezies (was nicht wundert, sind doch alle anderen Spezies «unsterblich» durch Nichttun statt durch Tun: durch fehlendes Bewußtsein ihrer Sterblichkeit, nicht durch Vollbringung der Tat, sich selbst unsterblich zu machen), «danach trachtet, sich einen unsterblichen Doppelgänger zu erschaffen, ein noch nie dagewesenes Kunstwesen». Auf ein Ergebnis dieses Prozesses weist Baudrillard hin: «Beim Streben nach praktischer (technischer) Unsterblichkeit und der Sicherstellung ihres exklusiven Fortbestands mittels einer Projektion in Artefakte arbeitet die menschliche Spezies ja geradezu daran, die eigene Immunität und Spezifität zu verlieren und als *nichtmenschliche Spezies* Unsterblichkeit zu erlangen – durch Abschaffung der Sterblichkeit der Lebenden zugunsten der Unsterblichkeit der Toten.»[9]

Ein weiteres Resultat war jedoch die Erhebung jener «toten Objekte» in den Rang einer virtuellen Spezies mit eigenen Evolutionsgesetzen, eigenen promiskuitiven Fortpflanzungsmustern, eigenen Mutationen, Mutanten, Viren und Immunitäten und eigenen Tropismen und Mechanismen von Assimilation, Stoffwechsel und Adaptation. Niemand hat die Kontrolle über diese neue Spezies, nicht einmal sie selbst: Der Computer, der einer der erschreckendsten aller Unsicherheiten ein Ende bereiten sollte, ist selbst, wie alle Spezies, zur verkörperten Unsicherheit geworden. Darauf programmiert, die menschliche Unsterblichkeit zu sichern, emanzipierte er das Schicksal der Unsterblichkeit vom Streben des Menschen; er enteignete die menschlichen Individuen mit ihrer Sehnsucht nach ewigem Leben für ihre individuellen Leistungen, indem er ihnen die Unsterblichkeit wegnahm. Statt den Urhebern Unsterblichkeit zu garantieren, schaffte er die Urheberschaft am ewigen Leben ab. Die individuelle Unsterblichkeit großer Taten und Gedanken nahm den Weg der kollektivierten Unsterblichkeit des gemeinen Volkes. Auch sie wurde nun kollektiviert; den Launen der menschlichen Spezies anvertraut, nährt sich der Computer vom Tod des Individuums. Die unsterbliche Spezies der Computer erwies sich als großer Gleichmacher: nicht, weil sie jeden in den einst nur «großen Menschen» vorbehaltenen Rang erhob, sondern weil sie der Vorstellung ein Ende setzte, «große Menschen» hätten als Gattung für sich Aussicht auf eine andere Art von Unsterblichkeit als die gewöhnlichen Sterblichen – jene, denen schon immer Unsterblichkeit nur in Stellvertretungsform angeboten wurde, erlangbar durch Opferung ihres Lebens auf dem Altar der Spezies beziehungsweise des auserwählten Teils derselben.

Angesichts der gigantischen Kapazität künstlicher Speichermedien und ihres unersättlichen Datenhungers ist es längst nicht mehr der Lohn weniger Auserwählter, für die Nachwelt erhalten zu bleiben.

Heute hat jeder die Chance, seinen Namen und seine Vita auf ewig in das künstliche Gedächtnis der Computer einzutragen. Umgekehrt hat niemand die Möglichkeit, sich privilegierten Zugang zum immerwährenden Gedenken zu erwerben. An die Stelle von Ruhm, jener Vorahnung der Unsterblichkeit, ist Bekanntheit getreten, der Inbegriff von Eventualität, Treulosigkeit und Willkür des Schicksals. Wenn jeder ein bißchen im Rampenlicht stehen kann, bleibt niemand ewig darin, aber es wird auch niemand für immer in die Dunkelheit gestoßen. Der Tod als unwiderrufliches, irreversibles Ereignis wurde ersetzt durch das Verschwinden: Die Scheinwerfer bewegen sich an eine andere Stelle der Bühne, können aber – und tun dies auch – jederzeit zurückkehren. Die Verschwundenen sind vorübergehend abwesend, jedoch nicht gänzlich – sie sind technisch präsent, sicher verwahrt in den Lagerhallen des elektronischen Speichers, stets bereit, jederzeit und ohne viel Aufhebens ins Leben zurückzukehren.

Rang die Moderne noch um die Dekonstruktion des Todes, so ist in unserer postmodernen Zeit die Unsterblichkeit an der Reihe, dekonstruiert zu werden. Am Ende geht es jedoch um die Beseitigung des Gegensatzes zwischen Tod und Unsterblichkeit, zwischen Vergänglichem und Dauerhaftem. Unsterblichkeit bedeutet nicht länger Transzendenz der Sterblichkeit. Sie ist so unbeständig und auslöschbar wie das Leben, so unwirklich wie der in ein Verschwinden verwandelte Tod – beide kennen endlose Wiederauferstehung, nicht aber Endgültigkeit.

Es war das Bewußtsein des Todes, das der menschlichen Geschichte Leben einhauchte. Hinter dem grenzenlosen Erfindungsreichtum, wie ihn unsere Spezies demonstrierte, stand das Wissen um den Tod, der wegen der Kürze des Lebens eine Kränkung unserer Würde darstellte – eine Herausforderung an den menschlichen Intellekt, die nach Transzendenz verlangte, die Vorstellungskraft beflügelte, zu Taten anspornte. In Unkenntnis des Todes leben Tiere ohne jede Anstrengung in der Unsterblichkeit. Der Mensch muß sich seine eigene dagegen mühselig verdienen, sie erringen, sie selbst begründen. Nun hat er dies endlich vollbracht, jedoch nur indem er sie an eine künstliche Spezies abgetreten hat – die eigene Unsterblichkeit wird nunmehr als *virtuelle Realität* gelebt. Stiehlt uns nicht jetzt, da die Gegensätze zwischen Realität und Vorspiegelung, zwischen Zeichen und Bezeichnungen, zwischen virtuell und «real» zunehmend schwinden, die virtuelle, technische Unsterblichkeit das grandiose Etwas, das die Unsterblichkeit als Aufgabe, als unerfüllter Traum einst verkörperte? Führt nicht die neue technische, virtuelle Unsterblichkeit, die Unsterblichkeit in Stellvertretungsform, wie ein Karussell zurück zu einer «A-priori»-Unsterblichkeit – einer Unsterblichkeit durch Unkenntnis der nichtmenschlichen (und unmenschlichen!) Spezies?

Das Wissen um den Tod ist die spezifisch menschliche Tragödie. Früher lag darin zugleich die spezifisch menschliche Größe, das Motiv für die größten Errungenschaften des Menschen. Wir wissen nicht, ob die Größe die Tragödie überdauern wird: Wir haben es noch nicht ausprobiert, denn dies alles geschieht ja zum erstenmal. Die Welt, in der wir bis jetzt lebten, ist übersät von den Spuren unserer Versuche, in die Unsterblichkeit zu entfliehen. Sind wir erst im Besitz eines elektronischen Pendants zum Bildnis des Dorian Gray, so haben wir vielleicht eine Welt ohne Runzeln erstrebt, aber auch ohne Landschaften, Geschichte und Sinn. Gut möglich, daß wir dann in Jorge Luis Borges' Stadt der Unsterblichen angekommen sind.

Anmerkungen

1 Deutsche Übersetzung aus: Jorge Luis Borges, Erzählungen, Leipzig 1987
2 «Phaidon», in: Platon, Sämtliche Werke, Band 2, Reinbek 1994, S. 137 (80 b) und 140 (82 b, c)
3 Vgl. Michel Foucault: *Politics, Philosophy, Culture: Interviews and Other Writings 1977–1984*, hg. von Lawrence D. Kritzman, London 1988, S. 60
4 John Carroll: *Humanism: The Wreck of Western Culture*, London 1994, S. 2–6
5 Klaus Dörner: *Tödliches Mitleid: Zur Frage der Unerträglichkeit des Lebens*, Gütersloh 1993, S. 129
6 Georges Balandier: *Le dédale: Pour en finir avec le xx. siècle*, Paris 1994, S. 110
7 Mark Poster: «A Second Media Age?», in: *Arena Journal*, 3/1994, S. 76, 81
8 Jean Baudrillard: «The Evil Demon of Images», Interview mit Ted Colless, David Kelly und Alan Cholodenko, in: *Baudrillard Live: Selected Interviews*, hg. von Mike Gane, London 1993, S. 141
9 Jean Baudrillard: *The Illusion of the End*, englische Übersetzung von Chris Turner, London 1994, S. 84

IV
Schnittstelle Mensch/
Maschine:
Einblicke in die
Praxis

1. Medizin

Detlef B. Linke

Chancen und Risiken der Neurotechnologie

Die konkrete Anwendung der neuen Neurotechnologien im medizinischen Bereich (die man bisher eher der Science-fiction zugeschrieben hätte) macht es erforderlich, noch stärker als bisher die betroffenen Patienten und im vorhinein auch die Öffentlichkeit auf die neuartigen Probleme hinzuweisen, die mit der therapeutischen Interaktion von Mensch und Maschine und der Umorganisation von Hirnprozessen verbunden sind. Die Anwendungsgebiete sind vielfältig und geeignet, Hoffnungen von geradezu biblischen Ausmaßen zu wecken: Blinde, die wieder sehen, Lahme, die wieder gehen können. Solchen Szenarien gilt es durch umfassende, sachliche Information entgegenzuwirken, denn die Vorstellung zum Beispiel, wieder sehen zu können, könnte die Anpassungsvorgänge, die bei einer Erkrankung oder Beeinträchtigung von Funktionen so lebenswichtig sind, als überflüssig erscheinen lassen, so daß Patienten, statt – so gut es geht – aus ihrer Situation «das Beste zu machen», nur noch vom Glauben an die Technik leben. Doch deren Anwendung wird die Belastungsfähigkeit der Psyche und des Organismus (neben der Operation selbst) auf eine besonders harte Probe stellen. Es scheint mir daher wichtig, keine übereilten und zu hohen Erwartungen zu wecken, denn es ist bisweilen leichter, sich mit einer bestimmten Situation abzufinden, als tief enttäuschte Hoffnungen auszubalancieren. Dennoch, die neuen Möglichkeiten sind erstaunlich und zumindest mittelfristig erfolgversprechend, und in einigen Bereichen (Hirngewebetransplantation, künstliches Innenohr) sind klinische Erfolge bereits von verschiedenen Arbeitsgruppen detailliert dokumentiert worden.

Die neuen technischen Anwendungen im Bereich des menschlichen Nervensystems haben dessen zum Teil unglaublich erscheinende Plastizität und Reorganisationsfähigkeit zur Voraussetzung. In den letzten Jahrzehnten ist deutlich geworden, in welchem Maße sich das menschliche Nervensystem nach Störungen, Verletzungen und Beeinträchtigungen umorganisieren und an die neue Situation anpassen kann. So, wie das Nervensystem des Embryos und Säuglings lernt, die Sinnesorgane und Muskelsysteme für das eigene Handeln und für seine sensomotorischen Aktivitäten zu erobern, also die Aktivität des Gehirns und der zugeordneten Körperteile zu koordinieren, kann sich das Gehirn auch völlig neue Organzuordnungen zu eigen machen. Von Patienten, bei denen Gesichtsnerven auf den Zungennervenstumpf aufgepflanzt wurden, weiß man, daß sie mit der Vorstellung, sie würden die Zunge herausstrecken, statt dessen ein Augenzwinkern oder ein Lächeln auslösen. Bezeichnenderweise kann sogar der Blinzelreflex über den Zungennerv «reorganisiert» werden. Diese Reorganisationsfähigkeit läßt hoffen, daß das Nervensystem nicht nur mit der Vertauschung von Nerven, sondern auch mit der Einpflanzung von technischen Systemen flexibel wird umgehen können. Neurotechnologien wie die von Rolf Eckmiller vorgestellte «Künstliche Netzhaut» könnten sich dann als klinisch verträglich erweisen.

Es ließen sich dann nicht nur neue Schnittstellen für Sinnesorgane am Gehirn schaffen (zum Beispiel Elektroden im Hinterhauptlappen des Gehirns, die mit Videokameras am Brillenbügel verknüpft sind), man könnte auch mit technischen «Sinnesorganen» in die Zustände des Gehirns «hineinschauen», und die dabei erworbenen Informationen ließen sich von den Patienten selbst sofort nutzen (Biofeedback). Gert Pfurtscheller beschreibt in seinem Beitrag, wie ein Patient über die Erfassung der Frequenzzustände des Gehirns lernen kann, motorische Prothesen direkt zu steuern, auch wenn das Gehirn keinen natürlichen Zugang zur Muskulatur des eigenen Körpers mehr besitzt. Niels Birbaumer untersucht, inwieweit Versuchspersonen oder Patienten die langsamen Gleichspannungsschwankungen des Gehirns bewußt zu verändern lernen können. Die Zukunft wird zeigen, welches die spezifischen Vorteile der beiden Methoden sind. Die erlernte Veränderung der Gleichspannungsschwankungen wurde von Birbaumer auch für die Kontrolle und Unterdrückung sich anbahnender epileptogener Potentiale und Krampfereignisse eingesetzt: ein Verfahren, das deutlich zeigt, in welchem Maße das Gehirn seine eigenen Störungen positiv beeinflussen kann. Leider sprechen nicht alle Fälle von Epilepsie auf diese Behandlung an.

Die psychologischen Effekte neurotechnologischer Anwendungen sollten möglichst bald untersucht werden; ebenso ist die Bedeutung technischer Systeme für das eigene «Leibgefühl» und für zwischenmenschliche körperliche Handlungen zu bedenken. Viele offene Fragen lassen die psychologische und praktische Betreuung und Begleitung des «neurotechnologischen» Patienten als dringlich erscheinen. Dazu gehören zum Beispiel Fragen, die den Umgang mit den neuen Sinnes- und Bewegungssystemen in kritischen Alltagssituationen betreffen: Wie verhält man sich am Zebrastreifen, wenn die künstliche Netzhaut die Lichtschwankungen im Straßenverkehr plötzlich nicht angemessen austariert? Es ist wichtig, daß der technische Entwurf von vornherein solche Aspekte mitberücksichtigt. Ein Querschnittsgelähmter, der über seine Kaumuskeln eine Gehprothese bewegt, sollte etwa bei einem Gefühl aufkommender Unsicherheit die Möglichkeit haben, das technische System von Fortbewegung auf Stabilisierung (zum Beispiel Hocke) zu schalten, um die Gefahr eines Sturzunfalls minimieren zu können.

Die immense Plastizität des Nervensystems macht man sich bei der Transplantation von fetalen Nervenzellen zunutze. Olle Lindvall beschreibt in seinem Beitrag eigene Forschungsergebnisse und weitere, möglicherweise schon bald zur Anwendung kommende Entwicklungen. Sicherlich kann man nur kleine Gehirnregionen einer Zellersetzung unterziehen. Auch wenn die Alzheimersche Erkrankung sehr weite Teile des Großhirns erfaßt, könnte es doch sein, daß die Transplantation nur kleiner Zellgruppen (vor allem des Nucleus basalis Meynert für die cholinerge Versorgung des Großhirns) einen funktionsverbessernden Effekt hat, der sich nicht nur auf das Transplantationsgebiet beschränkt.

Die Kombination verschiedener Techniken, etwa auch die biochemische Deaktivierung der Substanzen, die ihrerseits die Wachtumsfaktoren im Zentralnervensystem deaktivieren, sowie die gentechnische Herstellung von Design-Zellen können den Patienten mit schweren Hirnerkrankungen eine unschätzbare Hilfe sein.

Olle Lindvall

Transplantation von Hirngewebe: Was ist heute und in naher Zukunft machbar?

Einleitung

Die Idee, Hirnläsionen durch die Transplantation neuer, gesunder Nervenzellen zu beheben, ist mehr als vierhundert Jahre alt. Bereits im 16. Jahrhundert berichtete der berühmte französische Chirurg Ambroise Paré (1510–1590) von einem Patienten, der «...den Eindruck hatte, sein Gehirn sei verfault. Also begab er sich zum König und flehte ihn an, den Arzt Monsieur Le Grand, den königlichen Hofchirurgen Monsieur Pigray und meine Person anzuweisen, seinen Kopf zu öffnen, sein erkranktes Gehirn zu entfernen und es durch ein anderes zu ersetzen. Wir haben vieles mit ihm versucht, aber es erwies sich als unmöglich, sein Gehirn wiederherzustellen.» Vor etwa hundert Jahren hat der Physiologieprofessor Gilman Thompson im *New York Medical Journal* einen Artikel mit dem Titel «Successful brain grafting» (Erfolgreiche Hirnverpflanzung) veröffentlicht. Er hatte Hirngewebe von ausgewachsenen Katzen und Hunden transplantiert. Trotz seiner Begeisterung handelte es sich wahrscheinlich nur um Narbengewebe, und keine Nervenzelle dürfte die Transplantation überlebt haben. Noch vor fünfzehn Jahren galt es als unmöglich, Hirnfunktionen durch Zellverpflanzung wiederherzustellen.

1979 berichteten zwei schwedische Forschungsgruppen, die Symptome der Parkinson-Krankheit hätten sich bei Ratten nach einer Transplantation von fetalen Nervenzellen im Gehirn rückläufig entwickelt. Das war das erste Beispiel für eine Symptomlinderung nach der Transplantation von Hirnzellen im Tiermodell einer neurologischen Erkrankung des Menschen. Aufgrund dieser Resultate hoffte man sogleich, es lasse sich eine Transplantationstherapie für die Parkinson-Krankheit entwickeln. Inzwischen haben Untersuchungen an Ratten und Affen gezeigt, daß die Transplantation von Nervenzellen vielleicht auch zur Behandlung anderer neurologischer Krankheiten herangezogen werden könnte – etwa Chorea Huntington, Demenz und Epilepsie. Auch wenn diese Befunde vielversprechend sind, ist darauf hinzuweisen, daß beim Schritt von den ersten Tierdaten zu klinischen Versuchen mit großer Vorsicht verfahren werden muß. Eines der Hauptprobleme liegt darin, daß diese Krankheiten bei Tieren nicht vorkommen und daß die Forschung deshalb Tiermodelle entwickeln, also die Symptome der Krankheit bei Tieren künstlich zum Ausbruch bringen muß. So können wir nicht mit Sicherheit davon ausgehen, daß an Tieren gewonnene Resultate auf Menschen übertragbar sind. Beispielsweise wäre es möglich, daß der Krankheitsprozeß auch die transplantierten Zellen zerstört. Außerdem ist es für ein Transplantat wahrscheinlich schwieriger, in dem sehr viel größeren menschlichen Gehirn zu wachsen und Nervenverbindungen auszubilden.

Aus klinischer Sicht hat die Forschung auf dem Gebiet der Nervenzelltransplantation bei der Parkinson-Krankheit eindeutig die größten Fortschritte erzielt. Warum bot es sich an, die klinischen Versuche mit dem Parkinson-Syndrom zu beginnen und nicht mit anderen neurologischen Erkrankungen? Ein wichtiger Grund liegt darin, daß sich die pathologische Schädigung weitgehend auf die Degeneration jener Nervenzellen beschränkt, die den Transmitter Dopamin herstellen, und daß dieser Vorgang auf die sogenannten Basalganglien begrenzt ist. Betrachten wir zum Vergleich die Situation bei der Alzheimer-Krankheit: Dort sterben viele verschiedene Zellarten in großen Hirnbereichen ab. Theoretisch müßten die im Verlauf der Parkinson-Krankheit absterbenden Nervenzellen sehr viel leichter durch Verpflanzung neuer Zellen zu ersetzen sein.

Was ist die Parkinson-Krankheit?

Hauptsymptome der Parkinson-Krankheit sind Tremor (Zittern), Rigor (Starre) und Hypokinese (Mangel an Willkür- und Reaktivbewegungen). Zwar ist Tremor häufig das erste Symptom, doch erweist sich die Hypokinese als schwieriger für die Patienten. In fortgeschrittenen Stadien der Krankheit hat der Patient immer größere Schwierigkeiten, zu gehen und Arme oder Beine zu bewegen. Es treten sogar Zeiträume auf, in denen überhaupt keine Bewegungen mehr möglich sind. Seit

Anfang der siebziger Jahre gibt es eine wirksame medikamentöse Behandlung, die orale Verabreichung der Aminosäure L-Dopa. L-Dopa wird vom Gehirn aufgenommen und dort in Dopamin, den fehlenden Transmitter, verwandelt. In den ersten Jahren verläuft diese Behandlung meist erfolgreich, doch bereits nach fünf Jahren sind ungefähr fünfzig Prozent der Patienten in die sogenannte Komplikationsphase eingetreten. Ihre Bewegungsprobleme werden immer gravierender, und einige Patienten sind den halben Tag oder länger fast völlig bewegungsunfähig. Der Zustand der Patienten ist jähen Schwankungen unterworfen: Die Perioden fast völliger Unbeweglichkeit wechseln sich mit solchen einer Hypermobilität, der sogenannten Dyskinesie, ab. Diese Schwankungen bezeichnet man als «On-off-Effekte». Da das Gleichgewicht gestört ist, kommt es häufig zu Stürzen. Im Gegensatz dazu bleiben die kognitiven und intellektuellen Funktionen oft unbeeinträchtigt. Zweifellos sind neue Behandlungsformen für diese große Patientengruppe dringend erforderlich.

Bei der Parkinson-Krankheit sterben die Nervenzellen im sogenannten mesosträren Dopaminsystem ab. Die Zellkörper befinden sich im Mittelhirn, und die Nervenfasern erstrecken sich bis zu dem Teil des Vorderhirns, den man als Striatum (Corpus striatum) bezeichnet. Trotz größter Forschungsanstrengungen ist es nicht gelungen, die Ätiologie der Parkinson-Krankheit zu klären, das heißt, wir wissen noch immer nicht, *warum* die dopaminproduzierenden Zellen im Verlauf dieser Krankheit absterben. Dagegen ist eindeutig nachgewiesen, daß die Mehrzahl der krankheitsbedingten motorischen Symptome auf die Degeneration des Dopaminsystems zurückzuführen ist.

Können transplantierte Dopamin-Neuronen in Tieren mit experimenteller Parkinson-Krankheit überleben und arbeiten?

Bei Tieren tritt die Parkinson-Krankheit zwar nicht auf, doch man hat zwei Tiermodelle entwickelt, die sich in der Transplantationsforschung als außerordentlich wertvoll erwiesen haben. Bei diesen Modellen werden die Neurotoxine 6-Hydroxydopamin und MPTP entweder direkt ins Gehirn gegeben oder systemisch verabreicht. Das führt, ähnlich wie bei der Parkinson-Krankheit des Menschen, zum selektiven

Absterben von Dopamin-Neuronen. Und auch die Verhaltensdefizite, die die Tiere daraufhin erkennen lassen, gleichen denen der Parkinson-Patienten.

Die häufigste Technik zur Transplantation von dopaminproduzierenden Zellen besteht in der Herstellung einer Zellsuspension, die dann durch ein kleines Loch im Schädel sehr genau an einer Stelle des Gehirns oder auch an mehreren injiziert wird. Die Dopamin-Neuronen überleben nur, wenn das transplantierte Gewebe von einem Fetus stammt; älteres Gewebe reagiert zu empfindlich auf mechanisches Trauma oder Sauerstoffmangel.

Wenn die transplantierten Dopamin-Zellen in Hirnregionen gelangen, die normalerweise von diesem Zelltyp innerviert werden – also in das Striatum –, dann wachsen sie und senden Nervenfasern aus. Die neuen Neuronen bilden spezialisierte Verbindungen mit den Zellen des Wirtshirns. Anschließend setzt das transplantierte Gewebe Dopamin frei und kann einige der Symptome lindern, die man an Tieren mit experimenteller Parkinson-Krankheit beobachtet.

Können transplantierte Dopamin-Neuronen im Gehirn eines Parkinson-Patienten überleben und arbeiten?

Bislang hat man mehr als zweihundert Parkinson-Patienten in Europa und den USA dopaminproduzierende Nervenzellen eingepflanzt, die man nach Schwangerschaftsabbrüchen aus dem Hirngewebe toter, sechs bis neun Wochen alter menschlicher Feten gewonnen hat. In Schweden gibt es seit fast zehn Jahren strenge gesetzliche Regelungen, die vorschreiben, unter welchen Bedingungen menschliches Fetalgewebe für Transplantationszwecke verwendet werden darf. Die Transplantationstechnik bei unseren elf und bei den meisten anderen Patienten, die einem solchen Eingriff unterzogen wurden, sieht folgendermaßen aus: Nach dem Schwangerschaftsabbruch werden zunächst die kleinen Hirngewebsfragmente, die dopaminproduzierende Neuronen enthalten, identifiziert. Daraus wird eine Zellsuspension hergestellt. Auf einer oder auf beiden Seiten des Gehirns von Parkinson-Patienten wird die Suspension dann an drei bis zehn Stellen in das Striatum injiziert. Die meisten Patienten werden ferner einer Immunsuppression unterzogen, um die Gefahr einer Gewebeabstoßung zu verringern.

Bei den ersten Transplantationspatienten war die wissenschaftlich bedeutsamste Frage, ob dopaminproduzierende Nervenzellen überhaupt in der Lage sind, im Gehirn zu überleben und wirksam zu werden. Erste Befunde dafür, daß Transplantate dopaminproduzierender Zellen im menschlichen Gehirn überleben können, hat unsere Forschungsgruppe 1990 vorgelegt; seitdem sind sie an ungefähr zwanzig Parkinson-Patienten mit der sogenannten Positronenemissonstomographie (PET) nachgewiesen worden. Durch PET läßt sich die Aufnahme von Fluorodopa im Gehirn messen. Bei Parkinson-Patienten ist die Fluorodopa-Aufnahme im Striatum merklich reduziert, weil die Dopamin-Neuronen der Patienten degeneriert sind. Nach der Transplantation ist bei den betreffenden Patienten die Fluorodopa-Aufnahme im Striatum erhöht, woraus zu schließen ist, daß die verpflanzten Zellen überlebt haben. Ferner entdeckte man bei einem amerikanischen Patienten, der achtzehn Monate nach der Transplantation an einer anderen Krankheit starb, bei der Autopsie Nervenzellen, die vom Transplantat stammten und neue Verbindungen zum Gehirn hergestellt hatten.

Bei den meisten Parkinson-Patienten, die einer Nervenzelltransplantation unterzogen wurden, besserten sich die Symptome. Als Linderung wird gewertet, wenn sich die Zeiträume verkürzen, in denen der Patient an Parkinson-Symptomen leidet, und wenn die Symptome nicht mehr so schwer sind, vor allem wenn sich Rigor und Hypokinesie der Arme verringern.

Von wissenschaftlicher Bedeutung war weiterhin die Frage, ob die transplantierten Neuronen auch dann noch längere Zeit überleben können, wenn der Krankheitsprozeß fortschreitet. Mit Hilfe der PET ließ sich eindeutig nachweisen, daß die Fluorodopa-Aufnahme am Implantationsort noch fünfeinhalb Jahre nach dem Eingriff erhöht ist, was dazu paßt, daß die Symptomlinderung ähnlich lange anhält. Dagegen sterben die eigenen dopaminproduzierenden Nervenzellen des Patienten im Verlauf des Krankheitsprozesses weiter ab.

Wie lassen sich die Symptome weiter lindern?

Der Nachweis, daß transplantierte Dopamin-Neuronen im erkrankten menschlichen Gehirn überleben und wirken können, ist aus zwei Gründen von großer Bedeutung. Erstens eröffnet das Verfahren, abgestorbene Zellen durch neue, gesunde Zellen zu ersetzen, möglicherweise einen neuen, allgemeinen Weg zur Behandlung von neurologischen Erkrankungen. Zweitens lassen die Ergebnisse darauf schließen, daß es möglich sein müßte, eine noch wirksamere Transplantationstherapie speziell für die Parkinson-Krankheit zu entwickeln. Allerdings muß die Transplantationstechnik unbedingt verbessert werden, bevor sie als gesicherte Behandlungsmethode anerkannt werden kann. Noch ist die Symptomlinderung nicht stark genug, um Transplantationen an einer großen Zahl von Parkinson-Patienten zu rechtfertigen. Außerdem lassen sich einige Symptome wirksamer bekämpfen als andere, deshalb muß geklärt werden, wie man besser auf die bislang weniger zu beeinflussenden Symptome einwirken kann. Wissen müssen wir auch, welche Patienten sich am besten für die Transplantationsbehandlung eignen.

Gegenwärtig versuchen mehrere Forschungsgruppen, die funktionalen Effekte von Transplantaten bei der Parkinson-Krankheit zu verbessern. Ein Hauptproblem besteht darin, daß 95 Prozent der injizierten Dopamin-Zellen aus unbekannten Gründen absterben. Deshalb brauchen wir Gewebe von mehreren Feten, um den therapeutischen Wert für einen Parkinson-Patienten zu erhöhen, was natürlich den klinischen Einsatz erschwert. Eine Möglichkeit, das Überleben der Zellen zu fördern, besteht darin, das Transplantat mit Nervenwachstumsfaktoren zu versorgen. In Gewebekulturen und Tierversuchen hat man damit vielversprechende Ergebnisse erzielt, allerdings bislang noch keine Versuche am Menschen durchgeführt. Wahrscheinlich läßt sich der Transplantationseffekt auch dadurch erhöhen, daß man die Nervenfunktion in größeren Teilen des Striatums wiederherstellt. Das wird gegenwärtig an Parkinson-Patienten erprobt, denen man an einer größeren Zahl von Segmenten beider Gehirnhälften Fetenzellen transplantiert hat.

Läßt sich die Nervenzelltransplantation auch bei anderen neurologischen Erkrankungen anwenden?

Von der Parkinson-Krankheit abgesehen, sind die Vorarbeiten zu klinischen Versuchen mit Hirngewebstransplantationen bei Chorea Huntington am weitesten gediehen. Es handelt sich um eine Erbkrankheit, die zu gravierenden motorischen Problemen mit unwillkürlichen (choreiformen) Bewegungen und progressiver Demenz führt. Die Patienten sterben spätestens fünfzehn Jahre nach den ersten Symptomen, und eine wirksame Behandlung gibt es nicht. Die charakteristische pathologische Veränderung bei Chorea Huntington ist eine Degeneration des Striatum. An Ratten und Affen mit experimenteller Chorea Huntington, hervorgerufen durch ein Gift, das die Striatumzellen abtötet, hat man nachgewiesen, daß sich nach Übertragung von fetalem Striatumgewebe auf das Striatum die Symptome abschwächen. Die neuen Striatumzellen stellen zu den Neuronen des Wirtsgehirns ähnliche Verbindungen her wie die Originalzellen. Die Erfahrungen aus den klinischen Versuchen mit Parkinson-Patienten, die Ergebnisse der Tierversuche und das Fehlen jeglicher herkömmlicher Behandlungsmethode rechtfertigen klinische Transplantationsversuche an Huntington-Patienten aus medizinischer wie moralischer Sicht. Vor Beginn der ersten Versuche ist allerdings zu klären, wie das Fetalgewebe vorzubereiten ist, wieviel Gewebe implantiert werden soll und wie sich für ein optimales Überleben der implantierten Striatumzellen sorgen läßt.

Ein weiterer Kandidat für eine Transplantationstherapie ist die Alzheimer-Krankheit. Die cholinergen (Azetylcholin produzierenden) Neuronen, die von dieser Krankheit in Mitleidenschaft gezogen werden, sind von großer Bedeutung für die Gedächtnisfunktion. In Tierstudien hat man nachgewiesen, daß sich cholinerge Neuronen von Feten transplantieren lassen, daß sie im Wirtsgehirn wachsen und daß sie die Gedächtnisfunktionen verbessern. Allerdings liegt das Problem der Alzheimer-Krankheit darin, daß neben den cholinergen Neuronen noch viele andere Neuronenarten degenerieren, unter anderem auch die Neuronen, zu denen die cholinergen Neuronen Verbindungen unterhalten sollen (Zielneuronen). Aus diesem Grund ist es unwahrscheinlich, daß sich aus der Transplantation von fetalen cholinergen Neuronen eine wirksame Methode zur Behandlung der Alzheimer-Krankheit entwickeln läßt.

Bei einem Schlaganfall sterben viele verschiedene Zellen innerhalb der Hirnregion ab, die von der Blutzufuhr abgeschnitten ist. Je nachdem, wo dies geschieht, zeigt der Patient Symptome wie Parese (partielle Lähmung), Ausfall von Sinneswahrnehmungen, visuelle Probleme oder Sprachstörungen. Man hat nachgewiesen, daß fetales Kortexgewebe, das man Ratten mit experimentellem Schlaganfall eingepflanzt hat, überlebt und Verbindungen zum Wirtsgehirn herstellt. Bislang konnte man allerdings noch nicht zeigen, daß die Implantate irgendwelche funktionalen Effekte auf den Wirt haben, das heißt, sie lindern die Symptome nicht, unter denen die Tiere nach dem Schlaganfall leiden. Folglich ist an eine klinische Anwendung der Transplantation bei Schlaganfall-Patienten noch lange nicht zu denken.

Für epileptische Anfälle ist eine unkontrollierte Aktivität der Nervenzellen des Gehirns verantwortlich. Die Krampfaktivität beginnt häufig in einer begrenzten Region des Gehirns (Fokus) und breitet sich dann über beide Hälften aus, was generalisierte Anfälle und Bewußtlosigkeit zur Folge hat. Die Ursache der Epilepsie ist nicht bekannt. Nach einer Hypothese ist die Funktion der inhibitorischen Nerven im Gehirn beeinträchtigt. Von dieser Überlegung ausgehend, hat man Studien an Ratten mit experimenteller Epilepsie durchgeführt, um herauszufinden, ob sich die Krämpfe durch die Transplantation von fetalem Hirngewebe dämpfen lassen, das reich an inhibitorischen Neuronen ist. In unseren eigenen Studien haben wir nachgewiesen, daß fetale Noradrenalin produzierende Nervenzellen die Entwicklung einer fokalen Epilepsie unterdrücken. Es handelt sich dabei um ein Modell der häufigsten Epilepsieform des Menschen, der Schläfenlappenepilepsie. Ein weiterer inhibitorischer Transmitter, der in der Epilepsie eine größere Rolle spielt, ist GABA (γ-Aminobuttersäure). Wie wir zeigen konnten, werden die Ausbreitung epileptischer Anfälle und das Auftreten generalisierter Krämpfe verhindert, wenn GABA-freisetzende Transplantate auf das Mittelhirn von Ratten übertragen werden. Jetzt stellt sich die Aufgabe, GABA-produzierende, genetisch modifizierte Zellen zu entwickeln (siehe unten), die entweder in den epileptischen Fokus verpflanzt werden oder in die Hirnregionen, die für die Generalisierung der Anfälle verantwortlich sind. Sollten diese Experimente erfolgreich sein, könnte die Zelltransplantation zu einer Epilepsietherapie des Menschen ausgebaut werden.

Gibt es Alternativen zu den Fetalneuronen?

Wenn sich die Zelltransplantation als klinisch sinnvolle Behandlung für eine große Zahl von Parkinson-Patienten erweisen sollte, und wenn dieses Verfahren auch auf andere neurologische Erkrankungen angewendet werden soll, dürfen wir nicht mehr vom ständigen Nachschub an menschlichem Fetalgewebe abhängig sein. Zwar lassen sich gegenwärtig mit Fetalneuronen die besten Erfolge erzielen, doch wirft die Verwendung solcher Zellen schwierige ethische Fragen auf und wird in einigen Ländern wahrscheinlich nie möglich sein.

Aufgrund solcher ethischen Bedenken wurden die ersten Transplantationen bei Parkinson-Fällen mit Zellen aus dem Nebennierenmark der jeweiligen Patienten durchgeführt. Diese Versuche lieferten die wichtige Information, daß die Transplantation von dopamin- oder ähnliche Verbindungen produzierenden Zellen in entsprechende Hirnregionen die Symptome lindern kann. Allerdings waren die Effekte schwach und von begrenzter Dauer, deshalb hat man die Transplantation von Nebennierenmark inzwischen aufgegeben. Die größte Aussicht auf Erfolg verspricht die Transplantation von Zellen, die mit Hilfe der Gentransfer-Technik so modifiziert worden sind, daß sie den fehlenden Transmitter produzieren, das heißt bei der Parkinson-Krankheit Dopamin. Zu diesem Zweck könnten sich Hautzellen oder Gliazellen aus dem Nervensystem des Patienten eignen. Man hat gezeigt, daß genetisch modifizierte Zellen bestimmte Symptome bei Ratten mit experimenteller Parkinson-Krankheit lindern können, aber wir wissen nicht, wie effektiv diese Symptomlinderung ist und wie lange solche Zellen nach der Transplantation ihre Funktion noch wahrnehmen. Deshalb sind viele weitere Forschungsarbeiten erforderlich, bevor man die ersten Transplantationen genetisch modifizierter Zellen an Patienten mit Parkinsonismus oder anderen neurologischen Leiden vornehmen kann.

Schluß

Mit der Transplantation fetaler Dopamin-Neuronen hat man vielversprechende Erfolge bei Parkinson-Patienten erzielt. Das Besondere an dieser Methode ist die Möglichkeit, bestimmte Zellen wiederherzustellen, die infolge des Krankheitsprozesses verlorengegangen sind: Neuronen, die über spezielle Verbindungen Dopamin im Striatum freisetzen. Wahrscheinlich wird man in ein bis zwei Jahren mit klinischen Transplantationsversuchen bei Chorea Huntington beginnen. Ein anderer möglicher Kandidat für die Transplantationstherapie könnte die Epilepsie sein. Auf dem Gebiet der Transplantation von Gehirnzellen wird gegenwärtig sehr intensiv geforscht. Viele Forschungsgruppen in Europa und den Vereinigten Staaten arbeiten zusammen, um das Verfahren zu einer wirksamen, praktikablen, sicheren und ethisch vertretbaren Therapie für die Parkinson-Krankheit und für andere neurologische Leiden weiterzuentwickeln. Es ist denkbar, daß in den kommenden Jahren neue und verbesserte Transplantationstechniken in klinischen Versuchen bei mehreren dieser Krankheiten erprobt werden.

Peter Fromherz

Funktionelle Kopplungen zwischen Neuronen und Chips

Einleitung

1791 stellte Luigi Galvani den ersten elektrischen Kontakt zwischen einem organischen Gewebe und einem anorganischen Material her. Seither beruhen alle Vorrichtungen, mit denen man in Biomedizin und Physiologie elektrische Aktivität stimuliert und detektiert, auf Galvanis Verfahren – dem Kontakt zwischen einem Metall und dem extra- oder intrazellulären Elektrolyten. Bei einer solchen Verbindung fließt elektrischer Strom durch die Grenzfläche Elektrode – Elektrolyt. Der Strom von einem elektronischen zu einem Ionenleiter ist notwendigerweise mit einem elektrochemischen Prozeß verbunden. Dadurch kann es zur Korrosion der Elektrode und zur Entstehung toxischer Stoffe kommen.

Hier soll von einem anderen Verfahren die Rede sein, bei dem verhindert wird, daß elektrischer Strom durch die Schnittstelle Elektrode – Elektrolyt fließt. Zu diesem Zweck bedeckt man eine Siliziumelektrode mit einer dünnen Schicht aus isolierendem Siliziumoxid. Die Kopplung zwischen dem Silizium und einem aufgesetzten Neuron wird durch elektrische Influenz erreicht: (I) Auf das Silizium wird eine elektrische Ladung gebracht. Durch das Siliziumoxid und die Nervenmembran hindurch influenziert sie eine Komplementärladung im Neuron. (II) Eine Ladung wird auf das Neuron gebracht. Sie influenziert eine Komplementärladung im Silizium. In beiden Fällen ruft die influenzierte Ladung ein verstärktes Signal im Neuron (Aktionspotential) beziehungsweise im Silizium (Source-Drain-Strom) hervor, das leicht zu detektieren ist.

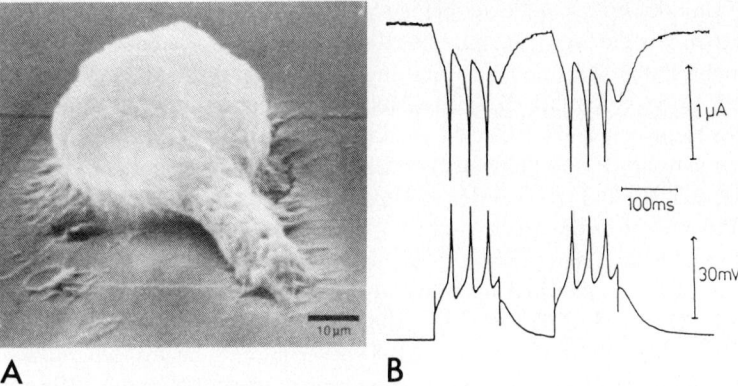

A   **B**

Bild 1: Neuron-Transistor. (A) Elektronenmikroskopische Aufnahme einer Retzius-Nervenzelle des Blutegels auf dem metallfreien Gate eines Feldeffekt-Transistors. Source und Drain des Transistors sind durch das Profil der Oberfläche gekennzeichnet. (B) Source-Drain-Strom eines Neuron-Transistors (obere Linie) und intrazelluläre Spannung (untere Linie). Die positiven Veränderungen der intrazellulären Spannung rufen eine Unterdrückung des Stroms im p-leitenden Kanal des Transistors hervor.

Neuron-Transistor

Im ersten Experiment haben wir eine Neuron-Silizium-Kopplung hergestellt. Die Nervenzelle aus einem Segmentalganglion des Blutegels wurde auf dem metallfreien Gate eines Feldeffekt-Transistors befestigt.[1] In Abbildung 1 A ist ein elektronenmikroskopisches Bild des Systems zu sehen. Mittels Strominjektion durch eine eingestochene Mikroelektrode wurden Aktionspotentiale ausgelöst. Die Korrelation zwischen der intrazellulären Spannung und dem Source-Drain-Strom zeigt Abbildung 1 B.

Wir unterscheiden zwei Kopplungsarten: In B-Typ-Verbindungen entspricht die Modulation des Source-Drain-Stroms, wie Abbildung 1 B zeigt, exakt der umgekehrten intrazellulären Spannung. In A-Typ-Verbindungen ist die Reaktion schwächer und ähnelt der negativen Steigerung der intrazellulären Spannung.

Um die Unterschiede der beiden Verbindungsarten zu kennzeichnen, haben wir die Signalübertragung vom Neuron auf das Silizium untersucht, indem wir unter Verwendung der Patch-clamp-Methode (whole cell mode) systematisch Wechselspannungen von 0,1 bis 5000 Hertz an das Neuron gelegt haben. Die Reaktion des Transistors wurde in bezug auf Amplitude und Phase aufgezeichnet.[2,3] Wie sich zeigte, unterscheidet sich die B-Typ- von der A-Typ-Verbindung durch einen erhöhten Widerstand des Spalts zwischen Zellmembran und Siliziumoxid und durch einen verminderten Widerstand der kontaktierten Zellmembran. Eine enge Adhäsion führt zu einer erhöhten Membranleitfähigkeit. Diese Modifikation der Membran ist reversibel. Wiederholte Übergänge von der A-Typ- zur B-Typ-Verbindung lassen sich einfach durch eine Änderung der Kraft hervorrufen, mit der man die Zelle auf den Transistor drückt.[4]

Stimulation durch elektrische Influenz

In einem zweiten Experiment stellten wir eine Silizium-Neuron-Kopplung her. Eine Nervenzelle des Blutegels wurde auf einer kleinen Fläche aus stark dotiertem Silizium befestigt, das von einer dünnen Schicht Siliziumoxid bedeckt war (Stimulationsfleck).[5] Das System ist in Abbildung 2 A dargestellt. An das Silizium wird ein Spannungssprung angelegt. Die Reaktion des Neurons wird durch eine eingestochene Mikroelektrode aufgezeichnet. Wenn der Reiz eine bestimmte Schwelle überschreitet, wird ein Aktionspotential ausgelöst (vgl. Abb. 2 B).

Zur Kartierung der Zelladhäsion

Der aktive Bereich beider Systeme – des Transistors und des Stimulationsflecks – hat einen Durchmesser von ungefähr 5 bis 10 µm. Stimulation und Detektion durch Influenz wird bei kleinen Neuronen von Wirbeltieren nur möglich sein, wenn man kleinere Elemente verwendet. Deshalb haben wir Transistoren mit einer Gate-Größe von 2 µm hergestellt. Sie sind in einer Matrix von sechzehn Elementen angeordnet. Zu Testzwecken befestigten wir eine große Nervenzelle des Blutegels auf der ganzen Matrix. Wir waren in der Lage, eine vollständige

A

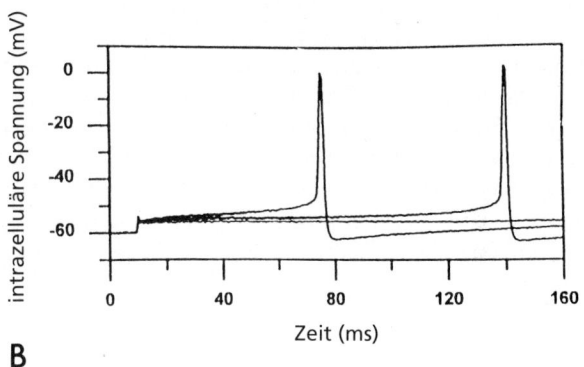

B

Bild 2: Neuron-Stimulator. (A) Mikroskopische Aufnahme einer Retzius-Nervenzelle auf einem Stimulationsfleck mit eingestochener Mikroelektrode. Die radial verlaufenden Bahnen zeigen Regionen hochdotierten Siliziums an. In den kreisförmigen Feldern ist das Silizium durch eine dünne Oxidschicht isoliert. Der Rest des Chips ist mit einer dicken (1 μm) Oxidschicht bedeckt. (B) Intrazelluläre Spannung nach Anlegen von Spannungsstufen mit 4,8, 4,9 und 5,0 Volt am Stimulator. Wenn die Stimulation einen bestimmten Schwellenwert überschreitet, tritt mit einer kleinen Verzögerung ein Aktionspotential auf.

Karte der elektrischen Verbindung im Adhäsionsbereich aufzuzeichnen.[6] Gegenwärtig werden in weiteren Experimenten mit den kleinen Elementen Messungen an Rattenneuronen vorgenommen.

Zweiwegverbindung

Wir haben auch sehr kleine Stimulatoren hergestellt. In ihrer Nähe brachten wir auf dem Chip kleine Transistoren an. Ein großes Blutegelneuron wurde so befestigt, daß es beide Elemente bedeckte. Wir konnten in der Nervenzelle ein Aktionspotential auslösen und das Signal mit dem Transistor aufzeichnen.[7] Dieses System ist eine auf elektrischer Influenz basierende Zweiweg-Silizium-Neuron-Kommunikation.

Ausblick

Alle Neuron-Silizium-Kopplungen werden in Zellkulturen hergestellt, wobei die Oberflächen der einzelnen Silizium-Mikrostrukturen und der einzelnen Zellen unbedingt sauber sein müssen. Ein exakter und enger Kontakt von Membran und Siliziumoxid ist die Voraussetzung für eine wirksame Verbindung durch Influenz. In Hinblick auf die Anwendung der Technik in einem Gewebe sind zwei Fragen zu beantworten: Ist es möglich, einen elektrochemisch stabilen, hochintegrierten Chip mit Tausenden oder Millionen von Kontaktstellen herzustellen? Ist es möglich, Tausende von Neuronen, die in die extrazelluläre Matrix und in Gliazellen eingebettet sind, in direkten Kontakt mit den aktiven Mikrostrukturen zu bringen?

Das Projekt wurde von der Deutschen Forschungsgemeinschaft unterstützt (Projekt Fr 348/9).

Literatur

1 P. Fromherz, A. Offenhäusser, T. Vetter, J. Weis: «A Neuron-Silicon Junction: A Retzius-Cell of the Leech on an Insulated-Gate Field-Effect Transistor», *Science* 252, 1991, S. 1290–1293

2 P. Fromherz, C. O. Müller, R. Weis: «Neuron-Transistor: Electrical Transfer Function Measured by the Patch-Clamp Technique», *Phys. Rev. Lett.* 71, 1993, S. 4079–4082

3 R. Weis, P. Fromherz: «Frequency Dependent Signal-Transfer from Nerve Cells to Transistors», in Vorbereitung

4 M. Jenkner, P. Fromherz: «Discrete Reversible Transitions in a Neuron-Transistor», in Vorbereitung

5 P. Fromherz, A. Stett: «Silicon-Neuron Junction: Capacative Stimulation of an Individual Neuron on a Silicon Chip», *Phys. Rev. Lett.* 75, 1995, S. 1670–1673

6 R. Weis, B. Müller, P. Fromherz: «Neuron-Adhesion on Silicon Chip Probed by an Array of Field-Effect Transistors», *Phys. Rev.*, im Druck

7 A. Stett, B. Müller, P. Fromherz: «Two-Way Coupling of Nerve Cell and Silicon-Device by Electrical Inductance», *Science*, eingereicht

Walter Zieglgänsberger

Wanderungen von Nervenzellen
bei der Hirnentwicklung

Da Infrarotlicht Hirngewebe sehr viel besser durchdringt als sichtbares
Licht, ist es möglich, ungefärbte Nervenzellen im Gewebeverband dar-
zustellen. Hierzu werden 0,4 Millimeter dicke Gewebeschnitte mit
einem Nährmedium umspült und die Nervenzellen mit einer von
H.-U. Dodt und mir am Klinischen Institut des Max-Planck-Instituts
für Psychiatrie in München entwickelten Infrarot-Videomikroskopie
sichtbar gemacht. Werden die Bilder im Zeitraffer aufgezeichnet, wie
hier in einem Gewebeschnitt aus dem Kleinhirn einer drei Tage alten
Ratte, so kann die Wanderung von Nervenzellen im Verlauf der Hirnentwicklung studiert werden. Die durch Pfeile in Abbildung A und B
gekennzeichnete Nervenzelle (Körnerzelle) verschiebt ihren Zellkern in
Richtung Kleinhirnoberfläche. Die hier dargestellte Methode erlaubt
erstmals auch eine detaillierte Untersuchung der physiologischen und
pharmakologischen Eigenschaften der feinen Fortsätze von Nervenzellen (Dendriten) im Zentralnervensystem. (Für weitere Informationen
vgl. H.-U. Dodt und W. Zieglgänsberger: «Infrared Videomicroscopy:
A New Look at Neuronal Structure and Function», in: *Trends in Neu-
rosciences*, 17, S. 453–458, 1994.)

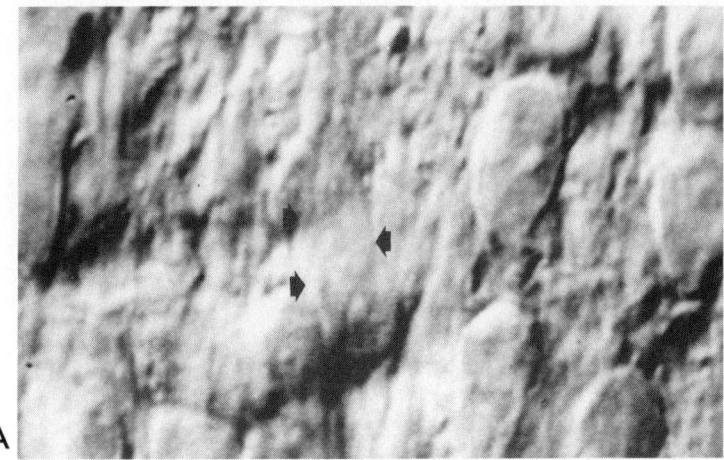

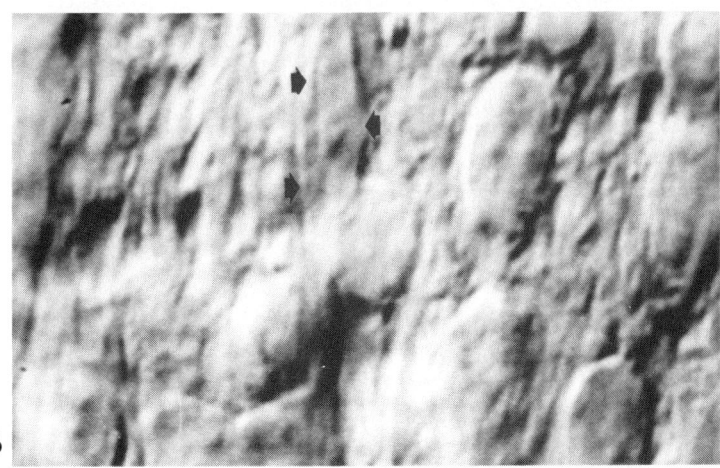

Niels Birbaumer

Selbststeuerung elektrischer Hirnpotentiale bei der Epilepsiebehandlung [*]

Registriert man das Elektroenzephalogramm (EEG) mit Gleichspannungsverstärkern, so daß auch langsame Potentialschwankungen unter 1 Hertz sichtbar werden, so zeigen sich charakteristische Verschiebungen des EEGs in *elektrisch negative* oder *positive* Richtung. Da diese *Gleichspannungsverschiebungen* auf bestimmte Ereignisse eher träge reagieren (selten schneller als 200 bis 300 Millisekunden), spricht man von langsamen Hirnpotentialen (slow brain potentials, LP). Diese LP sind für die Psychologie von großer Bedeutung, da sie die Aktivität eines ausgedehnten neuronalen Systems widerspiegeln, das für die *Planung und Mobilisierung zielgerichteten Verhaltens* notwendig ist.

Die LP repräsentieren einen «scopeutischen» Verarbeitungsmechanismus des Nervengewebes, ein Begriff, der aus dem Griechischen stammt und bedeutet, daß etwas *gewünscht* wird oder *erreicht* werden soll. LP in negativer Richtung treten stets dann auf, wenn zusätzliche Energiereserven in neuen komplexen Situationen benötigt werden.

Elektrogenese von LP

LP stellen lokale Verschiebungen synchroner postsynaptischer Potentiale der oberen Rindenschicht dar, die von «unspezifischen» Afferenzen (dem Zentralnervensystem zuströmenden Erregungen) moduliert werden. Negative LP treten immer dann auf, wenn es zu einer relativen Erhöhung der Synchronisation einlaufender tonischer Impulssalven an den apikalen Dendriten kommt. Das heißt, mit zunehmender Gleichzeitigkeit (Synchronisation) der laufend ankommenden erregenden Potentiale steigt die Negativierung in einer bestimmten Gruppe von neokortikalen Modulen.

[*] Mit Unterstützung der Deutschen Forschungsgemeinschaft (DFG)

Die Negativierung dürfte primär auf kortikale cholinerge Synapsen rückführbar sein, da die Blockade mit Anticholinergika die LP reduziert. Zu einer *Positivierung* kommt es entweder durch die Verringerung der synchronen thalamischen Feuerrate oder aber durch eine Erregung der somanahen Rindenschicht IV. Die funktionelle Bedeutung der Negativierung (Depolarisation) apikaler Dendriten liegt primär in der Tatsache, daß sie die synaptische Übertragung nachfolgender Impulse und das Auslösen von Aktionspotentialen am Axonhügel begünstigt. Die Negativierung der oberen Kortexschicht stellt somit elektrophysiologisch einen *Mobilisierungszustand* des betreffenden Areals dar, während eine Positivierung entweder die Hemmung oder das Abklingen der Mobilisierung repräsentiert. In jedem Fall ist während einer Positivierung die Erregbarkeit des jeweiligen Kortexareals reduziert.

Neurophysiologische Grundlagen von LP

Wie schon erwähnt, sind negative LP Ausdruck der Aktivität eines «scopeutischen» Mobilisierungssystems, das die Erregungsschwellen ausgedehnter neokortikaler Netze regelt. Damit wird die *Entladungsbereitschaft* einzelner Netze lokal schon *vor* der aktuellen Verarbeitung ankommender Erregung beziehungsweise in Vorbereitung auf nichtautomatische Handlungen geregelt. Die gemessenen LP sind also stets das Resultat des momentanen labilen Gleichgewichts zwischen Erregungsbereitschaft (negativ) und Hemmung dieser Bereitschaft (apikale Positivierung) oder ihrer Konsumation (somanahe Negativierung). Steigt die Erregungsschwelle über ein bestimmtes Ausmaß an, so wird eine Gegenregulation eingeleitet (mit etwa 50 bis 100 Millisekunden Latenz), die das betroffene Netzwerk wieder in ein «mittleres» Erregungsniveau zurückregelt. Beim epileptischen Krampfanfall zum Beispiel versagt dieser Gegenregulationsmechanismus, und die Erregungsschwelle (Negativierung) sinkt unkontrolliert. Extreme Feuerraten der Pyramidenzellen mit entsprechenden Konsequenzen in den Erfolgsorganen (Anfall) sind die Folge. Dieses System der kortikalen Erregungsregulation ist gleichzeitig für die Steuerung motorischer und sensorischer *Aufmerksamkeit* verantwortlich.

Untersuchungen an der Katze und am Affen ergaben, daß für die antizipatorische Verteilung der Erregungsschwellen zum Beispiel nach einem Warnreiz am Neokortex die Intaktheit des *präfrontalen Kortex* Voraussetzung ist. Die negative Rückmeldung, über die ein übermäßig starkes Ansteigen der lokalen Erregungsschwellen verhindert wird, erfolgt über die *Basalganglien*. Beide Systeme konvergieren im *retikulären Thalamus* als gemeinsame Endstrecke, dessen tonisches Erregungsniveau selbst wieder von dem «Aktivierungsfluß» aus der mesencephalen Retikulärformation abhängt.

LP, zerebrale Potentialität und Leistung

LP sind nicht nur Ausdruck der Erregbarkeitsschwellen kortikaler Netze, sondern sie *beeinflussen* diese auch rückwirkend und haben somit eine *aktiv-modulierende* Funktion. Bei antizipatorischer Negativierung steigt die Depolarisation der apikalen Dendriten an, die Entladungsschwelle des Neurons sinkt. Diesen Zustand eines lokalen Netzwerks nennen wir *zerebrale Potentialität*. Zerebrale Potentialität kann auch durch extern angelegte positive (anodale) Potentialität «erzeugt» werden (die extrazelluläre Positivierung verringert den Potentialgradienten an der Dendritenmembran). Wenn in diesem «Zustand» zellulärer Bereitschaft ein sensorischer Reiz in Schicht III oder IV (rund 5 bis 10 Prozent aller Afferenzen) oder eine assoziative oder callosale Afferenz (circa 60 Prozent aller Afferenzen) in Schicht I und II eintrifft, ist die *Wahrscheinlichkeit für das Feuern* des Zellsystems erhöht.

Feuern viele Pyramidenzellen gleichzeitig, sowohl bei motorischen Efferenzen als auch bei assoziativen Verbindungen («Denken»), verschiebt sich das Potential (LP) nach positiv, da die negative Stromsenke zum tiefergelegenen Soma wandert. Diesen Zustand nennen wir *zerebrale Leistung*, da er mit Informationsaustausch und -weitergabe des Netzes verbunden ist. Da häufig aber auch *während* aktueller zerebraler Leistung im selben Netzwerk zerebrale Potentialität für neue Verarbeitung aufgebaut wird, stellt die aktuell sichtbare Polarisierung des LP-EEGs stets ein *dynamisches* Gleichgewicht aus Potentialität und Leistung dar, und wir können aus der Amplitude des LP nur auf das *relative Übergewicht* eines der beiden Zustände schließen. Bei unwichtigen oder bekannten Afferenzen (automatisierte Verarbeitung) dauert die Schwellenerhöhung nur kurz an, da frontale Aufmerksamkeitssysteme die thalamischen «Tore» nicht lange genug offenhalten – die Positivierung bleibt nur kurz bestehen. Nach bedeutsamen Reizen (kontrollierte Verarbeitung) hält die synchrone Erregung länger an, trifft allerdings wegen der Verarbeitungszeit des frontalen Aufmerksamkeitssystems etwa 100 Millisekunden später ein.

Instrumentelles Lernen von LP

Wenn die LP-Negativierung ein relatives Übergewicht lokaler zerebraler Potentialität widerspiegelt und Positivierung zerebrale Leistung, müßten Verhaltensweisen oder Denkprozesse, die von einem bestimmten kortikalen Netz ausgehen, während einer *Negativierung* effizienter und während einer *Positivierung* fehleranfälliger werden. Dies wurde mit sogenannten biologischen Konditionierungsversuchen («Biofeedback») gezeigt: Personen können lernen, ihre eigene LP über instrumentelle Versuchsanordnungen selbst zu regulieren. Dabei werden sie für negative oder positive LP systematisch belohnt. Nach solchen Lernphasen können die Personen ihre LP an den entsprechenden Regionen des Kortex regulieren. Gibt man ihnen danach sensorische und motorische Aufgaben vor, die in umschriebenen Hirnregionen verarbeitet werden, so ist die Verhaltenseffizienz durch selbsterzeugte Negativierung für diese spezifischen Verhaltensweisen aus der betroffenen Kortexregion erhöht.

Beeinflussung von Lateralität

Lateralität läßt sich mit lernpsychologischen Methoden direkt beeinflussen. Ein Beispiel dafür sind Untersuchungen zur Selbstregulation von elektrischen Hirnvorgängen in den beiden Hemisphären. Dabei lernen Personen, *gleichzeitig und abwechselnd* die beiden Hemisphären gegensätzlich elektrisch zu polarisieren.

Wie beschrieben, bedeutet elektrische Negativierung in einem bestimmten Areal eine *Erhöhung der Bereitschaft* dieses Areals, Informationen zu verarbeiten. Wenn eine Person zum Beispiel lernt, die rechte Hemisphäre über dem sensomotorischen Areal der Hand zu negativieren und gleichzeitig die gegenüberliegende Seite zu positivieren, so muß die Verarbeitungseffizienz für taktile Reize an der linken Hand besser als rechts sein; ebenso müßte die motorische Reaktionsgeschwindigkeit links höher sein, und auch insgesamt sollte die Tendenz, mit der linken Seite zu reagieren («willingness to respond») steigen – und umgekehrt für die andere Hand.

Experimente zur Beeinflussung von Lateralität

Wie Experimente von Birbaumer et al. zeigen, ist die Selbststeuerung von elektrokortikaler Lateralität möglich. Abbildung 1 zeigt die Trainingsbedingungen. Die Versuchsperson beobachtet eine «Rakete» auf dem Bildschirm, die ihre *eigene* elektrische Gehirnaktivität darstellt, in diesem Fall die *Differenz* der langsamen kortikalen Hirnpotentiale zwischen rechtem und linkem sensomotorischem Areal. Abwechselnd muß sie auf ein Lichtsignal die linke oder rechte zentrale Region sechs Sekunden lang elektrisch negativieren. Für jede geglückte Differenzierung erhält sie Punkte.

Mehrere Sitzungen sind notwendig, um diese hemisphärischen Polarisierungen zu lernen und gleichzeitig eine Negativierung in der gegenüberliegenden zentralen Region zu unterdrücken. Nachdem die Versuchsperson gelernt hat, mit Hilfe der Rückmeldung am Bildschirm ihre langsamen Hirnpotentiale einmal rechts und einmal links negativ zu polarisieren, muß sie versuchen, die Aufgabe ohne die Hilfe des Bildschirms zu lösen. Es wird nun keine Rückmeldung über die langsamen Hirnpotentiale gegeben, sondern die Versuchsperson erhält nunmehr abwechselnd die beiden Lichtsignale, die ihr signalisieren, welche der beiden Hemisphären zu negativieren ist, zum Beispiel bei rotem Licht die linke Hirnhälfte, bei gelbem die rechte. Die Person wird aufgefordert, das «biologische Signal» willentlich zu produzieren, wie sie es gelernt hat. Auf Abbildung 2 ist zu sehen, daß dies gelingt und die gelernte Differenzierung zwischen rechter und linker Zentralregion im wesentlichen auf diese beschränkt bleibt; nur in frontaler Richtung breitet sich die Aktivität aus. Zur Untersuchung der Rückmeldungseffekte auf das *Verhalten* werden nun in den Durchgängen ohne Rückmeldung der rechten und linken Hand Tastaufgaben dargeboten, während die Person ohne Rückmeldung ihre LP «willentlich» beeinflußt (Abb. 3).

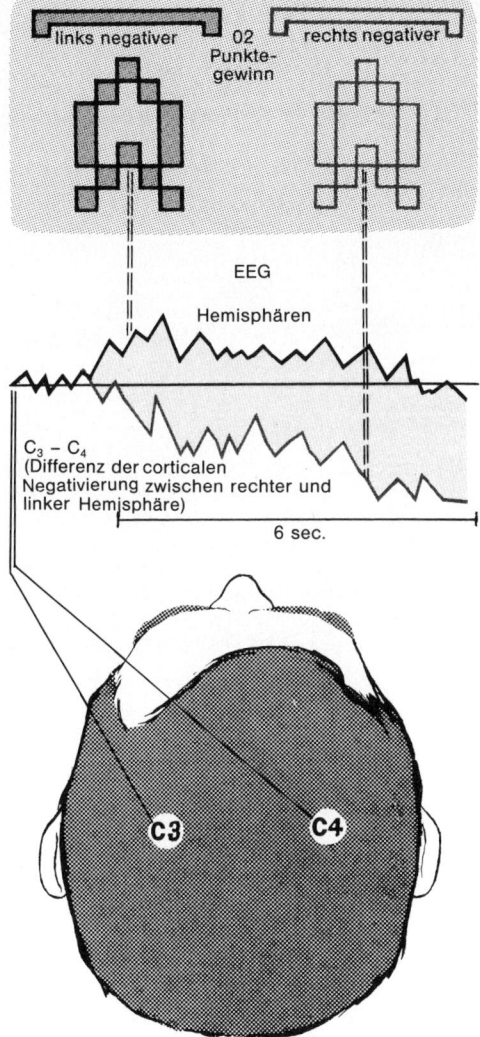

Bild 1: Selbstregulation langsamer Hirnpotentiale: rückgemeldet wird die *Differenz* der Amplitude der langsamen Hirnpotentiale zwischen der rechten und linken zentralen Hirnregion.

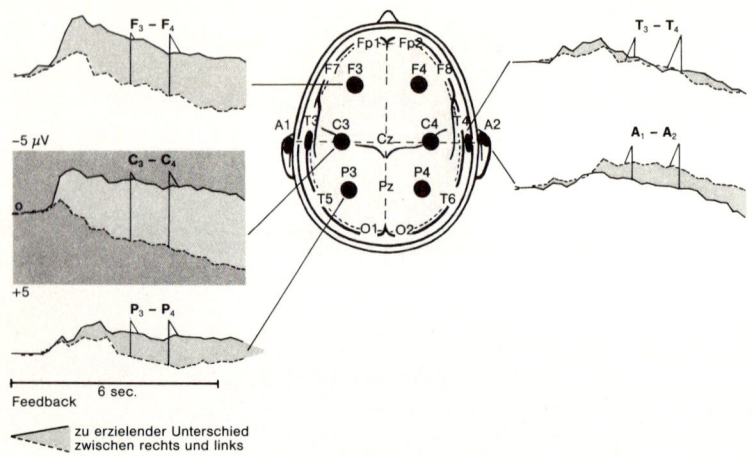

6 sec.

Feedback

zu erzielender Unterschied
zwischen rechts und links

Bild 2 : Langsame Hirnpotentiale nach fünf Sitzungen. Selbstregulation von zentralen Hemisphärenunterschieden. Summierte langsame Potentiale von zwanzig Versuchspersonen für frontale Hirnregionen (F_3-F_4), zentrale Hirnregionen (C_3-C_4), parietale Hirnregionen (P_3-P_4), temporale Regionen (T_3-T_4) und, zur Kontrolle, die rechten und linken Ohrläppchen (A_1-A_2). Die Versuchspersonen erhielten Rückmeldung über die *Differenz* zwischen rechter und linker zentraler Region (C_3-C_4). Die jeweils *obere Kurve* bedeutet, daß die Versuchsperson die linke Hemisphäre gegenüber der rechten negativieren sollte; die jeweils *untere Kurve* bedeutet, daß die Versuchsperson die rechte Hemisphäre gegenüber der linken negativieren mußte.

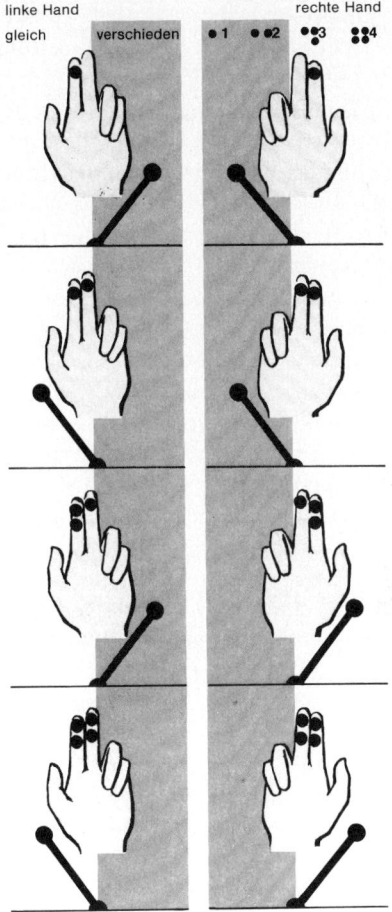

Bild 3: Tastaufgaben zur Überprüfung der Wirkung rechts- versus linkshemisphärischer Selbstregulation des Gehirns. Auf Zeigefinger und Mittelfinger der rechten und linken Hand wurden ein bis vier Stifte (rot) vorgedrückt, deren Berührung die Versuchsperson mit einer Hebelbewegung nach rechts oder links beantworten mußte. Die linke Hand erhielt die rechtshemisphärische Aufgabe, «Gleich-verschieden»-Urteile abzugeben, die rechte die linkshemisphärische Aufgabe, die Anzahl der Berührungen zu zählen. Während der Aufgabendarbietung mußte die Versuchsperson abwechselnd die rechte oder linke Hemisphäre negativieren.

Nicht alle Versuchspersonen lernen die hemisphärenspezifische Veränderung ihrer LP. Bei denjenigen jedoch, die erfolgreich eine arealspezifische Negativierung hervorrufen, ändert sich die Leistung zum Beispiel bei den Tastaufgaben. Die selbstinduzierte arealspezifische Negativierung wirkt sich auf die Leistung der kontralateralen Hand aus. Die Negativierung der linken Hemisphäre erhöht die Leistung der rechten Hand und umgekehrt. «Leistung» bedeutet hierbei statistisch überzufällig kürzere Reaktionslatenzen und ebenfalls signifikant geringere Fehlerhäufigkeiten (Abb. 3). Die Versuchspersonen reagierten im Mittel 102 Millisekunden schneller mit der kontra- als mit der ipsilateralen Hand, während jene, die keine hemisphärenspezifische LP-Kontrolle gelernt hatten, keine überzufälligen Unterschiede in der Reaktionslatenz zwischen den Händen aufwiesen.

In einer weiteren Studie, in der die Versuchspersonen gleichzeitig mit beiden Händen Hebel bewegen sollten, reagierten wiederum diejenigen, die arealspezifische Kontrolle gelernt hatten, überzufällig häufig schneller mit der Hand kontralateral zur zuvor negativierten Hemisphäre. Auch die «Lust zu reagieren» («willingness to respond») ändert sich in der vorhergesagten Weise: Erlaubt man der Person – während sie das Gehirn einmal links, einmal rechts negativiert –, nach ihrem momentanen *Wunsch* eine der beiden Hände zu benutzen, so wählt sie überzufällig häufig die der selbsterzeugten kortikalen Negativierung gegenüberliegende Hand. Dabei *wissen* die Personen *nicht*, daß sie die rechte und linke Negativierung manipulieren, auch die einseitige Wahl der Hand wird nicht bewußt.

Diese und andere Untersuchungen belegen, daß psychologische Einflußgrößen die Lateralität modifizieren und daß sich selbst bei einer scheinbar so ausgeprägten Präferenz wie der Händigkeit entsprechend dem lernpsychologischen Arrangement der Umweltvariablen Änderungen erzielen lassen.

Behandlung therapieresistenter Epilepsien

Epileptische Anfälle werden durch unkontrollierte kortikale Erregbarkeit begünstigt. Leiden epileptische Patienten unter eingeschränkter oder zeitweise versagender Regulation ihrer kortikalen Erregbarkeit? Wir haben dies sowohl im Standardparadigma zur Untersuchung langsamer Hirnpotentiale als auch in dem von uns entwickelten *instrumentellen Rückmeldungsparadigma* nachweisen können.

Gesunde Personen können anhand von Rückmeldung und instrumenteller Konditionierung lernen, ihre LP systematisch in Richtung erhöhter und erniedrigter Negativierung zu verändern; dies konnte inzwischen in zahlreichen Studien und verschiedenen Labors repliziert werden.

Der Proband erhält eine unmittelbare und kontinuierliche Rückmeldung seiner LP während Intervallen von acht Sekunden; die Rückmeldung erfolgt über ein visuelles Signal. Diskriminative Reize (zum Beispiel der Buchstabe ‹A› oder der Buchstabe ‹B›), gleichzeitig mit dem Rückmeldungssignal dargeboten, signalisieren, ob eine Erhöhung der Oberflächennegativität oder deren Unterdrückung beziehungsweise eine positive LP-Verschiebung unter das Baseline-Niveau belohnt wird.

Mißt man die signifikante Differenzierung der LP in Abhängigkeit von den diskriminativen Reizen für Negativierungserhöhung und -unterdrückung, so sind gesunde Probanden innerhalb von zwei Sitzungen (das heißt 60 bis 120 Rückmeldungsdurchgängen) in der Lage, ihre LP zu kontrollieren. Dagegen scheint dies epileptischen Patienten innerhalb der gleichen Trainingszeit nicht zu gelingen. In zwei Studien zeigte nur einer von elf beziehungsweise keiner von acht Patienten eine systematische Differenzierung der LP in Abhängigkeit von den diskriminativen Reizen nach zwei Sitzungen, unabhängig davon, ob sie mediziert oder ohne Medikation, medikamentös gut kontrolliert oder medikamentenresistent waren. Dieses Ergebnis stützt die Hypothese, daß die Fähigkeit zur Regulation der LP und damit der kortikalen Erregbarkeit bei epileptischen Patienten eingeschränkt ist.

Daraus ergeben sich die Fragen, ob Anfallspatienten durch längere Übung in die Lage versetzt werden können, eine Kontrolle ihrer LP zu erreichen, vor allem aber, *ob ein Training der Wahrnehmung und Steuerung von LP und damit eines Aspekts kortikaler Erregbarkeit Patienten befähigt, Prozesse, die einem Anfall vorangehen, besser wahrzunehmen und in der Folge Anfälle zu verhindern.*

Das Trainingsprogramm umfaßt eine mindestens achtwöchige Baseline-Phase, in der die Anfallsfrequenz und -charakteristik mittels Tagebüchern und Fragebögen erfaßt wird. Anschließend absolviert jeder Patient zwanzig Trainingssitzungen der oben geschilderten Rückmel-

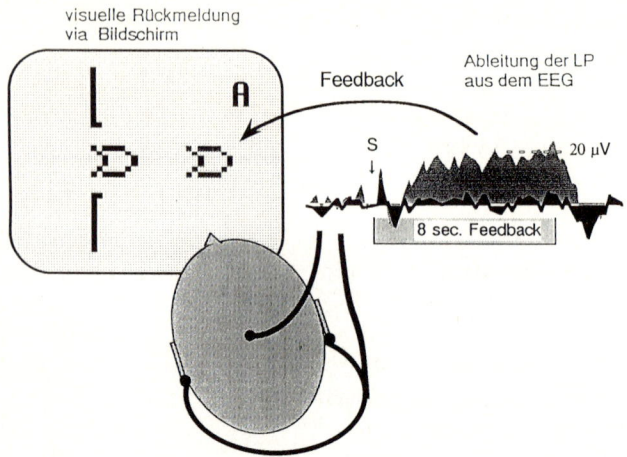

Bild 4: Das EEG wird von C_z gegen verbundene Ohrläppchen abgeleitet. Die Auslenkung der Rakete ist proportional zum integrierten EEG zu jedem Zeitpunkt während des achtsekündigen Rückmeldeintervalls, bezogen auf den Mittelwert einer viersekündigen Baseline. Der Buchstabe ‹A› oder ‹B› am oberen rechten Bildschirmrand dient als diskriminativer Stimulus und signalisiert, ob Negativität gegenüber der Baseline erhöht oder reduziert werden soll. Nach Blöcken von je dreißig Durchgängen mit Rückmeldung wird der Lernerfolg in «Transfer»-Durchgängen überprüft, in denen keine kontinuierliche visuelle Rückmeldung mehr erfolgt, sondern nur die diskriminativen Reize für Negativierungserhöhung oder -unterdrückung dargeboten werden.

dungsanordnung. Es folgt eine achtwöchige Interimsphase, in der der Patient mindestens fünfmal pro Tag die gelernten, im Training erfolgreichen Strategien der LP-Kontrolle einsetzt beziehungsweise übt. Anschließend folgt eine zweite, acht Sitzungen umfassende Trainingsphase im Labor. Vor der elften Trainingssitzung an wird während des Trainings Radiomusik eingeblendet, mit dem Ziel einer Annäherung an ablenkende Bedingungen des täglichen Lebens, in denen ebenfalls LP-Kontrolle möglich sein sollte. Übungen zu Hause und Tagebuchaufzeichnungen werden nach Abschluß des Trainings mindestens über ein Jahr fortgesetzt. Zur Überprüfung des Lerntransfers wird jeder Patient vier Monate nach Abschluß der Trainingsphase in einer der Trainingssituation unähnlichen Situation untersucht. Das EEG wird registriert, während der Patient – seine häuslichen Übungsstrategien realisierend – Negativierungserhöhung oder -suppression hervorruft. Verschiebungen der EEG-Mittellinie gelten als Indikator *generalisierter* LP-Kontrolle.

Zur Kontrolle möglicher unspezifischer Wirkungen oder Placeboeffekte erhält eine Patientengruppe LP-Rückmeldung, die andere Hälfte der Stichprobe eine Rückmeldung über die Aktivität im 9- bis 15-Hertz-Band (SMR beziehungsweise Alpha-Bereich). Die Gruppenzuweisung erfolgt in Doppelblindanordnung nach dem Zufallsprinzip. Für die Patienten der «Alpha»-Gruppe wird in Abhängigkeit von den diskriminativen Reizen die Zunahme oder Unterdrückung der Aktivität im Frequenzband 9 bis 15 Hertz rückgemeldet und verstärkt. Für alle Patienten erfolgt die Rückmeldung aus dem unipolar und zentral (Cz) abgeleiteten EEG.

Für die LP-Gruppe ergibt sich eine signifikante Abnahme der Anfälle, im Mittel um 4,6 pro Woche, während die Anfallsfrequenz in der Alpha-Gruppe mit einer Zunahme von 0,2 pro Woche praktisch unverändert bleibt. Zieht man, um homogene Vergleichbarkeit zwischen den Patienten zu erhalten, die Relation der Anfallsfrequenz in der Katamnese gegenüber der Anfallsfrequenz in der Baseline-Phase (in Prozent) heran, so sinkt die Anfallsfrequenz bei der LP-Gruppe im Mittel im Follow-up auf 31 Prozent des früheren Vorkommens, während sie bei der Alpha-Gruppe bei 108 Prozent bleibt.

Gert Pfurtscheller

Steuerung von Cursor-
bewegungen durch
elektrische Hirnpotentiale

Unter einem EEG-gestützten Brain Computer Interface (BCI) versteht man ein System, in das Gehirnsignale eingegeben werden (zum Beispiel aus einem EEG), um anhand der Ausgangssignale eine Buchstabenauswahl, eine funktionelle elektrische Stimulation oder einen Rollstuhl zu steuern. Ein derartiges BCI kann Patienten mit schweren motorischen Störungen zu einer besseren Kommunikation oder zu einer Wiederherstellung des motorischen Verhaltens verhelfen.

Grundlage für unser BCI in Graz ist die Tatsache, daß der Computer mit Hilfe eines lernfähigen Klassifizierers (künstliches neurales Netz) trainiert wird, um verschiedene räumlich-zeitliche EEG-Muster zu erkennen und zu klassifizieren. Zur Zeit nutzen wir drei Gehirnzustände: Planung der Bewegung der rechten Hand, der linken Hand und des Fußes. Die Planung einer bestimmten Bewegung führt zu einer Amplitudenänderung bei Rhythmen im 10- und 20-Hertz-Band über den kortikalen Hand- beziehungsweise Fußbereichen. Diese EEG-Amplitudenänderungen sind anhand von Elektroden meßbar, die auf die unversehrte Kopfhaut in Nähe der Hand- und Fußprimärfelder über der Zentralregion angebracht werden, wobei die Amplituden quantifiziert und die Art des Musters durch einen Computer klassifiziert wird (Pfurtscheller et al. 1994).

Es wurde dargestellt, daß sich räumlich-zeitliche EEG-Muster, die sich auf die Planung oder Vorstellung einer bestimmten Bewegung beziehen, durch Lernvektorquantisierung (LVQ) klassifiziert und somit beispielsweise zur Steuerung eines Cursors eingesetzt werden können (Flotzinger et al. 1994; Kalcher et al. 1994). Der Cursor kann abhängig von der Planung der Bewegung der linken Hand, der rechten Hand oder der Fußbewegung nach links, nach rechts oder nach unten bewegt werden (siehe Abbildung).

An vier Testpersonen durchgeführte Untersuchungen haben erge-

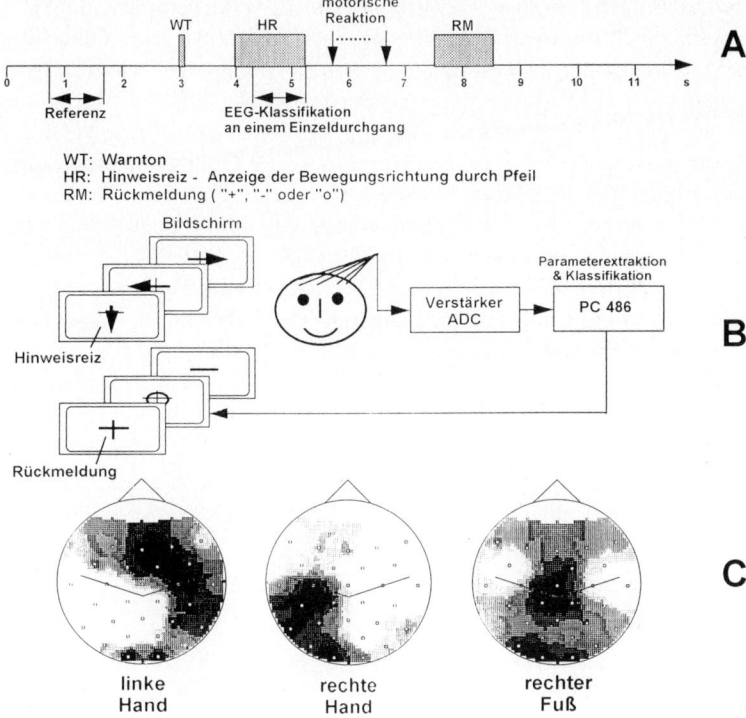

WT: Warnton
HR: Hinweisreiz - Anzeige der Bewegungsrichtung durch Pfeil
RM: Rückmeldung ("+", "-" oder "o")

Bild 1: Experimentelles Paradigma (A) und Versuchsanordnung (B) während der Echtzeit-Klassifikation eines von drei möglichen Zuständen des Gehirns (Planung oder Visualisierung einer Bewegung der rechten Hand, der linken Hand und einer Fußbewegung). Das Triggersignal (HR) in Form eines Pfeils gibt an, welche Art der Bewegung durchgeführt werden soll. Wenn der Computer innerhalb einer Sekunde das richtige Muster festgestellt hat, so erscheint ein «+» als Rückmeldung am Bildschirm. Die Klassifizierung als «falsches Muster» wird als «−» angezeigt. Beispiele dreier verschiedener «EEG-Landkarten» (schematische Darstellung des Kopfes mit Nase nach oben) bezogen auf die Planung von Rechte-Hand-, Linke-Hand- und Fußbewegung (C). Die dunklen Flächen in den Abbildungen markieren primäre Bewegungszentren und verdeutlichen Änderungen im EEG in Form einer Desynchronisation. Eine solche Desynchronisation ist charakteristisch für aktivierte Strukturen. Jede «Landkarte» repräsentiert ein 125-Millisekunden-Zeitintervall während der Planungsphase.

ben, daß nach nur zwei Trainingssitzungen, bei denen der Computer jeweils die besonderen EEG-Muster einer Testperson erlernen mußte, eine Klassifizierungsgenauigkeit von über 60 Prozent möglich war (wenn die drei Muster nicht unterschieden werden können, beträgt die Genauigkeit 33,3 Prozent). Anhand umfassender Offline-Versuche wurde nachgewiesen, daß die Genauigkeit der Online-Klassifizierung um mindestens 10 Prozent verbessert werden kann, wenn die für die Analysen verwendeten Elektrodenpositionen und Frequenzbänder bei jeder Testperson optimiert werden (Pregenzer et al. 1994).

Die nächsten wichtigen Schritte zielen auf eine Verbesserung der Klassifizierungsgenauigkeit einzelner EEG-Muster durch mehr Trainingssitzungen und Biofeedback.

Literatur

Pfurtscheller, G., Flotzinger, D., und Neuper, Ch.: «Differentiation between finger, toe and tongue movement in man based on 40-Hz EEG», *Electroenceph. and clin. Neurophysiol.*, 1994, 90, S. 456–460

Kalcher, J., Flotzinger, D., Gölly, S., Neuper, Ch., und Pfurtscheller, G.: Graz Brain-Computer Interface (BCI) II. Proc. 4th Int. Conf. ICCHP, Vienna, Austria, 1994, S. 170–176

Flotzinger, D., Pfurtscheller, G., Neuper, Ch., Berger, J., und Mohl, W.: «Classification of non-averaged EEG data by Learning Vector Quantization and the influence of signal preprocessing», *Med. & Biomed. Engng. & Comp.*, vol. 32, S. 571–576, 1994

Pregenzer, M., Pfurtscheller, G., und Flotzinger, D.: «Selection of electrode positions for an EEG-based Brain Computer Interface», *Biomed. Technik*, 39, 264.9, 1994

Rolf Eckmiller

Das Retina-Implantat für die Wiedergewinnung des Sehens

Das Ziel der Neurotechnologie, einer jungen, partnerschaftlichen Disziplin von Technologen (insbesondere Neuroinformatikern und Mikrosystemtechnikern) einerseits und von Neurobiologen und Medizinern andererseits, ist die Linderung von Funktionsstörungen von Teilen des menschlichen Nervensystems durch Informationstechnologien. Neurotechnologie befaßt sich also mit der Entwicklung teilweise implantierter intelligenter Neuroprothesen, die zum Nutzen des Betroffenen mit Teilbereichen seines Nervensystems interagieren. Schon heute bewähren sich mit relativ bescheidenem technologischen Aufwand entwickelte Neuroprothesen im Dauereinsatz, insbesondere Cochlea-Implantate für eine Gruppe von Hörgeschädigten und Harntraktstimulatoren für eine Gruppe von Querschnittsgelähmten.

Eine der Herausforderungen der Neurotechnologie besteht in der Organisation partnerschaftlicher Teams, deren Mitglieder wegen der hohen Komplexität der gestellten Aufgabe jeweils höchstens 30 bis 40 Prozent des erforderlichen Fachwissens für den Entwicklungsprozeß einer Neuroprothese abdecken können. Verkürzt formuliert stehen wir vor der Herausforderung: Wie kann man komplexe, intelligente Systeme entwickeln, die von Fachleuten verschiedener Gebiete, mit jeweils sehr unterschiedlicher Begründung, traditionell als nicht machbar eingestuft werden? Die Autoren des Neurotechnologie-Reports, der im Auftrag des Bundesministeriums für Bildung, Wissenschaft, Forschung und Technologie die Machbarkeit solcher Systeme untersuchte, stellten 1994 aufgrund ihrer eigenen einjährigen Zusammenarbeit die These auf, daß das Nutzwissen von eingearbeiteten Teams erheblich größer ist als die Summe der effektiven Sachkenntnisse einzelner ohne Teamabstimmung. Hieraus folgt, daß transdisziplinäre Teams am besten in der Lage sein werden, mittelfristig eine heilende Verbindung zwischen dem Nervensystem und intelligenten Prothesensystemen durch Informationstechnologien zu schaffen. Die Partnerschaft darf sich nicht auf die beteiligten Wissenschaftler beschränken, sondern muß auch die Betroffenen voll einbeziehen; nicht zuletzt zur Vermeidung voreiliger Hoffnungen und zur Förderung einer neuen Form von gesellschaftlicher Solidarität.

Angesichts der Komplexität der zu entwickelnden intelligenten Prothesensysteme und weiterer wichtiger Randbedingungen, zum Beispiel Risikoabschätzung und Ethik, sollen hier vier Voraussetzungen für den zukünftigen Einsatz von Neuroprothesen bei Betroffenen formuliert werden:

1. Implantate befinden sich außerhalb des Schädelinnenraums, sind also auf Regionen wie Innenohr, Augenhöhle und peripheres Nervensystem beschränkt.

2. Vor einer geplanten Implantation wird der Betroffene von einem «Patientenanwalt» und von verschiedenen Partnern eines Neurotechnologie-Teams sorgfältig über Nutzen und Risiken informiert.

3. Implantate sind so gestaltet, daß eine nachträgliche Entfernung der Neuroprothese durch Explantation ohne wesentliche Schädigung des Betroffenen möglich ist.

4. Neuroprothesen werden erst dann zum Einsatz bei Betroffenen freigegeben, wenn tierexperimentelle Untersuchungen bezüglich Funktion und Nebenwirkungen erfolgreich abgeschlossen wurden.

Unter bestimmten Bedingungen besteht für die Betroffenen begründete Hoffnung auf mittelfristige Teilerfolge:

• Im Bereich der Informationstechnologien (besonders Neuroinformatik, Mikroelektronik und Mikrosystemtechnik) muß das High-Tech-Potential unserer Industriegesellschaft in einem der Komplexität des jeweils defekten Teils des Nervensystems angemessenen Umfang für die Neurotechnologie voll aktiviert werden, wie dies zum Beispiel in den Bereichen Kommunikation, Raumfahrt oder Verteidigung bereits geschieht.

• Technologen, Biologen und Mediziner müssen straff organisierte, anwendungsorientierte Teams bilden. Falls Neurotechnologie-Projekte statt dessen nach Art von Sonderforschungsbereichen, Schwerpunktprogrammen oder locker gekoppelten Projektgruppen gestaltet würden, wäre eine zielorientierte Entwicklung und Systemintegration von Funktionsmustern der für die Betroffenen benötigten intelligenten Prothesensysteme auf absehbare Zeit nicht möglich.

• Die traditionelle Vorliebe für Grundlagenforschung zu Lasten von fachübergreifender angewandter Forschung und Systementwicklung muß durch geeignete Förderstrukturen und Rahmenbedingungen minimiert werden. Die Traditionen der Grundlagenforschung tragen einen großen Teil der Verantwortung für die bestehende Kluft zwischen prinzipieller Machbarkeit und industrieller Nutzbarkeit.

Die Bundesrepublik steht im internationalen Vergleich in zweierlei Hinsicht gut da, so daß sie die Chance hat, zum Trendsetter der Neurotechnologie zu werden: Zum einen sind Forschung und Entwicklung in Neurobiologie, Medizin und den relevanten Technologiebereichen der Neuroinformatik und Mikrosystemtechnik auf einem sehr hohen Stand. Zum anderen existieren gegenwärtig weder in Japan oder den USA noch in anderen Ländern öffentliche, mit dem Bundesforschungsministerium (BMBF) vergleichbare Forschungsförderungsinstitutionen, die im Zivilbereich eine Verbundförderung innovativer, anwendungsnaher Leitprojekte der Neurotechnologie zur Bearbeitung durch transdisziplinäre Teams aus Universitäten, Zentren der angewandten Forschung und der Industrie ermöglichen können.

Der Neurotechnologie-Projekte betreffende Entscheidungsprozeß in der Bundesrepublik hat nicht nur philosophische und soziologische, sondern auch strategische Dimensionen: Nur die Bündelung des technologischen, neurobiologischen und medizinischen Wissens in anwendungsbezogenen Teams mit einem eindeutigen Etappenziel, zum Beispiel «Erfolgreiche Systemdemonstration aller aufeinander abgestimmten Komponenten der Neuroprothese unter realen Bedingungen (Dauerbetrieb über mehrere Monate beim Tier)», bietet eine Chance dafür, daß die Hoffnungen von betroffenen Menschen zumindest mittelfristig teilweise erfüllt werden können. Gleichzeitig sollte jedoch eine intensive Auswertung des erheblichen Daten- und Ergebnisstroms der weltweiten Grundlagenforschung in den hierfür relevanten technologischen, neurobiologischen und medizinischen Bereichen sowie gegebenenfalls eine enge Kooperation mit ausgewählten Grundlagenforschergruppen zur gezielten Ergänzung des jeweiligen Teams wichtiger Bestandteil eines jeden Neurotechnologie-Projekts sein.

Abbildung 1 zeigt das Konzeptschema der Neurotechnologie. Rechts im Schema ist angedeutet, daß ein genau umschriebener Teil des menschlichen Nervensystems außerhalb des Schädelinnenraums mit möglichst vielen implantierten, selektiv anzusteuernden Mikrokontakten (als Kreise angedeutet) zum Zweck der Stimulation dauerhaft ver-

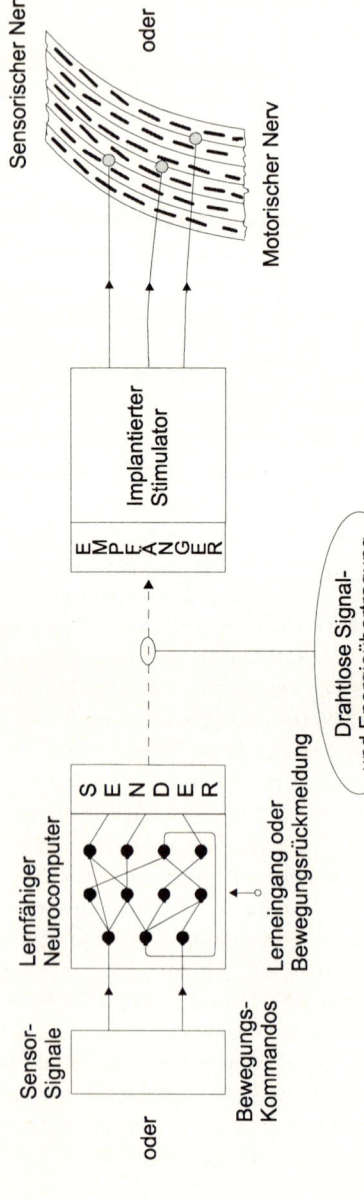

Bild 1 : Konzeptschema der Neurotechnologie

bunden werden soll. Beispiele für mögliche Anwendungen sind der Sehnerv bei Funktionsdefekten der Netzhaut im Auge (zur Erzeugung von Sehwahrnehmungen) oder ein motorischer, peripherer Nerv eines Querschnittsgelähmten (zur Erzeugung von Bewegungen).

Links im Schema ist angedeutet, daß zum Beispiel Signale von einem technischen Bild-Sensor-System oder Greifbewegungskommandos von Querschnittsgelähmten an lernfähige Neurocomputer übergeben werden. Diese Neurocomputer, die teilweise die jeweiligen Funktionsdefekte des Nervensystems ausgleichen sollen, müssen die empfangenen Signale oder Kommandos zur Auslösung sinnvoller biologischer Nervenaktivität in Stimulationspulsfolgen für die einzelnen implantierten Mikrokontakte umsetzen.

Technische neuronale Netze oder Neurocomputer sind auch als adaptive Filter oder Regelkreise mit automatischer Fehlerminimierung zu beschreiben. Für jede spezielle Neuroprothese muß durch umfangreiche Simulationen und Tests die geeignete Kombination von neuronalen Netzstrukturen und Lernregeln des Neurocomputers ermittelt werden. Eine spätere Realisierung als Chip ist möglich. Neurocomputer sind lernfähig und können daher ihre Funktion im «Dialog» mit dem Implantatträger kontinuierlich an die von Neuroprothese und Nervensystem gemeinsam zu leistende Aufgabe individuell anpassen. Zu diesem Zweck kann der Implantatträger in der Dialogphase dem Neurocomputer Mitteilungen machen oder Befehle erteilen, wie in dem Schema als «Lerneingang» angedeutet ist (Eckmiller 1990; Eckmiller et al. 1994; Zell 1994).

Eine drahtlose Signal- und Energieübertragungsstrecke mit Sender und Empfänger muß, wie in der Mitte des Schemas angedeutet ist, die Kommunikation zwischen dem Neurocomputer und dem nahe dem Nervengewebe implantierten Stimulator herstellen. Für die Entwicklung von Mikrokontaktstrukturen zur Umwandlung schwacher elektrischer Stimulationspulse in Nervenimpulse bei möglichst vielen, einzeln kontaktierten Nervenfasern oder Zellen kommen metallische, elektrochemische oder Halbleitermaterialien in Betracht. Die Mikrokontakte müssen in möglichst flexible und gewebeverträgliche Kunststoffnormen eingebettet sein. Die Entwicklung dauerhaft implantierbarer, langzeitverträglicher Mikrostimulatoren bedarf umfangreicher Untersuchungen und Erprobungsschritte am Tier, bevor ein Einsatz bei Menschen in Betracht kommt (Eckmiller et al. 1994).

Das Bundesforschungsministerium entschloß sich aufgrund einer Empfehlung des Neurotechnologie-Reports im Sommer 1994 zur Ausschreibung eines Förderprogramms für Retina-Implantate. Seit Oktober 1995 werden zwei Verbundvorhaben mit etwa 18 Millionen Mark für vier Jahre gefördert.

Die Implantate sollen Sehbehinderten mit erheblichen und bisher nicht heilbaren Funktionsschäden der Retina (Netzhaut), aber unversehrtem zentralem Sehsystem das verlorene Sehvermögen mittelfristig teilweise zurückgeben. Die hierfür hauptsächlich in Frage kommende Patientengruppe mit Retinitis pigmentosa besteht allein in der Bundesrepublik aus etwa 30 000 Mitgliedern. Die Zahl von Betroffenen mit Macula-Degeneration, die ebenfalls von Retina-Implantaten profitieren könnten, ist wesentlich größer.

Abbildung 2 zeigt die sehr schematische Darstellung des Auges mit einem fiktiven Retina-Implantat aus einer populärwissenschaftlichen Zeitschrift (May 1993). Oben ist ein Schnitt durch das menschliche Auge dargestellt, mit Hornhaut und Linse (links) sowie der etwa kugelförmigen Augenkammer (rechts), die auf der Innenseite mit der fünfschichtigen Netzhaut oder Retina gewissermaßen ausgekleidet ist. Unten rechts ist stark vergrößert die Nervenzellstruktur der Retina angedeutet. Von links kommend muß das Licht durch alle weitgehend durchsichtigen Nervenzellschichten hindurchwandern, bevor es ganz rechts auf die lichtempfindlichen Photorezeptoren trifft.

Die anschließende Bildvorverarbeitung in der Retina, die den Kontrast, die Lichtempfindlichkeit und die Sehschärfe regelt und das Bewegungssehen und die Farbwahrnehmung umfaßt, verläuft umgekehrt von rechts nach links bis zur Ganglienzellschicht, an die sich der Sehnerv anschließt.

Bei einem Retina-Implantat soll nun die defekte Retina überbrückt und technisch teilweise ersetzt werden, indem die Nervenzellen am Retina-Ausgang links ganz vorsichtig stimuliert werden. Dadurch sollen dem zentralen Sehsystem über den Sehnerv biologische Nervenimpulsfolgen vermittelt werden, die in sinnvolle Sehwahrnehmungen umgesetzt werden können. Der in diesem Schema auf die Retina aufgesetzte Chip führt ein wenig in die Irre: Ein Retina-Implantat soll nicht einfach den Retina-Ausgang mit einer örtlich verteilten Bildmusterfunktion an möglichst vielen Stellen parallel stimulieren. Es reicht nicht aus, etwa das Bild eines zu erkennenden Fensters ohne Berücksichtigung der aus-

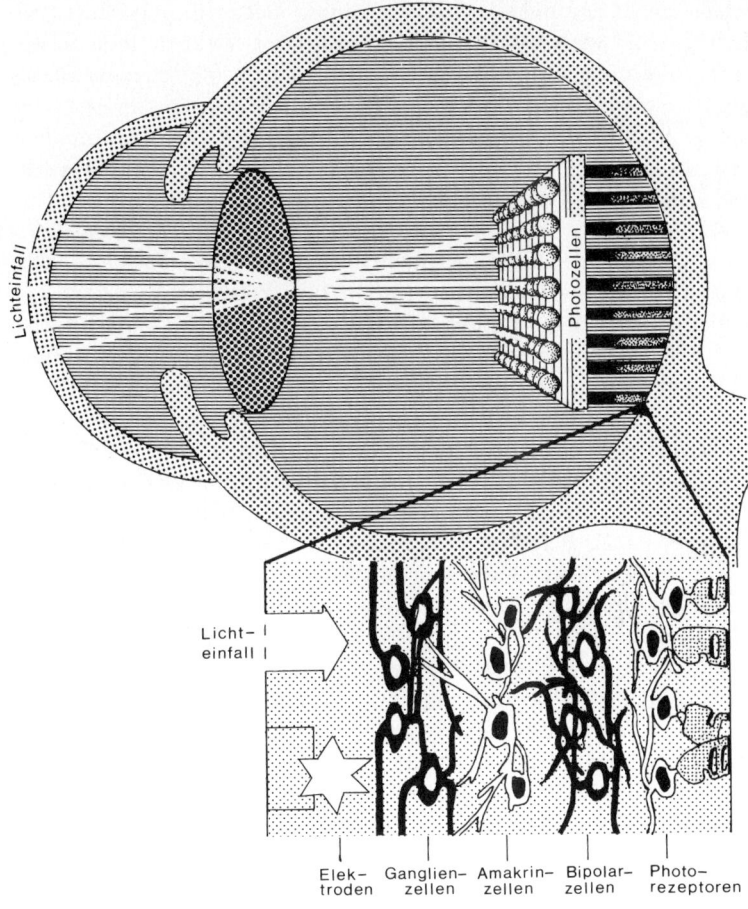

Bild 2 : Schema des Auges mit Retina-Ausschnitt (nach May 1993)

gefallenen Retinafunktion einfach in eine fensterförmige Verteilung der stimulierenden Mikrokontakte umzusetzen. Vielmehr muß die optische Bildinformation zunächst mit einem Neurocomputer, der im folgenden Retina-Encoder genannt wird, in aufwendige Impulsfolgen für den Sehnerv umgesetzt werden. Tatsächlich wird kein Chip implantiert, sondern nur eine flexible Folie mit eingebetteten Mikrokontakten, während der Neurocomputer-Chip außerhalb des Auges befestigt wird.

Drei entscheidende Voraussetzungen für die grundsätzliche Machbarkeit von Retina-Implantaten sind im Prinzip bereits erfüllt:

1. Bei Betroffenen mit Retinitis pigmentosa ist noch eine nennenswerte Zahl von retinalen Ganglienzellen, deren Nervenfasern am Retina-Ausgang den Sehnerv bilden und die visuelle Information zum zentralen Sehsystem transportieren, intakt (Stone et al. 1992).

2. Die Mikrostimulation an verschiedenen Orten der Ganglienzellschicht am Retina-Ausgang führt bei den Patienten zu entsprechend lokalisierten Sehwahrnehmungen (Humayun et al. 1993).

3. An der Retina befestigte Implantatstrukturen, zum Beispiel aus Silikon und Hydrogel, lösen auch ein Jahr nach der Plazierung zumindest bei Kaninchen keine meßbaren Abwehrreaktionen des Gewebes aus (Wyatt et al. 1993).

Abbildung 3 zeigt einen anatomischen Querschnitt der Retina. Von oben kommend wandert das Licht durch die Nervenzellschichten hindurch, um die Photorezeptoren, die als nach unten weisende Spitzen angedeutet sind, zu erreichen. An der Grenzmembran der Retina in unmittelbarer Nähe der Ganglienzellen und ihrer Nervenfasern, also am Retina-Ausgang, ist links oben eine flexible Mikrokontaktfolie angedeutet, die zum Beispiel aus Polymerkunststoff aufgebaut ist und in die eine Anzahl von einzeln anwählbaren Mikrokontakten eingebettet ist. Diese Mikrokontakte sind schematisch als auf der Spitze stehende Dreiecke dargestellt.

Erst bei denjenigen Betroffenen mit Retinitis pigmentosa im weit fortgeschrittenen Stadium, deren Sehvermögen auf deutlich unter 5 Prozent abgenommen hat, läßt eine Nutzen-Risiko-Abwägung den Einsatz von Retina-Implantaten als grundsätzlich gerechtfertigt erscheinen. Für diesen Betroffenenkreis ist die Schicht der Photorezeptoren und, mit langsam fortschreitender Entwicklung, auch die anschließende Schicht der Bipolarzellen nahezu vollständig degeneriert. Die

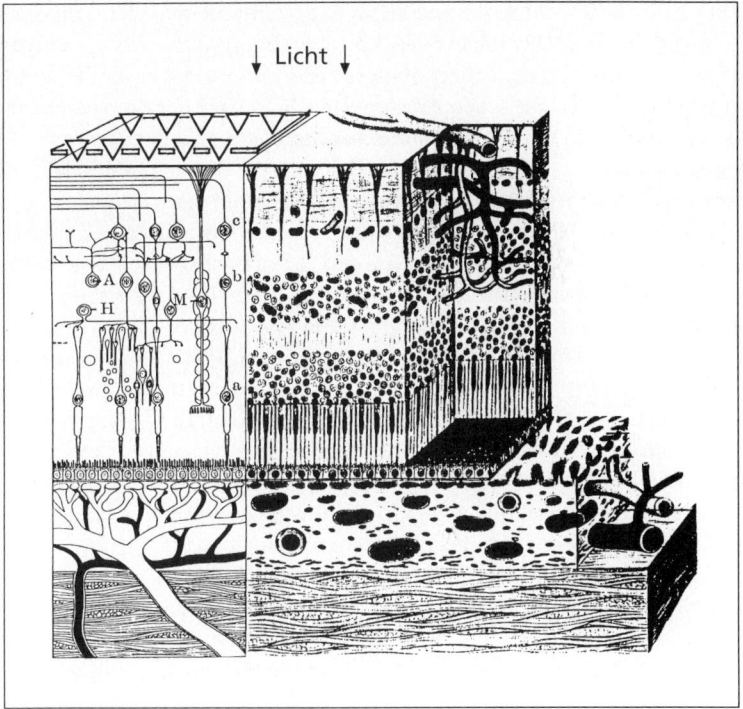

Bild 3 : Retina mit Mikrokontaktfolie (links oben) zur Stimulation

Dicke der in Abbildung 3 angedeuteten Retina ist dadurch erheblich reduziert und macht daher nach Einschätzung von Retina-Chirurgen jedwede chirurgische Manipulation sehr riskant: Wegen der stark verringerten mechanischen Gewebestabilität ist jeder Versuch einer chirurgischen Netzhaut-Ablösung mit der Gefahr verbunden, daß die Retina einreißt. Außerdem könnte der Eingriff den retinalen Degenerationsprozeß beschleunigen, was es unbedingt zu vermeiden gilt. Hieraus folgt, daß auch nach Einschätzung amerikanischer Experten Mikrokontaktierung möglichst an der chirurgisch einfach erreichbaren Grenzmembran nahe der Ganglienzellschicht erfolgen sollte.

In den USA werden seit mehreren Jahren von zwei Forschergruppen in Baltimore (Benjamin et al. 1994; Humayun et al. 1993) und Cambridge (Wyatt et al. 1993) Voruntersuchungen und erste technologische Entwicklungen von Retina-Implantaten zur Ganglienzellstimulation durchgeführt. Eine dritte Gruppe in Maywood arbeitet tierexperimentell an der Stimulation von Zellen im subretinalen Raum (Chow 1993). Von allen drei amerikanischen Gruppen wurden bereits Teilergebnisse patentiert beziehungsweise zum Patent angemeldet.

Abbildung 4 zeigt eine gesunde menschliche Retina. Das Kreuz markiert etwa das Zentrum schärfsten Sehens, die Fovea centralis. Man erkennt viele kleine Blutgefäße, die den Lichtzugang zu den darunter liegenden Photorezeptoren teilweise versperren. Größere Blutgefäße sind in dem Zentralbereich des schärfsten Sehens kaum vorhanden.

Grob schematisch eingezeichnet sind die den Ausgang der zentralen Retina repräsentierenden Ganglienzellen, die ringförmig um das Zentrum der Retina verteilt sind und von dort aus ihre Nervenfasern in Richtung der Austrittsstelle des Sehnervs schicken.

Ebenfalls sehr schematisch ist angedeutet, wo ein Retinastimulator zum Beispiel als ringförmige, flexible Mikrokontaktfolie implantiert werden könnte. Für die tatsächliche Fertigung muß die Form natürlich noch optimiert werden.

Die Aufgabe des Retina-Encoders, eines lernfähigen neuronalen Netzes, besteht darin, für jeden Mikrokontakt in der Nähe einer Ganglienzelle eine zeitliche Impulsfolge zu erzeugen, die vom nachgeschalteten zentralen Sehsystem als sinnvolle Sehwahrnehmung interpretiert werden kann. Dies erfordert eine der biologischen Retina ähnliche Informationsverarbeitung mit antagonistischen rezeptiven Feldern (RF), die man technisch auch als adaptive, dynamische Ortsfilter betrachten

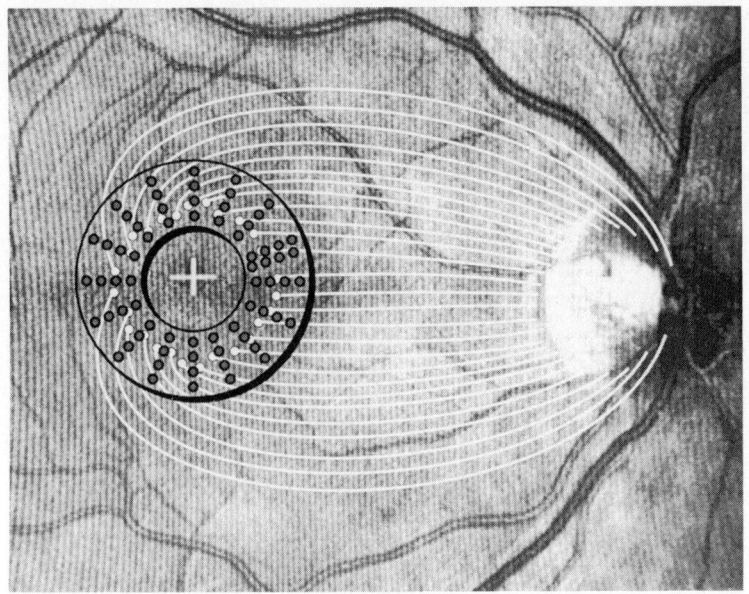

Bild 4: Menschliche Retina mit angedeuteten Ganglienzellen und einem implantierten ringförmigen Retinastimulator

kann. Es ist vorgesehen, daß der Retina-Encoder als Neurocomputer außerhalb des Augapfels zunächst in einen Brillenrahmen und später zum Beispiel als Chip in eine Haftschale zur direkten Befestigung an der Hornhaut, ähnlich einer Kontaktlinse, integriert wird. Im ersten Fall sind nicht Augenbewegungen, sondern Kopfbewegungen erforderlich, um den Retina-Encoder auf ein neues Sehobjekt auszurichten. Im zweiten Fall würden die teilweise bewußt steuerbaren Augenbewegungen zusätzlich eine Ausrichtung des Blicks auf verschiedene Sehobjekte erlauben.

Es muß betont werden, daß bei der Implantation einer Mikrokontaktfolie zwar die zu stimulierende Region der Ganglienzellschicht auf der Retina in Foveanähe ausgewählt werden kann, daß jedoch die tatsächlich funktionstüchtigen Kontakte mit bestimmten Ganglienzellen und den zugehörigen rezeptiven Feldern nicht im voraus festgelegt werden können. Erst wenn der Implantatträger über einen oder mehrere Mikrokontakte Impulse empfängt, die in eine Sehwahrnehmung umgesetzt werden, kann er über diese Sehwahrnehmung berichten. Dann beginnt der wichtige, schwierige und langwierige «Dialog» zwischen Neurocomputer und Implantatträger zur Anpassung der Funktion des Neurocomputers an die individuelle Sehfunktion. Eine Sequenz von verschiedenen Lichtmustern und Bildern, die dem Retina-Encoder über dessen technischen Photosensoreingang angeboten werden, ist dabei mit der vom Implantatträger berichteten Sehwahrnehmung zu vergleichen, um so Steuersignale zur Anpassung der neuronalen Netze im Retina-Encoder zu erzeugen. Schließlich sollen für jeden stimulierten Ganglienzellausgang von dem Neurocomputer möglichst solche Impulsfolgen erzeugt werden, die in grober Näherung vom zentralen Sehsystem für die jeweilige Nervenfaser am Retina-Ausgang gewissermaßen erwartet werden oder die insgesamt – angesichts der sehr begrenzten Mikrokontaktzahl – eine möglichst passende Sehwahrnehmung ergeben.

Der Neurocomputer des Retina-Encoders soll aus einer Gruppe neuronaler Netze bestehen, die die Lichtmusterinformation auf der Photosensorebene ähnlich wie die biologische Retina verarbeiten und in parallel erzeugte Impulsfolgen für die einzelnen Ganglienzellausgänge umsetzen. In der Dialogphase zwischen Implantatträger und Neurocomputer sollen die Parameter der neuronalen Netze bezüglich Ort und Größe auf der Retina und bezüglich der erzeugten Impulsraten-Zeitfunktion kontinuierlich verstellt werden können. Separat für jeden Ganglienzellausgang oder Stimulationskontakt können so die Funktionseigenschaften entsprechend den in der Primatenretina bekannten Klassen von M-Zellen und P-Zellen langsam durchgestimmt werden, bis sich eine für den Patienten optimale Übereinstimmung zwischen dem Bildmuster am Eingang des Retina-Encoders und der zugehörigen Sehwahrnehmung ergibt. Die Qualität dieser Sehwahrnehmung wird erheblich von der Funktion des Neurocomputers sowie von der Zahl und Position der implantierten Mikrokontakte abhängen.

Das Leitprojekt soll in drei Phasen verwirklicht werden. In den ersten vier Jahren sollen erste Funktionsmuster für den Retina-Encoder, die drahtlose Signal- und Energieübertragung und den Retinastimulator entwickelt und in mehrmonatigem Dauereinsatz an Tieren erprobt werden. Gleichzeitig sollen mehrere zur Implantation bei Patienten geeignete Versionen von Mikrokontaktstrukturen zur Retinastimulation entwickelt werden. Das am Ende der Vierjahresphase als Etappenziel vorzuführende Gesamtsystem soll sich zunächst auf die Kontaktierung mit bis zu zweihundert Mikrokontakten beschränken, was am Eingang des Retina-Encoders eine Empfangsfläche mit etwa zwanzigtausend Photosensoren erfordern kann.

Am Ende der zweiten Phase, also sieben Jahre nach Beginn des Leitprojekts, sollen Retina-Implantat-Funktionsmuster mit etwa zweihundert funktionstüchtigen Mikrokontakten erfolgreich entwickelt, erblindenden Versuchspersonen implantiert und ausgetestet worden sein. Da damit zu rechnen ist, daß nicht alle implantierten Mikrokontakte auf Dauer funktionstüchtig sind, wird die Zahl der im Retinastimulator verfügbaren Mikrokontakte deutlich größer sein müssen. Aus gegenwärtiger Sicht ist nicht genau abschätzbar, welche Qualität Sehwahrnehmungen mit etwa zweihundert Mikrokontakten und optimal angepaßtem Neurocomputer des Retina-Encoders für den typischen Betroffenen mit weit fortgeschrittener Retinitis pigmentosa haben werden. Die ermutigenden Resultate bei vorher tauben Cochlea-Implantatträgern, die mit nur zehn bis zwanzig Elektroden teilweise sogar am Telefon kommunizieren können, geben jedoch Anlaß zu der Erwartung, daß bei optimaler Plazierung von zweihundert Mikrokontakten im zentralen Retinabereich nicht nur diffuse Helligkeitsverteilungen, sondern auch Musterbewegungen, Bewegungsrichtungen und sogar große Muster wie zum Beispiel «Tür» oder «Fensterrahmen» deutlich wahrgenommen und klassifiziert werden können. Je nach Lage der implantierten Mikrokontakte sind teilweise auch Farbwahrnehmungen zu erwarten, wie bereits in vorläufigen Stimulationstests bei Betroffenen demonstriert worden ist. In der dritten Projektphase soll das visuelle Auflösungsvermögen dann erheblich verbessert werden.

Literatur

Benjamin, A., et al.: *Characterization of Retinal Responses to Electrical Stimulation of Retinal Surface of Rana Catesbeiana*, Invest. Ophthal. & Vis. Sci. 35 (Suppl.), S. 1832, 1994

Chow, A. J.: *Electrical Stimulation of the Rabbit Retina with Subretinal Electrodes and High Density Microphotodiode Array Implants*, Invest. Ophthal. & Vis. Sci. 34 (Suppl.), S. 835 ff, 1993

Eckmiller, R. (Hg.): *Advanced Neural Computers*, Amsterdam 1990

Eckmiller, R., et al.: *Neurotechnologie-Report*, Bonn 1994

Humayun, M. S., et al.: *Visual Sensations Produced by Electrical Stimulation of the Retinal Surface in Patients with End-Stage Retinitis Pigmentosa (RP)*, Invest. Ophthal. & Vis. Sci. 34, S. 835 ff, 1993

May, M.: *The Electric Eye: A Light-Sensitive Chip Grafted to the Human Retina Promises Rudimentary Vision for Some People Who Cannot See*, Popular Science, August, S. 60–62, 76 ff, 1993

Stone, J. L., et al.: *Morphometic Analysis of Macular Photoreceptors and Ganglion Cells in Retinas with Retinitis Pigmentosa*, Arch. Ophthalmol., 110, S. 1634–1639, 1992

Wyatt, J. L., et al.: *Silicon Retinal Implant to Aid Patients Suffering from Certain Forms of Blindness*, Interim Progress Report, May 1992–May 1993, Cambridge (Mass.) 1993

Zell, A.: *Simulation Neuronaler Netze*, Bonn 1994

Reimara Rössler, Peter E. Kloeden und Otto E. Rössler

Lebensverlängerung durch Eingriff in die biologische Uhr

Neuere Resultate über die «Antiaging-Pille» Melatonin werden vorgestellt. Wenn die vorgeschlagene Substitutionstherapie des Alterns durch abendliche Melatonineinnahme wie erhofft funktioniert, werden globale ethische Fragen aufgeworfen. Das weltweite Projekt Lampsacus, in dem ältere Menschen für jüngere Überlebenschancen schaffen, kann zu ihrer Lösung beitragen.

Die künstliche Verlängerung der Lebensspanne unter Erhaltung der Rüstigkeit ist ein alter Menschheitstraum. Die Mönche auf dem Berg Athos praktizieren ihn möglicherweise schon seit Jahrhunderten. Indem sie mit der Sonne zu Bett gehen und um zwei Uhr nachts zum Gottesdienst aufstehen, erreichen sie angeblich ein durchschnittliches Alter von über hundert Jahren. Eine mögliche Erklärung dafür wäre, daß es bei dieser Lebensweise zu einer maximalen Überlappung zwischen endogener Melatoninproduktion und Schlafdauer kommt.

1990 haben wir die Vermutung zur Diskussion gestellt, daß die in der Mitte des Gehirns gelegene Zirbeldrüse ein «Organ» darstellen könnte, das neben anderen uhrähnlichen biologischen Funktionen vor allem der Kontrolle der Lebensspanne dient.[1] Die ein Jahr zuvor angegebenen beiden «Grundexperimente der Gerontologie»[2] (das «jung-badende» und das «altbadende» Parabioseexperiment, bei denen jeweils zwei genetisch identische, aber verschieden alte Partnertiere durch eine Gewebebrücke miteinander verbunden werden) sind inzwischen durchgeführt. Es stellte sich in der Tat heraus, daß die Zirbeldrüse als «Ersatz» für den kompletten Partnerorganismus ausreicht: Die Einpflanzung von Zirbeldrüsengewebe, das von einem jüngeren (beziehungsweise älteren) Individuum stammte, genügte, um die Lebensspanne des Empfängertieres zu verlängern (beziehungsweise zu verkürzen).[3] Da die Tiere nicht genetisch identisch waren, wurde die fremde Zirbeldrüse nicht in das Gehirn, sondern den Thymus des Empfängertiers verpflanzt, um eine immunologische Abstoßungsreaktion zu verhindern. Sowohl das «Jungbaden» wie das «Altbaden» fand daher in Form einer «Hirn-Thymus-Chimärenbildung» statt.

Historisch gesehen ist dieses experimentelle Ergebnis nur das letzte in einer Reihe von Befunden, die ihrer theoretischen Erklärung teilweise um Jahrzehnte vorauseilten.

Es begann im Wien der dreißiger Jahre. Damals – es gab noch keine medikamentöse Krebstherapie – entdeckte Hofstädter, daß ein Zirbeldrüsenextrakt ein wirksames Mittel zur Verhinderung des weiteren Wachstums von Alterskrebsen beim Menschen darstellt (Christian und Hella Bartsch, persönliche Mitteilung 1993).

Als nächstes ist eine in den siebziger Jahren in Rußland von V. Dilman, V. N. Anisimov und anderen[4] gemachte Entdeckung zu erwähnen. Ein standardisierter Zirbeldrüsenextrakt – «Epithalamin» genannt – bewirkt bei Ratten ein Absinken der Krebsrate und eine Verlängerung der Lebensspanne um circa 20 Prozent. Epithalamin wurde später auch bei Krebspatienten eingesetzt.[5] Noch etwas später stellte sich heraus, daß Epithalamin im Tierversuch die endogene Melatoninproduktion stimuliert.[6]

Zu diesem Zeitpunkt war bereits das dritte Experiment der Reihe durchgeführt worden. W. Pierpaoli und J. M. Maestroni[7] entdeckten 1987 zu ihrer Überraschung – denn sie hatten «nur» einen günstigen Effekt auf das Immunsystem erwartet –, daß Melatonin einen die Jugendlichkeit erhaltenden und die Lebensspanne um circa 20 Prozent verlängernden Effekt hat, wenn es dem nächtlichen Trinkwasser von Mäusen – für die Experimente wurden Tiere mittleren Alters ausgesucht – zugesetzt wird.

Melatonin *ist* das natürliche Hormon, das von der Zirbeldrüse während der Nacht sezerniert wird. Von seiner mittleren nächtlichen Konzentration im Blut ist bekannt, daß sie nach der Pubertät in ungefähr linearer Weise mit dem Alter abfällt[8] – auf etwa ein Fünftel. Eine Spekulation über einen möglichen kausalen Zusammenhang zwischen der linearen Abnahme des Melatoningehalts der Zirbeldrüse und dem gleichzeitig ablaufenden Alterungsprozeß bei Mäusen wurde 1987 von Rozencwaig et al. angestellt.[9]

Daß Melatonin ein das Altern hinauszögerndes Medikament sein könnte, wurde erstmals 1990 theoretisch vorausgesagt.[1] Diese Voraussage erfolgte unabhängig von den oben geschilderten Befunden auf der Grundlage einer neuen Gleichung für die Lebenserwartung als Funktion des Alters[10]. Aus dieser Gleichung folgte zunächst nur die Existenz einer in jedem Organismus vorhandenen «Alternsuhr».

Die Zirbeldrüse könnte der Sitz dieser Alternsuhr sein.[1] Sie ist die zweite Hirnanhangdrüse (Epiphyse). Dieses von den alten Anatomen wegen seines Aussehens als «penis cerebri» bezeichnete Organ befindet sich – vielleicht nicht zufällig – an dem am meisten temperaturkonstanten Ort des Körpers, nämlich im Zentrum jener ungefähren Kugel, die durch die Schädelkalotte gebildet ist. Das anatomisch auffallendste Merkmal der Zirbeldrüse sind die «Steine», die sie enthält.

Descartes vermutete, daß die Koazervate («Pinealsteine») der Zirbeldrüse die Verbindung zwischen Körper und Seele herstellen. Er glaubte, sie lägen an der Stelle des Übergangs von der Sensorik zur Motorik, denn nach seiner Auffassung enden beziehungsweise beginnen an der Zirbeldrüse alle sensorischen und motorischen Nerven. Die Steine schwebten dort über den Poren der (wie er annahm) mit Püffchen von Druckluft arbeitenden sensorischen Nerven und wirkten zugleich als Ein- und Aus-Schalter für die von dort ausgehenden motorischen Nerven, indem sie deren Poren entweder freigäben oder versperrten. Wegen ihrer turbulenten Bewegung, schrieb er, seien die Steinchen durch beliebig kleine Kräfte kontrollierbar. (Diese Idee heißt heute «Chaos-Kontrolle».) Die Pinealsteine waren damit Kandidaten für Vermittler, durch die die Seele (res cogitans) die Materie (res extensa) beeinflussen könnte, ohne daß dabei Naturgesetze verletzt würden.

Diese wunderschöne Theorie über eine biologische Funktion der Pinealsteine ist heute überholt. Die Nerven arbeiten nicht mit Druckluft, und die Steine schweben auch nicht, sondern sind fest im Gewebe eingebettet, wo sie seit frühester Kindheit heranwachsen. Eine Funktion ist für sie bisher nicht gefunden worden. Die Interpretation, daß sie eine physikalisch-chemische «Langzeituhr» darstellen, ist nach gegenwärtigem Wissen ungefähr so zulässig wie vor 350 Jahren die von Descartes aufgestellte Vermutung.

Die Koazervate sind im Querschliff aus vielen konzentrischen Lagen gebildet und erinnern damit an einen anorganischen Präzipitationsprozeß, der unter dem Namen «Liesegangsche Ringe» bekannt ist.[11] Tagesperiodische «Umschaltungen» des Säure-Basen-Milieus in der Zir-

beldrüse lassen an einen rhythmisch ein- und ausgeschalteten Präzipitationsprozeß unter maximal konstanten Temperaturbedingungen
denken.[1] Die Pinealsteine sind ähnlich wie die Zähne aus Apatit, einem
chemisch äußerst variablen kalkhaltigen Mineral, aufgebaut. Wech-
selnde Arten von Apatit könnten zu jedem Zeitpunkt die Oberfläche
der Steine in jeweils gleicher Weise charakterisieren. Eine gesetzmäßige
Abfolge der Oberflächenstruktur der Steine als Funktion der Zeit (und
damit des Alters des Organismus) ist daher im Bereich des Denkbaren –
wenn man sich auf der Suche nach einer physikalisch-chemischen Uhr
irgendwo im Organismus befindet.[1]

Zu einer «Uhr» gehören «Zeiger». Wenn sich die Uhr in der Zirbeldrüse befindet, liegt es nahe, das von dieser Drüse lebenslang sezernierte Hormon Melatonin als Kandidaten für den Zeiger aufzufassen.
Die die Steine umgebenden spezialisierten Zellen (Pinealozyten) könnten die von der Oberfläche der Steine abgelesene Information durch das
sezernierte Hormon Melatonin an alle Körperzellen weiterleiten. Der
nächtliche Melatoninspiegel würde dann eine Art «Lebenszeitsignal»
darstellen.[1]

Aus dieser Zeiger-Vermutung folgt eine Voraussage. Die orale Aufnahme von Melatonin im richtigen 24-Stunden-Rhythmus sollte eine
Substitutionstherapie des Alterns ermöglichen, da allen Zellen des Körpers ein jünger-als-chronologisches Alter signalisiert würde. Die mela-
toningesteuerte Einstellung der lebensstadienspezifischen somatischen
genetischen Schalter in allen Zellen wäre überlistbar – das «Weiter-
schalten» zum nächsten genetisch programmierten Lebensstadium[2]
könnte so von außen verhindert werden.

Eine noch weitergehende Möglichkeit wäre, daß auch ein zuvor bereits «abgewähltes» zelluläres Lebensstadium wieder «reaktiviert»
wird. Diese Möglichkeit einer «Verjüngung» über ein (oder mehr als
ein) zelluläres Lebensstadium hinweg wird bisher nicht durch empiri-
sche Fakten gestützt. Sie kann erst definitiv beantwortet werden, wenn
das optimale nächtliche Substitutionsprofil gefunden ist – vorausge-
setzt, es existiert.

Das «optimale Anwendungsschema» von nächtlich zugeführtem
Melatonin als Funktion des Alters ist bei der Maus noch nicht gefunden. Dasselbe gilt erst recht für den Menschen – schließlich steht für ihn
selbst der qualitative Nachweis einer das Altern hinauszögernden Wirkung des Melatonins noch aus. Es steht jedoch bereits außer Zweifel,

daß «suboptimale Anwendungen» (wie eine einmalige Zubettgehdosis) mit der Hypothese einer günstigen Wirkung von Melatonin auf den Alternsprozeß des Menschen verträglich sind.

Eine einmalige tägliche Zufuhr von Melatonin zur Schlafenszeit wird seit etwa vier Jahren von einer nicht näher bekannten Zahl von Freiwilligen, die alle über fünfzig Jahre alt sind, weltweit ausprobiert (Walter Pierpaoli, persönliche Mitteilung 1994). Diese «bolusartige» Anwendung wird teilweise mit dem Rat verknüpft, bis zum Ende der Schlafperiode die Harnblase nicht zu entleeren (um biologisch aktive Metaboliten im Körper zu halten) – was wegen der ruhigstellenden Wirkung von Melatonin auf die Blasenmuskulatur möglich ist.

Viele im Volksmund «Zipperlein» genannte Altersbeschwerden verklingen laut den anekdotischen Angaben von Probanden selbst dann, wenn sie schon jahrelang aufgetreten sind. Dazu gehören: häufiges nächtliches Aufwachen und Wasserlassen, Schlaflosigkeit, quälende frühmorgendliche Erektionen und Mißempfindungen im Bereich der Prostata, Schmerzen im Bewegungsapparat, Neigung zu Hexenschuß, Kopfschmerzen nach Überanstrengung sowie wochenlanger Libidoverlust. Diese Beschwerden verschwinden angeblich über Jahre hinweg unter der Melatoninmedikation – und tauchen nach einer Dosisverminderung sofort wieder auf.

Andererseits gibt es bisher keine Berichte über eine Verlangsamung des Grauwerdens der Haare, der Faltenbildung der Haut oder einen Rückgang der Alterssichtigkeit und des Krebsrisikos. Sowohl die Beobachtungszeit als auch die Zahl der überblickbaren Probanden ist zu klein.

Diesen – wie gesagt noch zu objektivierenden – Erfolgen stehen jedoch auch Nachteile gegenüber. Mit zweien ist bisher zu rechnen.

Wegen der kurzen Halbwertzeit des Melatonins im Blut (etwa vierzig Minuten[12]) ist die bei einmaliger Zufuhr täglich benötigte Dosis weit höher, als es der in mehreren Impulsen endogen produzierten «physiologischen Gesamtdosis» bei jüngeren Menschen entspricht. Die Zufuhr einer solchen «pharmakologischen» Dosis von zum Beispiel 2 Milligramm ist daher nicht mehr streng physiologisch.[12] Es ist deshalb mit einer langsamen *Gewöhnung* an das zugeführte Melatonin zu rechnen.

Dies ist offenbar der Fall. Eine früher als wirksam empfundene Dosis reicht nach einiger Zeit – zum Beispiel einem halben Jahr – nicht mehr aus. Ein Teil der Probanden begnügt sich dann mit den verbleibenden guten Wirkungen. Obwohl das nächtliche Aufwachen wiedereinsetzt, bleiben das gute Einschlafen, die erste Tiefschlafphase und ein gutes Wiedereinschlafen erhalten, und auch die Leistungsfähigkeit bleibt größer als ohne Melatonin. Ein anderer Teil der Probanden erhöht, wenn auch vorsichtig, eigenmächtig die Einnahme. In einem Fall kam es in vier Jahren zu einer Verdopplung der benötigten Dosis.

Beide Beobachtungen weisen auf die Existenz einer Gewöhnung hin. Da sämtliche Körperzellen interne Melatoninrezeptoren (im Zellkern) besitzen, könnte dies – wenn die Theorie von der Wichtigkeit dieses Hormons für alle Zellen zutrifft – bedeuten, daß durch Rezeptorenschwund eine neue Art von körperlicher Abhängigkeit erzeugt wird. Ähnlich wie in der Erzählung «Das Bildnis des Dorian Gray» von Oscar Wilde käme es zum Aufbau eines «Gegenbildes», das bei einer Absetzung der Substitution hervorbrechen würde.

Das so vorausgesagte neue Krankheitsbild – galoppierendes Altern durch Melatoninentzug nach Gewöhnung an pharmakologische Dosen – müßte zunächst im Tierversuch charakterisiert werden. Gleichzeitig wäre die Hypothese zu untersuchen, daß sich die lebensverlängernde Wirkung von Melatonin durch langsame, lineare Dosissteigerung im nächtlichen Trinkwasser verbessert.

Der erzeugte neue Typ von Abhängigkeit ist mit der Abhängigkeit von anderen Hormonen – etwa Insulin beim Zuckerkranken – vergleichbar. Obwohl im Gegensatz zum Diabetes Altern keine anerkannte Krankheit darstellt, ist der Vergleich instruktiv, wenn die Spätkomplikationen dieser Krankheit als Folge der nichtoptimalen Behandlung (durch eine nichtphysiologische, da bolusartige Hormonzufuhr) aufgefaßt werden.

Es besteht deshalb bei dem Langzeitmedikament Melatonin – ebenso wie bei dem Langzeitmedikament Insulin – der Wunsch, eine optimale Applikationsform zu finden. Während diese beim Insulin (das parenteral zugeführt werden muß) noch nicht endgültig feststeht, ist die Entwicklung einer Melatoninpille mit automatischer Mehrzeitenabgabe pharmazeutisch realisierbar. Erst wenn diese Entwicklungsarbeit abgeschlossen ist – so daß viel kleinere Gesamtdosen als bisher zur Erzeugung des gewünschten Effekts ausreichen –, ist die Antiaging-Pille Melatonin «marktreif».

Den zweiten Nachteil hat Pierpaoli im Tierversuch entdeckt. Obwohl bis heute beim Menschen keine negativen Nebenwirkungen von Melatonin aufgetreten sind – so daß in vielen Ländern der Welt Melatonin wie ein Vitaminpräparat rezeptfrei im Reformhaus erhältlich ist (wobei die Dosis pro Tablette mit 3 Milligramm etwa doppelt so hoch ist, wie sie ein Achtzigjähriger anfänglich benötigt) –, sollten Menschen unter fünfzig Jahren von einer Melatonineinnahme absehen.

Denn es gibt bei Mäusen einen beunruhigenden Befund, der zugleich illustriert, daß dieses schon beim Einzeller zur Regulation des Tagesrhythmus vorkommende, aus dem Tryptophan der Nahrung abgeleitete einfache Molekül keineswegs ein «neutraler Naturstoff» ist. Bei einem von drei untersuchten Mäusestämmen wurde neben der früher gefundenen allgemein tumorsuppressiven Wirkung eine selektiv *krebserzeugende* Wirkung festgestellt. Sie betraf nur Tumoren des weiblichen Genitaltrakts und trat nur auf, wenn die nächtliche Melatoninzufuhr *vor* der Menopause der Mäuse einsetzte.[13] Die durchschnittliche Überlebensdauer lag bei diesem «zu frühen Start» unter der der unbehandelten weiblichen Tiere. Obwohl eine Übertragbarkeit dieses Befundes auf den Menschen nicht gesichert ist (zumindest ebensowenig wie auf andere Mäusestämme), war es notwendig, ihn zu erwähnen.

Melatonin ist ein bereits vielfach bewährtes Medikament. Erstens wird es oft zur Vermeidung von Zeitverschiebungseffekten bei Flugzeugreisen («Jet-lag») eingesetzt. Obwohl sich die circadiane innere Uhr, die die Tagesrhythmik steuert, unter Melatoninzufuhr offenbar nicht deutlich schneller anpaßt[14], kann die (bei West-Ost-Reisen) bereits im Flugzeug begonnene künstliche Zubettgehzeit über die Tage der Anpassung der inneren Uhr hinweg beibehalten werden, so daß sich sofort eine effektive «äußere Anpassung» einstellt. Zweitens dient Melatonin in spätabendlicher Anwendung auch zur Behandlung der Winterdepression (S. A. D.). Eine dritte Wirkung von Melatonin – in pharmakologischen Dosen – ist die Behandlung des grünen Stars.[15]

Die vierte anerkannte Anwendung ist die Behandlung von Schlafstörungen im Alter. Auf das Verschwinden auch von «Nebensymptomen» (wie häufige Nykturie und morgendlicher Priapismus) wurde bereits hingewiesen. Die Behebung dieser Störungen ist möglicherweise «kausal» in dem Sinne, daß sie durch einen physiologischen Melatoninmangel bedingt sind. Die geriatrische Indikation geht auf Arendt, Lewy und Armstrong[16] zurück. Sie ist die für unseren Zusammenhang interessanteste. Denn im Rahmen dieser – immer wichtiger werdenden – klassischen Therapie wird sich im Laufe der nächsten Jahre von selbst herausstellen, ob die oben für die Langzeittherapie vorausgesagte «Nebenwirkung», die Rüstigkeit und das Leben zu verlängern, wirklich zutrifft.

An dieser Stelle machen wir – in Übereinstimmung mit dem zukunftsorientierten größeren Thema dieses Buches – einen Sprung. Wir wenden uns einem globaleren Aspekt zu, indem wir hypothetisch annehmen, daß die oben skizzierte Hoffnung einer «Substitutionstherapie des Alterns» sich als realistisch erweist. Das obige Schema müßte dazu die nächste Runde von Tests (die vor allem Untersuchungen in der Gewebekultur umfassen wird[17]) überleben.

Das angenommene «maximal optimistische» Szenario besagt, daß circa zwanzig Jahre produktiver Aktivität zu vernachlässigbaren Kosten dem durchschnittlichen Leben eines Erdbewohners hinzugefügt werden können. Was wären die Folgen?

Wenn wir von einer maximalen Akzeptanz der Substitutionstherapie in den entwickelten Ländern ausgehen, wird die erste Folge sein, daß die in diesen Ländern derzeit drastisch ansteigenden geriatrischen Kosten während der Übergangsperiode dramatisch zurückgehen (um erst danach wieder auf ein – reduziertes – höheres Niveau anzusteigen). Dies wäre ein großer Gewinn für die Gesellschaft.

Es stellt sich jedoch zugleich eine allgemeinere Frage. Ist der neue medizinische Fortschritt «wünschenswert» in dem Sinne, daß er nicht nur dem einzelnen, sondern auch der Gesellschaft als ganzer nützt?

Ethische Fragen von einem globalen Ausmaß kommen damit in den Blick.[18] Die Situation ist jedoch weit weniger folgenreich als etwa zur Zeit der Einführung der die Säuglingssterblichkeit reduzierenden antibiotischen und elektrolytsubstituierenden Medikationen früherer Jahrzehnte. Denn diesmal ist kein exponentieller – sich selbst immer mehr verstärkender – Effekt auf die Weltbevölkerung zu erwarten. Vielmehr kommt es nur zu einem vorübergehenden, linearen Anstieg der Bevölkerungszahl auf ein neues, um höchstens 20 Prozent erhöhtes Niveau, der sich zunächst nur in den entwickelten Ländern bemerkbar macht.

Es liegt daher eigentlich *kein* Problem vor. Dennoch ist damit zu rechnen, daß in einem Teil der betroffenen entwickelten Gesellschaften bei einer Mehrheit der Bevölkerung das Vorurteil entstehen könnte, daß die neuen rüstigeren grauen Panther «überflüssig» wären (Ernst Benda, persönliche Mitteilung 1995). Die «vielen Alten» wären jedoch genauso unentbehrlich wie die «vielen jungen» Menschen auf dem Planeten, die zufällig in einem Land mit einer nicht sehr hochentwickelten Infrastruktur leben.

Es ist reizvoll, an dieser Stelle an das Projekt Lampsacus [19] zu erinnern, da es einen Ausweg bietet. Lampsacus ist eine Stadt im Cyberspace, die im Internet/World Wide Web allen kostenlos zur Verfügung gestellt werden wird. Sie enthält ein Museum, eine Kathedrale, einen Park, einen Berg, eine Bibliothek, einen Verlag und eine Universität. Das medizinische Personal der Universität steht für Anfragen aller Benutzer zur Verfügung. Das Lehrpersonal spricht auf jede Ausbildungsstufe und jeden Wissensstand an (Hypertext-Pyramide) und ist zur Mitarbeit an jedem von einem Bewohner eingebrachten wissenschaftlichen, technischen und künstlerischen Projekt bereit. Auch in juristischen und Überlebensfragen wird kostenlos beraten, da alle «informationellen Bedürfnisse» gestillt werden. Es wird in Lampsacus keine andere Autorität geben als die jener hilfreichen Freundlichkeit, die das Erkennungszeichen jeder akademischen und jeder von Walt Disney inspirierten Umgebung ist.

Dieses nichtkommerzielle Unternehmen wird dennoch die größten ökonomischen Konsequenzen haben (obwohl keine Reklame, sondern nur leistungsbezogene Sponsoreninformation zugelassen ist). Der Software-Markt wird für den ganzen Planeten geöffnet. Die lokale Infrastruktur wird bald beinahe bedeutungslos sein. Neue Dienstleistungen, die die schwerwiegendsten «nichtinformationellen Bedürfnisse» der Menschen stillen, werden aus dem Boden sprießen in einer ökonomisch überall stimulierenden Weise. Statt «zuwenig Arbeit» wird es plötzlich nicht genug Menschen geben, um all die zukunftsorientierte, lukrative Arbeit zu leisten, die auf ihre Erledigung wartet.

Der Staat, der zuerst die Ziele von Lampsacus versteht und das Projekt aktiv unterstützt, wird eine «unverdiente» Präsenz in der zukünftigen Geschichte des Planeten haben — wie dies bei Selbstlosigkeit manchmal der Fall ist. Statt Furcht zwischen Gruppen wird es zur Freundschaft zwischen vielen durch Selbsthilfe verbundenen Individuen kommen — und dadurch zwischen den Ländern. Der «kommunikative Diffusionskoeffizient» wird zum erstenmal symmetrisch ansteigen. Das globale Dorf erhält sein «Hometown».

Eine wesentliche Antriebskraft (und damit schließt sich der Kreis) könnten die «nutzlosen» Alten der ersten Welt bilden, die gemeinsam mit den «nutzlosen» Jungen der dritten Welt Lebensmöglichkeiten für alle schaffen. Die «biologische Alternsgleichung» [10] wäre wieder erfüllt. Auch die Gefahr, daß der Planet aufhören könnte, himmelblau zu sein – weil die «hart-technologische» Infrastruktur alles grau macht –, wäre gebannt (blue planet team network). Das *globale Gehirn* erhielte sein erstes Implantat – aus Computerchips.

Wir kommen zum Schluß. Zwei Themen, die heute «beinahe spruchreif» sind, wurden angesprochen. Das eine ist die «Unsterblichkeit des Individuums», das andere die «Unsterblichkeit des Planeten». Der Übergang zum dritten Jahrtausend westlicher Zeitrechnung ist möglicherweise der erste Augenblick der Geschichte, in dem diese beiden anspruchsvollen Themen in Angriff genommen werden können – als eine einzige Aufgabe. Diese «Mind Revolution» stützt sich auf ein ganzheitliches, computerunterstütztes und die Menschenwürde aller in den Mittelpunkt stellendes neues Denken, das zugleich die größte marktgerechte Investition der Geschichte einläutet.

Dank

Wir danken Christa Maar, Vladimir Gontar, Ute Deichmann, Wolfgang Engelmann, Russel Reiter, Stuart Armstrong, Detlev Linke, Peter Weibel, Florian Rötzer, Jens Petersen, Ernst Benda, Wolf-Michael Catenhusen, Harald Atmanspacher, Ralph Abraham, Mohamed ElNaschie, Dieter Simon, Carl-Friedrich von Weizsäcker, John Casti, Kuni Kaneko, Gottfried Mayer-Kress, Jan Robert Bloch, Artur Schmidt, Daniela Forster und Hans-Jürgen Müller für Diskussionen. Für J. O. R.

Literatur

1 P. E. Kloeden, R. Rössler und O. E. Rössler: «Does a centralized clock for aging exist?» *Gerontology* 36, S. 314–322 (1990)

2 R. Rössler und P. E. Kloeden: «Life stages and ageing as a morphogenetic problem». *Biophysical Journal* 55, S. 573 a (1989)

3 V. A. Lesnikov und W. Pierpaoli: «Pineal cross-transplantation (old-to-young and vice versa) as evidence for an endogenous ‹aging-clock›». *Annals of the New York Academy of Sciences* 719, S. 456–460 (1994)

4 V. Dilman, V. N. Anisimov, M. N. Ostroumova, V. Kh. Khavinson und V. G. Morozov: «Increase in life span of rats following polypeptide pineal extract treatment». *Experimental Pathology* 17, S. 539–545 (1979)

5 V. D. Slepushkin, V. N. Anisimov, V. Kh. Khavinson, V. G. Morozov, N. V. Vasiliev und A. Kosykh: *The Pineal Gland, Immunity and Cancer (Theoretical and Clinical Aspects)*. Tomsk 1990

6 V. N. Anisimov, L. A. Bondarenko und V. Kh. Khavinson: «Effect of pineal preparation (epithalamin) on life span and pineal and serum melatonin levels in old rats». *Annals of the New York Academy of Sciences* 673, S. 53–57 (1992)

7 W. Pierpaoli und J. M. Maestroni: «Melatonin, a principal neuroimmunoregulatory and anti-stress hormone: Its anti-aging effects». *Immunology Letters* 16, S. 355–362 (1987)

8 H. Iguchi, K. I. Kato und H. Ibayashi: «Age-dependent reduction in serum melatonin concentrations in healthy human subjects». *Journal of Clinical Endocrinology and Metabolism* 55, S. 27–29 (1982)

9 R. Rozencwaig, B. R. Grad und J. Ochoa: «The role of melatonin and serotonin in aging». *Medical Hypotheses* 23, S. 337–352 (1987)

10 P. E. Kloeden, O. E. Rössler und R. Rössler: «A predictive model for life expectency curves». *BioSystems* 24, S. 119–125 (1990)

11 M. C. Welsh: «Pineal calcification – structural and functional aspects». In: *Pineal Research Reviews*, vol. 3, hg. v. R. J. Reiter, S. 41–68. New York 1985

12 J. Arendt: «Mammalian pineal rhythms». In: *Pineal Research Reviews*, vol. 3, hg. v. R. J. Reiter, S. 161–213. New York 1985

13 W. Pierpaoli, A. Dall'Ara, E. Pedrinis und W. Regelson: «The pineal control of aging – the effects of melatonin and pineal grafting on the survival of older mice». *Annals of the New York Academy of Sciences* 621, S. 291–318 (1991)

14 A. J. Lewy und R. L. Sack: «Methods of treating circadian rhythm disorders». U. S. Patent No. 5, 242, 912 (1993)

15 J. R. Samples und A. J. Lewy: «Methods of lowering intraocular pressure using melatonin». United States Patent No. 4, 654, 361 (1986)

16 S. M. Armstrong: «Treatment of sleep disorders by melatonin administration». In: Advances in Pineal Research, vol. 6, hg. v. A. Foldes und R. J. Reiter. London 1992

17 P. E. Kloeden, R. Rössler und O. E. Rössler: «Time keeping in genetically programmed aging». *Experimental Gerontology* 28, S. 109–118 (1993)

18 P. E. Kloeden, R. Rössler und O. E. Rössler: «Artificial life extension – the epigenetic approach». *Annals of the New York Academy of Sciences* 719, S. 474–482 (1994)

19 O. E. Rössler: «Chaos, Rationalität und das ‹Bad-Trip›-Problem». In: *Evolution – Entwicklung und Organisation in der Natur*, hg. v. V. Braitenberg und I. Hosp, S. 107–119. Reinbek 1994

2. Robotik

Thomas Christaller

Kognitive Robotik

Wird es uns Menschen möglich sein, intelligente Roboter zu konstruieren und zu programmieren? Obwohl die Begriffe Roboter und Robotik vor ungefähr siebzig Jahren in der Science-fiction-Literatur «erfunden» wurden, die ersten Automaten, die so bezeichnet wurden, erst
ungefähr fünfzig Jahre alt sind und die Künstliche-Intelligenz-Forschung (KI) als Teilgebiet der Informatik vor vierzig Jahren startete,
scheint vielen der intelligente Roboter in greifbare Nähe gerückt. Wie
intelligent werden Roboter sein? Werden sie ihre Konstrukteure übertreffen? Wie werden sie unsere wirtschaftlichen und sozialen Bedingungen verändern? Was sind die technischen Voraussetzungen für ihre
Konstruktion, und inwieweit sind diese schon erfüllt oder erfüllbar?
Und schließlich, wann werden sie da sein, die intelligenten Roboter?

Um ein intuitives Verständnis von den Zielen und der Methodik der
Forschung zur Künstlichen Intelligenz zu bekommen, kann der Vergleich mit einem anderen alten Menschheitstraum nützlich sein, dem
Fliegen. Die Vögel waren der augenfällige Beweis für fliegende Lebewesen. Zuerst hat der Mensch den Flugapparat der Vögel kopiert. Wir
wissen, wie es Dädalus und Ikarus damit ergangen ist. Erst die Gebrü-
der Wright waren zu Beginn des 20. Jahrhunderts erfolgreich. Sie bau-
ten einen Flugapparat, der nur noch eine entfernte Verwandtschaft mit
einem Vogel aufwies. Antrieb, Größe, Stabilität und Flexibilität sind
vollkommen verschieden. Warum können Flugzeuge trotzdem fliegen?
Der Mensch war in der Lage, die physikalischen Naturgesetze zu formulieren, die ihm das Phänomen erklären halfen. Aufgrund dieser Erklärung konnten Flugzeuge konstruiert und technisch immer weiter
verbessert werden.

Es existieren viele Mythen mit künstlichen intelligenten Wesen, von
Hephaistos' Schmiedegehilfinnen und Pandora in der griechischen
Antike über Golem im Mittelalter bis hin zu Frankenstein in der Neuzeit. Alle Rezepte zu ihrer Erschaffung zeigen dieselbe Naivität wie Dädalus hinsichtlich des Fliegens: Kopiere die äußerliche Erscheinungs-

form des Menschen – der Rest ergibt sich durch Magie und Einhauchen von Geist.

Jahrhundertelang hat der Mensch sich als das einzige denkende Wesen gesehen (und hat dabei auch noch feine Unterschiede zwischen verschiedenen Menschen wie Männern und Frauen oder sich anders verhaltenden Menschen gemacht), und schon immer wollte er wissen, was Denken ist. Die Naturgesetze des Denkens hat aber bisher keiner formulieren können. Insofern befinden wir uns noch vor den Gebrüdern Wright. Deshalb gibt es auch nur vage Vorstellungen davon, was Intelligenz ist und wie sie sich äußert. Wir gehen zum Beispiel davon aus, daß das Übersetzen vom Deutschen ins Englische Intelligenz erfordert, aber auch das Erkennen von Motorteilen auf dem Förderband, Schachspielen, ein Sieben-Gänge-Menü planen, Scharlach erkennen und heilen, eine Mondrakete konstruieren, eine Oper komponieren usw. sind für uns ohne Intelligenz nicht erklärbar.

Psychologen beobachten seit fast hundert Jahren das Lebewesen Mensch, um die Frage «Was ist Denken?» naturwissenschaftlich zu beantworten. Sie sind die Ornithologen der menschlichen Intelligenz. KI-Wissenschaftler sind dagegen wie Flugzeugingenieure. Sie konstruieren seit dreißig Jahren künstliche Systeme (Artefakte), die intelligentes Verhalten zeigen sollen. Die Untersuchung solcher Systeme soll Aufschluß über die möglichen Naturgesetze des Denkens liefern, denen auch der Mensch unterliegt.

Wie der Flugzeugbauer muß der KI-Wissenschaftler sich auf die für das Phänomen Denken wichtigen Eigenschaften des natürlichen Vorbilds konzentrieren. Er sollte nicht versuchen, den Menschen zu simulieren. Dabei ergibt sich die große Schwierigkeit festzustellen, wann ein System intelligent ist. Bei einem Flugzeug können wir durch einfaches Ausprobieren feststellen, ob es fliegen kann. Bei denkenden Systemen ist das ungleich schwieriger. Deshalb werden häufig die beiden Kriterien der empirischen Evidenz und kognitiven Adäquatheit verwendet, um KI-Systeme bewerten zu können.

Das erste Kriterium bezieht sich auf das von außen beobachtbare (Ein-/Ausgabe-)Verhalten. Stimmen die Beobachtungen des menschlichen Verhaltens mit denen eines KI-Systems überein, so sagt man, daß es sich empirisch evident verhält. Dies Kriterium reicht nicht aus. Es gibt die Redewendung «einen Türken bauen». Sie leitet sich von einem im 18. Jahrhundert erstellten Schachautomaten her, der äußerlich wie ein Türke aussah. In seinem Innern verbarg sich aber statt eines künstlich intelligenten Systems ein sehr guter menschlicher Schachspieler. So war dieser Automat im hohen Maße empirisch evident, erklärte aber gar nichts über das Schachspielen. Das berühmte Eliza-Programm von Joseph Weizenbaum gehört zu derselben Klasse von Artefakten.

So soll das Kriterium der kognitiven Adäquatheit sicherstellen, daß die innere Struktur des Systems mit dem beobachtbaren Verhalten gekoppelt wird. Verändert man die innere Struktur, so soll sich auch das Verhalten des Systems vorhersagbar verändern. Wenn wir zum Beispiel bei einem KI-System, das die deutsche Sprache versteht, die Grammatik erweitern, erwarten wir, daß das System mehr Sätze als vorher versteht. Der KI-Wissenschaftler sagt vorher, wie Veränderungen in der inneren Struktur das Verhalten beeinflussen werden. Führen die entsprechenden Veränderungen im natürlichen System zu denselben Verhaltensänderungen, so liegt ein kognitiv adäquates künstliches System vor. Soweit ist es aber noch lange nicht.

In der westlichen Geistesgeschichte wurde immer wieder auf den engen Zusammenhang zwischen Sprache und Denken hingewiesen. Die wichtigen Bausteine der Sprache sind Wörter oder, allgemeiner gesagt, Symbole. Wenn wir bewußt denken, so sprechen wir in gewisser Form mit uns selbst und verwenden dabei ebenfalls Wörter, Symbole. So lag es nahe, Denken als eine Art Sprechen und damit als einen Symbolverarbeitungsprozeß anzusehen. Fliegen kann man auch ohne Federn, und es läßt sich ohne Bezug auf beispielsweise den Aufbau des Federkleids beschreiben und erklären. Und es scheint so, als ließe sich Denken ohne direkten Bezug zum Gehirn beschreiben. Dies führte in der KI zu der Hypothese, daß Denkprozesse auch auf anderen physikalischen Strukturen als dem des Gehirns möglich seien. Einzige Voraussetzung ist, daß diese physikalischen Strukturen, zum Beispiel Computer, Symbolverarbeitungsprozesse ermöglichen müssen.

Die KI-Forschung besteht darin, Symbolverarbeitungsprozesse zu programmieren, die empirisch evident und kognitiv adäquat zu den beobachtbaren Intelligenzleistungen von Menschen sind. Wie der Windkanal für den Flugzeugbauer, ist der Computer das Labor für den KI-Wissenschaftler. Dabei ist vollkommen klar, daß Denken und Intelligenz nur einen Aspekt des Menschen darstellen. Sie sind mit großer Wahrscheinlichkeit mit anderen Teilsystemen im Menschen gekoppelt, die nicht symbolorientiert funktionieren, zum Beispiel mit dem körperlichen Empfinden. Deshalb muß man deutlich genug sagen, daß mit KI-Theorien und KI-Systemen nur unvollständige Beschreibungen und Erklärungen für menschliche Intelligenz geliefert werden können – so wie die Aerodynamik als physikalische Theorie auch nur ungenügend einen Vogel beschreiben kann.

Nehmen wir für den Augenblick an, wir wüßten, was kognitive Fähigkeiten sind oder was Intelligenz ist. Eine der wichtigsten Fragen, die sich für mich dann stellt, lautet: Warum benötigen Lebewesen überhaupt solche Fähigkeiten? Schärfer formuliert: Warum konnten einige Arten gar nicht anders, als in ihrer evolutionären Entwicklung kognitive Fähigkeiten zu entwickeln, damit sie überhaupt überlebensfähig sind? Ich halte dies für eine grundlegende Frage von größerer Tragweite als ein Streit darüber, ob Schachspielen ein besonders gutes Beispiel für kognitive Leistungsfähigkeit ist und ob die Tatsache, daß Schachprogramme heutzutage normale Schachspieler besiegen, darauf hindeutet, daß Computer über kognitive Fähigkeiten verfügen.

Im besten Sinne des Wortes sind Beiträge wie die von Luc Steels oder Christoph von der Malsburg Spekulationen, Reflexionen der einzelnen Wissenschaftler, basierend auf konkreten technischen Arbeiten, die bei einigen auch den Bau von Robotern einschließen. Es können also nur Diskussionsbeiträge sein von Menschen, die auch von allen anderen Menschen diskutiert werden können. Sie geben mehr Aufschluß über die jeweiligen intellektuellen Hintergründe als über harte Fakten aus Ingenieurswissenschaften. Sie sind individuelle Beiträge zur (Selbst-) Erkenntnis.

In der Arbeit von Luc Steels findet sich ein hervorragendes Beispiel für die Art und Weise, wie sich das Verständnis von (menschlicher) Intelligenz auf der technischen Seite der KI gewandelt hat. Begonnen hat die KI mit dem Ideal des rational Handelnden und der Vorstellung, daß Intelligenz vollständig als Informationsverarbeitungsprozeß verstanden werden kann – ohne Rückbezug auf einen Körper, der der Intelligenz bedarf. Es gab nur vereinzelte Ansätze, intelligente Roboter zu konstruieren, und dabei wurde der Roboterkörper eher als Nachklapp oder Anhängsel der rationalen Intelligenz verstanden, die diesen Roboter steuerte und die Welt interpretierte. Mit diesem Intelligenzbegriff wurde eine Reihe beeindruckende technische Ergebnisse erzielt, von denen die sogenannten Expertensysteme oder wissensbasierten Systeme die bekanntesten sind.

Ein Ansatz, der seit ungefähr zehn Jahren teilweise im erklärten Gegensatz dazu verfolgt wird, stellt die durch Sensoren und Effektoren vermittelte Interaktion mit der physikalischen Umwelt an den Anfang der Überlegungen, um Artefakte mit einer körperbezogenen Intelligenz zu konstruieren. Luc Steels insbesondere argumentiert dafür, ganze Ökosysteme zu betrachten, in denen die Roboter ein integraler Bestandteil sind. Die stellt hohe Anforderungen an den Aufbau von Experimenten, an deren Durchführung und Interpretation. So ist auch Luc Steels' Überzeugung nachvollziehbar, daß es nur auf diesem Weg möglich ist, intelligente Roboter zu konstruieren, aber auch seine Skepsis hinsichtlich jeder Zeitvorstellung, wann Roboter Anzeichen von Intelligenz haben werden und ob sie in dieser Entwicklung intelligenter werden können als Menschen.

In dem Beitrag von Christoph von der Malsburg wird die Gleichung biologisches Gehirn–Computer kritisch hinterfragt. Er beginnt mit unserer saloppen Redeweise, daß wir mit Computern kommunizieren, und führt eine Reihe von Argumenten an, warum der Computer als menschlicher Kommunikationspartner eine unzutreffende Metapher ist. Ein Kommunikationspartner für einen Menschen muß über Handlungsautonomie verfügen, ein Motivations- und Bewertungssystem und prinzipiell eine vergleichbare Erfahrungswelt wie ein Mensch haben.

Offensichtlich reichen heutige Computer an diese Leistungsfähigkeit nicht heran, und ohne irgendeine Einbettung in eine Art von Körper können sie ausschließlich als Kommunikationsmittel von uns verwendet werden. Derartige Systeme – er vermeidet den Begriff Roboter – zu konstruieren scheint Christoph von der Malsburg nicht unmöglich. Allerdings führt er einige Schwierigkeiten an, die auf diesem Weg überwunden werden müssen.

Einer der interessantesten Punkte, finde ich, ist sein Hinweis darauf, daß intelligente Roboter über Motivationen auf der Basis von erstrebenswerten Zielen und Emotionen verfügen müssen. Ein motivationales (Teil-)System erfordert mehr als nur die explizite Realisierung von «Schmerz». Es muß, seiner Meinung nach, wie bei Tieren, ausgehend von vorgegebenen Dispositionen, erlernt werden. Da selbst bei der wissenschaftlichen Betrachtung der kognitiven Leistungen des Menschen häufig die Emotionen vollständig ausgeblendet werden, wird es noch eine Weile dauern, bis diese Einsicht in der Robotik akzeptiert wird: Handlungsautonomie ist nur mit Hilfe von Emotionen möglich.

Doch warum gibt es immer noch Schachclubs? Schachwettbewerbe? Obwohl doch die leistungsfähigsten Schachcomputer bei den meisten menschlichen Spielpartnern die ständigen Gewinner sein würden. Hier haben wir doch schon das – zugegebenermaßen kleine und wirtschaftlich nicht so bedeutungsvolle – menschliche Reservat des Schachspielens. Meine Vermutung ist, daß wir uns unabhängig von der Leistungsfähigkeit anderer Lebensformen oder Artefakte in erster Linie als Menschen begreifen und daß uns nichts anderes so interessiert wie Menschen.

Und genau darin liegt für mich auch unsere Intelligenz: Wir können am besten mit Menschen umgehen und sie verstehen. Solange wir eine Möglichkeit haben, dies auch durch unser Leben auszuprobieren, wird uns kein intelligenter Roboter ersetzen. Mag sein, daß wir mal wieder aufgrund einer technologischen Umwälzung unser Berufsleben anders organisieren müssen, daß wir zu einem anderen Verständnis von menschenwürdiger und menschengerechter Arbeit kommen, daß wir begreifen lernen, wie sehr unsere Körper mit unseren Gehirnen, unsere Physis mit unserem Denken untrennbar verbunden sind.

So mögen sie denn kommen, die intelligenten Roboter. Ihre Konstruktion wird bestimmt inspiriert sein durch unsere Kenntnisse über unser Gehirn. Doch sie werden nie ein besseres Gehirn haben als wir, da sie nie bessere Menschen als wir sein können, es sei denn, sie werden genauso wie wir. That's human life.

Luc Steels

Homo cyber-sapiens oder Robo hominidus intelligens: Maschinen erwachen zu künstlichem Leben

Einleitung

Intelligenz ist eine Fähigkeit, die sich ganz allmählich und in kleinen Schritten in einer Jahrmillionen währenden Evolution herausgebildet hat.[7] Erst vor fünf Millionen Jahren spaltete sich die Hominidenlinie von der Schimpansenlinie ab. Der *Homo erectus*, der sich vor 1,5 Millionen Jahren entwickelte, hat als erster komplizierte Werkzeuge gefertigt, Feuer verwendet, Wanderzüge unternommen und damit die Möglichkeit gehabt, auf viele verschiedene klimatische Wechselfälle zu reagieren. Erst 200 000 Jahre ist die letzte nennenswerte Gehirnvergrößerung her. Sie war verbunden mit einer bemerkenswerten anatomischen Evolution des Stimmapparats, einer Voraussetzung für das Sprechen und damit die vollständige Sprachentwicklung. Doch schon zuvor hatten sich viele grundlegende Funktionen herausgebildet, ohne die die menschliche Intelligenz nie möglich gewesen wäre: die Entwicklung komplexer Sinnesorgane wie der Augen und Ohren, die Entwicklung von Nervensystemen mit stetig zunehmender Komplexität, die Ausbildung immer leistungsfähigerer Kommunikationsformen und so fort.

Eine Untersuchung der fossilen Funde zeigt, daß die biologische Evolution Zeiten relativer Stabilität erkennen läßt und dann wieder Perioden plötzlicher Sprünge.[12] Für solche Sprünge kann es verschiedene Ursachen geben: verstärkten Druck durch klimatische Veränderungen, die Einwanderung von Eindringlingen in das Territorium alteingesessener Arten oder das plötzliche Auftreten einer Anpassung, die eine Lawine neuer Fähigkeiten lostritt, wodurch die Komplexität einer Art in Schüben steigt. Auch in der Evolution der Intelligenz stoßen wir auf Perioden (relativ) raschen Fortschritts, so beim Auftauchen des *Homo erectus* vor ungefähr 1,5 Millionen oder des *Homo sapiens* vor etwa 200 000 Jahren.

Aus empirischen Untersuchungen der biologischen Evolution ergibt sich ferner der eindeutige Schluß, daß sie nie ein Ende findet. Arten entwickeln sich, passen sich an und verändern sich unaufhörlich unter dem Druck von veränderten Ökosystemen oder konkurrierenden Entwicklungen innerhalb der Arten. Sobald der Motor der Komplexitätszunahme einmal in Gang gekommen ist, hält er offenbar nicht wieder an. So zeigen die anthropologischen Befunde eine fortwährende Entwicklung der menschlichen Intelligenz zu immer komplizierteren und externalisierteren Repräsentationen.[7] Die stabile, hierarchische Pharaonenkultur Ägyptens, in der Mythologie und Bildersprache eine zentrale Rolle spielten[25], unterscheidet sich grundlegend von den instabilen, dynamischen Gesellschaften unserer Zeit, deren komplizierte wissenschaftliche und technologische Werkzeuge auf abstrakten Kommunikationsmedien beruhen.

Das wirft folgende Frage auf: Ist ein weiterer größerer Intelligenzsprung möglich? Und wenn, wäre er so erheblich, daß man vernünftigerweise von einer neuen Art sprechen könnte? Zwei Möglichkeiten gibt es. Die erste ist biologischer, die zweite technischer Art.

Zwar gibt es keine biologischen Anzeichen dafür, daß sich die anatomischen Intelligenzgrundlagen bei Menschen oder anderen Arten verändern, doch finden gegenwärtig erstaunliche technische Fortschritte statt, die es vielleicht ermöglichen werden, die biologischen Fähigkeiten auszubauen. Dazu gehören künstliche Sinneswerkzeuge, elektronische Speichereinheiten, Computerprozessoren und mechanische Effektoren (Handlungsorgane). Was geschähe, wenn wir diese Technologie auf uns selber anwendeten? Wäre das Ergebnis eine neue Art? Vielleicht könnte man sie *Homo cyber-sapiens* nennen. Ihre Mitglieder wären zunächst Erweiterungen unserer selbst, würden sich aber allmählich von der biologischen «Wetware» – also dem «feuchten» Material, aus dem organische Körper bestehen – emanzipieren. Minsky[18] meint, dies könnte zu einer Art Unsterblichkeit führen. Möglicherweise würde man diese Techniken zuest anwenden, um die Intelligenz von Tieren zu steigern. Von Primaten nimmt man an, sie besäßen eine gewisse Intelligenz und seien sogar einfacher Sprachformen mächtig.[9] Was geschähe, wenn man ihnen künstliche Stimmapparate verliehe, die sie zu der fürs Sprechen erforderlichen Artikulation befähigten?

Es gibt einen zweiten Weg, der zu anderen Intelligenzformen führt. Der Versuch, vollkommen künstliche Humanoide, das heißt intelligente Roboter, zu konstruieren, wurde ernsthaft Ende der fünfziger Jahre in Angriff genommen, und seither hat man stetige Fortschritte erzielt. Nach sehr optimistischen Einschätzungen [19] wird es schon in fünfzig Jahren Roboter mit menschlicher Intelligenz geben. Allerdings sind die meisten Roboterkonstrukteure nicht ganz so zuversichtlich. Fortschritte in Sachen Künstlicher Intelligenz sind bisher fast ausschließlich auf dem Gebiet körperloser Intelligenz erzielt worden, bei dem Versuch, bestimmte Denkmuster zu modellieren und zu implementieren. Wie ich an späterer Stelle erläutern werde, sind noch zahlreiche nicht unerhebliche Hindernisse zu überwinden. Gegenwärtig versucht man es mit einem neuen Ansatz, bei dem man paradoxerweise die Biologie gegenüber der Technik bevorzugt. Vertreter dieser Methode meinen, wir müßten «Künstliches Leben» schaffen, bevor künstliche Intelligenz möglich werde. [26] Vielleicht wird sich mit dem Verfahren des Künstlichen Lebens eines Tages eine neue künstliche Art mit menschenähnlicher Intelligenz entwickeln lassen. Ich schlage vor, sie *Robo hominidus intelligens* zu nennen.

In diesem Aufsatz sollen beide Entwicklungslinien kurz aus der Sicht eines Wissenschaftlers erörtert werden, der seit zwanzig Jahren auf dem Gebiet der Künstlichen Intelligenz forscht. Nach der hier dargelegten Auffassung besteht durchaus die Möglichkeit, daß beide Arten eines Tages realisiert werden – bis dahin wird aber noch viel Zeit vergehen. Diese Zukunft läßt sich am besten vorbereiten, so soll weiterhin gezeigt werden, wenn man sich in der Grundlagenforschung und mit Experimentalstudien zur Entwicklung intelligenter humanoider Roboter auf das Verfahren des «Künstlichen Lebens» konzentriert.

Auf dem Weg zum Homo cyber-sapiens

Dem Konzept des *Homo cyber-sapiens* liegt die Idee zugrunde, daß Intelligenz sich stetig zu immer größerer Komplexität und Leistungsfähigkeit entwickelt hat und daß es keinen Grund zu der Annahme gibt, diese Evolution sei zum Stillstand gekommen. Evolutionäre Sprünge sind stets mit anatomischen Veränderungen (Zunahme der Hirngröße und / oder der Kapazität von Sinnes- und Handlungsorganen) und starkem ökologischem Druck einhergegangen, denn diese beiden Faktoren sind die entscheidenden Antriebskräfte der Evolution.

Bei jedem größeren evolutionären Fortschritt der menschlichen Intelligenz war eine jähe Zunahme der Hirngröße zu verzeichnen. So verfügt der *Homo sapiens* zum Beispiel über zwanzig Prozent mehr Hirnvolumen als der *Homo erectus*. Es gibt keine Anzeichen dafür, daß das menschliche Gehirn derzeit sein Volumen vergrößert, aber technische Erweiterungen könnten in nicht allzu ferner Zukunft möglich werden. In der Computertechnik wächst die Speicherkapazität der künstlichen Gedächtnisse unaufhörlich, während ihre Größe stetig abnimmt; entsprechend werden die Prozessoren immer schneller und kompakter. Noch ist kein Ende dieser Entwicklung in Sicht, und bald wird uns das ganze Spektrum der Möglichkeiten der Nanotechnik zur Verfügung stehen.[8] Wenn es uns also gelingt, effektive Gehirn-Computer-Schnittstellen zu entwickeln, mit denen ein biologisches Gehirn seine Speicher- und Verarbeitungskapazität erweitern kann, dann läßt sich die erforderliche Zunahme der Gehirngröße realisieren.

Natürlich lautet die wichtigste Frage, welcher Art die Erweiterung sein soll.

Nach der einen Hypothese sollten künstliche Hirnerweiterungen die Funktionen der menschlichen Neurophysiologie nachahmen. In den letzten Jahren sind auf dem Gebiet der neuronalen Modellierung erhebliche Fortschritte erzielt und verschiedene Geräte entwickelt worden, von denen einige auf dem Prinzip von VLSI (Hochintegration) basieren. Bislang ist die Leistung dieser künstlichen neuronalen Netze hinter der natürlicher Systeme weit zurückgeblieben, so daß man die Auffassung vertreten könnte, durch die Anlehnung an die menschliche Neurophysiologie werde die Effektivität künstlicher Systeme unnötig eingeengt. Könnten wir unser Gehirn beispielsweise mit einer Rechenvorrichtung erweitern, so hätten wir sicherlich gern eine, deren Verarbeitungsgeschwindigkeit und -genauigkeit mit der heutiger Computer vergleichbar wäre, und nicht einen Rechner, der so langsam und fehleranfällig arbeiten würde wie das menschliche Gehirn. Und falls wir unser Gehirn um neue Sprachfähigkeiten erweiterten (etwa durch Modulkarten mit dem Vokabular und der Grammatik einer Sprache), dann wäre uns auch in diesem Fall an schnellen und präzisen Erweiterungen gelegen, die uns die ständige Übung ersparten, wie sie beim Erwerb und der Pflege natürlicher Sprachfertigkeiten erforderlich ist.

Nach einer anderen Hypothese könnte das künstliche Gehirn vom natürlichen völlig verschieden sein. Es würde genügen, Brücken zwischen beiden herzustellen, so daß die Inhalte und Verarbeitungsprozesse des einen dem anderen zugänglich würden. Diese Hypothese geht stärker von den Ergebnissen einer wissensorientierten Forschung zur Künstlichen Intelligenz (KI) aus. Im Bereich der KI hat man, ohne die Verdrahtung des Gehirns nachzuahmen, Systeme entwickelt, die eindrucksvolle Leistungen auf Gebieten wie Computerschach, Lösung von Expertenproblemen oder Verarbeitung natürlicher Sprache erzielen. Allerdings hätte eine solche Lösung andere Nachteile. Bislang sind KI-Systeme weder situationsbezogen noch adaptiv. Mühsam werden sie von menschlichen Technikern zusammengebaut und müssen fast immer von Hand erweitert werden. Um sie in einem veränderlichen Kontext einsetzen zu können, müßten sie zumindest mit einem Mechanismus zur regelmäßigen Aktualisierung ihres Kenntnisstands ausgestattet sein. Trotz intensiver Bemühungen um lernfähige Maschinen weiß heute niemand, wie ein solcher Mechanismus wirksam funktionieren könnte.

Jeder wichtige Entwicklungssprung in der Evolution der menschlichen Intelligenz ist mit der Ausbildung neuer Sinnesfähigkeiten und neuer Effektoren zusammengefallen. Das auffälligste Beispiel ist die Ausbildung des Stimmapparats vor zwei- bis dreihunderttausend Jahren, der die Anfänge der Sprachentstehung ausgelöst (oder sich zeitgleich mit ihr entwickelt) haben dürfte. Ein weiteres frühes Beispiel ist die Entwicklung des aufrechten Gangs und die mit ihr einhergehenden Veränderungen der Gliedmaßen und des Brustkorbs. Heute lassen sich hochentwickelte neue sensorische und motorische Fähigkeiten realisieren. So kann man Kameras, Mikrofone, Tastsensoren und Fortbewegungswerkzeuge, die mit Motoren, Rädern oder Beinen arbeiten, von fast beliebiger Präzision und Komplexität konstruieren.

Das wichtigste Problem, das es hier noch zu lösen gilt, ist die Schnittstelle Gehirn–Computer, doch auch auf diesem Gebiet sind erhebliche Fortschritte erzielt worden. Bislang bemüht man sich vor allem darum, ausgefallene Sinnesorgane behinderter Menschen zu ersetzen, doch man könnte dieselbe Technik auch dazu verwenden, vorhandene Fähigkeiten zu erweitern. Beispielsweise könnte man Menschen mit gesunden Augen, zusätzlich mit Kameras ausrüsten, damit sie über ein weiteres Blickfeld verfügen oder ihre Fortbewegungsorgane direkt kontrollieren können. Wenn sich auf irgendeine Weise direkte Verbindungen zwischen dem Gehirn und der elektronischen Datenautobahn herstellen ließen, dann bestünde die faszinierende Möglichkeit, daß das

Gehirn einerseits zu ungeheuren Informationsmengen Zugang hätte und andererseits durch die Vermittlung elektronischer Geräte Fernwirkungen hervorrufen könnte. Das sind Überlegungen, die unserer normalen Vorstellungswelt so weit entrückt sind, daß wir uns ihre Konsequenzen kaum ausmalen können. Werden wir unsere elektronische Post in Zukunft «direkt» lesen oder anderen Gehirnen «Nachrichten zuschicken», ohne dazu der Vermittlung unserer herkömmlichen Sinnesorgane oder selbst der Sprache zu bedürfen? Werden wir im Cyberspace umherreisen und ganz neue Erfahrungen machen, sobald entsprechende Gehirn-Computer-Schnittstellen zur Verfügung stehen? Diese Möglichkeiten würden eine Revolution unserer Weltsicht bedeuten. Beispielsweise würden Zeit und Raum, die uns gegenwärtig außerordentlich strikte Einschränkungen auferlegen, ihren einengenden Charakter verlieren und folglich ganz anders erlebt werden.

Nun sind Zunahmen der Gehirnkapazität und der sensorischen oder motorischen Fertigkeiten allerdings nicht die einzigen Ursachen für die Intelligenzentwicklung von Mensch und Tier. Stets spielte auch ökologischer Druck bei der Entwicklung höherer Komplexität eine wichtige Rolle. Beispielsweise fällt die Evolution des *Homo erectus* mit dem Anfang von Wanderbewegungen zusammen und damit mit der Notwendigkeit, in Gruppen zu arbeiten und viele verschiedene neue Umweltbedingungen zu meistern. Herrscht heute ein ähnlicher Druck? Offenbar wohl:

1. Die Weltbevölkerung wächst exponentiell an, was zu einer Verschärfung der gesellschaftlichen Probleme und einer enormen Ressourcenverknappung führt. In den meisten Staaten bedroht die Bevölkerungsentwicklung die Regierbarkeit und Lebensfähigkeit der Gesellschaft; die Folgen sind Spannungen, Ausbeutung, Randgruppen, die ihr Leben unter schwierigsten Bedingungen fristen, und ähnliches mehr. In den fortgeschrittenen Industriestaaten stagniert die Bevölkerungszahl zwar oder geht sogar zurück, doch selbst hier wird der Stillstand durch Einwanderer aus Ländern mit Bevölkerungsüberschuß aufgehoben, so daß sich eine gleichbleibend hohe oder leicht ansteigende Bevölkerungszahl ergibt. In normalen biologischen Systemen wird Bevölkerungsüberschuß durch Selektionsprozesse reguliert. Nun hat aber unsere Art ein solches Geschick in der Umgehung der natürlichen Selektion entwickelt, daß sie von der Annahme ausgeht, die Ressourcenknappheit spiele für sie keine Rolle mehr.

2. Ferner haben die Kontakte zwischen Einzelpersonen und Teilgruppen enorm zugenommen und eine allgemeine Instabilität hervorgerufen, die auf die rasche Informationsverbreitung und die plötzliche Konfrontation von Gruppen mit sehr unterschiedlichen Kulturen zurückgeht. Bei den mehr oder weniger gewaltsamen Konflikten, wie wir sie in letzter Zeit im ehemaligen Jugoslawien, in Tschetschenien, Algerien und anderen Ländern erleben, handelt es sich fast stets um den Zusammenprall unterschiedlicher Kulturen, in denen die Beteiligten unfähig sind, sich über relativ geringfügige kulturelle Differenzen (etwa der Sprache oder der Religion) hinwegzusetzen. Gleichzeitig sorgt die ungeheure Medienvielfalt für Aufsplitterung. Dadurch verlieren die Gesellschaften ihren Zusammenhalt und manchmal sogar ihre politische Stabilität.

3. In bezug auf Menge und Verfügbarkeit ist Information einem exponentiellen Wachstum unterworfen. Während Wissenschaftler und Philosophen noch im 17. Jahrhundert hoffen durften, den Bestand an menschlichem Wissen weitgehend zu überblicken, ist das heute nicht mehr möglich. Alle anfallenden Informationen aufzunehmen oder alle Fertigkeiten zu erlernen, die sich vermitteln lassen, würde das Fassungsvermögen unseres Gehirns bei weitem überfordern. Der «Universalgelehrte», der in Kunst, Wissenschaft und Technik gleichermaßen bewandert war, ist heute trotz verbesserter Möglichkeiten und Hilfsmittel kaum noch denkbar. Durch diesen Mangel an einer globalen Perspektive ist es weit schwieriger geworden, den Zustand unserer Gesellschaften zu verbessern oder die Engstirnigkeit in der Auseinandersetzung mit globalen Problemen zu überwinden. Diese Unfähigkeit zeigt sich beispielsweise, wenn rein technische Entscheidungen Umweltkatastrophen heraufbeschwören.

Natürlich soll das nicht heißen, diese Probleme ließen sich nur durch die Entwicklung von Individuen mit größerer Gehirnleistung bewältigen. Ich hoffe das ganz und gar nicht, denn die Probleme sind so dringlich, daß sie viel rascher gelöst werden müssen. Diese Beispiele sollen nur zeigen, daß die menschliche Spezies heute unter ebenso starkem evolutionärem Druck steht wie in der Vergangenheit. Methoden, die uns kollektiv intelligenter machen oder dank deren sich einzelne intelligenter verhalten, scheinen keineswegs überflüssig für das Überleben unserer Art zu sein.

Wie realistisch ist die Entwicklung eines *Homo cyber-sapiens*?

Heute haben wir fast keine Ahnung, wie wir unsere sensorischen und motorischen Funktionen erweitern könnten oder wie sich mit Modulkarten, die Kenntnisse und Fertigkeiten für spezifische Aufgaben enthalten, unsere Gedächtnis- und Denkfähigkeiten steigern lassen. Zwar werden auf diesem Gebiet gegenwärtig kleinere Experimente durchgeführt, doch ihre Anwendung scheint noch in ferner Zukunft zu liegen. Dennoch läßt sich bereits die Frage stellen, wie sich eine solche Entwicklung moralisch bewerten ließe. Einerseits macht sie Angst, weil das Gehirn nicht nur das komplexeste, sondern auch das empfindlichste Organ des menschlichen Körpers ist. Angst ruft auch der Gedanke hervor, daß die neue Art uns überlegen sein würde. Andererseits scheint die Erweiterung unserer Gehirnkapazität ein natürlicher Schritt zu sein, weil es Intelligenzevolution auch in der Vergangenheit stets gegeben hat. Mehr noch, der vorhandene ökologische Druck scheint eine weitere Intelligenzentwicklung unbedingt erforderlich zu machen.

Auf dem Weg zum Robo hominidus intelligens

Während die Forschungsarbeiten zur Erweiterung unserer Gehirnkapazitäten noch in den Kinderschuhen stecken, trifft das auf die Entwicklung von Robotern und Künstlicher Intelligenz nicht zu. Insgesamt gesehen sind die Forschungsanstrengungen zwar noch relativ gering, wenn man sie mit denen in der Biologie, beispielsweise zum Verständnis der Gehirnfunktionen, oder mit den physikalisch-technischen Großprojekten zur Entdeckung von Elementarteilchen vergleicht. Nichtsdestoweniger ist auf diesem Gebiet seit den Anfängen der Kybernetik und der KI-Forschung in den fünfziger Jahren stetig gearbeitet worden. Unter verschiedenen Gesichtspunkten, besonders aus technischer Sicht, sind die bisherigen Ergebnisse durchaus eindrucksvoll: Vieles fiel für die Informatik ab, unter anderem Listenverarbeitung, deklarative Programmiersprachen und Suchalgorithmen. Eine ganze Reihe von Programmen hat man geschrieben, die Merkmale von (menschlicher) Intelligenz erkennen lassen. Beispielsweise spielen Schachprogramme heute auf Großmeisterniveau, Expertensysteme erweisen sich bei der Lösung schwieriger Probleme wie Planung, Diagnose oder Konstruktion als ebenso fähig wie Menschen, komplexe Programme sind in der Lage, natürliche Sprache syntaktisch zu analysieren und zu erzeugen, und einige lernfähige Programme können kompakte Repräsentationen aus Beispielen gewinnen.

Dennoch trifft die gegenwärtige Entwicklung immer noch auf mächtige Hindernisse, die sogar die Frage berechtigt erscheinen lassen, ob wir überhaupt jemals intelligente Roboter haben werden.

1. Die meisten Arbeiten auf dem Gebiet der wissensorientierten KI durchlaufen folgenden Zyklus: a) Ein bestimmtes, gewöhnlich praktisch nutzbares Fachwissen wird eingegrenzt, b) die Fachkenntnisse werden auf der Wissensebene modelliert[21] und formalisiert, und c) die formale Wiedergabe wird mit Hilfe symbolischer Programmiertechniken computergerecht kodiert. Das resultierende System, häufig Wissens- oder Expertensystem genannt, wird dann in eine bestimmte Umwelt eingegliedert und von Menschen als Hilfsmittel für ihre Arbeit verwendet. Diese Methode hat man weitgehend vervollkommnet, mit ihrer Hilfe eine Vielzahl von Systemen entwickelt und sie in die Praxis übernommen. Allerdings bleiben zwei schwerwiegende Probleme. Erstens ist es sehr mühsam, Expertensysteme zu entwickeln. Mehrere Mann-Jahre sind bereits erforderlich, um Fachkenntnisse von nur bescheidenem Umfang einzubeziehen, so daß man bei nichttrivialen Aufgaben mit bis zu zehn Mann-Jahren rechnen kann. Das zweite Problem ist noch gravierender: Man erfaßt mit dieser Methode Fälle von «eingefrorener Intelligenz», ohne zugleich die mit ihr einhergehenden Mechanismen und Prozesse zu erfassen, die das intelligente Verhalten ursprünglich hervorgebracht haben. Das heißt, die Wartung und Anpassung muß von Hand geleistet werden, was sehr teuer und in den meisten Fällen unrealistisch ist. Daraus läßt sich schließen, daß wir zwar einiges über Wissensrepräsentation, logisches Denken und Problemlösung wissen, daß wir aber nicht verstehen, wie sich diese Mechanismen in Interaktion mit der Umgebung entwickeln.

2. Expertensysteme sind Beispiele für körperlose Intelligenz. Sie haben keine direkte – durch Sensoren oder Effektoren hergestellte – Verbindung zur wirklichen Welt. Statt dessen kommt die Verbindung durch Vermittlung von Menschen zustande. Auf Gebieten wie dem juristischen Denken, wo Input und Output bereits symbolische Form besitzen, geht das ganz gut. Doch wenn wir Roboter betrachten, die unabhängig in ihrer Umgebung operieren müssen, dann gewinnen die Schnittstellen mit der realen Welt entscheidende Bedeutung. Lange Zeit hat man angenommen, man könnte die von KI-Systemen verwen-

deten Symbole einfach über Sensoren und Effektoren mit der Welt verknüpfen, doch dabei traten gewaltige Probleme auf.[2] Meist haben sie mit
dem Umstand zu tun, daß die von den Sensoren aufgefangenen Signale
nicht genügend Informationen enthalten, um daraus die detaillierten
symbolischen Weltmodelle zu gewinnen, auf die die klassischen KI-
Planungstechniken angewiesen sind, oder daß dieser Prozeß zu langwie-
rig ist. Außerdem ist auf die Effektoren nie hundertprozentig Verlaß.
Das heißt, es ist nicht möglich, einen bestimmten Handlungsverlauf im
voraus zu planen und auf eine so perfekte Ausführung zu hoffen, daß sie
keiner Anpassung bedarf. Diese Schwierigkeiten haben in den letzten
Jahren zu einem neuen «Bottom-up-Ansatz» in der KI-Forschung geführt, in dem man versucht, mit minimalen Weltmodellen auszukom-
men, und bestrebt ist, den sensorischen und den motorischen Bereich
mittels dynamischer Prozesse direkt miteinander zu verknüpfen.[30]

3. Heutige Expertensysteme sind ebenso wie Roboter Maschinen. Sie
haben aus sich selbst heraus keine Daseinsberechtigung. Sie sind keine
Individuen, noch nicht einmal Organismen. Obwohl sie vielfach in der
Lage sind, das angemessenste Verhalten aus einem Handlungsrepertoire
auszuwählen, werden ihnen die Ziele und möglichen Handlungen von
außen vorgegeben. Wenn zwei Roboter kooperieren, dann tun sie es,
weil Menschen ihnen bestimmte Verhaltensweisen einprogrammiert
haben, die sie zur Kooperation veranlassen. Die Notwendigkeit zur
Kooperation erwächst nicht aus den Robotern selbst oder aus den Situationen, in denen sie sich befinden. Insofern sind gegenwärtige KI-Systeme Werkzeuge für Menschen und keine unabhängig existierenden,
autonomen Gebilde. Augenblicklich ist völlig unklar, wie man einen
Roboter mit Ich-Gefühl, Initiative, Verantwortung für das eigene Handeln und so fort ausstatten könnte. Schlimmer noch, im Kontext der
Künstlichen Intelligenz sind praktisch keine Bestrebungen zu beobachten, wahrhaft autonome Subjekte zu entwickeln.

Diese drei ungelösten Probleme sind sehr sperrige Hindernisse für die
Entwicklung des *Robo hominidus intelligens*. Dabei sind sie nicht eigentlich technischer Natur. Mittlerweile ist man in der Elektronik,
Computertechnik und Mechanik so weit, daß man Körper und Hirn
eines Humanoiden konstruieren könnte, und entsprechende Bestrebungen sind auch im Gange.[3] Das wirkliche Hindernis ist das Fehlen einer
Intelligenztheorie, insbesondere einer Theorie, die erklärt, wie eine in
einer realen Umwelt verwurzelte Intelligenz entstehen könnte.

«Künstliches Leben»

Um diese Grundschwierigkeiten zu überwinden, hat man in letzter Zeit einen neuen KI-Ansatz entwickelt, der in mancherlei Hinsicht radikal von der augenblicklich auf diesem Gebiet vorherrschenden wissensorientierten Methode abweicht.[26] Besonders kennzeichnend für den neuen Ansatz ist eine Hinwendung von der Technik zur Biologie, nicht in dem Sinne, daß man versucht, realistische biologische Modelle zu entwickeln (wie es einige Forscher auf dem Gebiet der neuronalen Netze versuchen[10]), sondern in dem Sinne, daß man sich bemüht, die *Prinzipien* zu verstehen, die biologischen Systemen zugrunde liegen, und sie bei der Konstruktion künstlicher Systeme anzuwenden. Dabei trifft das Wort «Konstruktion» die Sache nicht richtig, weil ein Grundgedanke dieser Methode besagt, daß intelligente, autonome Subjekte nicht gebaut werden können, sondern sich in einem Prozeß entwickeln müssen, ähnlich dem, dem die Intelligenz ihre Entstehung in der Natur verdankt: einer Kombination von Phylogenese (evolutionärer Anpassung durch Mutation und Selektion) und Ontogenese (Entwicklung des biologischen Individuums aus dem Ei)[15, 4].

Für die Arbeit unserer Gruppe haben wir eine Reihe von Schlüsselhypothesen aufgestellt und Laborexperimente mit Robotern entworfen, die es uns ermöglichen, wichtige Schritte der Intelligenzevolution empirisch zu untersuchen: den Ursprung von Verhaltensvielfalt, von Kommunikation, Selbst, Kooperation und so fort. Lassen Sie mich diese Hypothesen und Experimente kurz besprechen.

Grundhypothesen

1. Wider den Reduktionismus

Seit langer Zeit erzielt die Wissenschaft ihre Fortschritte dadurch, daß sie die Komplexität einer Ebene reduziert, indem sie die zugrunde liegenden Teilelemente betrachtet. So wird das Verhalten einer bestimmten Ebene erklärt, indem man das Verhalten der Teilelemente auf der nächstniedrigeren Ebene untersucht. Auch im Fall der Intelligenz hoffen viele Forscher, sie könnten das Problem lösen, wenn sie das Verhalten der zugrunde liegenden Teilelemente verstehen. So glauben beispielsweise die meisten Neurophysiologen, eine Intelligenztheorie lasse sich aus dem Verständnis der neuronalen Netze im Gehirn entwickeln. Einige Physiker gehen sogar so weit zu behaupten, nur eine Rückführung der biochemischen Strukturen und Prozesse im Gehirn auf die Quantenebene könne eine Erklärung der Intelligenz ermöglichen.[23]

Heute gibt es allerdings eine starke Gegenbewegung, die sich auch in der Grundlagenforschung um eine ganzheitliche Sehweise bemüht.[5] Das heißt, man hat begriffen, daß es auf jeder Ebene Eigenschaften gibt, die sich nicht auf die Ebene darunter zurückführen lassen, sondern sich aus der Dynamik ihrer eigenen Ebene und aus den dynamischen Wechselwirkungen (Resonanzen) zwischen den verschiedenen Ebenen ergeben.[22] Für unseren Gegenstand heißt das, wir werden nicht in der Lage sein, Intelligenz zu verstehen, wenn wir nur die Strukturen und Prozesse betrachten, die beobachtbares Verhalten kausal bestimmen. Um Intelligenz zu erklären, müssen wir auch die interne Dynamik, die Interaktion mit den Strukturen und Prozessen in der Umwelt und die Verknüpfungen der verschiedenen Ebenen berücksichtigen.

2. Dynamische Grundlagen

Im klassischen KI-Ansatz orientiert man sich bei Intelligenztheorien an der Logik (vgl. zum Beispiel[11]). Doch die Suche nach einer Intelligenztheorie, die sich mit den physikalischen und biologischen Erkenntnissen verträgt und die Intelligenz als ein universelles, auf vielen verschiedenen Ebenen biologischer Systeme anzutreffendes Phänomen begreift, führt uns in eine andere Richtung. Die meisten Theorien komplexer natürlicher Phänomene orientieren sich heute an der kürzlich entwickelten Theorie komplexer dynamischer Systeme, die die Theorien der Selbstorganisation und des Chaos einschließt.[22] Ein ähnlicher Ansatz scheint auch in unserem Fall erforderlich zu sein. Es gibt bereits eine Vielzahl entsprechender Versuche, vor allem von Forschern, die sich mit neuronalen Netzen beschäftigen.[14] Vielleicht führen sie zu völlig neuen Theorien, etwa dynamischen Bewußtseinstheorien[29].

3. Biologische Grundlagen

Lebende Systeme sind aktiv um Selbsterhaltung bemüht. Folglich sind sie insofern egoistisch, als ihre inneren Mechanismen und ihr Verhalten auf das eigene Überleben gerichtet sind.[6] Diesen Egoismus kann man auf jeder Ebene biologischer Komplexität, vom Gen bis zur Gesellschaft, beobachten. Je besser sich eine Ebene behauptet, desto erfolgreicher wird sie sich gegen alle Versuche zur Wehr setzen, sie den Egoismen der anderen Ebenen zu opfern. Wenn unser Ziel die Entwicklung autonomer Roboter-*Subjekte* – nicht *Maschinen* – ist, dann müssen sie mit dem gleichen Selbsterhaltungstrieb ausgestattet werden, und dieser Trieb wäre die treibende Kraft für die Entwicklung zu größerer Komplexität. Beispielsweise ist das primäre Bedürfnis eines Roboters, genügend Energie zu haben, um seine Existenz fortsetzen zu können. Allerdings kann sich aus der Situation, in der er sich befindet, auch ergeben, daß das Überleben anderer Roboter eine Bedingung des eigenen Überlebens ist, was den Roboter dazu zwingt, sich für Kooperation statt Konkurrenz zu entscheiden. So gesehen konkurrieren Roboter mit verschiedenen Verhaltensmustern ums Dasein, und durch Selektionsmechanismen kann sich allmählich komplexeres Verhalten herausbilden.[27]

Versuchsanordnung

In unserem Labor haben wir ein vollständiges Roboter-Ökosystem geschaffen (Abbildung 1): eine Umwelt, die die Roboter verschiedenen Zwängen aussetzt (zum Beispiel der Notwendigkeit, Energie zu «tanken»), verschiedene Roboter, die manchmal kooperieren und manchmal konkurrieren müssen, und ein wachsendes Repertoire von adaptiven Strukturkomponenten (Verhaltenssysteme genannt), die für das Verhalten kausal verantwortlich sind. (Vgl. [28, 17])

Solch eine integrierte Experimentalumwelt enthält verschiedene Ebenen (genetisch, strukturell, individuell, Gruppe) gleichzeitig – jede in intensiver Wechselwirkung mit der Umwelt. So läßt sich Intelligenz auf ganzheitliche Weise untersuchen. Dabei verfolgen wir das Ziel, Szenarien zu entwickeln und zu testen, die die progressiven Entwicklungsschritte intelligenter Subjekte verdeutlichen, so wie Biologen und Chemiker Szenarien zum Ursprung des Lebens untersuchen [13] oder Physiker Szenarien zum Ursprung des Universums entwickeln [32]. Die größte Herausforderung liegt darin, nur Prinzipien zu verwenden, die mit den physikalischen und biologischen Gesetzen zu vereinbaren sind, sowie die Programmierung spezifischer geistiger Fähigkeiten zu vermeiden. Statt dessen muß intelligentes Verhalten – also Individualität, sprachliche Kommunikation, Kooperation und so fort – aus dem Druck des

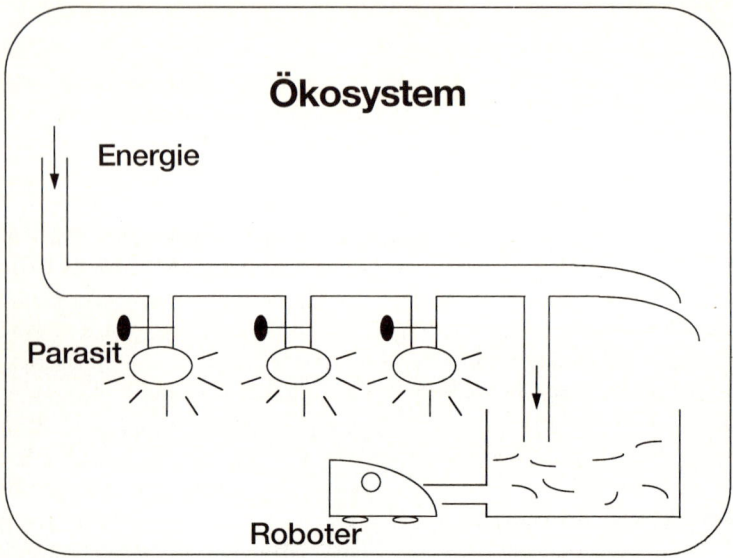

Bild 1: Roboter-Ökosystem im KI-Labor der Freien Universität Brüssel. Es gibt eine Ladestation, in der die Roboter ihre Batterien aufladen können. Außerdem sind «Parasiten» in Gestalt von Lampen vorhanden, die der Ladestation Energie entziehen. Die Roboter können die Parasiten eine Zeitlang ausschalten, indem sie gegen die Kästen stoßen.

Ökosystems und aus strukturbildenden Prozessen wie Selbstorganisation und Selektion erwachsen.

Zwei Experimente mögen als konkrete Beispiele dienen: Das erste beschäftigt sich mit der Entstehung von Diversität bei Robotern (zu einer eingehenden Beschreibung vgl. [31]). Zu Beginn des Experiments kooperieren identische Subjekte, um die Energie des Ökosystems zu nutzen und Konkurrenten (Parasiten) auszuschalten. Zunächst wissen die Roboter nicht, wieviel Arbeit sie leisten können, bevor sie die Ladestation aufsuchen müssen. Folglich muß ihr Verhalten adaptiv sein. Da das Verhalten der Subjekte gekoppelt ist, kann schon eine kleine Verhaltensdifferenz − ein Roboter arbeitet etwas mehr als ein anderer − verstärkt werden, was zur Ausbildung zweier Typen führt, von denen der eine im Durchschnitt signifikant mehr Arbeit leistet als der andere. So tritt eine soziale Differenzierung ein, die der weniger hart arbeitenden Gruppe mehr Zeit für andere Aktivitäten läßt.

Im zweiten Experiment geht es um die Entstehung von Identität und − in Zusammenhang damit − von kommunikativer Signalgebung. Abermals beginnt das Experiment mit identischen Subjekten (mindestens vier), die in bezug auf Energie konkurrieren − aber auch kooperieren − können und müssen. Ein Roboter an der Ladestation kann das Licht ausschalten, auf das die anderen Roboter angewiesen sind, um den Weg zur Station zu finden. So können Roboterpaare eine Strategie entwickeln, nach der ein Roboter die Ladestation nur einem bestimmten anderen Roboter zugänglich macht. Dafür ist erforderlich, daß der eine Roboter den anderen erkennt, beispielsweise indem er das Lautmuster identifiziert, das dieser produziert. In diese Beziehung kann ein dritter Roboter nur einbrechen, indem er das Lautmuster nachahmt, was wiederum zu einer komplizierteren Signalgebung führt. Dieses Phänomen ist wahrscheinlich für die Komplexität der Vogelstimmen verantwortlich. Für die Sprachentwicklung ist diese Signalgebung eine der entscheidenden Voraussetzungen. Wichtiger noch, das Experiment zeigt, wie der Druck in einem Ökosystem und «egoistisches» Verhalten, das nur über eine lokale Perspektive auf das Ökosystem verfügt, die Entstehung von Individualität bewirken kann.

Diese und andere Experimente sind nur unter großen Schwierigkeiten durchzuführen, und bislang gibt es wenig theoretische Ansätze, denen zu entnehmen wäre, welche Mechanismen intelligentes Verhalten entstehen lassen. Einer von ihnen ist zweifellos die Evolution durch natürliche Selektion, wahrscheinlich aber sind noch viele andere Mechanismen am Werk. Dennoch sind wir der Überzeugung, daß wir uns unbedingt den Grundfragen über den Ursprung der Intelligenz zuwenden müssen, wenn wir eines Tages in der Lage sein wollen, autonome Roboter-Subjekte zu entwickeln, die so komplex wie Menschen sind. Aus unseren eigenen Forschungsarbeiten ist zu schließen, daß dieser Tag noch in einer fernen Zukunft liegt.

Schluß

In dem vorliegenden Artikel wurde untersucht, auf welche Weise neue Intelligenzformen, die der menschlichen Intelligenz gleichkommen oder sie sogar übertreffen, möglicherweise entstehen könnten. Die eine Form, der *Homo cyber-sapiens*, basiert auf dem biologischen Körper des Menschen, dessen natürliche Fähigkeiten technisch erweitert werden. Die andere Form, der *Robo hominidus intelligens*, ist von rein technischer Beschaffenheit. Beide Entwicklungen sind denkbar. Sie könnten durch neue technische Fortschritte und den wachsenden Druck, der in menschlichen Gesellschaften entsteht, losgetreten werden, wenn ihre Verwirklichung auch wahrscheinlich noch in weiter Ferne liegt. Der Autor vertritt die Auffassung, daß Roboter-Subjekte nur durch einen biologischen Ansatz geschaffen werden können, in dem sie einen Evolutionsprozeß durchlaufen, statt fertig entworfen und programmiert zu werden.

Literatur

1 Babloyantz, A.: *Self-Organisation, Emerging Properties, and Learning*, NATO-ASI-Reihe, New York 1991

2 Brooks, R.: *Intelligence without Reason*, IJCAI-91, Sydney 1991, S. 569–595

3 Brooks, R.: «Coherent Behavior from many Adaptive Processes», in: Cliff, D. u. a. (Hg.): *From Animals to Animats 3*, Cambridge (Mass.) 1994, S. 22–29

4 Cliff, D., P. Husbands und I. Harvey: «Evolving Visually Guided Robots», in: Meyer, J.-A., H. L. Roitblatt und S. W. Wilson (Hg.): *From Animals to Animats 2*, Proceedings of the Second International Conference on Simulation of Adaptive Behavior, Cambridge 1993, S. 374–383

5 Cohen, J., und I. Stewart: *Chaos–Antichaos*, Berlin 1994

6   Dawkins, R.: *Das egoistische Gen*, Reinbek 1996

7   Donald, M.: *Origins of the Modern Mind: Three Stages in the Evolution of Culture and Cognition*, Cambridge 1991

8   Drexler, K.: *Nanosystems: Molecular Machinery, Manufacturing, and Computation*, New York 1994

9   Dunbar, R.: *Primate Social Systems*, London 1989

10 Eeckman, F., und J. Bower (Hg.): *Computation and Neural Systems*, Boston 1993

11 Genesereth, M., und N. Nilsson: *Logical Foundations of Artificial Intelligence*, Los Altos 1987

12 Gould, S., und N. Eldredge: «Punctuated Equilibria: The Tempo and Mode of Evolution reconsidered», *Paleobiology*, 3, 1977, S. 115–151

13 Kauffman, S. A.: *The Origins of Order: Self Organization and Selection in Evolution*, Oxford 1993

14 Kosko, B.: *Neural Networks and Fuzzy Systems: A Dynamical Systems Approach to Machine Intelligence*, Englewood Cliffs 1992

15 Koza, J.: *Genetic Programming*, Cambridge (Mass.) 1992

16 Liebermann, P.: *The Biology and Evolution of Language*, Cambridge (Mass.) 1984

17 McFarland, D.: *Towards Robot Cooperation*, Proceedings of the Simulation of Adaptive Behavior Conference, Brighton 1994

18 Minsky, M.: «Werden Roboter die Erde beherrschen?», in: *Spektrum der Wissenschaft*, Spezial 3, 1994, S. 80 ff

19 Moravec, H.: *Mind Children: Der Wettlauf zwischen menschlicher und künstlicher Intelligenz*, Hamburg 1990

20 Nadel, L., u. a.: *Neural Connections, Mental Computations*, Cambridge (Mass.) 1989

21 Newell, A.: «The Knowledge Level», in: *Journal of Artificial Intelligence*, Bd. 18, Nr. 1, S. 87–127

22 Nicolis, G., und I. Prigogine: *Die Erforschung des Komplexen*, München 1985

23 Penrose, R.: *Computerdenken*, Heidelberg 1991

24 Smithers, T.: «Are Autonomous Agents Information Processing Systems?», in: Steels, L. und R. Brooks (Hg.): *The ‹Artificial Life› Route to ‹Artificial Intelligence›: Building Situated Embodied Agents*, New Haven 1994

25 Spencer, A. J.: *Death in Ancient Egypt*, London 1982

26 Steels, L.: «The Artificial Life Roots of Artificial Intelligence», in: *Artificial Life Journal*, Bd. 1:1/2, 1994, S. 89–125

27 Steels, L.: «Emergent Functionality in Robotic Agents through On-Line Evolution», in: *Proceedings of the Artificial Life Conference MIT*, Cambridge (Mass.) 1994

28 Steels, L.: «A Case Study in the Behavior-Oriented Design of Autonomous Agents», in: *Proceedings of the Simulation of Adaptive Behavior Conference, Brighton*, Cambridge (Mass.) 1994

29 Steels, L.: «Is Artificial Consciousness Possible?», in: Traitteur, G. (Hg.): *Consciousness and Cognition*, Dordrecht 1993

30 Steels, L., und R. Brooks (Hg.): *The ‹Artificial Life› Route to ‹Artificial Intelligence›: Building Situated Embodied Agents*, New Haven 1995

31 Steels, L.: «Intelligence–Dynamics and Representation», in: Steels, L.: *The Biology and Technology of Intelligent Autonomons Agents*, NATO-ASI-Reihe, Berlin 1995

32 Weinberg, S.: *Die ersten drei Minuten*, München 1977

Christoph von der Malsburg

Die Barriere zwischen Gehirn und Computer

Von Kommunikation mit dem Computer zu sprechen ist höchst irreführend. Mein Wörterbuch definiert Kommunikation als «Prozeß, bei dem durch ein gemeinsames System von Symbolen, Zeichen und Verhalten Information zwischen Individuen ausgetauscht wird». Per Computer können wir mit anderen Menschen kommunizieren, wie wir es per Telefon tun, und so könnte man auch den obigen Ausdruck verstehen. Doch da wir nie sagen: «Wir verständigen uns mit dem Telefon», sondern: «Wir verständigen uns per Telefon», läßt unsere Ausdrucksweise die Neigung erkennen, dem Computer Eigenschaften zuzuschreiben, wie wir sie sonst nur von Lebewesen kennen, Eigenschaften, die dem Computer in Wirklichkeit völlig fremd sind. Auch auf die Gefahr hin, Selbstverständlichkeiten zu wiederholen, lassen Sie mich einige jener Eigenschaften aufzählen, die wir bei einem Kommunikationspartner erwarten und beim Computer nicht finden.

Der Computer handelt nicht von sich aus. Tatsächlich hat die Technik alles darangesetzt, daß der Computer niemals aus eigenem Antrieb handelt, sondern stets eine passive Maschine bleibt. Von Maschinen oder Werkzeugen erwarten wir, daß sie sich unseren Zielen und Entscheidungen in völliger Passivität unterordnen. Das gilt auch für den Computer, obwohl dies durch den Umstand verschleiert wird, daß der Computer von sich aus zu handeln scheint, während er sein Programm ausführt. Doch diese Handlungssequenzen sind von dem Programmierer gänzlich vorherbestimmt. Selbst wenn es vor Gericht um große Summen geht, herrscht immer Einigkeit darüber, daß das Softwareunternehmen und nicht der Computer verantwortlich zu machen ist.

So wie die Dinge liegen, können wir keine Entscheidungen an den Computer delegieren, und zwar aus einem ganz simplen technischen Grund (von allen moralischen und juristischen Aspekten einmal abgesehen): Wir haben uns nie darum bemüht, den Computer mit einem System von Zielen und Werten auszustatten, das als Richtschnur für autonome Entscheidungen dienen könnte. Das wäre zwar vorstellbar, aber gewiß nicht leicht. Unser eigenes, persönliches System von Zielen und Werten zu entwickeln gehört zu den schwierigsten Aufgaben in unserem Leben und setzt ein gründliches Verständnis unserer Welt voraus, einschließlich aller kausalen Folgen unseres Handelns. Gegenwärtig läßt sich an eine explizite Analyse von Zielen und Werten nur in sehr begrenzten Anwendungsbereichen denken.

Ein Computer hat keine Persönlichkeitsstruktur. Wenn wir mit Menschen kommunizieren, achten wir sehr genau auf ihre Erinnerungen an frühere Ereignisse, ihre Sorgen, ihre Abneigungen und Vorlieben. Deshalb verhalten wir uns gegenüber einer Telefonistin ganz anders als gegenüber dem Selbstwählsystem. Außerdem wächst sich unsere Computerwelt gerade zu einem weltweiten Netz aus und verliert damit die Eindeutigkeit und räumliche Begrenzung, die wir bei einer Person vorfinden (es sei denn, wir könnten die gesamte Computerwelt als eine Person betrachten).

Der Computer kann nicht im mindesten sehen oder hören wie wir. Das Problem der Verarbeitung von Sinnesdaten, die von einer Kamera oder einem Mikrofon in einer natürlichen Umgebung gesammelt werden, ist noch generell ungelöst. Natürliche Sinnesdaten treten in großer Fülle auf, sind äußerst vieldeutig und lassen sich nur im Kontext sehr detaillierter Umweltkenntnisse richtig deuten. Ohne breit angelegte und flexible Fähigkeiten zur Repräsentation ihrer Umgebung sind Computer taub und blind in einem ganz grundsätzlichen Sinne, und ohne die Fähigkeit, selbständig aus natürlichen Situationen zu lernen, wie es Kinder und Jungtiere können, werden sie nicht in der Lage sein, Repräsentationen und umfassende sensorische Fertigkeiten zu entwickeln.

Ferner ist der Computer nicht zu einem allgemeinen Verständnis natürlicher Sprache fähig, er kann weder denken noch kreativ sein, von sehr eingeschränkten Bereichen abgesehen, und auch dann nur, wenn ihm menschliche Programmierer entsprechende Strukturen vorgegeben haben. Warum haben wir trotzdem so häufig das Gefühl, mit einem Menschen zu sprechen, wenn wir mit einem Computer interagieren? Die Antwort lautet: Weil wir in gewissem Sinne tatsächlich mit einem Menschen sprechen, mit dem Menschen, der die Software geschrieben oder der Nachrichten im Computer abgelegt hat. Doch dann ist der Computer lediglich ein überschätzter Anrufbeantworter. Allerdings wird dieser Aspekt verschleiert, denn die Programmierer spielen raffinierte Spiele: Sie geben Regeln vor, nach denen die Rechner ihre Botschaften aus kurzen, gespeicherten Informationshappen zusammensetzen, und versuchen, alle Eventualitäten einer konkreten Kommunikation mit einem Menschen im voraus zu bedenken. Es ist so, als sprächen Sie mit einem Menschen, der seine Äußerungen aus einem großen, aber eben doch begrenzten Bestand an Textbausteinen bestritte – anschließend hätten Sie das unheimliche Gefühl, sich mit einer Maschine unterhalten zu haben. Kurzum, der Computer befolgt lediglich Algorithmen; auch die besten Gespräche, die Sie mit ihm führen, sind stereotyp, und sein «Weltbild» ist fest, formal und chiffriert.

Kommen wir kurz auf eines der zentralen Themen dieses Buches zurück: Was wäre, wenn wir in der Lage wären, die physische Mauer zwischen dem Computer und uns einzureißen, uns der Zwänge zu entledigen, die die Interaktion mit dem Gerät mit sich bringt, etwa das Starren auf den Bildschirm und die Bedienung der Tastatur? Was wäre, wenn wir über einen direkteren Kanal mit ihm kommunizieren könnten? Würde das unsere Interaktion mit ihm grundsätzlich verändern? Ich glaube, wir würden nur um so empfindlicher spüren, daß ein wirklicher Kommunikationspartner fehlt.

Welche Aussichten hat der Versuch, künstliche Gebilde zu erschaffen, die wir als Kommunikationspartner anerkennen könnten? Ich denke nicht, daß uns eine unüberwindbare Barriere davon abhält, künstliche Organismen zu entwickeln, die eine Persönlichkeit haben, selbständig handeln und lernen, sich eine Vorstellung von der sie umgebenden Welt machen und die Fähigkeit ausbilden, sich in Alltagssprache mit uns zu verständigen, wenngleich uns auf dem Weg dahin noch einige massive Schwierigkeiten erwarten dürften. Ich will mich auf die Erörterung derjenigen Schwierigkeiten beschränken, die ich oben schon erwähnt habe.

Ein sehr sperriges Hindernis ist das *Problem des selbständigen Lernens*. Die Fähigkeit, aus Beispielen zu lernen, hat man sowohl für neuronale Systeme wie für Systeme der Künstlichen Intelligenz nachgewiesen, allerdings sind diese Erfolge auf ziemlich kleine künstliche Welten beschränkt. Noch ist die Grundfrage der Erkenntnistheorie – wie ein Organismus zu verläßlichen inneren Repräsentationen von Umweltzuständen gelangt – nicht beantwortet. Das Problem liegt in der ungeheuren Vieldeutigkeit natürlicher Schauplätze. Die meisten Muster, die man dort wahrnimmt, sind unwichtige Merkmalskombinationen, hervorgerufen beispielsweise durch eine zufällige Anordnung von Objekten oder einen bestimmten Lichteinfall. Es wäre sinnlos, solche Muster im Gedächtnis zu speichern, weil sie nie wieder von Nutzen wären. Vielmehr gilt es, in einer gegebenen Situation jene Teilmuster zu erkennen und zu isolieren, die gute Aussichten haben, in verallgemeinerter Form erneut aufzutreten, so daß sich ihre schnelle Identifikation immer wieder als nützlich erweist. Es ist durchaus möglich, daß das Problem nicht nur eine einzige Lösung hat. Viele Tierverhaltensstudien weisen darauf hin, daß eine Situation zunächst in bezug auf ein funktionales Ziel interpretiert werden muß – ein Hindernis, dem es auszuweichen, ein Gegenstand, den es zu ergreifen, oder eine Beute, die es zu fassen gilt –, bevor man aus ihr lernen kann. Nur mit Hilfe von funktionalen Handlungsplänen lassen sich solche Szenen entschlüsseln, analysieren und zu Erkenntnisquellen machen. Mit anderen Worten, die Möglichkeit zu lernen ist eng verknüpft mit der Existenz von Zielen und der Fähigkeit, selbständig zu handeln.

Zweitens gibt es das *Problem der Repräsentation*. Wie können die körperlichen Zustände eines Organismus die umgebende Welt widerspiegeln? In welchem Sinne können sie das? Mit dieser Frage schlägt sich die Philosophie schon seit Jahrhunderten herum. In falsches Fahrwasser gerät die Diskussion aufgrund der allgegenwärtigen (wenn auch nie explizit formulierten) Annahme, es sei so etwas wie eine direkte Abbildung externer Zustände durch interne Zustände – gewissermaßen in fotografischer Manier – möglich. Nach einem anderen, eng mit dem ersten zusammenhängenden Mißverständnis lassen sich Repräsentationen unabhängig von den Prozessen und Operationen untersuchen, die der Organismus mit ihnen auszuführen beabsichtigt. Ganz allmählich und mühsam setzt sich heute die Erkenntnis durch, daß Datenstrukturen und Repräsentationen nur als Basis (und Gegenstand!) der Handlungen, die der Organismus auszuführen beabsichtigt, Gestalt annehmen können: Nur solche Differenzierungen sind sinnvoll, die funktionale Konsequenzen haben können. Eine Repräsentation im Gehirn eines Organismus ist folglich ein Raster aller Differenzierungen, die notwendig sind, um die Handlungen des Organismus zu steuern. Wir werden uns kein klares Bild von der Natur dieser Repräsentationen machen können, wenn wir nicht zunächst den Handlungsplan des Organismus vollständig beschreiben.

Das führt uns zur *Frage der Motivation*, dem Problem, wie sich Ziele, Gefühle und verwandte Kategorien repräsentieren lassen. Möglicherweise ist die Frage weniger geheimnisvoll, als sie scheint. In dem Wunsch, Computer als passive Geräte zu nutzen, die sich unseren Zielen und Motiven blind unterordnen, haben wir uns nie Gedanken darüber gemacht, wie man Programme mit eigenen, allgemeingültigen Kriterien für die Unterscheidung zwischen Gut und Böse ausstatten könnte. Diese Kriterien befanden sich ausschließlich im Kopf der Software-Entwickler. Gewiß, einige Programme optimieren bestimmte Größen und Ziele, aber diese expliziten Ziele sind gewöhnlich in einem sehr begrenzten Sinne erstrebenswert. Die Schwierigkeit liegt nicht darin, daß man sich nicht vorstellen könnte, durch welche grundlegenden Mechanismen sich Werte und Ziele repräsentieren ließen: Um einen künstlichen Organismus beispielsweise mit so etwas wie Schmerz auszustatten, müßte man ihm nur ein Signalsystem einpflanzen, das destruktive Zustände entdeckt, und ihn mit einem Mechanismus versehen, der ihn veranlaßt, sie unter allen Umständen zu vermeiden. Vielmehr liegt das Problem in der Schwierigkeit, so umfassende Hierarchien von Zielen, Werten und Abneigungen zu schaffen, wie sie erforderlich sind, um einen Organismus durchs Leben zu führen. Es ist unmöglich, eine solche Hierarchie explizit in algorithmischer Form zu formulieren. Die Wertsysteme von Tieren und Menschen sind außerordentlich komplex und stellen einen faszinierenden, aber kaum zu fassenden Forschungsgegenstand dar. Wie die Tiere müssen auch künstliche Organismen mit einer bestimmten Grundausstattung zur Welt kommen: mit einer kleinen Anzahl von fundamentalen Zielsetzungen und den adaptiven Lernmechanismen, die ihnen dazu dienen, aus diesen grundlegenden Richtlinien eine Hierarchie von spezifischeren Zielsetzungen für spezifische Situationen aufzubauen.

Ob wir *autonome Organismen* schaffen werden, ist eher eine Frage der Absichten als ein technisches Problem. Bislang ist die Computerwelt dieser Frage weitgehend aus dem Weg gegangen, und das mit gutem Grund. Wie oben erwähnt, muß sich Handeln an moralischen Kriterien und dem Gefühl der Verantwortlichkeit orientieren, das heißt an einem vernünftigen Wertesystem, das den Aspekt der sozialen Verantwortung berücksichtigt. Solange wir Computer nicht vor Gericht bringen und bestrafen können, sollten wir das Heft nicht aus der Hand geben.

Und noch ein Punkt: Wenn wir uns mit einem künstlichen Organismus verständigen wollen, müssen wir ihn mit so etwas wie einer *natürlichen Sprache* ausstatten. Bislang sind wir bei unseren Interaktionen mit dem Computer auf einen rigiden Code angewiesen, den die Software-Entwickler formuliert haben. Es gibt keine Möglichkeit, dem Computer irgend etwas mitzuteilen, was der Programmierer nicht vorgesehen hat. Deshalb entbehrt die «Unterhaltung» mit dem Computer vollständig jener Kreativität, die beispielsweise dem Gespräch mit einem Kind seinen besonderen Reiz verleiht. Die Versuche der sechziger Jahre, formale Systeme zur Kodierung natürlicher Sprache zu entwickeln, um beispielsweise Übersetzungscomputer zu konstruieren, waren ein totaler Fehlschlag. Es gibt keine natürliche Sprache ohne ein gemeinsames System von semantischen Vorstellungen, einschließlich einer stillschweigenden Übereinstimmung der Kommunikationspartner in bezug auf Wissen und Ziele. Die Sprache ist kein losgelöstes System, sondern integraler Bestandteil eines facettenreichen Organismus.

Wie aus diesen kurzen Erörterungen hervorgeht, stehen alle wichtigen Probleme, die sich zwischen uns und künstlichen Kommunikationspartnern auftürmen, in engem Zusammenhang miteinander. Keines läßt sich lösen, ohne gleichzeitig alle anderen zu lösen. Dadurch entsteht leicht der Eindruck, die erörterten Probleme ließen sich überhaupt nicht lösen. Dabei hat die Wissenschaft schon aus einigen ähnlichen Sackgassen herausgefunden – die bekannteste ist vielleicht die Krise, die die Quantenphysik im frühen 20. Jahrhundert auslöste. Die geschichtliche Erfahrung zeigt, daß solche gordischen Knoten heillos verwobener Probleme nur auf ihre Krise und ihren Alexander warten müssen, der sie mit einem Streich zerschlägt. Das Ergebnis ist eine wissenschaftliche Revolution und ein Paradigmenwechsel. Im nachhinein zeigt sich, daß sich die unüberwindlich scheinenden Probleme einfach in Luft aufgelöst haben.

Ich habe das Gefühl, daß die Krise des Gehirnproblems möglicherweise nicht mehr lange auf sich warten läßt. Vielleicht ist ein wichtiges Element für die Lösung des Problems die (Neu-)Formulierung dessen, was einige Autoren als «kognitive Architektur» bezeichnen. Dabei handelt es sich um ein integriertes System, das eine Vielzahl von Zuständen und Organisationsprozessen zu repräsentieren und zu unterstützen vermag. Die Disziplin der neuronalen Datenverarbeitung geht

auf das Konzept der sogenannten neuronalen Netze zurück. Ausgangspunkt ist die Vorstellung von einem System, das sich aus elementaren
Symbolen, «Neuronen» genannt, zusammensetzt. Jedes Neuron kann
zwei Zustände annehmen – an, dann ist seine symbolische Bedeutung
aktiviert, oder aus. Zu einem gegebenen Zeitpunkt ist der Zustand des
Systems vollständig durch das Muster der aktiven Neuronen beschrieben. Dieser Zustand repräsentiert einfach die Summe der symbolischen
Bedeutungen, die den aktiven Neuronen zugeschrieben werden. Ein
neuronaler Zustand wird durch den Austausch von Erregung und
Hemmung zwischen allen Neuronen dynamisch erzeugt. Ein Neuron
feuert, wenn die Erregung, die es erhält, die Hemmung um einen bestimmten Betrag übersteigt. In einem neuronalen Netz werden Wissen
und Erfahrung mit Hilfe von «Synapsenplastizität» gespeichert, das
heißt, die Stärke der Verbindungen (Synapsen) verändert sich nach
einfachen Regeln, die von den tatsächlichen Aktivitätszuständen der
Neuronen abhängig sind. Die wichtigste dieser Regeln ist der Assozia-
tionsmechanismus, der die Verbindung zwischen gleichzeitig aktiven
Neuronenpaaren stärkt.

Viele Anstrengungen auf dem Gebiet der neuronalen Datenverarbeitung gelten der Lösung einiger der oben genannten Probleme mit Hilfe
von neuronalen Netzen. Nach vielen solchen Versuchen gelangte ich
selbst vor zwanzig Jahren zu dem Schluß, daß neuronale Netze zwar
ein guter Anfang sind, aber als Basis für eine kognitive Architektur
nicht ausreichen, da ihnen einige wichtige funktionale Aspekte fehlen.
So sind neuronale Netze kaum fähig, höhere symbolische Ebenen aus
elementareren aufzubauen: Es fehlt das «Bindemittel», um sie zu Einheiten zusammenzuschließen, so wie wir aus Buchstaben Wörter, Sätze
und Texte zusammensetzen. Die bloße Ko-Aktivierung von Neuronen
führt zu schwerwiegenden Mehrdeutigkeiten (etwa wenn die vier Neuronen «rot», «grün», «Dreieck» und «Quadrat» gleichzeitig aktiv
sind: «rotes Dreieck und grünes Quadrat» oder «grünes Dreieck und
rotes Quadrat»). Vermeiden lassen sich solche Mehrdeutigkeiten, indem man die Neuronensignale zeitlich strukturiert, denn dann lassen
sich zusammengesetzte Einheiten durch Gleichzeitigkeit der Signale erzeugen. Und diese Gleichzeitigkeit wiederum kommt durch starke Ver-
knüpfung zwischen den betreffenden Neuronen zustande.

In diesem modifizierten neuronalen System («*dynamisch verknüpfte
Architektur*» [*dynamic link architecture*] genannt) beruht die Reprä-

sentation auf «*aktiven Graphen*», das heißt auf einem Verbund aus Knoten (Neuronen) und Verknüpfungen (Gleichzeitigkeitsbeziehungen). Graphen bilden eine vielseitige Datenstruktur, die *geistige Objekte* sehr effizient und allgemeingültig repräsentiert und die als natürliche Basis für die Selbstorganisation geeigneter neuer Strukturen dienen kann. Um die Leistungsfähigkeit des dynamisch verknüpften Systems unter Beweis zu stellen, habe ich es auf die Lösung von Schlüsselproblemen im Rahmen des künstlichen Sehens angewandt. Ein Nebenprodukt dieser Arbeit waren Anwendungen, die heute für kommerzielle Zwecke erprobt werden, unter anderem ein Gesichtserkennungssystem für Sicherheitseinrichtungen.

Ich glaube, daß die Barriere zwischen uns und dem Computer einmal durch die Entwicklung künstlicher Organismen durchbrochen werden wird, wobei wir uns stark auf die Computertechnologie stützen werden. Doch bevor es solche Organismen geben kann, sind noch einige wichtige Fortschritte zu erzielen – einige von recht grundsätzlicher Art. Wenn dieser Zeitpunkt kommt, wird eine sehr breite öffentliche Diskussion erforderlich sein, in der es die ethischen Voraussetzungen zu klären gilt: Sollen solche Organismen überhaupt gebaut werden? Sollen wir sie mit Geisteskräften ausstatten und mit ihnen kommunizieren? Bis dahin gehört das alles jedoch ins Reich der Science-fiction.

Das weltumspannende Medium Computer ist im Begriff, nachhaltig in unsere Persönlichkeit, unser Leben, unsere Denkweise und unsere Kultur einzugreifen, daher stellt sich weit vor der Beantwortung der Frage «Wie sollen wir *mit* dem Computer kommunizieren?» heute bereits eine andere Frage von großer Dringlichkeit, nämlich: «Wie sollen wir *per* Computer kommunizieren?»

Helge Ritter

Mensch-Maschine-Kooperation: Roboter lernen, Gesten zu erkennen

Die moderne Technik erlaubt den Bau immer leistungsfähigerer Rechner- und Roboterhardware. Die damit gebotenen neuen Möglichkeiten können aber nur dann wirkungsvoll genutzt werden, wenn derartige Maschinen auch in der Lage sind, «intelligent» mit Menschen zu kooperieren, und dazu neben herkömmlichen, sprachlich formulierten Kommandos zumindest teilweise auch nichtsymbolische und nichtsprachliche Information aufnehmen können. Handgesten können hier eine wichtige Informationsquelle sein.

Dies gilt für viele Anwendungsbereiche, trifft aber besonders auf die Steuerung von Roboterbewegungen zu, da in diesem Fall nichtsymbolische Information über geometrische Lageverhältnisse eine wichtige Rolle spielt. Für diesen Anwendungsbereich wurde im Rahmen des Sonderforschungsbereiches «Situierte künstliche Kommunikatoren» an der Universität Bielefeld ein System entwickelt, bei dem die Zeigerichtung einer menschlichen Hand im Arbeitsraum eines Roboters anhand von Videobildern zweier Kameras erkannt und zur Identifikation eines vom Roboter aufzunehmenden Objekts ausgewertet wird.

Das System ist derzeit als ein Laborprototyp realisiert und in Abbildung 1 dargestellt. Die meisten Verarbeitungsschritte basieren auf neuronalen Netzen, die durch vorheriges Training an die Umgebungssituation angepaßt werden können. Zunächst werden anhand der Farbinformation die Lageschwerpunkte der Hand des Bedieners und der im Arbeitsraum vorhandenen Objekte lokalisiert. Ein auf die Erkennung von Handhaltungen spezialisiertes Erkennungsnetz ermittelt aus dem Bildausschnitt, der die Hand enthält, deren Zeigerichtung. Diese dient zur Identifikation eines aufzunehmenden Gegenstands oder des Zielorts eines wieder abzulegenden Objekts. Mit dieser Information wird ein Roboter gesteuert, der die per Zeigegestik spezifizierte Bewegung ausführt. Der derzeitige Entwicklungsstand des Systems ist in den im Literaturverzeichnis angegebenen Arbeiten dokumentiert.

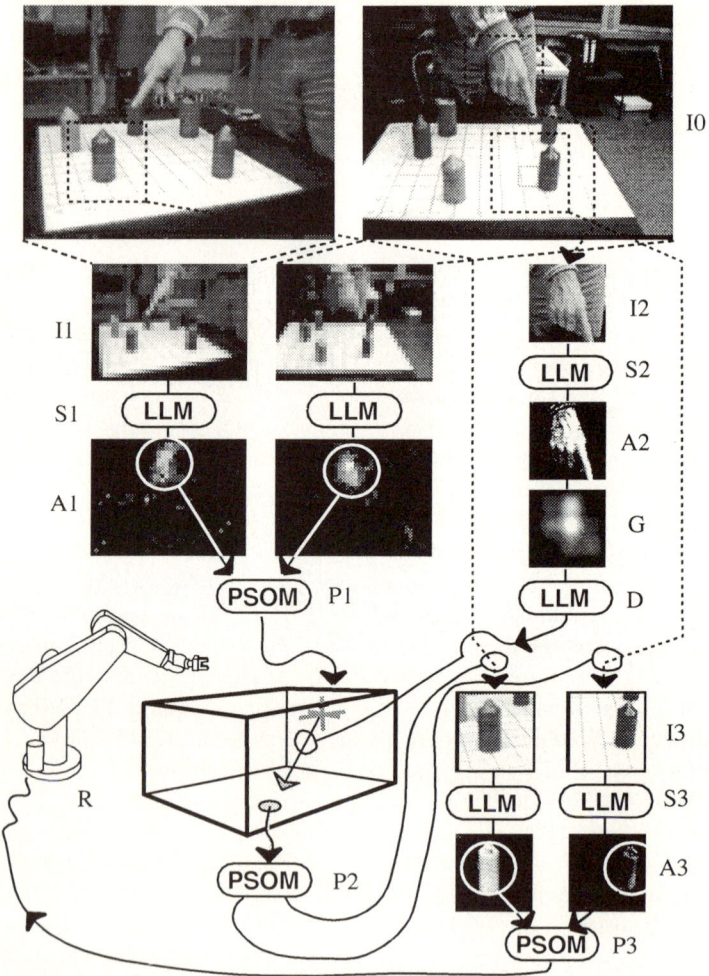

Abb. 1: Visuelle Erkennung von Zeigerichtungen zur Robotersteuerung. Aus zwei Farbvideobildern des Arbeitsraums (I0) werden in mehreren Verarbeitungsschritten Lage (I1-S1-A1-P1) und Zeigerichtung (I2-S2-A2-G-D) der Hand ermittelt. Aus den Ergebnissen werden der Zielort und das dort befindliche Objekt identifiziert (P2-I3-S3-A3). Diese Daten werden zur Steuerung der Greifbewegung eines Roboters verwendet (P3-R).

Mittelfristiges Ziel ist die Steuerung von Robotern durch «Vorma-chen». Dabei sollen künftig weitere Fähigkeiten, so die Auswertung von Gesichtsmimik und Blickrichtung sowie Sprachverständnis, inte-griert werden.

Literatur

1 Littmann, Enno, Andrea Drees und Helge Ritter: *Neural Recognition of Human Pointing Gestures in Real Images*, ICANN 95 (Paris), 1995
2 Drees, Andrea, Enno Littmann und Helge Ritter: *Visual Gesture-Based Robot Guidance with a Modular Neural System*, NIPS 8, 1995

Friedrich Pfeiffer

Eine sechsbeinige Laufmaschine
nach biologischen Prinzipien

Die Umsetzung biologischen Wissens wird am Beispiel einer sechsbeinigen Laufmaschine diskutiert. Die aus der Biologie übernommenen Prinzipien betreffen das Laufmuster, die Beinkinematik, die Belastungskriterien für die einzelnen Beinkomponenten und das mehrstufige Regelungskonzept. Die in der Biologie perfekt gelösten Antriebsprobleme und das sich daraus ergebende Verhältnis von Nutzlast und Gewicht werden mit neuesten Antriebskonzepten und einer Optimierung der Konstruktion gelöst. Es ergeben sich Last/Gewicht-Verhältnisse von maximal 6. Die Anlehnung an biologische Prinzipien löst viele dynamische und regelungstechnische Probleme.

Das Regelungskonzept ist ähnlich wie in der Natur dreistufig aufgebaut und technisch mit Mikroprozessoren realisiert. In der obersten Ebene informiert jedes Bein sein Nachbarbein über seinen Zustand, der durch die Position der Beine gekennzeichnet ist. Außerdem hat wie in der Biologie jedes Bein die Möglichkeit, das Nachbarbein an Aktivitäten zu hindern, die den Gesamtablauf des Laufvorgangs stören würden. Die dezentrale Gesamtkoordination stützt sich auf die Einzelbeinregler, die in dieser technischen Realisierung so etwas wie eine Finite State Control darstellen. Im normalen und ungestörten Laufzyklus mit seinen Phasen Swing, Retract, Reswing, Stance, Protract wird die Abfolge dieser Aktionen durch das Laufmuster festgelegt. Der Regler auf der Basis von Entscheidungsfunktionen wird dann interessant und kann dort auch seine Stärken ausspielen, wenn Störungen wie Stöße und Hindernisse auftreten, die verschiedene Algorithmen aktivieren mit dem Ziel, diese Hindernisse automatisch zu umgehen. Diese Vorgehensweise mit Hilfe von Entscheidungsfunktionen ist das Kernstück der Beinregelung und lehnt sich sehr eng an das Verhalten der biologischen Regler an. Als unterste Ebene benötigt diese mittlere Ebene eine Beinregelung, die Kräfte kompensiert und die in dieser technischen Realisierung klassisch aufgebaut ist.

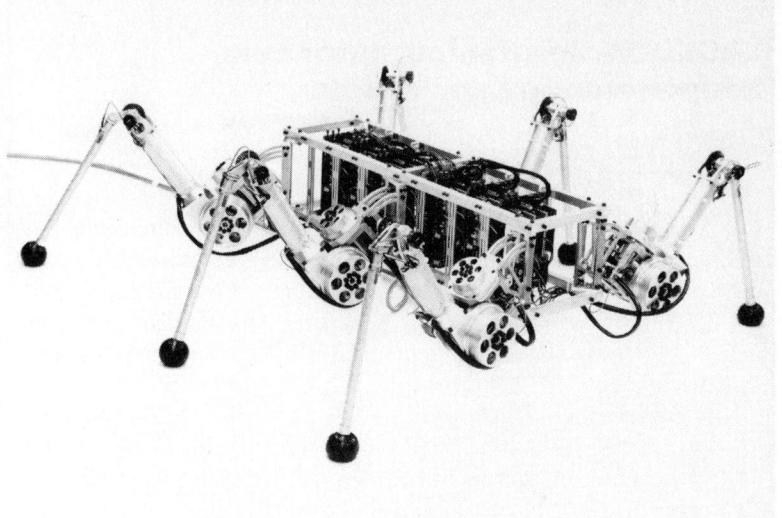

Thomas Christaller und Joachim Hertzberg

LAOKOON: lernfähige, autonome, kooperierende Kanalroboter

Das Abwassersystem ist eine der nützlichsten, aber auch teuersten Einrichtungen einer Kommune – und eine der heikelsten: Rund 12 Prozent der westdeutschen Kanäle sind älter als 75 und weitere 45 Prozent älter als 25 Jahre. Die rund 350 000 Kilometer öffentlichen Abwassersysteme gelten als eine der kapitalintensivsten kommunalen Infrastruktureinrichtungen.

Schon jetzt gibt es Techniken, Kanäle zu inspizieren und Schäden lokal zu beheben, ohne die Straße aufzugraben. Da der allergrößte Teil des Abwassernetzes aber nicht begehbar ist, sind diese Techniken arbeitsaufwendig und teuer – bezahlen müssen dies die Bürger über den Abwasserpreis, der zusammen mit dem Trinkwasserpreis schon ein durchschnittliches Monatsgehalt einer vierköpfigen Familie ausmacht. Praktisch keine Techniken existieren, den Kanal im vollen Betrieb zu überwachen und instand zu halten, zum Beispiel den Abwasserstrom gezielt zu steuern oder Schadstoffe an ihre Quelle zurückzuverfolgen.

Das Problem wäre gelöst, wenn ein Team von autonomen, also nicht ferngesteuerten Robotern ständig im Kanalnetz arbeitet, Schäden und Störungen aufspürt, kleine Reparaturen selbst ausführt und alle größeren Probleme nach außen an einen zentralen Leitstand meldet. In absehbarer Zukunft bleiben solche Roboterteams zwar Vision – zu viele technische Hürden sind noch zu überwinden, bevor man sie bauen kann. Doch können schon Vorformen autonomer Kanalroboter zusammen mit der vorhandenen Technik den Kanalbetrieb verbessern.

LAOKOON ist eine teilweise vom BMBF finanzierte Machbarkeitsuntersuchung, die unter Federführung der Rheinischen Energie AG (rhenag) und den beiden Forschungspartnern Forschungszentrum Informatik in Karlsruhe und GMD-Forschungszentrum Informationstechnik durchgeführt wird. Im Rahmen dieser Untersuchung werden Szenarien für mögliche Forschungsprojekte entwickelt, die sich stufenweise der Vision von autonomen Kanalroboterteams nähern.

Zusätzlich wird eine Reihe von technischen Teilproblemen gezielter untersucht.

Die auf den Fotos abgebildete Roboterplattform KURT dient der Erprobung der Sensomotorik und Steuerungsprogrammierung, um in Kanalnetzen navigieren zu können. Auf dem Gelände der GMD wurde ein Abwasserkanaltestnetz von der rhenag oberirdisch errichtet. In diesem 40-mal-40-Meter-Parcours kommen alle wichtigen Abzweigformen realer Abwassernetze vor. KURT ist im Augenblick in der Lage, selbständig Abzweigungen zu entdecken und Kurven bis zu 90 Grad zu nehmen.

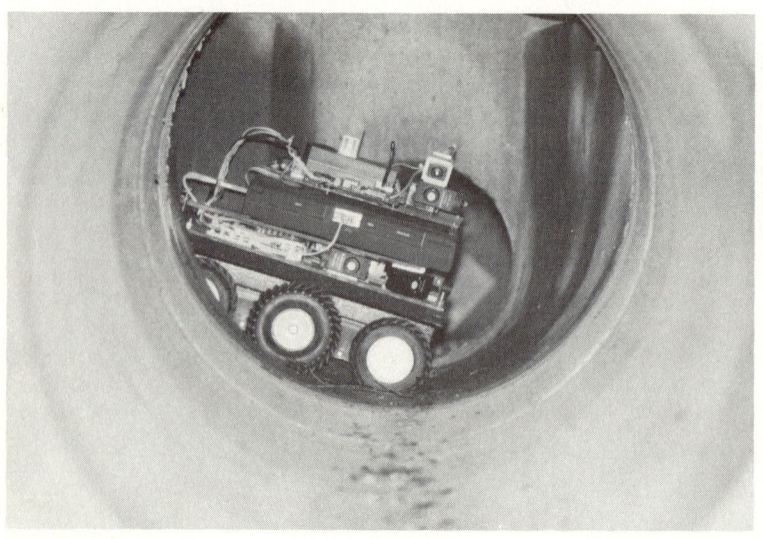

Reiner Wertheimer

Das Elektronische Auge: ein technisches Sehsystem als Kopilot des Autofahrers

Systematische Zielsetzungen

Ziel des von der Firma BMW geleiteten Projektverbundes «Elektronisches Auge» ist die Entwicklung eines technischen Sehsystems zur Fahrerunterstützung (Elektrischer Kopilot). Unter anwendungstechnischen Gesichtspunkten ist dabei sowohl der Faktor aktive Sicherheit als auch der Faktor Komfort von Bedeutung. Der maschinelle Kopilot befreit den menschlichen Fahrer von den belastenden mittel- und hochfrequenten Regelungstätigkeiten beim Lenken und Abstandhalten. Durch intelligente, rechnerbasierte Verkehrsraumüberwachung werden sicherheitskritische Situationen im Vorfeld der Gefährdung erkannt und dem Fahrer in geeigneter Weise vermittelt (zum Beispiel mittels aktiver Bedienelemente wie Lenkrad, Gas- und Bremspedal). Längerfristig ist es denkbar, daß reflexartige Regelungsvorgänge vom Rechner (innerer Regelkreis), willentliche Aktionen jedoch vom Fahrer vorgenommen werden (äußerer Regelkreis).

Im öffentlichen Straßenverkehr verbietet sich der Einsatz autonomer Systeme derzeit aus rechtlichen Gründen; «automatisch» oder gar fahrerlos operierende Automobile sind daher nicht Projektziel von BMW. Allerdings ist auch im Falle der fahrerunterstützenden Systeme ein hoher Grad an funktioneller Robustheit erforderlich, um Fehlinformationen zu vermeiden. Mit anderen Worten, die Funktionalität der eingesetzten Signalverarbeitung/Bildinterpretation muß im praktischen Sinne für den autonomen Betrieb geeignet sein. Dies und die an das «Elektronische Auge» gestellten Anforderungen hinsichtlich Baugröße, Herstellungskosten und Verarbeitungsgeschwindigkeit machen die Anwendung dieses perzeptiven Sensors in industriellen Fertigungs- und Logistikprozessen, zum Beispiel für den Einsatz in Roboteranlagen, aber auch für fahrerlose Transportsysteme, attraktiv.

Technischer Stand des Projekts

Die zur Echtzeit-Bildinterpretation eingesetzte Computerhardware besteht zum einen aus einem massiv parallelen, voll programmierbaren Rechner (2048 Prozessorelemente) zur bildpunktbezogenen Verarbeitung und aus einer nachgeschalteten, moderat parallelen Konfiguration von zwölf Hochleistungssignalprozessoren, die zur Verarbeitung der symbolischen Bildrepräsentationen eingesetzt wird.

Die Bildinterpretation zur Fahrerunterstützung basiert auf folgenden Prinzipien: Zunächst werden mittels Bildpunktklassifikation homogene Grauwertbereiche identifiziert und mit einer Reihe von Funktionen deren Randpunktskelette markiert. Die so gewonnenen Konturen (geschlossene Kanten) werden von den bildpunktbezogenen (ikonischen) Prozessen mit diversen Attributen, unter anderem den Verschiebungsgeschwindigkeiten von Bildkonturen, belegt. Am Ende der ikonischen Verarbeitung werden die Konturpunkteigenschaften (Grauwert, Gradient, Konturtyp, Verschiebungsgeschwindigkeit) extrahiert und an die symbolische Verarbeitungsstufe weitergereicht (Datenreduktion). Aus dieser Information wird zunächst im Bildzeilenfluß eine erste symbolische Bildrepräsentation berechnet, wobei die Bildzusammenhangskomponenten als Regionen und ihre Berandungen als attributierte Polygonzüge dargestellt sind. Die Konturpunkteigenschaften werden dabei mittels linearer Optimierungsverfahren in die entsprechenden Eigenschaften der Polygonsegmente umgerechnet.

Die so gewonnene Repräsentation wird von nachgeschalteten Prozessen dazu benutzt, die dem hindernisfreien Fahrbahnverlauf zugeordneten Bildkomponenten (Fahrbahn, Spurmarkierungen etc.) zu identifizieren; aus den Berandungen dieser Komponenten wird im Anschluß die Information sowohl über Fahrspurbegrenzungen als auch über die auf der Fahrbahn befindlichen Hindernisse gewonnen (vgl. die Abbildungen).

Die Klassifikation der relevanten Polygonsegmente geschieht unter Benutzung inverser perspektivischer Transformationen, einer fortlaufend aktualisierten rechnerinternen Repräsentation des Straßenverlaufs und der im Rechner aktuell gespeicherten Hindernisse samt ihrer Eigenschaften. Beim Aufbau und bei der bildübergreifenden Fortschreibung der genannten Funktionen spielen nichtlineare Optimierungsprozesse und bildübergreifende Filter eine entscheidende Rolle.

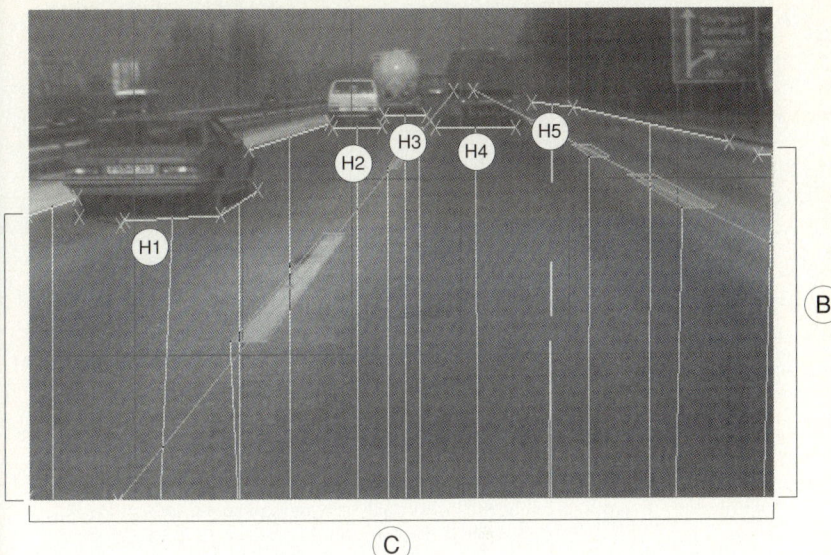

Bild 1: Fahrspurberandungen und Hinderniszuordnungen in aufeinanderfolgenden Bildern. Im Bild erkennbar sind die als Polygonzug dargestellten Berandungen der Fahrbahn und ihrer Mittelstreifen, daraus abgeleitet die Spurbegrenzungen. Die bildübergreifend einander zugeordneten Hindernis-Unterkanten (beziehungsweise -Seitenkanten) sind durch die senkrechten Kurven visualisiert.

Die gewonnenen Informationen über die Geometrie des Spurverlaufs werden zur Fahrerunterstützung bei der Querführung, die im Rechner gespeicherten Hindernispositionen bei der Längsführung des Fahrzeugs benutzt. Geeignete Fahrzeugdynamikmodelle bilden einen wichtigen Beitrag zur Verbesserung der Robustheit und Genauigkeit der entsprechenden Verfahren.

Die skizzierten Rechenprozesse (Videoeingangsdaten 6,25 Megabyte pro Sekunde) laufen ab unter Einhaltung einer Latenzzeit von weniger als 120 Millisekunden bezüglich der gesamten Verarbeitungskette. Auf diese Weise ist es möglich, die Latenzzeit des menschlichen Fahrers deutlich zu unterschreiten.

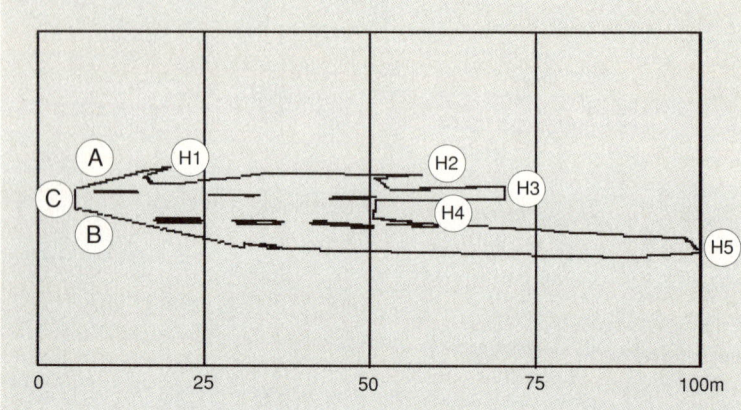

Bild 2 : Grundriß der hindernisfreien Straßenregion. Gezeigt sind die Berandungen der hindernisfreien Fahrbahnoberfläche nach inverser perspektivischer Projektion in die Straßenebene. Erkennbar sind die Fahrbahnbegrenzungen (waagerechte Linienstriche), die Mittelstreifen (waagerechte Einschlüsse), die Einschnürungen (H1 ... H5) der Hindernis-Unterkanten sowie der Öffnungswinkel des Kamera-Objektivs (A, B). Die senkrechten Gitterlinien entsprechen Abständen von jeweils 25 Metern.

Christoph Maggioni

GestikComputer: Humanisierung der Mensch-Maschine-Kommunikation

Künstliche Augen für Gestik und Mimik

Seit Jahrtausenden entwirft und konstruiert der Mensch Werkzeuge – um sich das Leben zu erleichtern, seine Umwelt zu formen und zu verändern und für vieles andere mehr. Sobald diese Werkzeuge den Anforderungen nicht mehr genügen, werden sie entweder weiterentwickelt, oder es werden neue erdacht.

Der Computer und seine Ein- und Ausgabesysteme sind – oder sollten es zumindest sein – Werkzeuge des Menschen. Betrachtet man die Entwicklung der letzten Jahre, so stellt man fest, daß die Fähigkeiten der Computersysteme in einigen Teilbereichen an die des Menschen heranreichen oder sie sogar übertreffen. Computer werden immer «menschlicher». Aber wie steht es mit der Fähigkeit zur Kommunikation zwischen Mensch und Computer – ist diese nicht einseitig und den menschlichen Anforderungen nicht mehr angemessen? Moderne Systeme stellen eine große Bandbreite an Informationen über Text, Sprache, Ton, Bilder, Filme und neuerdings in dreidimensionalen Welten dar. Der Eingabekanal zum Computer ist jedoch sehr schmal und besteht in den allermeisten Fällen aus Tastatur und Maus. Besonders die Navigation in und Interaktion mit dreidimensionaler Information ist mit solchen Eingabetechniken kaum möglich.

Die menschliche Kommunikation ist aber nicht auf die Verwendung von Maus oder Tastatur beschränkt. Der Mensch benutzt seine Hände, um reale Gegenstände aufzunehmen, zu manipulieren und um auf Dinge in seiner Umwelt zu zeigen. Er vermittelt durch Handgesten seinem Gegenüber zusätzliche Informationen oder stellt Zusammenhänge dar. Kopf- und Körperbewegungen verändern den Blickpunkt auf die Umwelt, und Gesichtsmimik drückt Emotionen aus.

Das Ziel des GestikComputer-Projekts bei der Siemens AG München, Abteilung Zentrale Forschung und Entwicklung, ist es, den Computer in die Lage zu versetzen, mit «künstlichen Augen» menschliche Gesten und Mimik zu erkennen und für die Steuerung zu nutzen. Im Rahmen des Projekts wird die videobasierte Auswertung von Hand- oder Kopfgesten erforscht und in Lösungen für technische Anwendungen umgesetzt.

Zur Erfassung der Benutzeraktionen werden zwei Videokameras eingesetzt, wobei die eine den Kopf- und die andere die Handbewegungen beobachtet. Über eine Videokarte werden diese Bilder in den Computer eingelesen. Zur Bildauswertung wurde ein echtzeitfähiges System entwickelt, das in der Lage ist, Kopf- und Handbewegungen zu erkennen und zu interpretieren. So läßt sich zum Beispiel durch Handbewegungen die (virtuelle) Position einer 3D-Darstellung auf dem Bildschirm verändern, der Benutzer kann dreidimensionale Steuerungsaufgaben ausführen und durch intuitive Gesten (wie Zeigen, Greifen oder Bewegen) Aktionen auslösen. Die Bewegung des Kopfes wird als Änderung der Blickrichtung auf eine dreidimensionale Bildschirmdarstellung interpretiert; der Betrachter kann damit zum Beispiel ein Objekt «von der Seite» anschauen.

Effektive Interaktion für wesentliche Anwendungsfelder

In der *Medizintechnik* bietet die Betrachtung von dreidimensionalen Darstellungen, wie etwa Computertomogrammen, unter intuitiv veränderbarem Blickwinkel dem Arzt neue Erkenntnisse und erleichtert seine Konzentration auf das eigentliche medizinische Problem. Er hat die Hände frei und muß sich nicht mit mechanischen Steuerungen (Joystick, Maus) auseinandersetzen. Durch die berührungslose Bedienung von Geräten lassen sich Sterilitätsbedingungen zudem wesentlich einfacher als bisher erfüllen.

In der *Konstruktionstechnik* läßt sich der Umgang mit CAD-Systemen (Computer-Aided Design) wesentlich vereinfachen, wenn der Benutzer seinen Blickwinkel per Kopfbewegung ändern und gleichzeitig ein Teilobjekt auf traditionelle Weise, zum Beispiel mit der Maus, manipulieren kann. Die Navigation in dreidimensionalen CAD-Entwürfen per Gestik vereinfacht bei der Betrachtung von Konstruktionsergebnissen, etwa bei Kundenpräsentationen, die Manipulation speziell für Computerlaien.

In der *Produktion* wird die Bedienung komplexer Systeme durch rauhe Umgebungsbedingungen oft stark erschwert. Handschuhe oder ölverschmutzte Hände eignen sich nicht für den Umgang mit Tastatur oder Touch-Screens. Die Auswahl von Funktionen oder Parametern durch berührungsloses Zeigen kann die Steuerung von Prozessen deutlich erleichtern.

Beim *Service* können Techniker zum Beispiel das zu reparierende Objekt in der Hand drehen und gleichzeitig ein CAD-Modell davon aus der entsprechenden Richtung betrachten.

Im *Bürobereich* bietet sich die komfortable Auswahl von Fenstern einer Bedienoberfläche durch Kopfbewegungen an. Die Navigation in dreidimensionalen «Informationsräumen» kann visuelle Eindrücke und Erlebnisse von neuer Dimension erschließen.

Für die *Telekommunikation* kann zum Beispiel bei Videokonferenzen durch Head-Tracking der Bildausschnitt auf den relevanten Bereich – den Kopf des Gesprächspartners – beschränkt werden, ohne daß der Benutzer durch ein zu enges Kamerafeld auf eine feste Position vor dem Rechner gezwängt wird.

Kooperation von Mensch und Maschine

Die Integration der bereits existierenden Technologien Sprach-, Handschrift- und Gestenerkennung wird in Zukunft eine multimodale Kooperation zwischen Mensch und Technik ermöglichen. Dabei wird sich in zunehmendem Maße die Technik an den Bedürfnissen und Fähigkeiten des Menschen orientieren – heute ist das oft noch umgekehrt. Aus den «Schnittstellen» zwischen Mensch und Maschine werden dann, vielleicht auch im Sprachgebrauch, «Verbindungsstellen», die sich aufgabenspezifisch den individuellen Anforderungen unterschiedlicher Benutzer anpassen.

V
Schnittstelle Gehirn/Computer: eine Herausforderung für unsere Gesellschaft

Florian Rötzer

Grundlagen einer
neurotechnologischen Ethik

«Man könnte eine einfache Operation durchführen, ein Stückchen des Schädelknochens entfernen und biegbare Leiterplatten mit ein paar Millionen Sensoren und Signalgebern ins Gehirn implantieren. Das könnten wir heute schon tun, wenn es nicht gewisse Vorurteile gäbe, wenn die vielen Rechtsanwälte die Erforschung des menschlichen Gehirns nicht so schwer machen würden... In einigen Jahren könnten wir, wenn wir wollten, den Computer allein durch Gedanken kontrollieren – ganz ohne Hände, Stifte, Tastaturen, Mäuse, Datenhandschuhe, Ganzkörperanzüge oder all diese wunderbaren Dinge aus der Welt der Telepräsenz. Alles, was wir sehen, ist vergänglich, sagen uns die Christen. Wir könnten aber, wenn wir unsere Zeit nicht verschwenden, in etwa zwanzig, dreißig Jahren in eine neue Welt des Geistes wiedergeboren werden, in der man Gedanken direkt in die Maschine diktieren kann – und das wird sein wie der Himmel.» (Marvin Minsky)

Wenn man die aus den neurowissenschaftlichen Erkenntnissen und Techniken erwachsenden gesellschaftlichen Folgen und den ethischen und politischen Regelungsbedarf erörtern will, dann steht an vorderster Stelle natürlich die Diskussion über Grundlagen, Kriterien und Durchsetzbarkeit einer medizinischen Ethik, also die Abwägung der Frage, was man – auf dem Hintergrund dessen, was bereits gemacht werden kann und was vermutlich in Zukunft machbar sein wird – tun darf und soll. Ein Entwurf einer solchen Ethik wurde im Zuge der Vorbereitung des hier dokumentierten Kongresses erarbeitet, wobei Uneinigkeit besonders darüber herrschte, wie und von wem eine solche Ethik gesellschaftlich durchgesetzt werden sollte, aber es gab auch große Zweifel, ob ethische Normen für die Begrenzung des wissenschaftlichen und technischen Fortschritts überhaupt eine Chance haben. Die folgenden Statements beleuchten aus verschiedenen Perspektiven die Ausgangslage und die Probleme einer solchen Ethik. So macht

Thomas Metzinger darauf aufmerksam, daß sich aus den Erkenntnissen der Neuro- und Kognitionswissenschaften ein neues Bild vom Menschen und seinem Geist ableitet, das zweifellos zu tiefreichenden Umstellungen des Verständnisses von Persönlichkeit und Subjektivität führen wird. Er macht deutlich, daß eine medizinische Ethik nur einen Aspekt der Problematik in einem größeren Kontext erfassen kann, in dem der Einsatz der Neurotechnologie nicht mehr nur auf streng therapeutisch definierte Mensch-Maschine-Systeme beschränkt ist. Im technokulturellen Diskurs wird im Vorfeld möglicher Innovationen bereits die Entwicklung von Menschen zu Cyborgs (*cy*bernetic *org*anisms) diskutiert, also das immer stärkere Zusammenwachsen von biologischen und technischen Systemen. Die Beiträge von Stanislaw Lem, Luc Steels und Hans Moravec in diesem Band geben Einblick in diese Entwicklungen und die damit verknüpften Spekulationen.

Bislang hat man körperliche, sensorische oder kognitive Leistungen des Menschen in Maschinen (Fahrzeuge, Medien, Computer...) ausgelagert, die man von außen bedient. Sensoren verfolgen in neuartigen Mensch-Maschine-Systemen Körper- und Augenbewegungen, sie messen Hautwiderstand, Herzschlag oder Hirnwellen, um darauf reagieren zu können. Mit der steigenden Komplexität und Miniaturisierung der Maschinen beginnen nun die Maschinen in den Körper des Menschen einzuwandern: Herzschrittmacher, Seh- und Hörprothesen... Wenn die Menschen sich daran gewöhnt haben, sinnliche Erfahrung durch Medien oder andere Simulatoren, mangelhafte oder nachlassende Seh- oder Hörkraft durch Brillen oder Hörgeräte, fehlende Glieder durch Prothesen, lebensbedrohlich geschädigte Organe durch Implantate zu kompensieren, dann wäre der Schritt nicht weit, beispielsweise nachlassende oder unzureichende Gedächtniskapazitäten oder andere kognitive Funktionen durch Neuroprothesen zu verbessern. Neurotechnologien könnten nicht nur zur Reparatur von beschädigten Hirnfunktionen, sondern auch zur Steigerung der kognitiven Leistung von Menschen eingesetzt werden, um als Teil von Mensch-Maschine-Systemen mit den Maschinen Schritt halten und schneller und effizienter große Datenmengen aufnehmen, speichern, senden und verarbeiten zu können. Sie könnten aber auch zur Kontrolle und Überwachung von Menschen eingesetzt werden. Heute schon wird in den USA im Rahmen des «Electronic Supervision Program» Computertechnologie eingesetzt, um Straftäter beim Hausarrest zu überwachen, indem man an ihnen Sender anbringt, die mit Modems verbunden sind. Sobald sie eine bestimmte Entfernung zum Modem überschreiten, wird Alarm ausgelöst. Warum sollte man Straftätern zur Verhaltenskontrolle nicht einen Chip einpflanzen? In Japan werden bereits durch EEG-Systeme die Hirnwellen von Menschen überwacht, die gefährliche Maschinen bedienen. Wird Unaufmerksamkeit oder Ermüdung festgestellt, schaltet sich die Maschine automatisch aus. Neurobiologen haben noch in den sechziger Jahren beispielsweise bei Triebtätern, Depressiven oder sogar bei hyperaktiven Kindern bestimmte Areale des Gehirns zerstört. Seit den sechziger Jahren wurden Techniken entwickelt, um mit implantierten Elektroden einzelne Areale oder Neuronengruppen gezielt zu stimulieren und so bestimmte Verhaltensweisen oder Emotionen auszulösen. Es gibt also viele Eingriffsmöglichkeiten, wenn ethische Schwellen fallen oder zerfallen. In der Cyberkultur wächst die Faszination an der Möglichkeit, sich direkt mit dem Gehirn an Computersysteme anzuschließen, vielleicht als eine Art Neuro-Hacking in der Tradition der Hirnstimulation durch Drogen, Ekstasetechniken, Musik oder Medien.

Neurotechnologie, also die Kopplung von Computersystemen mit dem Gehirn, ist überdies nur eine von vielen Entwicklungen, die durch das Zusammenwachsen von Computer- und Biotechnologien sowie der sie begründenden Wissenschaften angestoßen werden. Das Gehirn als Träger des Geistes, der Gefühle und unserer Persönlichkeit, in das man nicht mehr nur durch Medikamente und Drogen, durch Psychotechniken oder neurochirurgische Maßnahmen eingreift, sondern dessen beschädigte, in bestimmten Regionen verankerte Funktionen man beispielsweise durch die Implantation von Hirngewebe und Neurochips ersetzen will, scheint nur das letzte Objekt im Prozeß der Eroberung und Umgestaltung unseres Körpers zu sein. Die Folgen sind unabsehbar. Eines Tages könnte es möglich werden, um nur ein naheliegendes Beispiel zu nennen, die im Gehirn befindliche biologische Uhr des Menschen zu manipulieren und sie etwa durch Zuführung von Substanzen zu verlangsamen, so daß die Menschen immer älter würden. Schon jetzt zeichnen sich die gesellschaftlichen Folgelasten steigender Lebenserwartung – die «Vergreisung» der Gesellschaft – für die Zukunft ab, zumal absehbar ist, daß die digitalen Technologien zu einem rapiden Schwund von Arbeitsplätzen führen und damit langfristig die Grundlagen einer sozialen Marktwirtschaft zerstören könnten. Mit zunehmender Lebenserwartung, hervorgerufen durch Erkenntnisse der Neurowissenschaften, wachsen aber auch die Anforderungen an diese. Altersbedingte Hirnerkrankungen nehmen zu, die ihrerseits durch Neuroprothesen oder Verpflanzung von Hirngewebe geheilt werden müssen.

Die Menschen haben stets versucht, künstliche Welten und Mensch-Maschine-Systeme mit neuen Schnittstellen zu erfinden, die andere Formen des Verhaltens, des Fühlens, Erfahrens und Denkens eröffnen, die die Art, wie wir mit unserem Körper in der Welt sind, verändern und die natürlichen Restriktionen überwinden. Heute aber haben wir einen kritischen Punkt erreicht: Die Wiedererfindung und «Verbesserung» des Lebens und seiner Evolution scheint möglich zu werden – sei es mit der Entwicklung von einfachen Formen Künstlichen Lebens in den Computerspeichern, mit der Konstruktion von autonomen, intelligenten Robotern, mit der Manipulation des genetischen Codes oder eben mit dem direkten Eingriff in das Gehirn.

Es eröffnen sich jedenfalls immer mehr Möglichkeiten, Lebensprozesse gezielt zu steuern und ingenieursmäßig zu manipulieren, während gleichzeitig versucht wird, intelligente Maschinen zu entwickeln, gleich ob in Form von autonomen Robotern – möglicherweise bald in Nano-Größen – im realen Raum oder in Form von Software-Agenten beziehungsweise Künstlichem Leben im virtuellen Raum. Die Schnittstellen des menschlichen Körpers mit computergestützten Medien werden immer zahlreicher, wie dies am eindrucksvollsten bei den Virtual-Reality-Systemen mit ihren Sensorhandschuhen, -brillen und -anzügen zu sehen ist. Manche Entwicklungen – wie in der Gentechnologie – werden kritisch verfolgt, andere – wie im Fall der Neurotechnologie – sind in der breiten Öffentlichkeit noch weitgehend unbekannt oder werden – wie in der Medientechnologie – nicht als körperliche Eingriffe verstanden, obgleich jede nachhaltige Aussetzung an eine Umwelt immer auch als eine Art Mikrochirurgie des in gewissen Grenzen plastischen, also anpassungsfähigen Gehirns verstanden werden muß. Der Vergleich von Drogen mit Medien ist so abseitig nicht. Hinter all diesen technischen Innovationen stehen vielerlei Interessen, Wünsche und Faszinationen, die sich dahin gehend zusammenfassen lassen, daß biologische Systeme – und das Gehirn ist nur ein Körperorgan unter anderen – verbessert und vielleicht langfristig durch technische Systeme oder maßgeschneiderte Organe / Organismen ersetzt werden sollen.

Niemand vermag heute zu sagen, was sich mit neurotechnologischen Implantaten und anderen direkten Kopplungen von technischen und biologischen Systemen in Zukunft im einzelnen machen lassen wird. Wir werden uns jedenfalls darauf einstellen müssen, daß unser Körper und unser Gehirn immer transparenter und so Eingriffen immer zugänglicher werden, die sich möglicherweise nicht nur auf die Behebung von Schäden, die Linderung von Leid oder die Konstruktion von Prothesen für Behinderte beschränken. Wir werden immer besser und gezielter auf biologische Prozesse einwirken und diese verändern können. Unser Körper wird mehr und mehr zum Wirt für Implantate und Neuroprothesen werden. Es wird immer mehr Schnittstellen zwischen technischen Systemen und dem Körper oder dem Gehirn/Geist geben, die letztlich auf den von den Futuristen erträumten «mechanischen Menschen mit Ersatzteilen» zulaufen. Je besser und präziser man biologische Prozesse verändern, beeinflussen oder ersetzen kann, desto weniger wird man Krankheiten, Behinderungen oder andere Mängel einfach akzeptieren, und desto höher werden diejenigen, die es sich leisten können, die Maßstäbe anlegen für das, was sie unter einem perfekten Körper oder einem perfekten Geist verstehen.

Thomas Metzinger

Philosophische Stichworte zu einer Ethik der Neurowissenschaften und der Informatik

Die gegenwärtig entstehende Vielfalt von neuen Möglichkeiten auf dem Gebiet der Neurotechnologie bringt auch eine Vielfalt von neuen moralphilosophischen Detailproblemen mit sich. Die ethischen und philosophischen Fragen, die sich in Zusammenhang mit den neuen neurotechnologischen Eingriffen in das zentrale Nervensystem des Menschen stellen, lassen sich in drei Gruppen unterteilen: Fragen der innerwissenschaftlichen Ethik, Fragen der angewandten Ethik beim Einsatz der neuen Technologien, allgemeine Fragen, die zum Beispiel die kulturelle Einbettung des medizinisch-technologischen Fortschritts (Technikfolgenabschätzung) und die Konsequenzen unseres gewandelten Selbstbildes («Anthropologiefolgenabschätzung») betreffen. Ich möchte in thesenartiger Form eine Reihe von inhaltlichen Stichworten anbieten, die als Grundlage und Ausgangspunkt für weitere Diskussionen dienen können.

1. Vorschläge zur Entwicklung einer innerwissenschaftlichen Ethik

- Allen in den relevanten Disziplinen arbeitenden Wissenschaftlern sollte grundsätzlich das Recht auf maximale Denk- und Forschungsfreiheit zugebilligt werden. Im Gegenzug sollten sie aber zu einer freiwilligen ethischen Selbstbindung bereit sein.
- Entsprechend dem Grundprinzip, subjektives Leiden zu minimieren, sollten neben der Grundlagenforschung alle solche Forschungsaktivitäten Vorrang haben, die dazu beitragen, daß psychisches und körperliches Leiden von Menschen gemildert wird.
- Eine innerwissenschaftliche Ethik der Neurotechnologie darf sich nicht allein auf den Menschen beziehen. Sie sollte für alle empfin-

dungsfähigen Wesen gelten. Das zentrale Kriterium ist hier nicht Rationalität, sondern Leidensfähigkeit. Die in den relevanten Disziplinen arbeitenden Wissenschaftler sollten sich verpflichten, auch das Leiden von Versuchstieren weiter zu minimieren. Dies muß durch eine ständige staatlich kontrollierte Optimierung der Haltungs- und Versuchsbedingungen für solche Tiere geschehen sowie durch den vermehrten Einsatz von Computersimulationen und internationalen Datenbanken. Hierfür sind eigene Forschungsprojekte und eigene Budgets erforderlich.

- Entsprechend dem ethischen Grundprinzip, daß Neurotechnologie helfen soll, menschliches Leiden zu vermindern, dürfen die relevanten wissenschaftlichen Institutionen kein Geld aus Militärbudgets annehmen. Jede militärische Umsetzung der Neurotechnologie muß von Anfang an verhindert werden. Die beteiligten Wissenschaftler verpflichten sich, sich aktiv gegen die Nutzung ihrer Forschungsergebnisse für militärische Zwecke einzusetzen. Im Zweifelsfall liegt die ethische Verantwortung auf seiten der Wissenschaftler.
- Die Transparenz der Forschung liegt im moralischen Verantwortungsbereich der Experten. Die in den Neurowissenschaften arbeitenden Wissenschaftler verpflichten sich, die Öffentlichkeit und die Vertreter der demokratischen Institutionen so früh wie möglich über die potentiellen Gefahren und den möglichen Mißbrauch ihrer Forschungsergebnisse zu informieren.

2. Angewandte Ethik im Bereich Neurotechnologie

- Transplantationen von menschlichem Nervenzellgewebe dürfen nur dem unmittelbaren therapeutischen Nutzen des Empfängers dienen.
- Der Zugang zu kostspieligen und technologisch aufwendigen Gesundheitsleistungen muß sozial gerecht verteilt werden.
- Bei der praktischen Umsetzung neurotechnologischer Methoden im medizinischen Alltag sollte das Prinzip der Patientenautonomie maximiert werden, das heißt, der Patient entscheidet, wie groß sein Leidensdruck ist, welche Risiken er bereit ist einzugehen und ob und wann die ultima ratio der Neurotechnologie zum Einsatz kommen soll.
- Zur Unterstützung der Patientenautonomie könnten sogenannte Pa-

tientenanwälte eingesetzt werden, die die Aufgabe hätten, unabhängig von den Interessen der Forschung und des Medizinbetriebs, die Interessen des Patienten zu vertreten und ihm bei Entscheidungen behilflich zu sein.

- Da der Einsatz neurotechnologischer Verfahren in vielen Fällen mit einer psychosozialen Langzeitbetreuung einhergehen wird, muß diese grundsätzlich angeboten werden.

- Auch begrenzt einwilligungsfähige Patienten sind so weit wie möglich in das Einwilligungsverfahren mit einzubeziehen.

- Solche neurotechnologischen Eingriffe, die nach dem jeweiligen Erkenntnisstand als riskant oder als wissenschaftlich nicht abgesichert angesehen werden müssen, dürfen auf keinen Fall an Patienten vorgenommen werden, die nicht entscheidungs- und einwilligungsfähig sind.

3. Vorschläge für den gesamtgesellschaftlichen Umgang mit den Forschungsergebnissen der Neurowissenschaften und der Informatik

- Die Öffentlichkeit wird zu einer breit angelegten, differenzierten und sich über den üblichen Rahmen der demokratischen Institutionen hinaus erstreckenden Diskussion aufgefordert. In einem ersten Schritt gilt das besonders für den Bereich Neurotechnologie, für den bereits jetzt Handlungsbedarf besteht.

- Gegenstand der gesellschaftlichen Diskussion sollten zunächst die neuen Handlungsmöglichkeiten sein, also zum Beispiel der Einsatz bestimmter neurotechnologischer Verfahren für medizinisch wünschenswerte Reparaturen. Das ethische Ziel sollte dabei sein, daß das Individuum mit den neu entstehenden körperlichen Möglichkeiten auch die Freiheit gewinnt, Manipulationsmöglichkeiten zu erkennen und sich ihnen zu widersetzen.

- Die gesamtgesellschaftliche Diskussion sollte sich auch mit der sozialethischen Dimension befassen, die sich aus der Synergie zwischen Neurowissenschaften und Informatik ergibt. Dabei ist besonders die technologische und kulturelle Umsetzung der neuen Erkenntnisse und die Eigendynamik dieser Entwicklung zu berücksichtigen.

- Neben der kritischen Abwägung von Chancen und Risiken ist es auch von zentraler Bedeutung, sich mit der kulturellen Umsetzung der Forschungsergebnisse von Neurowissenschaften und Informatik zu befassen. Zum Beispiel müssen unbedingt die psychosozialen Langzeitfolgen neuromedizinischer Behandlungsverfahren untersucht werden, ebenso aber auch die Langzeitfolgen von Informationstechnologien und «medialen Umwelten».

- Informatik und Neurowissenschaften entwerfen ein völlig neues Bild vom Menschen. Es ist bereits jetzt abzusehen, daß diese neue Anthropologie und die mit ihr einhergehende neue Theorie des Geistes den traditionellen Bildern vom Menschen und von seinem inneren Leben dramatisch widersprechen. Für das kommende Jahrhundert ist durchaus vorstellbar, daß sich durch die Fortschritte in den Neuro-, Informations- und Kognitionswissenschaften das Bild vom Menschen tiefgreifender verändert, als dies je zuvor durch eine wissenschaftliche Revolution geschehen ist. Es ist abzusehen, daß das neue Menschenbild, was den Bereich des subjektiven Empfindens angeht, vermehrt zu Gefühlen von Demütigung und Kränkung führen wird. Die neue Anthropologie muß deshalb ebenfalls zum Gegenstand der öffentlichen Diskussion gemacht werden.

- Die Neuro- und Informationstechnologien der Zukunft werden in vielen Fällen Bewußtseinstechnologien sein. Was wir derzeit erleben, ist allem Anschein nach erst der Anfang einer weitaus umwälzenderen Entwicklung: Menschliches Bewußtsein und subjektives Erleben können immer gezielter beeinflußt und effizienter manipuliert werden. Es ist deshalb notwendig, daß wir uns – über den medizinischen Gesundheitsbegriff hinausgehend – Gedanken darüber machen, welche Zustände von Bewußtsein wir für wünschenswert erachten und welche nicht. Wir brauchen eine neue Bewußtseinskultur. Diese sollte auf gesamtgesellschaftlicher Ebene eine vernünftige Umsetzung der neuen Erkenntnisse und Handlungsmöglichkeiten leisten, die sich aus den Neurowissenschaften und der Informatik ergeben.

- Schlußbemerkung: Schon Cicero hat die Philosophie als cultura animi, als Pflege der Seele, bezeichnet. In diesem Sinne mache ich also nur Werbung für einen sehr alten und etwas aus der Mode gekommenen Begriff von Philosophie. Die Liebe zur Weisheit als Pflege der Seele ist aber eines jener klassischen Motive, das uns vielleicht auch bei den ersten Schritten in der gegenwärtigen Situation weiterhelfen kann, obwohl sich zugegebenermaßen die Ausgangsbedingungen für eine Bewußtseinskultur seit den Zeiten Ciceros ziemlich verändert haben und die klassische Figur auf jeden Fall eine Neuinterpretation benötigt, die unsere neuen Erkenntnisse über die neurobiologischen Grundlagen psychischer Prozesse berücksichtigt.

Florian Rötzer, Thomas Metzinger, Detlef B. Linke,
Hinderk Emrich

Entwurf für eine Ethik der Neurotechnologie

Neurotechnologie ist ein ähnlich heikles Thema wie die Gentechnologie. Es geht dabei auf lange Sicht nicht nur um die Reparatur beschädigter sensorischer oder motorischer Fähigkeiten, sondern es sollen auch höhere kognitive Funktionen durch implantierte Mikrosysteme ergänzt oder ersetzt werden. Solche Prothesen und Brainchips stellen aber das Selbstverständnis des Menschen auf eine grundsätzliche Weise in Frage.

Die voraussehbare Eigendynamik der technologischen Entwicklung erfordert deshalb eine möglichst breit angelegte, offene, kritische Diskussion der Chancen und Risiken der Neurotechnologie und eine rechtlich abgesicherte Entscheidung darüber, welcher gesellschaftlich sanktionierte Spielraum ihr gewährt werden soll.

Im Rahmen einer solchen Diskussion sind fundamentale Fragen wie diese zu klären:

- Welche Hirnareale sehen wir als die für die Identität eines Menschen wesentlichen an?
- Gibt es im Gehirn, wie das bei der Gentechnologie für die Keimbahnen zutrifft, Bereiche, in die wir auf gar keinen Fall eingreifen sollten?
- Welche psychischen Mängel, Leiden, Defizite sollen als «reparaturbedürftig» angesehen werden?
- Wieviel Autonomie wollen wir intelligenten, mit kognitiven Eigenschaften ausgestatteten Computersystemen zugestehen?

Die Akademie zum Dritten Jahrtausend setzte mit der Tagung «Mind Revolution: Schnittstelle Gehirn−Computer» den hierzu notwendigen Aufklärungsprozeß in Gang und stellte einen Entwurf für eine Ethik der Neurotechnologie zur Diskussion.

1. Transparenz der Forschung und Offenheit der Diskussion, die für eine vernünftige Willensbildung unverzichtbar sind, müssen gewährleistet sein.

2. Chancen und Risiken der Neurotechnologie müssen interdisziplinär diskutiert werden.

3. Neben den Chancen müssen der Öffentlichkeit und den Entscheidungsträgern in Politik und Wirtschaft auch immer die Risiken der Neurotechnologie offen dargelegt werden.

4. Der Dialog darf auch dann nicht abgebrochen werden, wenn sich daraus scharfe Konflikte und Interessensgegensätze ergeben.

5. Der gesellschaftliche Dialog über die Chancen und Risiken der Neurotechnologie muß institutionalisiert werden. In einer solchen Institution müssen die verschiedenen gesellschaftlichen Bereiche angemessen vertreten sein. Die Institution muß mit genügend Einfluß ausgestattet werden, um den Gesetzgeber nachhaltig zum Schutz der Person auffordern und verhindern zu können, daß alles, was gemacht werden kann, auch tatsächlich gemacht wird. Insbesondere muß sichergestellt werden:

a) daß für Versuche an Menschen, unabhängig davon, ob sie aus Gründen der medizinischen Behandlung oder der wissenschaftlichen Forschung geschehen, zumindest die in der «Helsinki-Tokio-Deklaration zur biomedizinischen Forschung» formulierten Grundsätze gelten;

b) daß neurotechnologische Eingriffe in das menschliche Gehirn erst dann erfolgen, wenn die Grundlagenforschung gesicherte Erkenntnisse über die genauen Funktionen der Hirnareale und ihr Zusammenwirken hat;

c) daß die neurotechnologische Forschung sich verpflichtet, intensiv mit Psychologen, Psychotherapeuten und Psychiatern zusammenzuarbeiten, damit Patienten mit neurotechnologischen Implantaten die notwendige psychologische Betreuung erhalten;

d) daß Neurotechnologie stets als ultima ratio eingesetzt wird und grundsätzlich solche Behandlungsmethoden vorzuziehen sind, deren Wirkungen mit Sicherheit reversibel bleiben.

6. Die Grundlagenforschung im Bereich der Neurowissenschaften muß trotz aller berechtigten Bedenken in größtmöglicher Freiheit geschehen. Doch es muß auch die notwendige Rechtssicherheit geschaffen werden, um die Möglichkeit des Mißbrauchs einzuschränken. Nur so ist eine Wissenschaftskultur aufrechtzuerhalten, die diesen Namen verdient.

Fortschritt ohne Grenzen? Soll alles, was machbar ist, gemacht werden? Wo gibt es ethischen und politischen Regulierungsbedarf?

Ausschnitte aus einer Paneldiskussion unter der Leitung von Günter Haaf und Claus Leggewie

Beiträge von von Ulrich Beck, Ernst Benda, Wolf-Michael Catenhusen, Ernst Peter Fischer, Wolf Singer, Robert Spaemann, Hans-Bernhard Wuermeling, Eberhart Zrenner

Eberhart Zrenner

Beim Retina-Implantat sollen Neurochips an der Netzhaut angekoppelt werden, um Patienten, die durch Retinitis pigmentosa erblindet sind, wieder zu Seheindrücken zu verhelfen. Nun ist das Auge zwar ein Teil des Gehirns, aber es ist ein peripherer Teil. Es passiert hier also kein Eingriff in die Persönlichkeitssphäre, sondern der Patient kann im Gegenteil durch die Neurochips eine Fähigkeit wiedererlangen, die er früher einmal hatte. Im Moment ist noch nicht absehbar, wann diese Technik einmal realisierbar sein wird. Auch sie hat natürlich eine Reihe von ethischen Konsequenzen zur Folge. Zwar könnte man das Einsetzen eines Chips noch als eine Art Brillenwechsel bezeichnen – die Brille ist ja ein Neuroinformatikinstrument, das die physikalische Umwelt scharf auf den Neuronen des Auges abbildet –, aber der Neurochip geht in die nächste Ebene, und irgendwo kommt dann auch die Ebene, wo ein Eingriff in die Persönlichkeit stattfindet. Es ist wichtig, daß ausreichend Material an die Öffentlichkeit gegeben wird, damit man versteht, was gemacht wird und wo die Grenzen sind. Man muß in der Öffentlichkeit Vertrauen schaffen, und Ärzte und Wissenschaftler müssen sich nach den Maximen verhalten, die in der Ethik als generelle Maxime anerkannt sind.

Robert Spaemann

Vertrauen gründet im allgemeinen auf einem gewissen Konsens darüber, was das Normale ist. Menschen, die miteinander über gemeinsame Vorstellungen verbunden sind und sich außerdem auch noch persönlich schätzen, können einander vertrauen. Aber wie ist das, wenn das, was jeweils normal ist, gar nicht mehr klar ist? Die Erwartungshaltung von Patienten, über die hier gesprochen wurde, ist ja nur ein anderer Ausdruck für Normalität. Sie bezieht sich auf das, was man jeweils «normal» findet. Wenn man etwa die pränatale Diagnostik nimmt, da wird plötzlich etwas angeboten, was es vorher gar nicht gab. Wie verhalte ich mich als Patientin in einer solchen Situation, wenn der Arzt die Möglichkeit hat, vor der Geburt Defekte und Mißbildungen festzustellen, und eine Abtreibung für mich aber nicht in Frage kommt? Wir haben es hier mit zwei verschiedenen Vorstellungen von Normalität und Begründungspflicht zu tun. Ich kann mir natürlich einen Arzt suchen, dem ich vertrauen kann. Aber eine generelle Vertrauenshaltung gegenüber dem Ärztestand und der Forschung scheint mir in einer solchen Situation der Ungleichzeitigkeit von Normalitäten nicht unbedingt angebracht zu sein. Und daß man in solchen Fragen zu gesellschaftlichen Konsensen kommen muß, ist auch nicht unbedingt eine Zielvorstellung, die ich sehe. Es kann ja auch sein, daß wir zu massiven Dissensen kommen in solchen Fragen und daß wir uns eher fragen müssen, wie wir mit den Dissensen umgehen.

Ernst Peter Fischer

Ich denke, wir hantieren im Zusammenhang mit Öffentlichkeit mit einem Begriff, den wir gar nicht verstehen. Wer ist eigentlich die Öffentlichkeit, sind das die Teilnehmer dieser Konferenz, oder sind das die 80 Millionen Deutschen? Es wird unendlich viel publiziert, aber wenn Sie in einer Diskussion jemanden fragen, was Genetechnik oder Neurotechnik ist, dann weiß das niemand, weil das zu schwer zu verstehen ist. Wir haben also eine aktive Medienlandschaft, die sehr viel über Wissenschaft berichtet, aber die Öffentlichkeit weiß trotzdem nicht, was in der Wissenschaft gemacht wird, weil man nicht einmal die einfachsten Zusammenhänge bei den Leuten voraussetzen kann. Deswegen plädiere ich dafür, wenn man so etwas wie eine Ethik-Erklärung formuliert, wie das hier versucht wird, dann sollte man mit Begriffen arbeiten, die jeder unmittelbar versteht. Ich schlage vor, den Begriff «Seele» aufzunehmen. Wenn man sagt, die Seele soll unverletzbar sein, dann erfüllt dieser Begriff alle Kriterien, die eine ethische Erklärung erfüllen kann. «Die Würde des Menschen ist unantastbar», dieser Satz ist zwar auch allgemein verständlich, aber man kann bis ans Ende der Tage darüber diskutieren, was Würde eigentlich ist. Jeder Mensch weiß aber, was eine Seele ist, und die Forscher wissen das als Menschen natürlich auch.

Ernst Benda

Natürlich stehen wir immer vor der Frage, was Menschenwürde eigentlich ist. Ich würde sie aber nicht durch Seele ersetzen. Der Begriff Seele ist anmaßend und unscharf. Die gängigen Definitionen in den Kommentaren zu Artikel eins des Grundgesetzes, die zum Beispiel die Fähigkeit des Menschen zur sittlichen Entscheidung betreffen, helfen im konkreten Fall auch nicht weiter, wo einer aus der Menschenwürde herausfällt, weil er in den Erwartungen unterhalb eines minimalen Levels bleibt. Ich halte es da mit Hans Jonas, der sagt, daß wir uns an die Heuristik der Furcht halten sollen und daß wir das Erschrecken über die Bedrohung des Menschenbildes in uns brauchen, um uns des wahren Menschenbildes zu versichern. Es ist unmöglich, die vielfältigen Fälle, die in unserem Kontext vorkommen können, aufzuschreiben und einen Kanon dafür aufzustellen, was man darf und was nicht. Da bräuchten wir statt zehn Geboten hunderttausend.

Hans-Bernhard Wuermeling

Wenn es, wie hier gesagt wurde, Gehirnanteile gibt, auf die man als Mensch nicht verzichten kann, dann würde das bedeuten: Ein im Koma befindlicher menschlicher Organismus hätte zum Beispiel die ihn zum Menschen machenden Gehirnanteile nicht, er würde ohne Seele leben. Die nationalsozialistischen Ärzte haben für ihre Euthanasieaktionen einen eigenen Maßstab festgelegt, nach dem sie entschieden haben, was «menschlich» und «lebenswert» ist. Wir definieren heute den Hirntod nicht mehr auf diese anthropologische Weise als Tod des «Menschen», sondern biologisch als Tod des Organismus in dem Sinne, daß höhere Tiere nicht ohne die zentrale und integrierende Funktion des Gehirns existieren können. Auf diese Weise ist die Wertdiskussion aus der Hirntoddiskussion herausgenommen. Wenn wir nach den für den Menschen wesensnotwendigen Hirnarealen fragen, führt uns das wieder zu Wertungen, die Tötungen erlauben. Eine ethische Grenze für die technische Manipulation am Gehirn scheint mir da zu liegen, wo die Verantwortlichkeit des behandelten Menschen für sein Handeln vermindert oder gar aufgehoben wird. Verantwortlichkeit ist allerdings nicht wissenschaftlich nachweisbar und meßbar, sie ist etwas, das sich prozeßhaft verändert und einem Menschen in seiner Lebenswelt zugesprochen wird. Versuche, Verantwortlichkeit und Willen mit Hilfe von Wissenschaft oder Manipulationstechniken wie Magie und Folter auszuschalten, hat es schon immer gegeben. Die neuen Technologien, mit denen man Stoffwechselvorgänge in bestimmten Hirnarealen lokalisieren kann, bieten dazu ganz neue Möglichkeiten.

Wolf-Michael Catenhusen

Wenn wir über politischen Regulierungs- und Handlungsbedarf diskutieren, müssen wir zwei Prinzipien auseinanderhalten. Wenn wir fragen: Von welchen Prinzipien soll sich die Hirnforschung leiten lassen?, dann sehe ich da als Politiker keinen gesetzlichen Regulierungsbedarf, wenn gewährleistet ist, daß die in der standesrechtlichen Tradition bewährten Prinzipien, wie sie etwa in der Weltärztedeklaration entwickelt sind, angewendet werden. Hilfreich ist dabei sicher, wenn die Förderung dieser Forschungsrichtung die interdisziplinäre Auseinandersetzung um die Herausforderung mit einbezieht, die Hirnforschung für unser Menschenbild darstellt. Das heißt, es sollte unbedingt eine integrierte Forschungsförderung stattfinden. In dem Moment aber, wo diese Wissenschaft eine strategische Größe wird, muß man sie anders behandeln. Hirnforschung ist bis jetzt nicht big science, aber sehr wohl eine strategische Größe, die sehr viel Geld konzentriert. Die Amerikaner haben die Decade of the Brain ausgerufen und eine Reihe von Studien in Auftrag gegeben, die wir in Deutschland bisher gar nicht zur Kenntnis nehmen. Die Frage ist, welche selbstgewählten Grenzen wir uns in dieser Situation auferlegen sollen? Ich denke, es ist alles noch sehr vage und hypothetisch, und deshalb scheue ich mich, in dieser Situation als Politiker solche Grenzen zu definieren. Ich glaube, daß wir eine Reihe von konkreten therapeutischen Möglichkeiten sehr solide werden bewerten können. Aber wenn es tatsächlich dazu kommt, daß unsere Vorstellung von Individualität und menschlicher Personalität verlorengeht, dann bedeutet dies, daß das in einer weltanschaulich pluralistischen Gesellschaft wie der unseren unter Umständen zu erbarmungslosen Auseinandersetzungen führt. Wie wir mit einer solchen Situation umgehen, darauf müssen wir uns im interdisziplinären Diskurs vorbereiten. Die Politik sollte erst dann tätig werden, wenn über Anwendungs- und Handlungsoptionen zu entscheiden ist.

Wolf Singer

Wir tun so, als wäre durch diese neuen Technologien etwas wesentlich Neues eingeführt worden. Ich sehe das überhaupt nicht. Die pharmakologische Beeinflussung von Hirnfunktionen hat inzwischen ein unglaubliches Ausmaß an Präzision erreicht. Man kann gezielt Subgruppen von Rezeptoren ansteuern, was durchaus vergleichbar ist mit chirurgischen Eingriffen. Man weiß, daß aufgrund der Adaptivität von Hirnfunktionen solche pharmakologischen Eingriffe nicht folgenlos und reversibel sind und daß die behandelten Menschen sich lebenslang an solche Phasen von Persönlichkeitsveränderung erinnern. Solche folgenreichen Eingriffe nehmen wir in Abwägung von Leidensdruck und normativen Bestrebungen der Angehörigen bereits dauernd vor. Auf der anderen Seite steht der Neurochirurg ständig vor der Frage, ob er den Tumor vollständig entfernen und Leben möglichst lang verlängern soll, wobei er in Kauf nehmen muß, daß es zu unvorhersehbaren Persönlichkeitsveränderungen kommt, oder ob er die Persönlichkeitsveränderung nicht in Kauf nimmt und das Leben abkürzt. Ich möchte diesen Aspekt im Hinblick auf die Erziehung unserer Kinder etwas pointieren. Wir wissen inzwischen, daß die frühen Einflüsse, die nach der Geburt die Hirnentwicklung mitentscheiden, zu irreversiblen Veränderungen in der Architektur des Gehirns führen. Wir müssen uns also überlegen, wie wir dieses frühkindliche Umfeld gestalten, da sich hier irreversible Persönlichkeitsstrukturen und möglicherweise auch die Wurzeln für spätere psychische Erkrankungen ausprägen. Was schlecht war für die Entwicklung, weiß man aber meist erst sehr viel später. Das heißt, Sanktionen können nicht antizipatorisch ausgesprochen werden, denn da kann man genau so große Fehler machen, als wenn man nichts tut. Ideen entstehen nicht in einzelnen Köpfen, sondern die Wissenschaft ist ein kooperativer Prozeß, an dem die ganze Gesellschaft teilhat. Man kann heute Dinge denken, die vor hundert Jahren nicht denkbar waren. Wenn das ein evalutiver Prozeß ist, der den Gesetzen der Evolution folgt, dann kennt dieser Prozeß Instabilitäten und Abweichungen, die sich nicht voraussehen lassen. Daraus folgt eine Verhaltensmaxime: Mach bei jedem Schritt einen Rundblick und schau, wo uns das hingeführt hat. Sorge für eine enge Rückkopplung zwischen dem, was als Folge sichtbar ist, und den Möglichkeiten zur Gegensteuerung. Mach keine zu großen Schritte und glaube nicht, du hättest die Weisheit gepachtet. Das sind so ein paar Vorsichtsmaximen, wenn man die sehr früh in die Erziehung einfließen lassen würde, könnte man eine ganze Menge verhindern.

Wolf-Michael Catenhusen

Ich kann nur alle Wissenschaftler dazu ermutigen, im Vorfeld solcher Entwicklungen, bevor es zu konkreten Anwendungen kommt, den Versuch zu machen, sich auf gemeinsame Regeln zu verständigen. Bei der fetalen Transplantation ist das ein ganzes Stück gelungen. Man muß aber berücksichtigen, daß wir global sehr unterschiedliche Traditionen haben – wir blenden zum Beispiel immer Asien aus – und daß wir in einer globalen scientific community auf Dauer auch zu globalen Regeln kommen müssen. Ethik reflektiert auch die historische und kulturelle Tradition eines Landes, da liegen in der Frage der Bioethik zum Beispiel zwischen Australien und Deutschland Welten, die man nur schwer zusammenbringen kann.

Robert Spaemann

Im Mittelalter, in der scholastischen Ethik, hatte man die Vorstellung, daß im Zweifelsfall, wenn wir nicht wissen, ob etwas gut ist, was wir tun, es richtig ist, es zu lassen. Inzwischen hat sich die Vorstellung völlig geändert. Der Prozeß läuft unweigerlich immer so oder so, und wir tragen immer Verantwortung, ob wir handeln oder nicht. Nehmen wir das Beispiel des für Hirntransplantationen verwendeten fetalen Gewebes. Wie ist das, wenn es ein gesellschaftlich sanktioniertes System gibt, wo die Empfänger in enger Beziehung zu den Spendern stehen. Das kann sich positiv auswirken in dem Sinne, daß man denkt, man tut etwas Gutes, wenn man das Material liefert, und negativ, indem Frauen sich weigern, Gewebeplantagen für Hirnoperationen zu sein. Man kann also nicht am Einzelfall entscheiden, sondern muß das allmähliche Entstehen solcher neuen Systeme und Netze beobachten und unter Umständen an einer Stelle eine Barriere ziehen, wo man bei mikroskopischer Betrachtung sagen würde, das ist doch ganz harmlos, aber makroskopisch gesehen ist es vielleicht sehr gefährlich.

Eberhart Zrenner

Die Verwendung von fetalem Gewebe ist gerade ein Beispiel dafür, daß die Wissenschaft durch internationale interdisziplinäre Zusammenarbeit in der Lage ist, klare Richtlinien zu entwickeln, die in diesem Fall lauten:
1. Schwangerschaftsabbruch und Transplantation müssen voneinander unabhängig sein.
2. Es darf nur Gewebe von toten Föten nach spontanem oder therapeutischem Abort verwendet werden.
3. Die Frau kann ihre Zustimmung jederzeit widerrufen.
4. Spender und Empfänger dürfen in keinem Abhängigkeitsverhältnis stehen.
5. Bezahlung oder andere Formen der Entlohnung für die Bereitstellung von fetalem Gewebe sind verboten.
6. Es dürfen nur Gewebsfragmente, nicht aber ganze Neuronenverbände oder ganze Gehirne verwendet werden.
7. Eine Ethikkommission muß der Transplantation zustimmen.

8. Die Patienten müssen vollständig über die physischen und psychischen Risiken aufgeklärt werden.

Ich kann mir gut vorstellen, daß ein Priester fetales Gewebe, auch wenn es nach diesen international entwickelten Richtlinien korrekt wäre, nicht eingepflanzt haben möchte, selbst dann nicht, wenn es ihm helfen würde. Eine Verpflanzung von fetalem Material muß vom Empfänger ja auch psychisch verarbeitet werden.

Robert Spaemann

Die Art und Weise, wie heute im Hinblick auf Fortschritt argumentiert wird, ist eigenartig. Ein paar Jahrhunderte lang ist der Fortschritt aufgetreten im Namen der Leidensbekämpfung und der Herrschaft über das Schicksal. Wenn man heute kritisch argumentiert und sagt, bestimmte Dinge sollte man nicht tun, dann bekommt man zur Antwort: Das ist ein Prozeß, den hat niemand in der Hand. Das heißt, der Fortschritt wird selbst als unvermeidbares Schicksal behandelt, zu dessen Überwindung er einmal gepriesen wurde. Ich wage nicht zu beantworten, ob das wahr ist oder nicht. Aber wir kommen hier in so empfindliche Bereiche, daß wir uns vielleicht tatsächlich zum erstenmal in der Geschichte der Menschheit die Frage stellen müssen, ob wir Dinge lassen sollen, die wir tun könnten, auch wenn sie partiell und im Einzelfall wohltätig wären. Von dem Hinweis, daß wir noch Neanderthaler wären, wenn wir bisher so verfahren wären, sollte man sich nicht einschüchtern lassen. Es könnte ja sein, daß ein Weg, der bis zu einem bestimmten Punkt heilsam und wohltätig war, aufhört, es zu sein, wenn man ihn in der gleichen Richtung weitergeht.

Ulrich Beck

Mein Vorschlag läuft darauf hinaus, daß Modell der Gewaltenteilung, das wir aus der Entwicklung der Gesellschaft auf dem Weg zur Moderne ja kennen, auch auf die Technik zu übertragen. Wir müssen auf der einen Seite die Technik autonomisieren. Wir müssen sie in den Elfenbeinturm setzen, damit sie in die Lage versetzt wird, sich mit sich selbst zu beschäftigen und dadurch auch andere Formen von Technik zu entwickeln. Auf der anderen Seite müssen wir den Zwang, daß Technik immer automatisch wirtschaftlich umgesetzt wird, durchbrechen durch Organisationsformen, die im Umsetzungsprozeß so etwas wie Mitsprache, Fehleroffenheit, Kritik, Zweifel möglich machen.

VI
Anhang

Die Beiträger

Zygmunt Baumann: Soziologie, Institut für Soziologie, University of Leeds. Arbeitsgebiete: Theorie der Postmoderne, gesellschaftliche Einflüsse der Bio- und Informationstechnologien, Idee der Unsterblichkeit.

Ernst Benda: Öffentliches Recht, Schwerpunkt Verfassungsrecht, Universität Freiburg. Ehemaliger Präsident des Bundesverfassungsgerichtes. Seit 1993 Präsident des Deutschen Evangelischen Kirchentags.

Swami Paramananda Bharati: Wissenschaftstheorie, Mönch, Lehrer in Bangalore, Indien. Arbeitsgebiete: indische Tradition und die moderne Wissenschaft; Lehre der Veden.

Niels Birbaumer: Medizinische Psychologie, Institut für Medizinische Psychologie und Verhaltensneurobiologie, Universität Tübingen. Arbeitsgebiet: Neurorehabilitation durch Selbstregulierung

Ulrich Beck: Soziologie, Universität München.

Colin Blakemore: Neurophysiologie, Direktor des McDonnell-Pew Centre for Cognitive Neuroscience und Associate Director am Medical Research Council Research Center for Brain and Behaviour, Universität Oxford. Arbeitsgebiete: Mechanismen der stereoskopischen Wahrnehmung, visuelle Illusion, Wahrnehmung von Umriß, Kontrast, Gestalt und Form, frühe Entwicklung des Gehirns.

Wolf-Michael Catenhusen: Parlamentarischer Geschäftsführer der SPD-Bundestagsfraktion. Langjähriger Vorsitzender des Bundestagsausschusses für Forschung, Technologie und Technikfolgenabschätzung, Bonn.

Patricia Smith Churchland: Philosophie, University of California, San Diego, Adjunct Professor am Salk Institute. Arbeitsgebiete: Erklärung des Wesens des Geistes in Begriffen von Gehirnmechanismen, Neurophilosophie, Umweltethik, Logik.

Daniel Dennett: Philosophie, Direktor des Center for Cognitive Studies, Tufts University, Medford. Arbeitsgebiete: wissenschaftliche Bewußtseinstheorien und Beziehungen zwischen neurobiologischen und Berechnungsmodellen von kognitiven Phänomenen.

Rolf Eckmiller: Neuroinformatik, Institut für Informatik IV, Universität Bonn. Arbeitsgebiete: Neurophysiologie und Biophysik des Nervensystems, Visuelles System, Auge-Hand-Koordination bei Primaten. Neuronale Netze für Robotik, Prädiktion und Planung, Neurotechnologie (Retina Implant und Motor Implant).

Peter Fromherz: Membran- und Neurophysik, Max-Planck-Institut für Biochemie, Martinsried/München. Arbeitsgebiete: Aufbau von neuronähnlichen synthetischen Membrankabeln, Aufbau von Neuronen mit definierter Geometrie und Zusammensetzung und von neuronalen Netzen mit gezielter Kontrolle der Aktivität, Entwicklung von Fluoreszenzfarbstoffen zur Spannungsmessung in Neuronen, Studium der Signalverarbeitung im Einzelneuron, Integration von Neuronen und neuronalen Netzen mit elektrisch aktiven Mikrostrukturen auf Silizium.

Ernst Peter Fischer: Wissenschaftsgeschichte, Universität Konstanz.

Günter Haaf: Autor, ehemaliger Chefredakteur der Zeitschrift *Natur*, München.

Claus Leggewie: Politikwissenschaft, Universität Gießen.

Stanislaw Lem ist einer der weltweit bekanntesten Science-fiction-Autoren und lebt in Krakau. Nach dem Krieg studierte er Medizin und arbeitete anschließend als Assistent für Probleme der angewandten Psychologie. Seit 1973 liest Lem als Dozent am Lehrstuhl für polnische Literatur in Krakau. Neben seinen vielen Romanen hat er auch wissenschaftliche Abhandlungen sowie eine Theorie der Science-fiction-Literatur und ein Buch über Futurologie mit dem Titel «Summa technologiae» (1964, dt. 1976) geschrieben, auf das er sich in seinem Essay über Neurotechnologie bezieht.

Olle Lindvall: Neurochirurgie, Neurology Department of Restorative Neurology, Universität Lund. Arbeitsgebiete: Neurologie, Restorative

Neuroanatomie von Catecholamin enthaltenden Systemen im ZNS, Neurotrope Mechanismen bei der Epilepsie und der cerebralen Hirngewebeverpflanzung bei Tiermodellen der Parkinson-Erkrankung und der Epilepsie, Hirngewebeverpflanzung bei Patienten mit Parkinson.

Detlef B. Linke: Hirnforschung, Klinische Neurophysiologie und Neurochirurgische Rehabilitation, Universität Bonn. Forschungsschwerpunkt: funktionelle Beziehungen zwischen den beiden Hirnhälften und zwischen Sprache und Bildlichkeit.

Christoph Maggioni: Informatik, Leiter des Projekts «GestikComputer», Siemens AG, München.

Christoph von der Malsburg: Neuroinformatik, Institut für Neuroinformatik, Universität Bochum. Professor für Computerwissenschaft und Neurobiologie, University of Southern California. Arbeitsgebiete: Systembiophysik, Verständnis und Beschreibung des Gehirns als selbstorganisierendes System, neuronales Sehen, Weiterentwicklung der neuronalen Netze unter dem Grundkonzept der Dynamic-Link-Architektur.

Thomas Metzinger: Philosophie, Zentrum für Philosophie und Grundlagen der Wissenschaft, Universität Gießen. Arbeitsgebiete: Analytische Philosophie des Geistes im Bereich der Neuro- und Kognitionswissenschaften.

Hans Moravec: Robotik, Principal Research Scientist im Robotics Institute und Direktor des Mobile Robot Laboratory, Carnegie Mellon University, Pittsburgh. Arbeitsgebiete: Theorie und Technik autonomer mobiler Roboter und Roboterwahrnehmung, Computergraphik, Multiprozessoren.

Friedrich Pfeiffer: Mechanik, Institut für Mechanik, Technische Universität München. Arbeitsgebiete: Dynamik und Regelung: Maschinendynamik, Mechatronik, Robotik (Laufen, Greifen).

Gert Pfurtscheller: Medizinische Informatik, Institut für Biomedizinische Technik, Technische Universität Graz. Arbeitsgebiete: Brain Computer Interface, Cerebrales Monitoring, Funktionelle Hirntopographie

mit Hilfe von Vielkanal-EEG-Ableitungen und Quantifizierung der
«Event-Related Desynchronisation».

Helge Ritter: Neuroinformatik, Technische Fakultät, Universität Bielefeld. Arbeitsgebiete: Neuroinformatik mit Schwerpunkt des Einsatzes
neuronaler Algorithmen im Bereich der Bildverarbeitung und Steuerung
von Robotern. Ausnutzung menschlicher Bewegungsgestik, Mimik und
Blickrichtung für diesen Zweck.

Israel Rosenfield: Neurophysiologie, Institut für Geschichtswissen-
schaften, City University of New York. Arbeitsgebiete: Medizinge-
schichte und Neurophysiologie; Psychoanalyse, Theorie des Bewußtseins,
des Gedächtnisses und der Subjektivität.

Otto E. Rössler: Chaostheorie, Institut für Theoretische Chemie, Universität Tübingen. Arbeitsgebiete: Deduktive Biologie, chemische Automaten, chaotische Attraktoren, Hyperchaos und Endophysik.

Reimara Rössler: Endokrinologie, Tübingen.

Florian Rötzer: Autor und Journalist in München. Arbeitsgebiete:
ästhetische Theorie, Medien- und Kunsttheorie, Philosophie des Informa-
tionszeitalter.

Manfred Schneider: Neuere Deutsche Literaturwissenschaft, Universität Essen. Forschungsschwerpunkte: Literaturtheorie, Ästhetik, Diskur-
sanaylse, Mediengeschichte.

Hiroshi Shimizu: Informationstechnologie und Pharmazeutik, Direktor des «Ba» Research Institute und Professor an der Fakultät für Informationstechnologie, Kanazawa Institute of Technology, Tokio. Arbeitsgebiete: Bioholonik, Wissenschaft und Technik zur Erforschung der
Selbstorgansiation von Information und funktionaler Relation in lebenden Systemen.

Wolf Singer: Hirnforschung, Max-Planck-Institut für Hirnforschung,
Frankfurt a. M.

Robert Spaemann: Philosophie, Professor emeritus, Universität München.

Luc Steels: Künstliche Intelligenz, Direktor des VUB Artificial Intelligence Laboratory und Professor für Computerwissenschaft und Künstliche Intelligenz, Vrije Universiteit Brussel. Arbeitsgebiete: Künstliche Intelligenz, autonome Roboter, Artificial Life, komplexe dynamische Systeme, massiv parallele Computer.

Jean-Didier Vincent: Neurobiologie, Direktor des Institut Alfred Fessarc am Centre National de la Recherche Scientifique, Gif-Sur-Yvette, und Professor für Medizin an der Medizinischen Fakultät der Universität Paris-Süd. Arbeitsgebiete: Neuroendokrinologie, Dynamik von Neuronen, Biologie der Gefühle.

Reiner Wertheimer: Informatik, Projektmanager «Electronic Eye», BMW AG, München. Arbeitsgebiete: Entwicklung von Systemsoftware, perzeptive Systeme.

Hans-Bernhard Wuermeling: Rechtsmedizin, Universität Würzburg.

Walter Zieglgänsberger: Neurophysiologie, Klinisches Institut des Max-Planck-Instituts für Psychiatrie, München.

Eberhart Zrenner: Augenheilkunde, Universität Tübingen.

Register

Bildquellen
S. 61: Saul Steinberg, *The New Yorker*, 18. Oktober 1969; S. 66: John P. Frisby, *Seeing: Illusion, Brain and Mind*, Oxford University Press, Oxford 1979; S. 68: Fritz Kahn, *Das Leben des Menschen*, Band 4, Franckh, Stuttgart 1929 (Tafel VIII); S. 109: J. G. Nicholls, A. R. Martin, B. G. Wallace, *Vom Neuron zum Gehirn*, Gustav Fischer, Stuttgart 1995; S. 285–287: N. Birnbaumer/R. Schmidt, *Biologische Psychologie*, Springer, Heidelberg 1996 (3. Auflage), Copyright © 1996 by Springer-Verlag GmbH & Co. KG, Berlin/Heidelberg/New York.
Die Graphiken auf den Seiten 65, 67, 73, 74, 77, 78–81, 84–86, 301 zeichnete Hans Baumer, Pfaffenhofen, nach Vorlagen der Autoren.
Die restlichen Abbildungen stellten die Autoren zur Verfügung.

Schlußbemerkung

Die Texte des vorliegenden Bandes basieren auf Vorträgen, die auf der Tagung «Mind Revolution: Schnittstelle Gehirn-Computer» gehalten wurden. Die Tagung wurde von der Akademie zum dritten Jahrtausend vom 14. bis 17. Februar 1995 im Europäischen Patenamt in München veranstaltet.

Der Text von Stanislaw Lem wurde für die Programmbroschüre der Tagung geschrieben.

Bei den in Teil V zum Thema «Fortschritt ohne Grenzen? Soll alles, was gemacht werden kann, gemacht werden?» abgedruckten Einzelstatements handelt es sich um Ausschnitte aus den Panelbeiträgen der für die Abschlußdiskussion zusätzlich geladenen Fachleute.

Parallel zum Buch ist bei New World Vision ein CD-ROM mit dem Titel «Mind Revolution: Schnittstelle Gehirn-Computer» erschienen.

Akademie zum dritten Jahrtausend
Arabellastr. 21
81925 München
Telefon: 89-92 50 23 00
Fax: 89-92 50 34 64
e-mail: 100656,1315 @ compuserve.com

Angelika Anders-von Ahlften/
Hans-Jürgen Altheide
Laser – das andere Licht
(rororo science 9664)
Laser – das andere Licht:
Was ist das? Wie funktio-
niert es? Was kann man
damit machen?

John D. Barrow
Theorien für Alles
*Die Suche nach der
Weltformel*
(rororo science 9534)
Gibt es eine Theorie, in der
alle Naturkräfte und -gesetze
vereinigt sind und die das
Weltgeschehen vom Anfang
bis zum Ende erklären kann?
Das ist die zentrale Frage der
Naturwissenschaft. Schon
Sokrates geriet bei diesem
Gedanken ins Schwärmen –
und Ende des 20. Jahrhun-
derts zeigen sich Wissen-
schaftler wie Stephen W.
Hawking zuversichtlich: «Es
ist möglich, daß uns eines
Tages der Durchbruch zu
einer vollständigen Theorie
des Universums gelingt.»

Hans Christian von Baeyer
**Regenbogen, Schneeflocken und
Quarks** *Physik und die Welt,
die wir täglich erleben*
(rororo science 9709)

Valentin Braitenberg
Vehikel *Experimente mit
kybernetischen Wesen*
(rororo science 9531)

J. Hoff/ J. i. d. Schmitten(Hg.)
Wann ist der Mensch tot?
*Organverpflanzung und
«Hirntod»-Kriterium. Mit
einem Geleitwort von Rita
Süssmuth und fünfzehn
neuen Beiträgen*
(rororo science 9991)

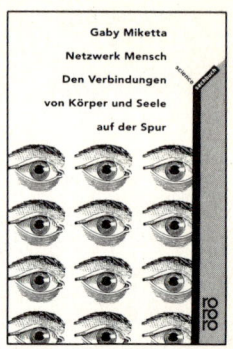

A. Desmond/J. Moore
Darwin
(rororo science 9574)
Als «erste wirkliche Darwin-
Biographie» würdigte die
britische Presse dieses Werk,
das in weiten Teilen erst seit
wenigen Jahren zugängliches
Material auswertet: die um-
fangreichen geheimen Tage-
bücher und die 14000 Briefe
umfassende Korrespondenz.
«Desmond und Moore
haben aus dieser Fundgrube
ein Darwin-Bild von bislang
nicht denkbarer Lebensnähe
rekonstruiert», schreibt *Peter
Brügge* in seiner *Spiegel*-
Rezension.

Gaby Miketta
Netzwerk Mensch
*Den Verbindungen von
Körper und Seele auf der
Spur*
(rororo science 9662)

Reimara u. Otto E. Rössler
(Hg.)
Jonas' Welt *Das Denken
eines Kindes*
(rororo science 9710)